江苏省高等学校精品教材

画法几何及土木工程制图

（理论部分）

第4版

主　编　高建洪　王书文　胡志华

副主编　翁晓红　李兰英　朱德铭

苏州大学出版社

图书在版编目(CIP)数据

画法几何及土木工程制图.理论部分/高建洪,王书文,胡志华主编.—4版.—苏州:苏州大学出版社,2021.8（2023.7重印）
ISBN 978-7-5672-3640-0

Ⅰ.①画… Ⅱ.①高… ②王 ③胡… Ⅲ.①画法几何－高等学校－教材②土木工程－建筑制图－高等学校－教材 Ⅳ.①TU204

中国版本图书馆CIP数据核字(2021)第145581号

内 容 提 要

全书共分两册。理论部分共十四章,其中包括投影理论(正投影、轴测投影)、制图基础、投影制图(组合体视图、建筑形体表达方法)、专业制图(建筑施工图、结构施工图、给水排水施工图、机械图)及计算机绘图;习题部分为配套练习,以巩固理论部分所学内容。本书编写力求做到理论透彻、内容精练、重点突出,便于教师施教、学生自学。

本书可作为工科院校本、专科的土木建筑类各专业制图课的教材,也可作为职大、电大、函授以及各类培训班的教材。

画法几何及土木工程制图(理论部分)
第4版
高建洪 王书文 胡志华 主编
责任编辑 王 亮

苏州大学出版社出版发行
(地址:苏州市十梓街1号 邮编:215006)
丹阳兴华印务有限公司印装
(地址:丹阳市胡桥镇 邮编:212313)

开本 787 mm×1 092 mm 1/16 印张35.75(共两册) 字数693千
2021年8月第4版 2023年7月第3次印刷
ISBN 978-7-5672-3640-0 定价:88.00元(共两册)

图书若有印装错误,本社负责调换
苏州大学出版社营销部 电话:0512-67481020
苏州大学出版社网址 http://www.sudapress.com
苏州大学出版社邮箱 sdcbs@suda.edu.cn

第 4 版前言

本教材是根据高等院校土木建筑类制图课程教学基本要求编写的,全书共分两册,即理论部分和习题部分。

本书理论部分包含画法几何、投影制图、专业制图、计算机绘图等四个部分。画法几何部分对与工程实际关系不密切的投影理论做了适当的精简,重点讲述几何元素和形体的图示基本理论和方法,并在相关章节后给出了激发学生发散思维的练习题目,以充分调动学生学习的主动性和积极性。由于投影制图部分是专业制图的基础,所以对内容做了适量增加,并注重理论与工程实际相结合,突出培养建筑形体图示表达能力和绘图基本技能。对土建专业制图部分,本书第 4 版根据最新国标进行了修订和补充,主要采用的国家标准有《房屋建筑制图统一标准》(GB/T 50001—2017)、《总图制图标准》(GB/T 50103—2010)、《建筑制图标准》(GB/T 50104—2010)、《建筑结构制图标准》(GB/T 50105—2010)、《建筑给水排水制图标准》(GB/T 50106—2010)等新标准,并根据专业需要适当修订了机械图内容。计算机绘图部分主要介绍了 AutoCAD 2010 绘图软件的常用绘图命令和图形处理的基本使用方法。

本书习题部分对应包含画法几何、投影制图、专业制图、计算机绘图等四个部分。内容编排力求做到由浅入深、由易到难、循序渐进。通过读图能力和制图技能的严格训练,学生能够逐步提高空间想象能力以及阅读和绘制建筑工程图样的能力。

书中加" * "号部分可根据专业要求选学。

参加本书编写工作的有高建洪、王书文、胡志华、翁晓红、李兰英、朱德铭、薛晓红、刘红俐、韦俊等。全书由徐文俊审阅,在此表示感谢。

对书中不当之处,恳请专家和读者批评指正。

编 者

目　录
（理论部分）

绪论 …………………………………………………………………………………… (1)
第一章　点、直线和平面的投影
　　第一节　投影的基本知识 ……………………………………………………… (2)
　　第二节　点的投影 ……………………………………………………………… (6)
　　第三节　直线的投影 …………………………………………………………… (9)
　　第四节　平面的投影 …………………………………………………………… (18)
第二章　直线与平面、平面与平面的相对位置
　　第一节　平行 …………………………………………………………………… (24)
　　第二节　相交 …………………………………………………………………… (25)
　　第三节　*垂直 …………………………………………………………………… (29)
第三章　投影变换
　　第一节　换面法 ………………………………………………………………… (32)
　　第二节　*旋转法 ………………………………………………………………… (41)
第四章　立体的投影
　　第一节　平面立体的投影 ……………………………………………………… (48)
　　第二节　回转曲面的投影 ……………………………………………………… (50)
第五章　立体表面的交线
　　第一节　平面与立体相交 ……………………………………………………… (59)
　　第二节　两立体相交 …………………………………………………………… (64)
第六章　组合体视图
　　第一节　组合体视图的画法 …………………………………………………… (72)
　　第二节　组合体视图的读法 …………………………………………………… (77)
　　第三节　组合体的尺寸标注 …………………………………………………… (84)
第七章　轴测投影
　　第一节　轴测投影的基本知识 ………………………………………………… (89)
　　第二节　正轴测图的画法 ……………………………………………………… (93)
　　第三节　斜轴测图的画法 ……………………………………………………… (102)
　　第四节　轴测剖视图的画法 …………………………………………………… (105)
第八章　制图规格及基本技能
　　第一节　制图基本规格 ………………………………………………………… (107)
　　第二节　制图仪器、工具及其使用 …………………………………………… (115)
　　第三节　几何图形画法 ………………………………………………………… (118)
　　第四节　绘图方法和步骤 ……………………………………………………… (124)

第九章　建筑形体表达方法
　　第一节　视图 ……………………………………………………………（125）
　　第二节　剖面图 …………………………………………………………（129）
　　第三节　断面图 …………………………………………………………（135）
　　第四节　规定画法与简化画法 …………………………………………（137）
　　第五节　综合应用举例 …………………………………………………（140）

第十章　房屋建筑施工图
　　第一节　概述 ……………………………………………………………（143）
　　第二节　施工总说明及建筑总平面图 …………………………………（150）
　　第三节　建筑平面图 ……………………………………………………（153）
　　第四节　建筑立面图 ……………………………………………………（163）
　　第五节　建筑剖面图 ……………………………………………………（169）
　　第六节　建筑详图 ………………………………………………………（174）

第十一章　结构施工图
　　第一节　概述 ……………………………………………………………（179）
　　第二节　钢筋混凝土构件图 ……………………………………………（181）
　　第三节　基础图 …………………………………………………………（185）
　　第四节　结构平面图 ……………………………………………………（188）
　　第五节　楼梯结构详图 …………………………………………………（191）
　　第六节　平法施工图 ……………………………………………………（194）
　　第七节　钢结构图 ………………………………………………………（202）

第十二章　给水排水施工图
　　第一节　室内给水排水平面图 …………………………………………（206）
　　第二节　给水排水系统图 ………………………………………………（211）
　　第三节　室外给水排水总平面图 ………………………………………（214）

第十三章　机械图
　　第一节　机械图样的基本表达方法 ……………………………………（217）
　　第二节　零件图 …………………………………………………………（222）
　　第三节　标准件和常用件的规定画法 …………………………………（233）
　　第四节　装配图 …………………………………………………………（242）

第十四章　计算机绘图基础
　　第一节　AutoCAD 2010 绘图软件简介 ………………………………（247）
　　第二节　AutoCAD 2010 基本操作 ……………………………………（249）
　　第三节　二维图形的绘制与编辑 ………………………………………（254）
　　第四节　二维图形的尺寸标注 …………………………………………（264）
　　第五节　图块、面域填充 ………………………………………………（267）
　　第六节　实体造型 ………………………………………………………（270）

附表 …………………………………………………………………………（282）

绪 论

一、本课程的性质

本课程研究绘制和阅读工程图样的原理和方法,培养和发展学生的空间想象能力、创新思维能力和工程实践意识,是一门既有系统理论又有较强实践性的技术基础课。

工程图样是工程技术部门的重要技术文件,它按规定的方法表达工程对象的结构形状、大小、材料和技术要求,是表达设计意图和交流技术思想的重要工具,同时也是机械制造、工程施工的主要依据。因此,工程图样是工程界的技术语言,每个工程技术人员必须能够阅读和绘制工程图样。

二、本课程的任务

1. 学习投影法的基本理论及其应用。
2. 培养空间想象能力、三维构型能力和创新思维能力。
3. 培养阅读和绘制工程图样的基本能力。
4. 培养尺规绘图、计算机绘图和徒手绘制草图的能力。
5. 培养严谨细致、认真负责的工作作风和精益求精的工匠精神。
6. 遵守工程师职业道德和职业规范,培养科技报国的责任感和使命感。

三、本课程的特点和学习方法

本课程在理论性、实践性、工程性、规范性等方面具有诸多特点。根据本课程的特点和学习要求,提出本课程的学习方法,供同学们参考。

1. 培养对专业的热爱。

"热爱是最好的老师"(爱因斯坦),对专业的热爱和对知识的渴求,是推动你学习思考、合作探究和创新实践的不竭动力。

2. 循序渐进,加强制图实践。

本课程具实践性强的特点。同学们应认真对待并及时完成每一次的练习或作业,从易到难,循序渐进。在绘图实践中,养成正确使用绘图仪器和工具的习惯,熟悉并遵守国家制图标准的有关规定,掌握正确绘制工程图样的方法和步骤。通过正确规范的制图实践,不断提高绘图效率和图面质量,从而进一步增强自身的读图和绘图能力。

3. 读画结合,有效培养空间想象能力和三维构型能力。

坚持理论联系实际的原则。在掌握基本理论、基本方法和基本概念的前提下,要多画、多看、多想,不断地由物画图、由图想物,反复联系空间形体与平面图形的对应关系,逐步提高空间想象能力和三维构型思维能力。

4. 严格遵守国家标准、规范,培养严谨细致、认真负责的工作作风。

工程图样是生产制造和建设施工的重要依据,图纸上一字一线的错误都会给生产建设造成巨大损失。因此,在学习过程中,必须具备高度的责任心,严格遵守国家制图标准和专业规范的有关规定,养成实事求是的科学态度和耐心细致、认真负责、一丝不苟的工作作风。

第一章 点、直线和平面的投影

第一节 投影的基本知识

一、投影法的基本概念

在日常生活中,人们看到物体在光线的照射下就会在地面或墙壁上产生影子。人们发现物体的影子与物体的形状有一定的对应关系,但影子内部灰黑一片,只能反映物体的外形轮廓,如图1-1所示。在工程制图中,将影子所产生的过程进行科学的抽象,即规定光线可以穿透物体,使其所产生的影子不是灰黑的,如图1-2所示。我们将光线作为投射线,地面作为投影面,投射线穿过物体在投影面上所产生的影子称为投影。

上述这种用投射线通过物体,向选定的平面作投影,并在该平面上得到图形的方法称为投影法。

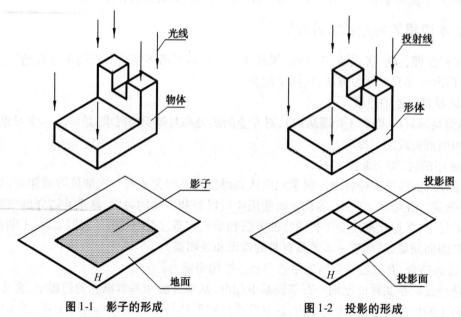

图1-1 影子的形成　　　　　图1-2 投影的形成

二、投影法的分类

投影法分为中心投影法和平行投影法。

1. 中心投影法

投射线相交于一点的投影法称为中心投影法,如图1-3所示。

中心投影法的原理和人眼成像的原理一样,因此,用中心投影法绘制的图形有立体感,但是这种图不能准确地反映物体的真实大小,且作图繁琐,一般用这种方法绘制建筑物的透视图,如图1-4所示。

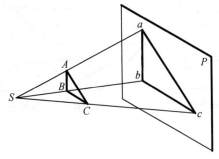

图1-3　中心投影法　　　　　　　图1-4　建筑物的透视图

2．平行投影法

投射线相互平行的投影法称为平行投影法,如图1-5所示。

按投射线与投影面是否垂直,平行投影法又分为两种:

(1) 斜投影法——投射线与投影面相倾斜,如图1-5(a)所示。

(2) 正投影法——投射线与投影面垂直,如图1-5(b)所示。

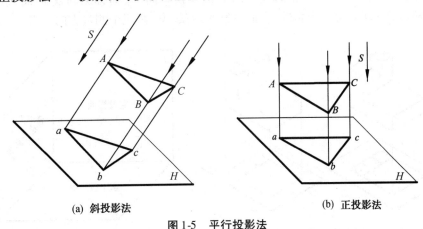

(a) 斜投影法　　　　　　　　　　(b) 正投影法

图1-5　平行投影法

三、正投影的基本性质

正投影有三个重要的性质,即真实性、积聚性、类似性。

1．真实性

如图1-6所示,当直线或平面与投影面平行时,则直线的投影为实长,平面的投影为实形。这种投影性质称为真实性。

2．积聚性

如图1-7所示,当直线或平面与投影面垂直时,则直线的投影积聚为一点,平面的投影积聚为一条直线。这种投影性质称为积聚性。

3．类似性

如图1-8所示,当直线或平面与投影面倾斜时,则直线的投影小于直线的实长,平面的投影为小于平面图形的类似形。这种投影性质称为类似性。

在建筑工程制图中，图样一般多用正投影的方法绘制，以后我们将正投影简称为投影。

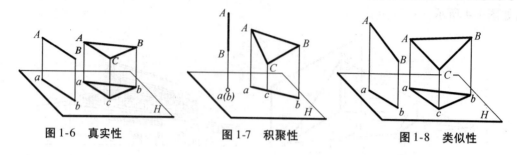

图 1-6　真实性　　　　　图 1-7　积聚性　　　　　图 1-8　类似性

四、形体的三面投影图

1. 三面投影体系的建立

用一个投影面只能画出物体的一个投影图，它不能反映出物体全部的大小和形状，只能反映平行于投影面的两个坐标方向的大小和形状。如图 1-9 所示，两个形体的水平投影图完全相同，但实际上开口形状并不相同。因此，用一个投影图不能表达物体的整体大小和形状。为此，如图 1-10 所示，设立三个相互垂直的平面作为投影面，分别称为：水平投影面 H（简称水平面或 H 面）、正立投影面 V（简称正面或 V 面）、侧立投影面 W（简称侧面或 W 面）。这三个投影面的交线 OX、OY、OZ 称为投影轴，它们分别表示长、宽、高三个测量方向。

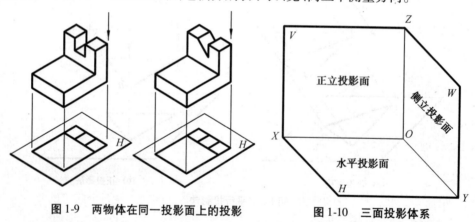

图 1-9　两物体在同一投影面上的投影　　　　　图 1-10　三面投影体系

2. 三面投影图的形成

将形体放置于三面投影体系中，用正投影方法，分别向正面、水平面和侧面作投影，在三投影面上分别得到三个投影图。从前向后投射得到正面投影图，从上向下投射得到水平投影图，从左向右投射得到侧面投影图，如图 1-11 所示。

绘图时，需要将空间的三个投影面展开，使其位于同一平面上。展开的方法如图 1-12 所示，保持 V 面不动，将 H 面绕 OX 轴向下旋转 90°，将 W 面绕 OZ 轴向后旋转 90°，这样三个投影面就位于同一平面上了，如图 1-13（a）所示。这时同一根 Y 轴分为两根：Y_H 和 Y_W。一般绘制三面投影图，不需要画出投影面的边框线，也不必画出投影轴，如图 1-13（b）所示。

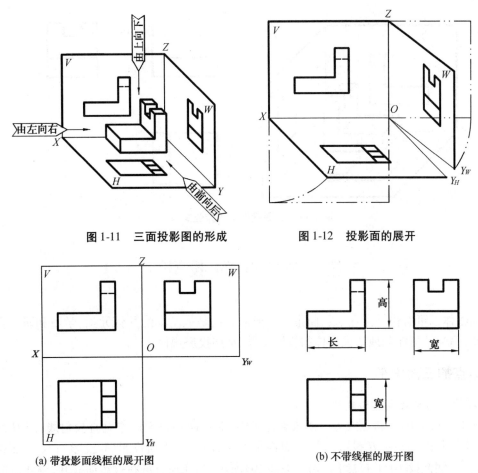

图 1-11　三面投影图的形成　　图 1-12　投影面的展开

(a) 带投影面线框的展开图　　(b) 不带线框的展开图

图 1-13　展开后的三面投影图

3. 三面投影图的投影规律

由于物体是在同一位置上分别向三个投影面上进行投射的,每个投影面上反映出物体的两个坐标方向的大小。如图 1-13(b)所示,正面投影反映物体的长和高,水平投影反映物体的长和宽,侧面投影反映物体的宽和高。因此,从三面投影图的投影关系可以得出:

(1) 正面投影和水平投影都反映物体的长度,即长度要对正。
(2) 正面投影和侧面投影都反映物体的高度,即高度要平齐。
(3) 水平投影和侧面投影都反映物体的宽度,即宽度要相等。

由此得出,形体的基本投影规律是"长对正,高平齐,宽相等"。

在画物体投影图时,还需要注意物体与图之间的方位关系,如图 1-14 所示。

正面投影对应物体的左、右和上、下方位,水平投影对应物体的左、右和前、后方位,侧面投影对应物体的上、下和前、后方位。

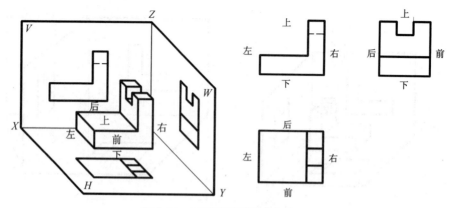

图 1-14 三面投影图的方位关系

第二节 点 的 投 影

任何物体都可看作是由点、线、面集合而成的。点是最基本的几何元素,学习和研究点的投影规律,是为了更深刻地认识形体的投影本质,掌握投影规律。

一、点的三面投影

1. 点的三面投影及投影规律

如图 1-15(a)所示,将点放入三面投影体系中,由 A 向各投影面作垂直投射线,与 H 面相交于 a,即为其水平投影(H 投影);与 V 面相交于 a',即为其正面投影(V 投影);与 W 面相交于 a'',即为其侧面投影(W 投影)。如图 1-15(b)所示,按前述方法将投影面展开,得 A 点的三面投影图。在点的投影图中一般只画出投影轴,不画投影面的边框,如图 1-15(c)所示。

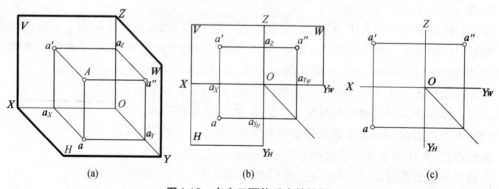

图 1-15 点在三面体系中的投影

分析点的投影过程可知,由投射线 Aa 和 Aa' 所构成的矩形平面 $Aa'a_X a$ 垂直于 H 面和 V 面,且垂直于它们的交线 OX 轴,当 H 面旋转至与 V 面重合时,a、a_X、a' 三点共线;同理,由投射线 Aa' 和 Aa'' 所构成的矩形平面 $Aa''a_Z a'$ 垂直于 V 面和 W 面,且垂直于它们的交线 OZ 轴,将 W 面旋转至与 V 面重合时,a'、a_Z、a'' 三点共线;由投射线 Aa 和 Aa'' 所构成的矩形平面 $Aaa_Y a''$ 垂直于 H 面和 W 面,且垂直于它们的交线 OY 轴,当 W 面和 H 面旋转至与 V 面重合时,$aa_Y \perp a_Y a''$(只是投影面

展开时将 OY 轴分开了,但实质上是同时垂直于 OY 轴)。于是可总结出点的投影规律:

(1) 点的两面投影的连线垂直于相应的投影轴,即 $aa' \perp OX$, $a'a'' \perp OZ$, $aa_{Y_H} \perp OY_H$, $a''a_{Y_W} \perp OY_W$。

(2) 点的一个投影到投影轴的距离,等于该点到相应投影面的距离,即 $a'a_Z = aa_{Y_H} = Aa''$, $aa_X = a''a_Z = Aa'$, $a'a_X = a''a_{Y_W} = Aa$。

2. 点的坐标与投影

在图 1-15 中,也可将该三面体系看作空间的直角坐标系,O 点为坐标原点,投影面的交线为坐标轴 OX、OY、OZ,空间点 A 到投影面的距离可用坐标表示,即

A 点到 W 面的距离等于 Aa'',且 $Aa'' = a'a_Z = aa_{Y_H} = Oa_X$($A$ 点的 X 坐标)。

A 点到 V 面的距离等于 Aa',且 $Aa' = aa_X = a''a_Z = Oa_{Y_H}$($A$ 点的 Y 坐标)。

A 点到 H 面的距离等于 Aa,且 $Aa = a'a_X = a''a_{Y_W} = Oa_Z$($A$ 点的 Z 坐标)。

因此,已知点的坐标(X,Y,Z),即可作出该点的投影;反之,知道点的投影图,也可测得点的坐标值。

【例 1-1】 已知点 $A(15,15,18)$,试求出 A 点的三面投影。

作图步骤如图 1-16 所示。

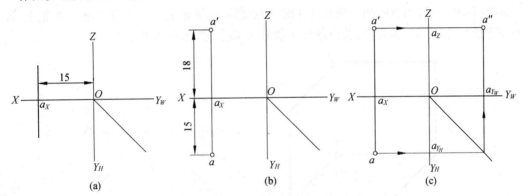

图 1-16 由点的坐标作三面投影

【例 1-2】 如图 1-17(a)所示,已知点 A 的两投影 a'、a'',试求出 A 点的水平投影 a。

作图步骤如下:

(1) 由投影规律知,过 a' 作投影连线垂直于 OX 轴,a 必在此线上,如图 1-17(b)所示。

(2) 截取 $aa_X = a''a_Z$ 得 a,或借助于过 O 点的 45°斜线来确定 a。

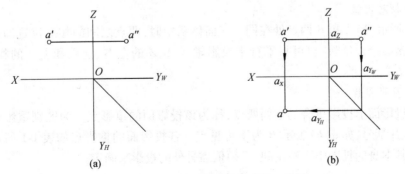

图 1-17 由点的两投影求第三投影

3. *特殊位置点的投影

（1）点在投影面上。

如图 1-18 所示，当点的某一坐标为 0 时，则点落在某投影面上。图中点 A 落在 V 面上，则 Y 方向坐标为 0。请思考，若 $X=0$，点落在什么投影面上；若 $Z=0$，点又落在什么投影面上。

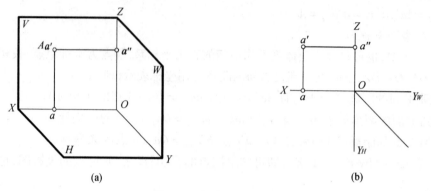

图 1-18　投影面内的点

（2）点在投影轴上。

如图 1-19 所示，当点的两个坐标为 0 时，则点落在投影轴上。图中点 A 落在 X 轴上，即 Y 轴和 Z 轴的坐标为 0。请思考，若点落在 Y 轴和 Z 轴上，坐标将如何变化。

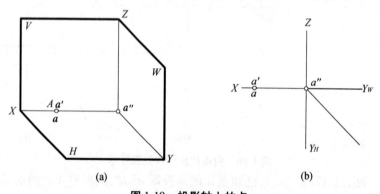

图 1-19　投影轴上的点

二、两点的投影

1. 两点的相对位置

如图 1-20 所示，当 A 和 B 两点处在同一三面体系中时，两点之间的相对位置即可以用两点同一方向的坐标差来反映，也可指平行于投影轴 X、Y、Z 的左右、前后和上下的相对关系。图中点 A 在点 B 的右、前、上方。

2. 重影点及可见性

在某一个投影面上投影重合的空间两点，称为该投影面的重影点。为区别重影点的可见性，不可见的点加括号，如 $a(b)$ 表示 B 为不可见点。各投影面的重影点如表 1-1 所示。重影点的可见性在其本身的投影中无法反映，必须依靠另外的投影来确定。

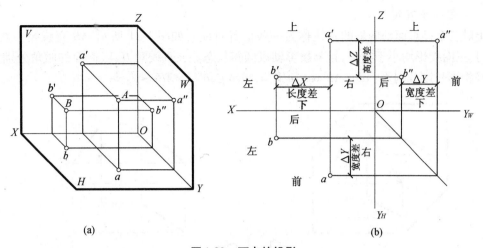

图 1-20 两点的投影

表 1-1 重影点及可见性

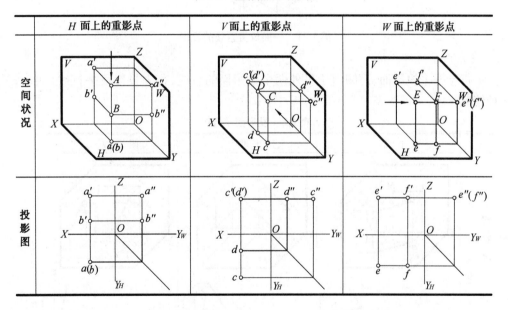

第三节 直线的投影

两点确定一直线,要确定直线在空间的位置,只要定出直线上的两点即可,作出两点的三面投影,然后同面投影相连,即得直线的三面投影图。

一、各种位置直线的投影

根据直线在三面投影体系中的空间位置,可把直线分为三类:一般位置直线、投影面平行线、投影面垂直线。后两类统称为特殊位置直线。

1. 一般位置直线

相对三个投影面都倾斜的直线称为一般位置直线。如图 1-21 所示，AB 直线是一般位置直线，其三面投影均小于实长，且与投影轴成倾斜状态。该直线对 H、V、W 面的倾角分别为 α、β、γ，其投影长度分别为：$ab = AB\cos\alpha$，$a'b' = AB\cos\beta$，$a''b'' = AB\cos\gamma$。

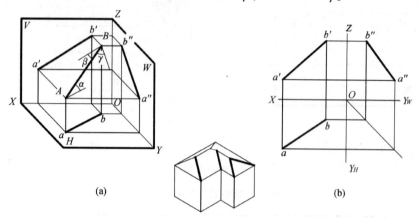

图 1-21 一般位置直线的投影

2. 投影面平行线

只平行于一个投影面、而倾斜于另外两个投影面的直线，称为投影面平行线（表 1-2），分为三种情况：

表 1-2 投影面平行线

	水平线	正平线	侧平线
空间状况			
投影图			
投影特性	(1) $a'b'$//OX，$a''b''$//OY_W (2) $ab = AB$ (3) ab 与投影轴的夹角为 β、γ	(1) cd//OX，$c''d''$//OZ (2) $c'd' = CD$ (3) $c'd'$ 与投影轴的夹角为 α、γ	(1) $e'f'$//OZ，ef//OY_H (2) $e''f'' = EF$ (3) $e''f''$ 与投影轴的夹角为 α、β

(1) 水平线：平行于 H 面的直线，如表 1-2 中 AB 直线。
(2) 正平线：平行于 V 面的直线，如表 1-2 中 CD 直线。
(3) 侧平线：平行于 W 面的直线，如表 1-2 中 EF 直线。

其共同特性可概括如下：
(1) 在直线不平行的两个投影面上的投影，分别平行于相应的投影轴，但小于实长。
(2) 在直线所平行的投影面上的投影反映实长，该投影与相应投影轴的夹角反映了直线对另外两个投影面的倾角。

3. 投影面垂直线

垂直于一个投影面，而与另外两个投影面平行的直线，称为投影面垂直线（表 1-3），也分为三种情况：

(1) 铅垂线：垂直于 H 面的直线，如表 1-3 中 AB 直线。
(2) 正垂线：垂直于 V 面的直线，如表 1-3 中 CD 直线。
(3) 侧垂线：垂直于 W 面的直线，如表 1-3 中 EF 直线。

其共同特性可概括如下：
(1) 在直线所垂直的投影面上的投影积聚为一点。
(2) 直线在另外两个投影面上的投影平行于相应的投影轴，且反映实长。

表 1-3　投影面垂直线

	铅垂线	正垂线	侧垂线
空间状况	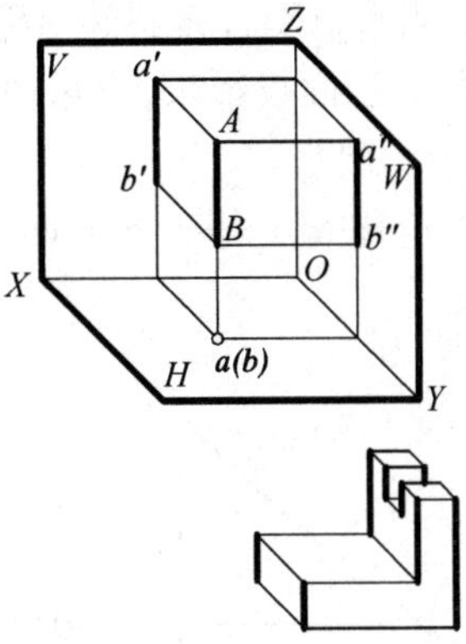	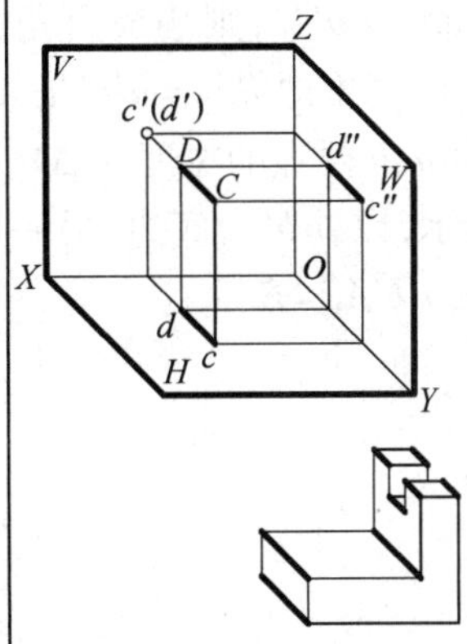	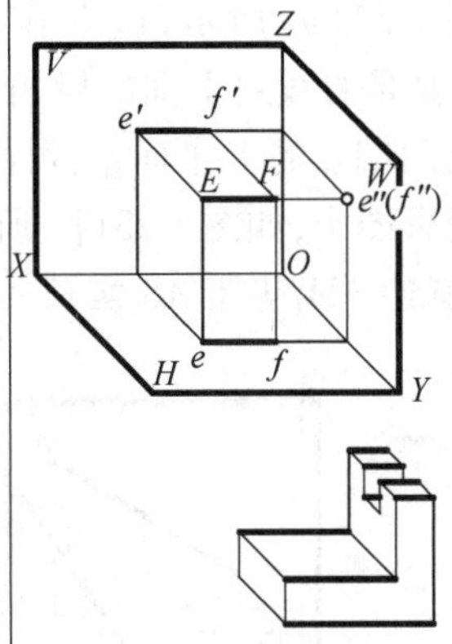
投影图	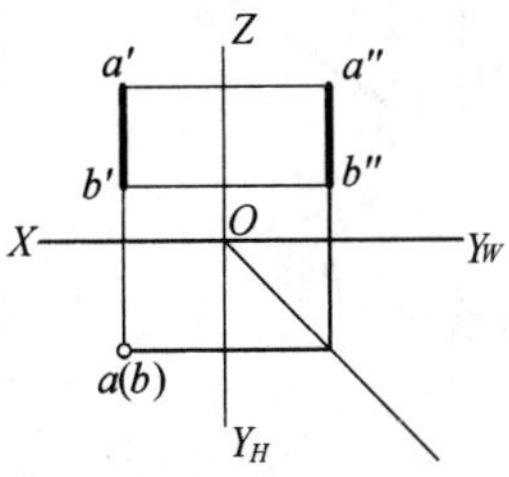	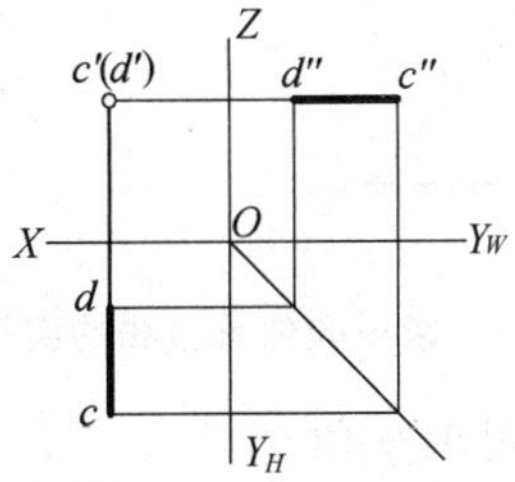	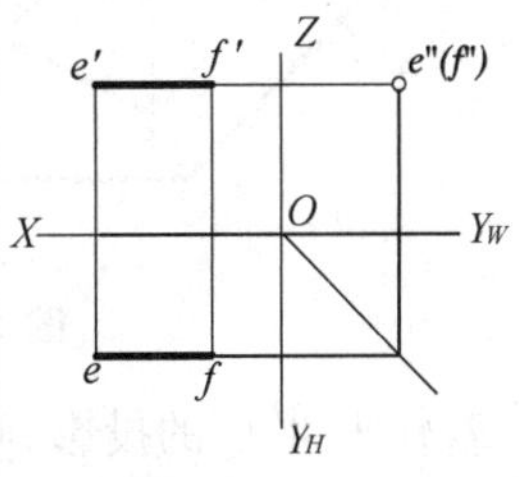
投影特性	(1) ab 积聚为一点 (2) a'b'//a"b"//OZ (3) a'b'=a"b"=AB	(1) c'd' 积聚为一点 (2) c"d"//OY_W, cd//OY_H (3) c"d"=cd=CD	(1) e"f" 积聚为一点 (2) e'f' // ef // OX (3) ef = e'f' = EF

二、*一般位置直线的实长和倾角的求法

如前所述,在三面投影图中,一般位置直线的实长和倾角均不能直接反映,为此,这里将介绍求一般位置直线的实长和倾角的方法——直角三角形法。

如图 1-22(a) 所示,过 A 作 $AB_0 \mathbin{/\mkern-2mu/} ab$,则构成直角三角形 AB_0B,其斜边 AB 就是实长,$\angle BAB_0 = \alpha$ 是直线对 H 面的倾角,而直角边 $AB_0 = ab$ 是直线 AB 的水平投影长,直角边 $BB_0 = Z_B - Z_A$ 是直线两端点的 Z 坐标差,可由 a'、b' 两点的高度差 ΔZ_{AB} 表示出来。

在投影图中,如图 1-22(b) 所示,以 ab 为底边,另一直角边 bB_1 等于 a'、b' 两点的高度差 ΔZ_{AB},则斜边 aB_1 等于 AB 实长,$\angle baB_1 = \alpha$。

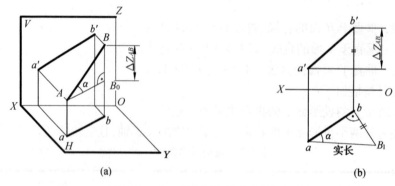

图 1-22　求一般位置直线的实长与倾角 α

如图 1-23(a) 所示,过 B 作 $BA_0 \mathbin{/\mkern-2mu/} a'b'$,则构成直角三角形 ABA_0,其斜边 AB 就是实长,$\angle ABA_0 = \beta$ 是直线对 V 面的倾角,而直角边 $BA_0 = a'b'$ 是 AB 的正面投影长,直角边 $AA_0 = Y_A - Y_B$ 是直线两端点的 Y 坐标差,可由 a、b 两点的宽度差 ΔY_{AB} 表示出来。

在投影图中,如图 1-23(b) 所示,以 $a'b'$ 为底边,另一直角边 $a'A_1$ 等于 a、b 两点的宽度差 ΔY_{AB},则斜边 $b'A_1$ 等于 AB 实长,$\angle a'b'A_1 = \beta$。

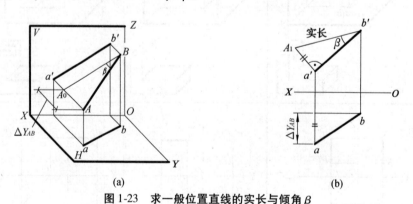

图 1-23　求一般位置直线的实长与倾角 β

同理,若作出 W 面的投影,则可求 γ 角。

在直角三角形中,若已知直角三角形的四个要素中的任意两个,就可以利用直角三角形法来解题。

【例 1-3】 如图 1-24(a)所示,已知 AB 的投影 $a'b'$ 和 a,且 $\beta=30°$,求作 ab。

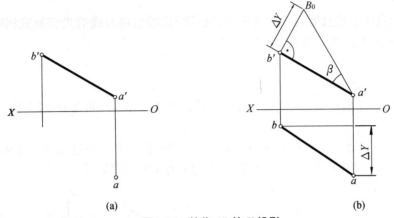

图 1-24　补作 AB 的 H 投影

作图:如图 1-24(b)所示,利用直角三角形法求 AB 的 H 面投影 ab。
(1) 以 $a'b'$ 为直角边,$\beta=30°$,作出直角三角形 $a'b'B_0$,则 $\Delta Y=b'B_0$。
(2) 在过 b' 的投影连线上,以 a 的位置为基准量取 ΔY,因 b 可在前或后,故 b 有两个解(题中只作一解)。
(3) 连 a、b 即为所求。

三、直线上的点

1. 直线上的点的投影

直线是点的集合。点在直线上,则点的投影必在直线的同名投影上。直线上点的这种特性又称为从属性。如图 1-25 所示,图中直线 AB 上有一点 C,则 C 点的三面投影 c、c'、c''必在直线 AB 的同名投影 ab、$a'b'$、$a''b''$上。

反之,若点的三面投影均在直线的同名投影上,则此点在该直线上。

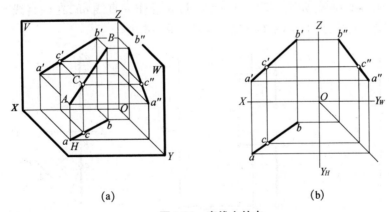

图 1-25　直线上的点

2. 点分割线段成定比

如图 1-25(a)所示,C 点将直线 AB 的各个投影分割成和空间相同的比例,即 $AC:CB = ac:cb = a'c':c'b' = a''c'':c''b''$。

【例1-4】 如图1-26所示,已知直线 AB 上有一点 M,M 点将直线 AB 分成 $AM:MB=2:3$,求 M 点的两面投影。

分析:按照直线上的点把直线分成定比,则点的投影也将直线的投影分成相同比例的原理,可以直接利用定比分线段法作图。

作图步骤:

(1) 过 a 任作一直线 ah。

(2) 在 ah 线段上取任意等距的五等分点 $1、2、3、4、5$,连接 $b5$,再过 ah 线上的点 2 作 $b5$ 的平行线与 ab 相交于 m 点。

(3) 过 m 作投影连线交 $a'b'$ 于 m'。[在图1-26(b)右图中可用定比分线段法作图,过 a' 任作一直线 $a'h'$,量 $a'd'=ab$,$a'e'=am$,连 $d'b'$,过 e' 作 $e'm'/\!/d'b'$。]

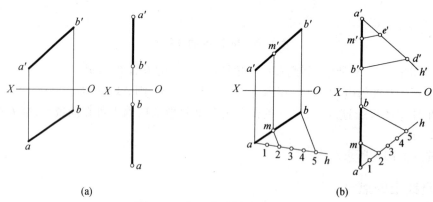

图1-26 求 M 点分割线段的投影

【例1-5】 如图1-27(a)所示,判断 C 点是否在直线 AB 上。

作图方法有两种:

(1) 根据从属关系判断,如图1-27(b)所示。作出直线和点的 W 面投影,即可知 C 点不在直线 AB 上。

(2) 根据定比关系判断,如图1-27(c)所示。过 a 任作一直线 ah,在该直线上量取 $a1=a'c'$,$a2=a'b'$,连接 $1c、2b$,因 $1c$ 不平行于 $2b$,故 C 不在 AB 上。

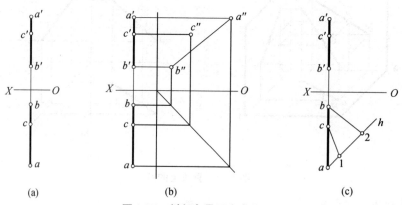

图1-27 判断点是否在直线上

四、两直线的相对位置

空间两直线的相对位置有三种情况：平行、相交、交叉（异面）。前两种属于同一平面内的两直线，后一种为异面两直线。

1. 两直线平行

（1）若空间两直线相互平行，则它们的同名投影必相互平行。如图 1-28 所示，即若 $AB /\!/ CD$，则 $ab /\!/ cd$，$a'b' /\!/ c'd'$，$a''b'' /\!/ c''d''$。反之，若两直线的三组同名投影都平行，则空间两直线必平行。

（2）若空间两直线相互平行，则它们的长度之比等于它们的同名投影长度之比，即 $AB : CD = ab : cd = a'b' : c'd' = a''b'' : c''d''$。

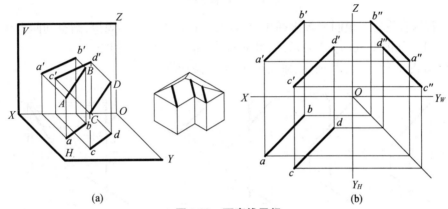

图 1-28 两直线平行

【例 1-6】 如图 1-29（a）、(b) 所示，判断直线 AB 与 CD 是否平行。

作图：如图 1-29（c）、(d) 所示，求出 W 面投影，即可判断。

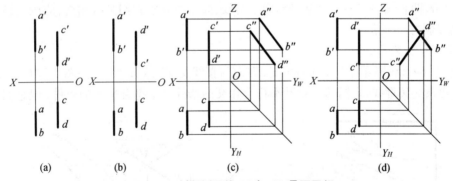

图 1-29 判断侧平线 AB 与 CD 是否平行

总结：若直线为一般位置直线，只要任意两组同名投影相互平行，即可判定两直线在空间一定平行。若两直线均为某投影面平行线，则需要画出在该投影面上的同名投影方可确定。

2. 两直线相交

若空间两直线相交，则它们的同名投影必相交，交点符合点的投影规律。如图 1-30 所示，AB 和 CD 相交于 K 点，K 是两直线共有点，因此 ab 与 cd 交于 k，$a'b'$ 与 $c'd'$ 交于 k'，$a''b''$ 与 $c''d''$ 交于 k''，$kk' \perp OX$，$k'k'' \perp OZ$，$kk'' \perp OY$。

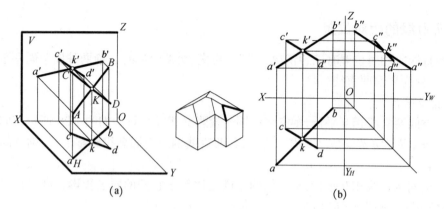

图 1-30 两直线相交

反之,若两直线的三组同名投影都相交,且交点符合点的投影规律,则空间两直线必相交。

【例 1-7】 如图 1-31(a)、(b)所示,判断直线 AB 与 CD 是否相交。

作图:如图 1-31(c)、(d)所示,求出 W 面投影,即可判断。

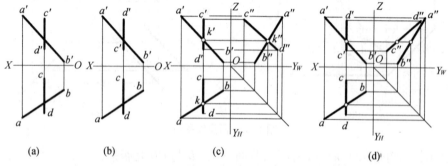

图 1-31 判断两直线 AB 与 CD 是否相交

总结:若两直线中有一条为某投影面平行线,如果要判别它们是否相交,应画出该投影面上的同名投影方可确定。

3. 两直线交叉

在空间,两直线既不平行,也不相交,称为两直线交叉(或异面)。如图 1-32(a)所示,AB 与 CD 是两条交叉直线,它们的投影既不符合相交的条件也不符合平行的条件,但它们在投影

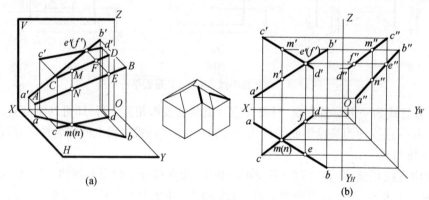

图 1-32 两直线交叉

面上的投影可能出现交点,这是两直线上的点的同名投影重影的缘故。如图 1-32(b)所示,在 H 面上的重影点 $m(n)$,m 在上,n 在下;在 V 面上的重影点 $e'(f')$,e' 在前,f' 在后。

总结:交叉两直线的各组同名投影不会都平行;若同名投影都相交,那么每两个交点的连线不会都跟相应投影轴垂直,因为它们不是空间同一点的投影。

4. *两直线垂直

两直线垂直是两直线相交的特殊情况。如果空间两直线垂直,且有一条直线平行于某投影面,那么它们在该投影面上的投影垂直。

如果空间两直线在某投影面上的投影垂直,且有一条直线平行于该投影面,那么这两条直线空间垂直。

如图 1-33 所示,当直角的一边 BC 平行于 H 面,另一边 AB 为一般位置直线时,可证明两直线的水平投影 $ab \perp bc$。证明略。

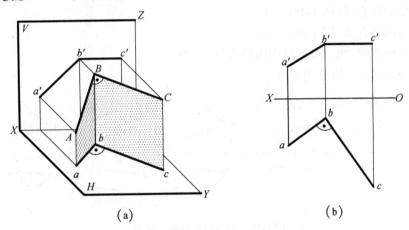

图 1-33 一边平行于投影面的直角投影

【例 1-8】 如图 1-34(a)所示,求 A 点到直线 BC 的距离。

分析:从投影图判断 BC 是一条正平线,因要求的是距离,故应由 A 向 BC 作垂线,其在 V 面的投影应反映直角关系。

作图:过 a' 作垂线 $a'd'$ 与 $b'c'$ 相交于 d',由 d' 作 d,求 AD 实长即可。

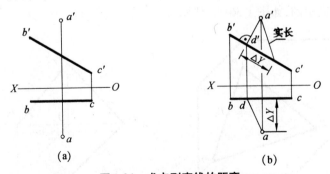

图 1-34 求点到直线的距离

第四节 平面的投影

一、平面的表示法

在投影图中表示平面的方法有几何元素表示法和迹线表示法两种。

1. 用几何元素表示平面

空间一平面可以用下列任一形式的几何元素确定,故它们的投影就能表示平面的投影。
(1) 不在同一直线上的三点[图 1-35(a)]。
(2) 一直线和线外一点[图 1-35(b)]。
(3) 相交的两直线[图 1-35(c)]。
(4) 平行的两直线[图 1-35(d)]。
(5) 一平面图形,如三角形或四边形等[图 1-35(e)]。

以上五种表示法可以互相转换。

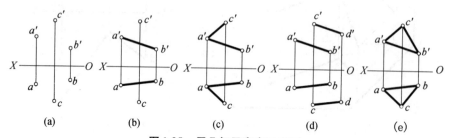

图 1-35 用几何元素表示平面

2. *用迹线表示平面

空间平面与投影面的交线称为平面迹线,用迹线表示的平面称为迹线平面。如图 1-36(a)所示,平面 P 与投影面分别相交于 P_V、P_H、P_W,这三条线分别是正面迹线、水平迹线、侧面迹线。迹线是平面内的直线,迹线的一个投影是其本身,另两个投影与投影轴重合,如 P_H 的水平投影就是其本身,而 V 面和 W 面投影分别是 X 轴和 Y 轴。在投影图中用迹线表示平面时,其实是用迹线本身的投影来表示的,如图 1-36(b)所示。

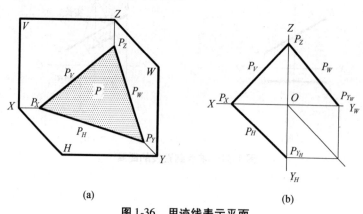

图 1-36 用迹线表示平面

二、各种位置平面的投影

根据平面在三面投影体系中的空间位置,可把平面分为三类:一般位置平面、投影面垂直面、投影面平行面。后两类统称为特殊位置平面,如图1-37所示。

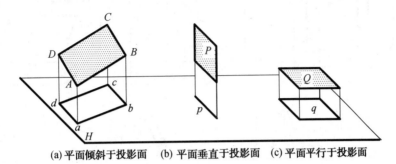

(a) 平面倾斜于投影面　(b) 平面垂直于投影面　(c) 平面平行于投影面

图1-37　平面的投影

1. 一般位置平面

对三个投影面都倾斜的平面称为一般位置平面。如图1-38所示,△ABC平面是一般位置平面,其三面投影都是小于实形的类似形,且不能反映该平面与投影面的倾角 α、β、γ。

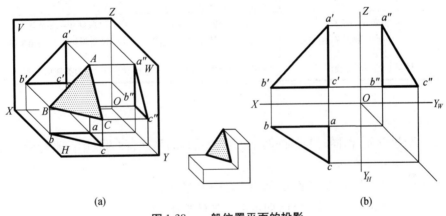

(a)　　　　　　　　　　　　　　(b)

图1-38　一般位置平面的投影

2. 投影面垂直面

垂直于一个投影面,同时与另外两个投影面倾斜的平面,称为投影面垂直面。分为三种情况:

(1) 铅垂面:垂直于H面的平面,如表1-4中P平面。

(2) 正垂面:垂直于V面的平面,如表1-4中Q平面。

(3) 侧垂面:垂直于W面的平面,如表1-4中R平面。

其共同特性可概括如下:

(1) 平面在所垂直的投影面上的投影积聚成一直线,它与相应投影轴的夹角分别反映该平面对另外两投影面的倾角。

(2) 平面的另外两投影是其类似图形,且小于实形。

表 1-4 投影面垂直面

	铅垂面	正垂面	侧垂面
空间状况	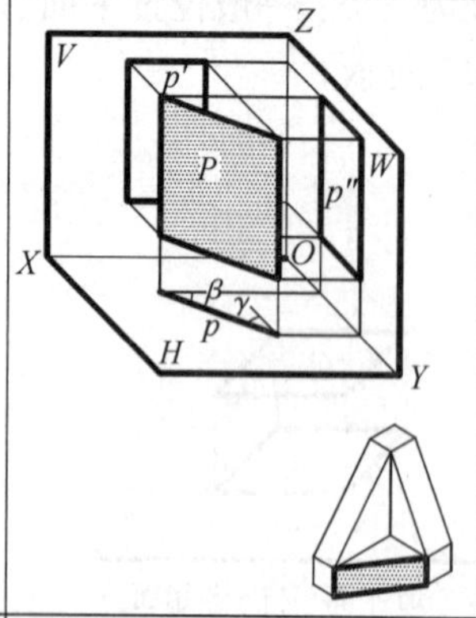	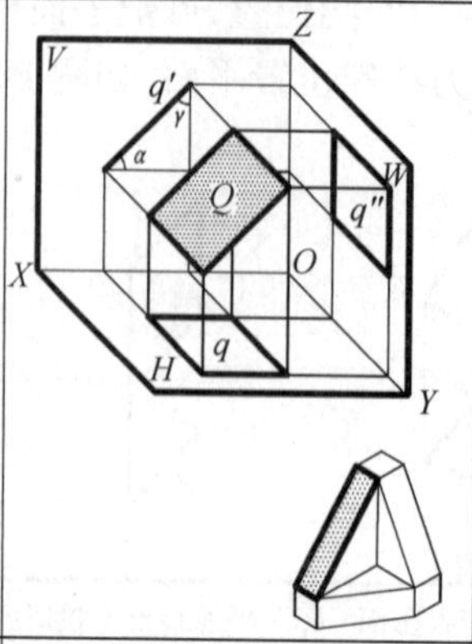	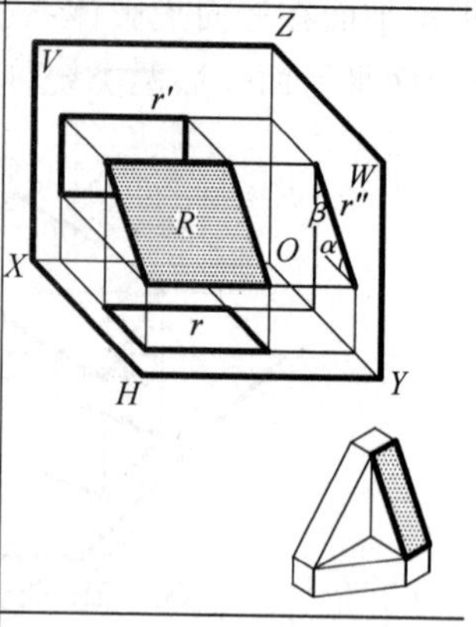
投影图	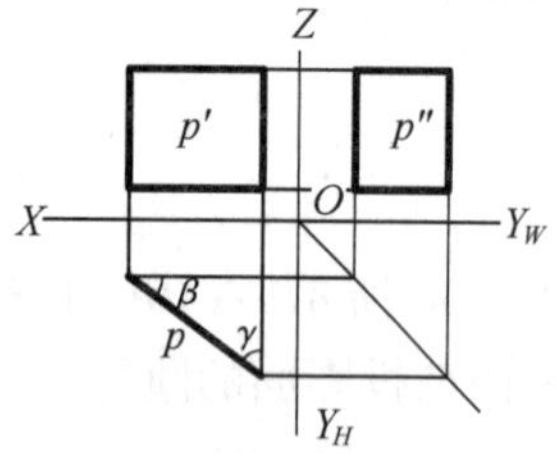	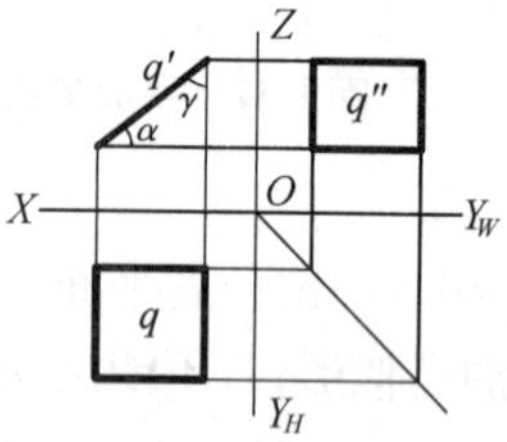	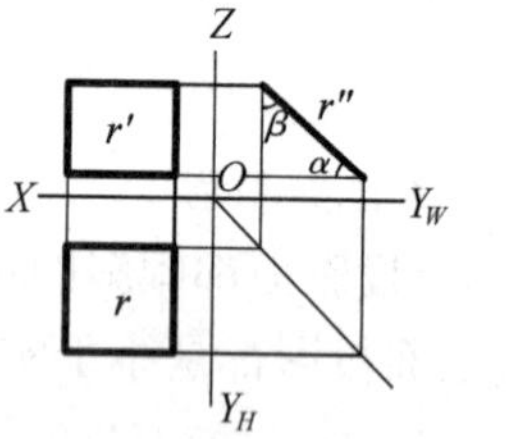
投影特性	(1) p 积聚成一条直线 (2) p 与投影轴的夹角反映 β、γ (3) p'、p'' 为类似形	(1) q' 积聚成一条直线 (2) q' 与投影轴的夹角反映 α、γ (3) q、q'' 为类似形	(1) r'' 积聚成一条直线 (2) r'' 与投影轴的夹角反映 α、β (3) r'、r 为类似形

3. 投影面平行面

平行于一个投影面,而同时与另外两个投影面垂直的平面,称为投影面平行面。分为三种情况:

(1) 水平面:平行于 H 面的平面,如表 1-5 中 P 平面。
(2) 正平面:平行于 V 面的平面,如表 1-5 中 Q 平面。
(3) 侧平面:平行于 W 面的平面,如表 1-5 中 R 平面。

其共同特性可概括如下:
(1) 平面图形在所平行的投影面上的投影反映实形。
(2) 平面的另外两投影积聚成直线,且平行于相应的投影轴。

表1-5 投影面平行面

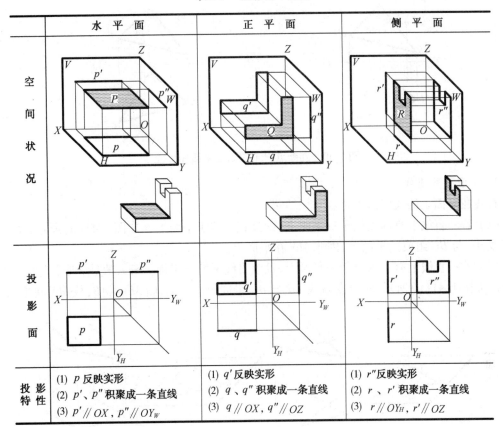

三、平面上的点和直线

1. 平面上的点

点在平面上的几何条件是：若点在平面内任一直线上，则此点一定在该平面上。如图1-39所示，M点在直线AB与BC组成的平面上，因M在直线BC上。

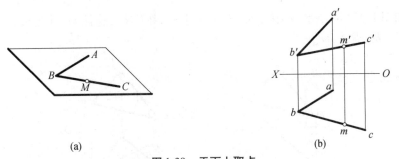

图1-39 平面上取点

【例1-9】 如图1-40(a)所示，判断E、F点是否在平面ABC上。

作图：由点在平面上的几何条件可连接ae并延长，与bc交于l，过l作l'，连$a'l'$，若e'在$a'l'$上，则E在平面ABC上；同理可作F点，F不在平面ABC上。

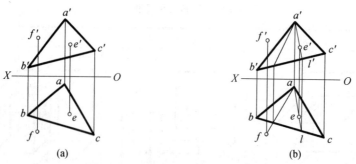

图 1-40 判断点 E、F 是否在平面 ABC 上

2. 平面上的直线

直线在平面上的几何条件是：

（1）若一直线上有两点位于一平面上，则该直线位于平面上。如图 1-41(a)所示，M、N 点在直线 AB 与 BC 组成的平面上，因此 MN 在平面上。

（2）若一直线上有一点位于一平面上，且该直线平行于平面上任一直线，则该直线位于平面上。如图 1-41(b)所示，M 点在直线 AB 与 BC 组成的平面上，因 MN∥AB，故 MN 在平面上。

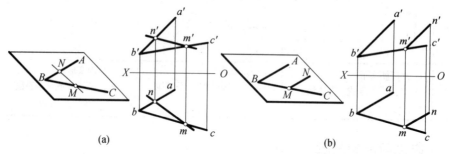

图 1-41 平面上取线

【例 1-10】 如图 1-42(a)所示，已知点 M 在△ABC 上，完成△ABC 的水平投影。

分析：由已知条件知 A、B、C、M 均在同一平面上，这四点中的任意两点的连线必在同一平面内。

作图：如图 1-42(b)所示，连接 c'm'，交 b'a'于 l'，由 l'求 l，连接 ml 并延长，与 c'的连系线交于 c，连接 ac、bc，得△abc。

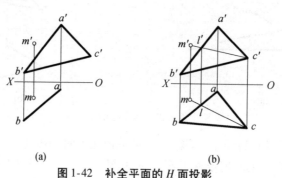

图 1-42 补全平面的 H 面投影

3. *平面上的投影面平行线

在已知平面上且又与某投影面平行的直线称为该平面上的投影面平行线。平行 V 面的称为平面上的正平线,平行 H 面的称为平面上的水平线,平行 W 面的称为平面上的侧平线。

平面上的投影面平行线,其投影既要符合投影面平行线的投影特性,又要符合平面上直线的几何条件。

如图 1-43(a)所示,在△ABC 平面内作一水平线 CM。由于水平线的正面投影平行于 OX 轴,因此先作正面投影 c'm',且与 a'b'交于 m',求出 m,连接 cm 可得水平线的水平投影。由于 C、M 两点在△ABC 上,故 CM 是该平面上的水平线,这样的线可作无数条,但均与 CM 平行。同理可作正平线,如图 1-43(b)所示的直线 BN。

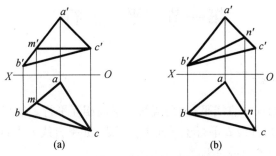

图 1-43 作平面上的水平线与正平线

【例 1-11】 如图 1-44(a)所示,在△ABC 平面上取一点 K,使 K 点距 H 面 15 mm,距 V 面 18 mm,求出 K 点的两面投影。

分析:因 K 在△ABC 上,且距 H 面 15 mm,可作平面上的水平线 MN(距 H 面 15 mm),而距 V 面 18 mm,可作平面上的正平线 EF(距 V 面 18 mm),K 点必在 MN 和 EF 两线的交点上。

作图:从 OX 轴向上量取 15 mm,作 m'n'∥OX 轴,然后作 mn;从 OX 轴向前量取 18 mm,作 ef∥OX 轴,然后作 e'f';m'n'和 e'f'交于 k',mn 和 ef 交于 k,k、k'即为所求。

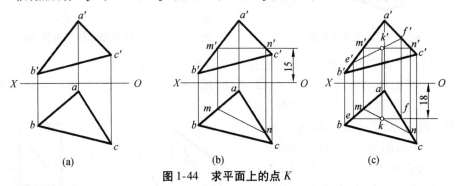

图 1-44 求平面上的点 K

发散思维练习题:

1. 已知直线和直线外(或直线上)一点,试设计三个以上的题目,文字及原图由同学们自行给出,并给出解答。
2. 过平面上一点,可以在平面内作什么几何元素?请给出图示解答。

第二章 直线与平面、平面与平面的相对位置

在空间中,直线与平面、平面与平面的相对位置有两种:平行和相交,其中垂直是相交的特殊情况。

第一节 平 行

一、直线与平面平行

若一直线与平面上的任一直线平行,则直线与平面相互平行。如图 2-1 所示,直线 L 与平面 P 内的直线 AB 平行,则直线 L 平行于平面 P。反之,如果直线 L 平行于平面 P,则在平面 P 上可以找到与直线 L 平行的直线 AB。

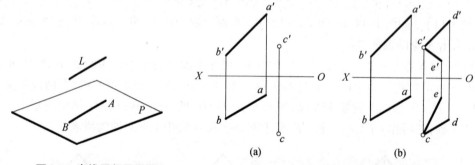

图 2-1 直线平行于平面　　图 2-2 过点 C 作平面平行于直线 AB

【例 2-1】 如图 2-2(a)所示,过 C 点作一平面平行于已知直线 AB。

作图:如图 2-2(b)所示,过 C 点作 $CD // AB$(即 $cd // ab$,$c'd' // a'b'$),再过 C 点任作一直线 CE,则 CD、CE 相交确定的平面即为所求。

在特殊情况下,当平面为特殊位置时,则直线与平面的平行关系可直接在平面的积聚投影中表现出来。如图 2-3 所示的直线 AB 与平面 P,P 为铅垂面,故 $ab // p_H$。

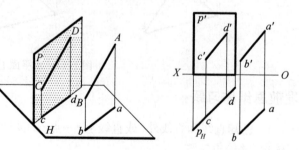

图 2-3 判别直线与平面平行

二、平面与平面平行

若一个平面上的一对相交直线分别与另一个平面上的一对相交直线互相平

行,则这两个平面互相平行。如图2-4所示,平面 P 上有一对相交直线 AB、AC 与平面 Q 上的一对相交直线 DE、DF 对应平行,即 $AB\mathord{/\mkern-6mu/} DE$,$AC\mathord{/\mkern-6mu/} DF$,则 $P\mathord{/\mkern-6mu/} Q$。

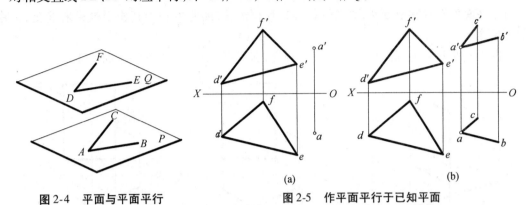

图 2-4　平面与平面平行　　　　图 2-5　作平面平行于已知平面

【例2-2】　如图2-5(a)所示,已知 A 点和 $\triangle DEF$,过 A 作一平面平行于 $\triangle DEF$。

作图:如图2-5(b)所示,过 A 点作两条直线 AB 和 AC,使 $AB\mathord{/\mkern-6mu/} DE$,$AC\mathord{/\mkern-6mu/} DF$(即 $ab\mathord{/\mkern-6mu/} de$,$a'b'\mathord{/\mkern-6mu/} d'e'$,$ac\mathord{/\mkern-6mu/} df$,$a'c'\mathord{/\mkern-6mu/} d'f'$),则 AB 与 AC 所确定的平面即为所求。

在特殊情况下,当两平面都是同一投影面的垂直面时,则两平面的平行关系可直接在两平面的积聚投影中表现出来。如图2-6所示的平面 P、Q,$P\mathord{/\mkern-6mu/} Q$,$P$、$Q$ 均为铅垂面,故 $p\mathord{/\mkern-6mu/} q$。

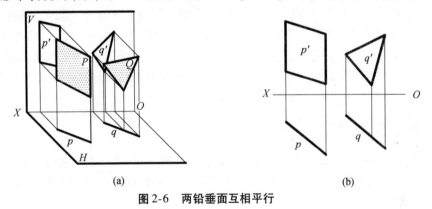

图 2-6　两铅垂面互相平行

第二节　相　　交

直线与平面相交于一点,该点称为交点,交点是平面与直线的共有点,它既在直线上又在平面上。平面与平面相交于一条直线,该直线称为交线,交线是两平面的共有线,它应同属于两平面。

直线与平面、平面与平面相交的作图方法一般有两种:

(1) 积聚投影法:当直线或平面有积聚投影时,可利用积聚投影来求交点或交线。

(2) 辅助面投影法:当直线或平面均无积聚投影时,可利用辅助平面来求交点或交线。

交点、交线是互相联系的,为叙述方便起见,先介绍几种特殊情况,然后再讨论一般的作图方法。

一、一般位置直线与特殊位置平面相交

由于平面处于特殊位置时,其某一投影具有积聚性,因此可利用其积聚投影来求交点,并判别可见性。

如图 2-7 所示,一般线 AB 与铅垂面 P 相交,交点 K 既在 AB 上又在平面 P 上。

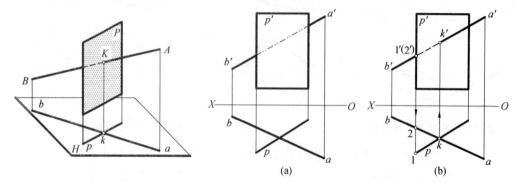

图 2-7 一般线与铅垂面相交　　图 2-8 一般线与铅垂面交点的求法

【例 2-3】 如图 2-8(a)所示,求直线 AB 与平面 P 的交点 K,并判别可见性。

作图:如图 2-8(b)所示,因平面 P 为铅垂面,故在 H 面上积聚,则 p 与 ab 的交点 k 即为所求,由此作连系线,再与 a'b'交得 k'。在正面投影中 a'b'与 p'相重合,这段直线存在可见性问题,可见部分与不可见部分的分界点为交点 K,从水平投影中可以看出,在 k 点的右边,ak 在 p 的前面,因此 k'的右边 k'a'可见,左边 k'b'部分不可见。也可用重影点来判断,即取 AB 与平面 P 边线的重影点 1'(2'),其在 H 面上的投影 1 在 2 的前方,故由前向后看,Ⅱ 点不可见,其所在的直线段 2'k'也不可见,因而 2'k'画成虚线。

二、投影面垂直线与一般位置平面相交

由于直线具有积聚性,因此可利用其积聚投影来求交点,并判别可见性。

如图 2-9 所示,铅垂线 AB 与 △CDE 相交,交点 K 既在 AB 上又在 △CDE 平面上。

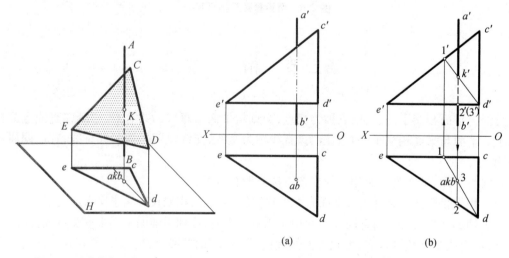

图 2-9 垂直线与一般面相交　　图 2-10 垂直线与一般面交点的求法

【例2-4】 如图2-10(a)所示,求直线 AB 与△CDE 的交点 K,并判别可见性。

作图:如图2-10(b)所示,因直线 AB 在 H 面积聚成一点,则交点 K 必在其上,且交点 K 又在△CDE 上,可根据平面上取点的方法作辅助线 DⅠ,然后求出 k'。在 V 面投影中,取交叉两直线的重影点 2'(3') 判断可见性,从 H 面可知,2'在前,3'在后,因Ⅱ在△CDE 上,而Ⅲ在直线 AB 上,故 k'3' 不可见,为虚线。

三、两特殊位置平面相交

当两平面均垂直于某投影面时,它们的交线也垂直于该投影面。可利用两平面的积聚投影求交线,并判别可见性。

如图2-11 所示,铅垂面△ABC 与铅垂面 P 相交,交线 MN 既在△ABC 上又在平面 P 上。

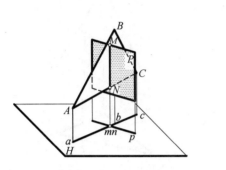

图2-11 两铅垂面相交

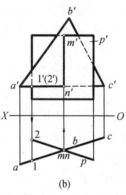

图2-12 两铅垂面交线的求法

【例2-5】 如图2-12(a)所示,求△ABC 与平面 P 的交线 MN,并判别可见性。

作图:如图2-12(b)所示,因△ABC 和平面 P 均垂直于 H 面,故交线必为铅垂线,且积聚于一点 mn,然后作出交线的 V 面投影,它的长度仅为两平面在 V 面的共有部分。在 V 面投影中,取交叉两直线的任一重影点 1'(2') 判断可见性,从 H 面可知,Ⅰ点在前,Ⅱ点在后,因Ⅰ在△ACD 上,而Ⅱ在平面 P 上,故 AN 可见,a'n'为实线。这时交线为可见与不可见部分的分界线。

四、一般位置平面与特殊位置平面相交

利用特殊位置平面的积聚性投影求交线并判断可见性。

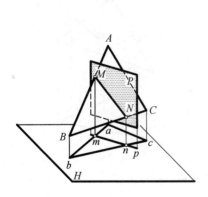

图2-13 一般面与铅垂面相交

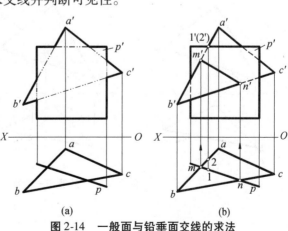

图2-14 一般面与铅垂面交线的求法

如图 2-13 所示,铅垂面 P 与 $\triangle ABC$ 相交,交线 MN 既在 $\triangle ABC$ 上又在平面 P 上。由于平面 P 的 H 面投影积聚为 p,故交线 MN 的 H 面投影 mn 在 p 上。

【例 2-6】 如图 2-14(a)所示,求 $\triangle ABC$ 与平面 P 的交线 MN,并判别可见性。

作图:如图 2-14(b)所示,因平面 P 垂直 H 面,故交线 mn 必在 p 上,为 $\triangle abc$ 与 p 的公共部分,利用交线 MN 在 $\triangle ABC$ 上,由 mn 求 $m'n'$。利用 V 面的重影点 $1'(2')$ 来判别可见性,判别方法同前。

五、*一般位置直线与一般位置平面相交

直线与平面均处于一般位置时,它们的投影均无积聚性,不能直接作出交点,因而作交点常采用辅助平面法。如图 2-15 所示,一般线 DE 与 $\triangle ABC$ 相交,用辅助平面法求交点的步骤如下:

(1) 包含 DE 作一辅助平面 P,P 一般为投影面垂直面。

(2) 作出辅助平面 P 与 $\triangle ABC$ 的交线 ⅠⅡ。

(3) 求出交线 ⅠⅡ 与直线 DE 的交点 M,M 即为直线 DE 与 $\triangle ABC$ 的交点。

【例 2-7】 如图 2-16(a)所示,求 $\triangle ABC$ 与直线 DE 的交点 M,并判别可见性。

作图:根据上述步骤,在投影图中,先包含 DE 作辅助平面 P,现选 P 为铅垂面,则 P_H 重叠于 de,交线的 H 面投影 12 与 de 重合,再作出 $1'2'$,$1'2'$ 与 $d'e'$ 的交点为 m',然后求 m 即可,如图 2-16(b)所示。

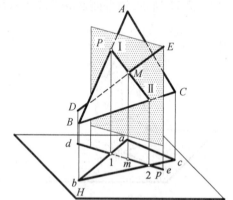

图 2-15 一般线与一般面相交

利用各面上的重影点,分别判断各投影面的可见性。如图 2-16(c)所示,在 H 面中取重影点 1(5) 判断 H 面的可见性,作出 $1'$ 和 $5'$,因 $1'$ 高于 $5'$,故 Ⅰ 为可见点,Ⅴ 为不可见点,所以线段 ⅤM 不可见,$5m$ 画成虚线。以交点分界的另一段必为实线。

在 V 面中取重影点 $3'(4')$ 判断 V 面的可见性,作出 3 和 4,因 3 在 4 的前方,故 Ⅲ 为可见点,Ⅳ 为不可见点,所以线段 ⅢM 可见,$3'm'$ 画成实线。以交点分界的另一段必为虚线。

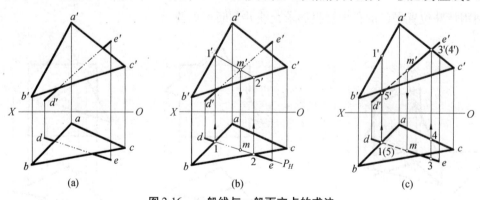

图 2-16 一般线与一般面交点的求法

六、*一般位置平面与一般位置平面相交

求两个一般面的交线,可用前面求直线与平面交点的方法。从一平面内任选两条直线,分别作出与另一平面的交点,两交点的连线即为所求。

【例 2-8】 如图 2-17(a)所示,求 △ABC 与平面 DEFG 的交线 MN,并判别可见性。

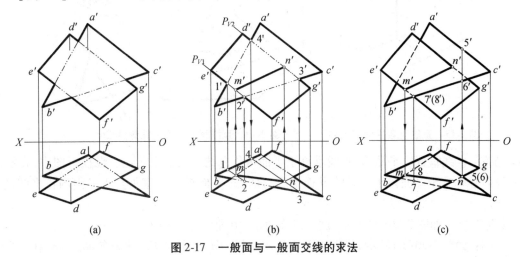

图 2-17 一般面与一般面交线的求法

作图:在平面 DEFG 中选取两条直线 EF、DG,分别求出交点 M、N。方法同前,如图 2-17(b)所示。

利用各面上的重影点,分别判断各投影面的可见性。如图 2-17(c)所示,在 H 面中取重影点 5(6),判断 H 面的可见性,作出 5′和 6′,因 5′高于 6′,故 Ⅴ 点为可见点,Ⅵ 点为不可见点,所以线段 ⅥN 不可见,6n 画成虚线。以交点分界的另一段必为实线。

在 V 面中取重影点 7′(8′) 判断 V 面的可见性,作出 7 和 8,因 7 在 8 的前方,故 Ⅶ 点为可见点,Ⅷ 点为不可见点,所以线段 ⅧM 不可见,8′m′画成虚线。以交点分界的另一段必为实线。

第三节 *垂 直

垂直是相交的特殊情况,可分成直线垂直于平面和平面垂直于平面两种情况。下面分别介绍。

一、直线和平面垂直

直线与平面垂直的几何条件是:若直线垂直于平面内的两相交直线,则该直线与平面垂直。反之,若直线垂直于平面,则该直线垂直于平面内的所有直线。

如图 2-18 所示,当直线 L 垂直于平面 P 内的两相交直线 AB、CD 时,L⊥P。反之,若 L⊥P,则 L 必垂直于平面 P 内的所有直线。由此,直线与平面的垂直问题实质上成为直线与直线的垂直问题。

根据上述分析,直线垂直于平面,自然也应垂直于平面内的投影面平行线(即水平线和正平线),由第一章第三节中两直线垂直的直角投影特性可知,其直角可在相应的投影面上反

映。如图 2-19 所示,直线 $L \perp P$,则直线 L 必垂直于平面 P 内的水平线 CD 和正平线 BE,则 $l \perp cd$,$l' \perp b'e'$。

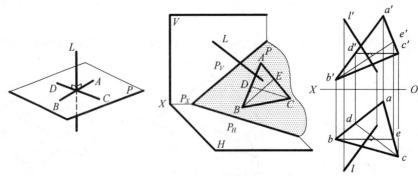

图 2-18 直线垂直平面的条件　　图 2-19 (a)直线垂直平面的投影特性(b)

结论:直线垂直于平面,则直线垂直于平面内所有的投影面平行线。在投影图中,直线的 H 面投影必垂直于平面内水平线的 H 面投影,直线的 V 面投影则应垂直于平面内正平线的 V 面投影。

【例 2-9】　如图 2-20(a)所示,过 A 点作直线 AB 垂直于 $\triangle DEF$。

作图:如图 2-20(b)所示,在 $\triangle DEF$ 内作水平线 DM,$d'm' \parallel OX$,过 a 作 $ab \perp dm$,在 $\triangle DEF$ 内作正平线 EN,$en \parallel OX$,过 a' 作 $a'b' \perp e'n'$,则 $AB(ab、a'b')$ 即为所求。

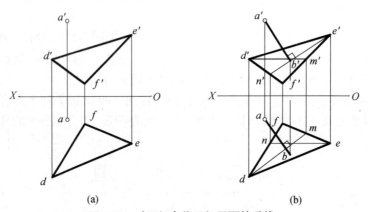

(a)　　(b)

图 2-20　过已知点作已知平面的垂线

在特殊情况下,当平面是某一投影面的垂直面时,则直线必为该投影面的平行线,且直线与平面的垂直可直接在平面的积聚投影中表现出来(请同学们自己画图思考)。

二、两平面垂直

两平面垂直的几何条件是:若一平面上有一直线与另一平面垂直,则两平面相互垂直。如图 2-21 所示,因平面 Q 中的一条直线 L 垂直于平面 P,则 $Q \perp P$。

【例 2-10】　如图 2-22(a)所示,过 A 点作平面 ABC 垂直于 $\triangle DEF$ 且平行于直线 MN。

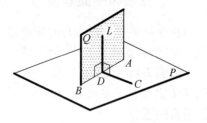

图 2-21　两平面垂直的条件

分析：作平面垂直于已知平面时，需要先作一直线垂直于已知平面，然后包含所作垂线作平面即可，因又要求平面平行于直线 MN，故作另一直线平行于 MN 即可。

作图［如图 2-22(b)所示］：

（1）过 A 点作直线垂直于△DEF 平面。先在△DEF 内作正平线 DG（dg、d'g'）和水平线 EH（eh、e'h'），然后过 A 点作直线 AB 与水平线和正平线垂直，即 ab⊥eh，a'b'⊥d'g'，则 AB 即与△DEF 平面垂直。

（2）包含 AB 作平面平行于 MN。即作一直线 AC（ac、a'c'），使 ac∥mn，a'c'∥m'n'，则直线 AB 与 AC 所组成的平面平行于直线 MN。

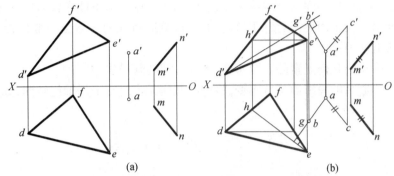

图 2-22　作平面垂直于已知平面且平行于已知直线

在特殊情况下，当两平面都是同一投影面的垂直面时，则两平面的垂直可直接在两平面的积聚投影中表现出来（请同学们自己画图思考）。

发散思维练习题：

过平面上一点，可以作什么？请同学们自行设计文字和图示题目，并给出解答。

第三章 投影变换

通过前面的学习可知,当空间几何元素对投影面处于一般位置时,解决空间点、直线、平面的度量问题和定位问题往往比较繁琐;而处于特殊位置时,解题就比较容易。在制图过程中往往遇到形体上倾斜于投影面的直线或平面,它们的实长或实形不能在投影中直接反映出来,要使空间几何元素对投影面处于有利于解题的位置,就应将几何元素由一般位置变换到特殊位置。常用方法有两种:

换面法——空间几何元素的位置不变,建立合适的新投影面。

旋转法——原来的投影面位置不变,将空间几何元素绕给定的轴旋转到合适的位置。

第一节 换 面 法

换面法是保持空间几何元素的位置不变,而设置新的投影面,使空间几何元素与新投影面处于特殊位置,即有利于解题的位置,以获得所需要的投影。

一、基本条件

在换面法中,首先遇到的问题是如何设置新投影面。所设置的新投影面必须满足以下两个基本条件:

(1)新投影面必须垂直于原投影体系中的某个投影面。

(2)新投影面必须使空间几何元素处于有利于解题的位置,如使空间的直线或平面平行或垂直于新投影面。

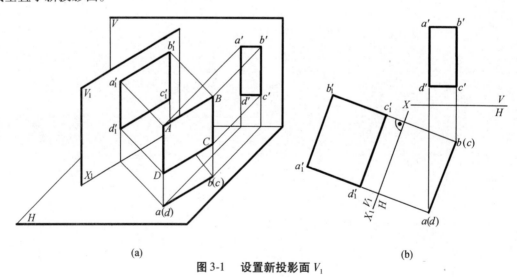

图 3-1 设置新投影面 V_1

如图 3-1(a)所示,为了求出平面 $ABCD$ 的实形,设置一个新投影面垂直于 H 面,并与平面 $ABCD$ 平行,这个新的投影面用 V_1 标记。V_1 面与 H 面的交线称为新投影轴,以 X_1 表示。点在 V_1 面上的投影标记为 a_1'、b_1'……如果设置的投影面垂直于 V 面,用 H_1 标记,新的投影轴仍以 X_1 表示。点在 H_1 面上的投影标记为 a_1、b_1……相对地,原来的 H、V 和 W 面可统称为基本投影面。这种增加新投影面使几何元素处于有利于解题的位置的方法,称为换面法。

采用换面法解决空间几何问题时,在设置了新投影面之后,需要根据几何元素已有的投影作出其在新投影面上的投影。点是最基本的几何元素,下面介绍点的投影变换原理和方法。

二、点的变换

1. 点的一次变换

只变换一次投影面,即能满足解题的要求,称为一次变换。

(1) 变换正立投影面(V 面):如图 3-2(a)所示,设置新投影面 V_1 与 H 面垂直,得到新投影轴 X_1,作 A 点在 V_1 面上的投影 a_1',称为新投影;V 面投影 a' 称为旧投影;H 面上的投影 a 没有动,称为不变投影。将 V_1 面绕 X_1 轴旋转到 H 面上,再随同 H 面旋转到 V 面上,所得的投影图如图 3-2(b)所示。Aa 与 Aa_1' 组成一个平面,与 X_1 轴交于 a_{X_1},旋转后,连系线 aa_1' 垂直于 X_1 轴。

由图 3-2(a)可知,A 点在 V_1 面上的投影 a_1' 至 X_1 轴的距离 $a_1'a_{X_1}$ 和 a' 至 X 轴的距离 $a'a_X$ 相等,即新投影到新轴的距离与 V 面投影到 X 轴的距离一样,都表示 A 点到 H 面的距离。

由此可以看出,V_1 面上的投影与原投影体系的投影有如下关系:

① a 和 a_1' 的连系线垂直于新投影轴 X_1,即 $aa_1' \perp X_1$ 轴。

② a_1' 到 X_1 轴的距离等于 a' 到 X 轴的距离,即 $a_1'a_{X_1} = a'a_X$。

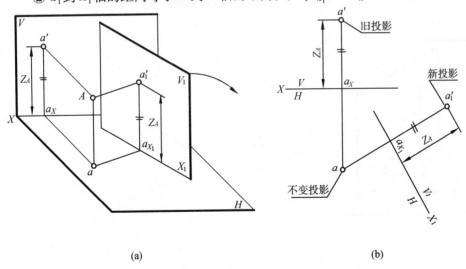

(a)　　　　　　　　　　(b)

图 3-2　点的一次变换(换 V 面)

(2) 变换水平投影面(H 面):如图 3-3(a)所示,设置一个垂直于 V 面的新投影面 H_1,变换 H 面,A 点在 H_1 面上的新投影 a_1 与原来投影 a 和 a' 的关系如下:

① a' 和 a_1 的连系线垂直于 X_1 轴,即 $a'a_1 \perp X_1$ 轴。

② a_1 到 X_1 轴的距离等于 a 到 X 轴的距离,即 $a_1a_{X_1} = aa_X$。

由上述关系归纳出点的一次投影变换规律:新投影与不变投影的连线垂直于新投影轴,新投影到新轴的距离等于旧投影到旧轴的距离。

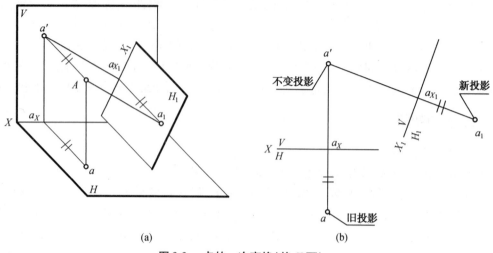

图 3-3　点的一次变换(换 H 面)

2. 点的二次变换

在换面法中,有时需要连续增设两个或两个以上的新投影面。在上述一次变换的基础上,再设置第二个新投影面与第一次设置的新投影面垂直,以组成新的投影面体系,这种两次变换投影面的方法称为二次变换。

如图 3-4(a) 所示,连续增设了两个新投影面。先建立一个新投影面 V_1,确立 V_1/H 投影面体系。在此基础上,再增设第二个新投影面 H_2 垂直于 V_1 面,确立 V_1/H_2 投影面体系,A 点在 H_2 面上的投影为 a_2。

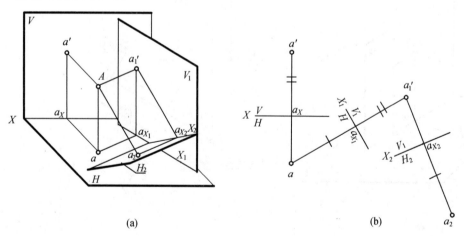

图 3-4　点的二次变换

先将 H_2 面旋转到 V_1 面上,再随同 V_1、H 面旋转到 V 面上,所得的投影图如图 3-4(b)所示。Aa_1' 与 Aa_2 亦组成一个平面,旋转后,连系线 $a_1'a_2 \perp X_2$ 轴,且 $a_2a_{X_2} = Aa_1' = aa_{X_1}$,表示 A 点到 V_1 面的距离。点的二次变换的具体作图步骤如下:

(1) 进行一次变换,首先确立 H/V_1 投影面体系,选定 X_1 轴的位置,作 $aa_1' \perp X_1$ 轴,取 $a_1'a_{X_1} = a'a_X$。

(2) 进行二次变换,确立 V_1/H_2 投影面体系,选定 X_2 轴的位置,作 $a_1'a_2 \perp X_2$ 轴,取 $a_2a_{X_2} = aa_{X_1}$。

同理,也可以第一次变换 H 面确立 V/H_1 体系,第二次变换 V 面确立 H_1/V_2 体系。

三、直线的变换

1. 将一般位置线变换成投影面的平行线,使变换后的投影反映实长和对相应投影面的倾角

如图 3-5(a)所示,AB 是一般位置直线,其水平投影和正面投影都不反映实长,欲求线段的实长,可以变换 V 面或 H 面。

若设 V_1 面平行于直线 AB,且垂直于 H 面,则投影 $a_1'b_1'$ 反映直线 AB 的实长及倾角 α。此时,X_1 轴平行于 ab。如图 3-5(b)所示,作图步骤如下:

(1) 作任意远近的 X_1 轴,使其平行于 ab。

(2) 分别由 a、b 两点作 X_1 轴的垂线,截取 a_1'、b_1' 到 X_1 轴的距离分别等于 a'、b' 到 X 轴的距离。

(3) 连接 $a_1'b_1'$ 即为实长,$a_1'b_1'$ 与 X_1 轴的夹角反映直线 AB 对 H 面的倾角 α。

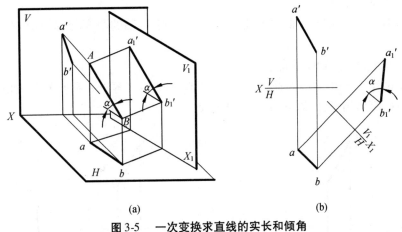

(a)   (b)

图 3-5 一次变换求直线的实长和倾角

2. 将投影面平行线变换成投影面垂直线,使变换后的投影成为一点

如图 3-6(a)所示,因为直线 AB 平行于正立投影面 V 面,垂直于 AB 的平面必垂直于 V 面,因此应变换 H 面。如图 3-6(b)所示,作图步骤如下:

(1) 作 X_1 轴垂直于 $a'b'$。

(2) 由 $a'b'$ 作 X_1 轴的垂线并截取 $a_1(b_1)$ 至 X_1 轴的距离等于 a 和 b 至 X 轴的距离,因为 a 和 b 至 X 轴的距离相等,所以 a_1、b_1 重合为一点。

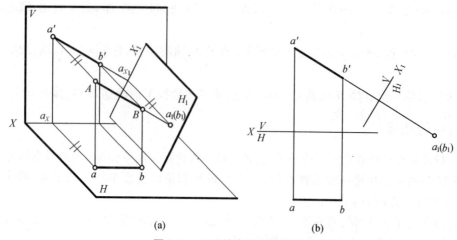

图 3-6 正平线变换成投影面垂直线

3. 将一般位置直线变换成投影面垂直线,使变换后的投影成为一点

如图 3-7(a)所示,AB 是一般位置直线,要使变换后的投影成为一点,首先应使其变换成投影面的平行线,然后再变换成投影面的垂直线。也就是要经过两次变换,即将上面两种情况合成。如图 3-7(b)所示,作图步骤如下:

(1) 选定 X_1 轴平行于 ab。

(2) 分别由 a、b 两点作 X_1 轴的垂线,截取 a_1'、b_1' 到 X_1 轴的距离分别等于 a'、b' 到 X 轴的距离。

(3) 连接 $a_1'b_1'$,再选 X_2 轴垂直于 $a_1'b_1'$。

(4) 由 $a_1'b_1'$ 作 X_2 轴的垂线并截取 $a_2(b_2)$ 至 X_2 轴的距离等于 a 和 b 至 X_1 轴的距离,因为 a 和 b 到 X_1 轴的距离相等,所以 a_2、b_2 重合为一点。

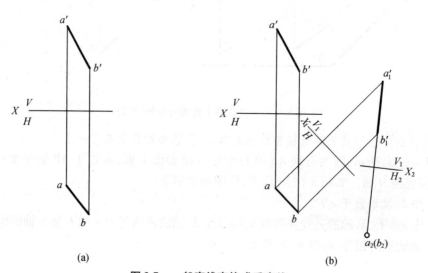

图 3-7 一般直线变换成垂直线

四、平面的变换

1. 将一般位置平面变换成投影面垂直面,使变换后的投影成为一直线

如图 3-8(a)所示,△ABC 是一般位置平面,怎样才能使一般位置平面变换成投影面的垂直面呢?只有当设置的新投影面垂直于平面上的一条直线时,平面的新投影才能积聚成一直线。如图 3-8(b)所示,作图步骤如下:

(1) 在△ABC 平面上作水平线 AD,$a'd' // X$ 轴,再求得 ad。

(2) 作 X_1 轴垂直于 ad,求得 $b_1'a_1'c_1'$ 为一积聚直线。

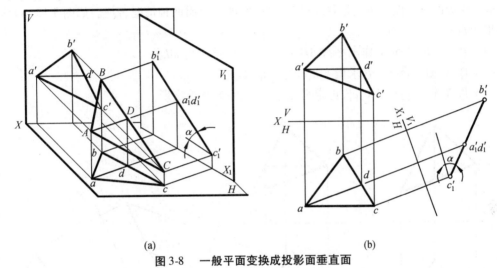

图 3-8　一般平面变换成投影面垂直面

2. 将投影面垂直面变换成投影面平行面,使变换后的投影反映实形

如图 3-9(a)所示,△ABC 平面的正面投影积聚为一直线,倾斜于 X 轴,所以它是正垂面,

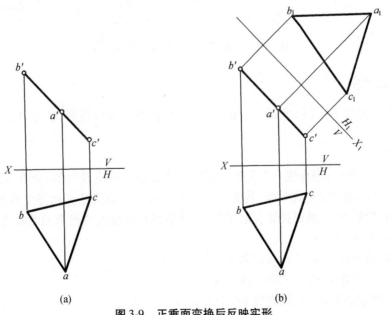

图 3-9　正垂面变换后反映实形

水平投影并不反映实形。欲求其实形，应选择垂直于 V 面且平行于 $\triangle ABC$ 的新投影面 H_1。如图 3-9(b)所示，作图步骤如下：

（1）作 X_1 轴平行于积聚投影 $a'b'c'$。

（2）分别由 a'、b'、c' 作 X_1 轴的垂线，并截取 a_1、b_1、c_1 各点到 X_1 轴的距离分别等于 a、b、c 各点到 X 轴的距离。

（3）$\triangle a_1 b_1 c_1$ 即为所求实形。

3. 将一般位置平面变换成投影面平行面，使变换后的投影反映实形

如图 3-10(a)所示，$\triangle ABC$ 是一般位置平面。因此，首先使其变换成投影面的垂直面，然后再变换成投影面的平行面。也就是要经过两次变换，即将上面两种情况合成。如图 3-10(b)所示，作图步骤如下：

（1）在 $\triangle ABC$ 平面上作水平线 AD，$a'd' \parallel X$ 轴，再求得 ad。

（2）作 X_1 轴垂直于 ad，求得 $b'_1 a'_1 c'_1$ 为一直线。

（3）作 X_2 轴平行于 $b'_1 a'_1 c'_1$，再求得 $\triangle a_2 b_2 c_2$，即为所求实形。

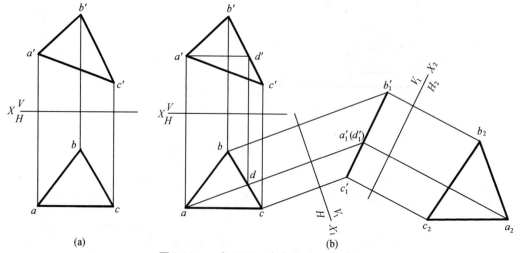

图 3-10　一般平面二次变换后反映实形

五、综合举例

【例 3-1】　如图 3-11(a)所示，已知 A 点和 BC 直线的两面投影，试求 A 点到 BC 直线的距离。

空间分析：

如图 3-11(b)所示，当直线 BC 垂直某投影面时，A 点到直线 BC 的距离在该投影面上反映实长。故过点 A 作直线 BC 的垂线，其垂足 K 到该点 A 的距离就是点到直线的距离。所以，首先将一般位置直线 BC 变换成投影面的平行线，然后再将其变换成投影面的垂直线。

作图步骤[图 3-11(c)]：

（1）作 X_1 轴平行于 bc，求出 $b'_1 c'_1$ 和 a'_1。

（2）作 X_2 轴垂直于 $b'_1 c'_1$，求出 $c_2(b_2)$ 和 a_2。

（3）$a_2 c_2$ 的长度即为 A 点到直线 BC 的距离。

（注：本题亦可用第一次变换 H 面，第二次变换 V 面求解。）

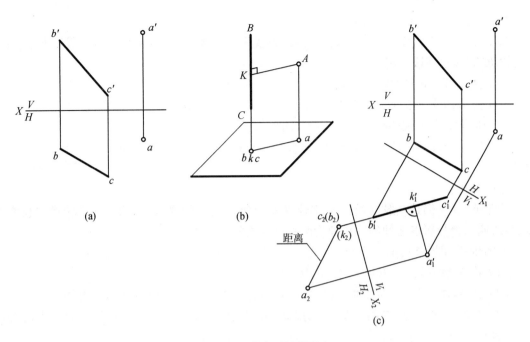

图 3-11 求点到线的距离

【例 3-2】 如图 3-12(a)所示,求点 K 到 $\triangle ABC$ 的距离及垂足的投影。

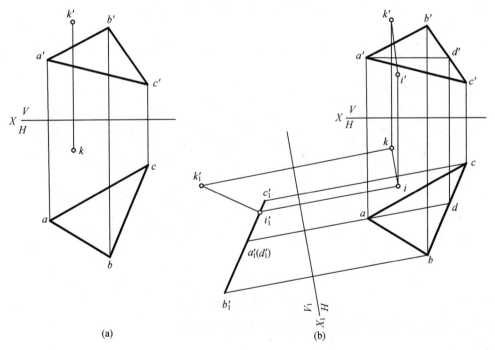

图 3-12 求点到平面的距离

空间分析:

当平面垂直于某投影面时,一点到平面的距离及垂足可在该投影面上反映出来。

作图步骤[图 3-12(b)]:

(1) 在 $\triangle ABC$ 内作 H 面平行线 AD。

(2) 作 X_1 轴垂直于 ad,由 k、a、b、c 点作直线垂直于 X_1 轴,并在对应直线上截取 k_1'、a_1'、b_1'、c_1',$\triangle ABC$ 积聚成线段 $b_1'a_1'c_1'$。

(3) 过 k_1' 作 $b_1'a_1'c_1'$ 的垂线得垂足 i_1'。

(4) 过 i_1' 作 X_1 轴的垂线与所作平行于 X_1 轴的 ki 交于 i,$k_1'i_1'$ 即为所求距离。

(5) 根据 i' 到 X 轴的距离等于 i_1' 到 X_1 轴的距离,即可定出 i'。

【例 3-3】 如图 3-13(a)所示,已知直线 AB 平行于 CD,且距离为 10mm,求 CD 的正面投影。

空间分析:

由于 AB、CD 都是一般位置直线,若求两平行线之间的距离,可将两直线都转换成投影面垂直线,两积聚投影点之间的距离即为两平行线之间的距离。

作图步骤[图 3-13(b)]:

(1) 作 X_1 轴平行于 $cd(ab)$,求出 $a_1'b_1'$。

(2) 作 X_2 轴垂直于 $a_1'b_1'$,得 $a_2(b_2)$,以 $a_2(b_2)$ 为圆心作一半径为 10 mm 的圆。

(3) 量取 X_1 轴到 cd 之间的距离 Δ,以 Δ 为距离作 X_2 轴的平行直线交圆于两点(此题有两个解,舍其中一点),得 $c_2(d_2)$。

(4) 返回得 $c_1'd_1'$,再返回得 $c'd'$。

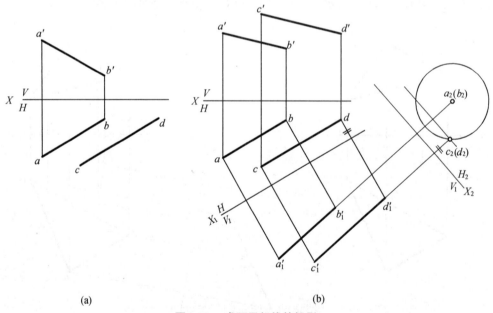

图 3-13 求两平行线的投影

【例 3-4】 如图 3-14(a)所示,求两平面之间的夹角。

空间分析:

当两个平面垂直于某投影面时,交线亦必垂直于该投影面,两平面在该投影面上的投影积聚成两条直线,它们之间的夹角即是两平面的夹角。

作图步骤[图 3-14(b)]:

(1) 作 V_1 平行于两平面的交线 AB,且垂直于 H 面,求出 $\triangle a_1'b_1'd_1'$ 和 $\triangle a_1'b_1'c_1'$,$a_1'b_1'$ 为交线的

实长。

(2) 作 H_2 面垂直于 AB，即 X_2 轴垂直于 $a_1'b_1'$，$a_2(b_2)$ 积聚为一点，$\triangle a_2b_2d_2$ 和 $\triangle a_2b_2c_2$ 积聚成两直线，则夹角 ϕ 即为所求。

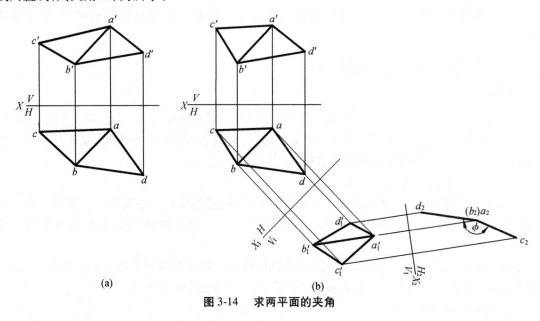

图 3-14 求两平面的夹角

第二节 *旋 转 法

原投影面保持不变，使空间几何元素绕一条垂直于某个投影面（H 或 V）的轴线旋转一定角度，使之相对另一个投影面处于有利于解题的特殊位置，这种方法称为旋转法。

旋转法按旋转轴与投影面的位置不同可分为两类：旋转轴垂直于某个投影面时，称为绕垂直轴旋转；旋转轴平行于某个投影面时，称为绕平行轴旋转。一般情况下，常用绕垂直轴旋转法解题。

一、基本概念

1. 术语

如图 3-15 所示，一点绕一直线旋转形成一个圆周，该点 A 称为旋转点，该直线称为旋转轴，圆周称为旋转圆周，圆心 O_A 称为旋转中心，圆周半径 O_AA 称为旋转半径，旋转圆周形成的一个平面称为旋转平面。旋转点和旋转轴确定后，旋转中心、旋转半径、旋转圆周和旋转平面随之确定。

2. 旋转轴的选择

为作图方便，在投影图中，一般应采用垂直或平行于投影面的旋转轴，使旋转圆周的投影成为圆或

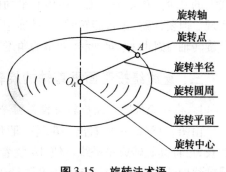

图 3-15 旋转法术语

直线。

旋转轴的选择原则：

（1）能使几何元素旋转到有利于解题的位置。

（2）旋转轴的方向和位置，在能够把几何元素旋转到所需要位置的前提下，应使作图方便。

二、点绕投影面垂直轴的旋转

1. 点绕正垂轴旋转

如图 3-16(a) 所示为 A 点绕正垂轴旋转时的状况。其旋转中心为 O_A 点，旋转半径为 $O_A A$。A 点绕正垂轴旋转时，其轨迹是平行于正面的圆周，它的正面投影反映实形，水平投影为一平行于 X 轴的线段，其长度等于圆周的直径，如图 3-16(b) 所示。

2. 点绕铅垂轴旋转

同理，如图 3-17 所示，A 点绕铅垂轴旋转，其旋转轨迹为垂直于轴线的一个圆周。该圆周平行于水平面，其水平投影反映实形，正面投影为一平行于 X 轴的线段，其长度等于圆周的直径。

由此可知，点绕垂直于投影面的轴线旋转时，其运动轨迹在该投影面上的投影为一圆，在其他投影面上的投影为平行于投影轴的直线段，长度等于圆周的直径。

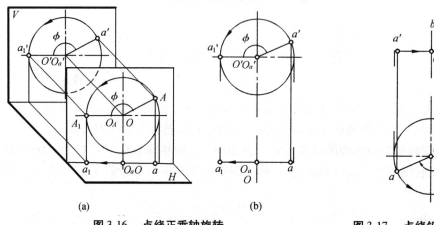

图 3-16　点绕正垂轴旋转　　　　图 3-17　点绕铅垂轴旋转

掌握了点的旋转规律，就不难进行线段和平面图形的旋转。两点确定一直线，不在同一直线上的三个点确定一平面。线段和平面的旋转可由旋转线段的两个端点和旋转平面上的点来实现。但要注意，进行旋转时，一旦确定了旋转轴的方向和位置后，线和面上所有点均应绕同一旋转轴，按同一方向、同样大小的角度旋转，才能保持各空间几何元素间的相互位置不变。

三、直线绕投影面垂直轴的旋转

1. 将一般位置直线旋转成投影面平行线，使旋转后的投影反映实长

由图 3-18(a) 可以看出，AB 是一般位置直线，它的两面投影均不反映实长。欲求其线段实长，可将其旋转成正平线。使 AB 绕着过 B 点的铅垂轴旋转，则 B 点始终位于轴线上，A 点绕轴线做圆周运动，当旋转到 $A_1 B$ 平行于正面的位置时，它的水平投影平行于 X 轴，其正面投

影反映实长及其倾角 α。

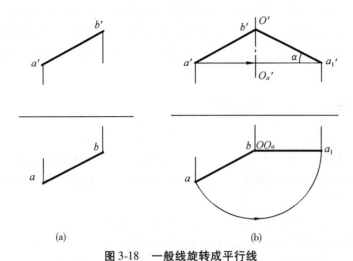

图 3-18 一般线旋转成平行线

作图步骤[图 3-18(b)]：

(1) 以 b 点为圆心、ab 为半径作圆弧，与过 b 点所作 X 轴的平行线相交于 a_1。

(2) 再由 a_1 点作 X 轴的垂线，与过 a' 点所作 X 轴的平行线相交得 a_1'，连接 $a_1'b'$ 即为实长，$\angle a'a_1'b' = \alpha$。

2. 将投影面平行线旋转成投影面垂直线，使旋转后的投影成为一点

如图 3-19(a) 所示，AB 为正平线，要使旋转后的投影成为一点，以通过 A 点的正垂线为轴，使 AB 绕该轴旋转至垂直于 H 面的位置，其水平投影必成一点。

作图：如图 3-19(b) 所示，以 a' 为圆心，以 $a'b'$ 为半径作弧，使 $a'b'$ 旋转成竖直位置 $a'b_1'$，此时 b_1 与 a 重合。

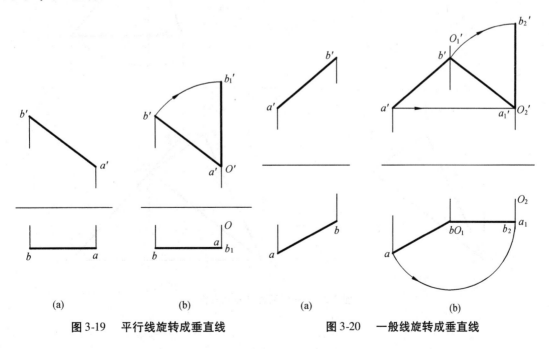

图 3-19 平行线旋转成垂直线 　　　　图 3-20 一般线旋转成垂直线

3. 将一般位置直线旋转成投影面垂直线,使旋转后的投影成为一点

如图 3-20(a)所示,AB 为一般位置直线,如绕铅垂轴旋转,因 AB 与 V 面的倾角不变,无法一次旋转成 H 面或 V 面垂直线。只有先旋转成 V 面平行线 A_1B,再绕一正垂轴旋转,才能旋转成 H 面垂直线。作图步骤为上面两种情况的合成。图 3-20(b)的作图过程为图 3-18(b)、图 3-19(b)的连续作图。

四、平面绕投影面垂直轴的旋转

1. 将一般位置平面旋转成投影面垂直面,使旋转后的投影成为一直线

如图 3-21(a)所示,$\triangle ABC$ 为一般位置平面,要使 $\triangle ABC$ 旋转成垂直于 H 面的一直线,可先作一条正平线 BD,将 BD 旋转成铅垂线 BD_1,则 $\triangle ABC$ 必旋转成垂直 H 面的 $\triangle A_1BC_1$。

作图步骤[图 3-21(b)]:

(1) 在 $\triangle ABC$ 上取一条正平线 BD,即 $bd // X$ 轴,作出 $b'd'$。
(2) 以 b' 为圆心,旋转 $b'd'$ 至竖直方向,作 $\triangle a_1'b'c_1' \cong \triangle a'b'c'$。
(3) 将 a、c、d 向右平移至 a_1、c_1、d_1,则 a_1、b、c_1 三点必为一直线。

(注:因平面 ABC 对 V 面的倾角不变,故 a_1bc_1 与 X 轴的夹角为平面对 V 面的倾角 β。)

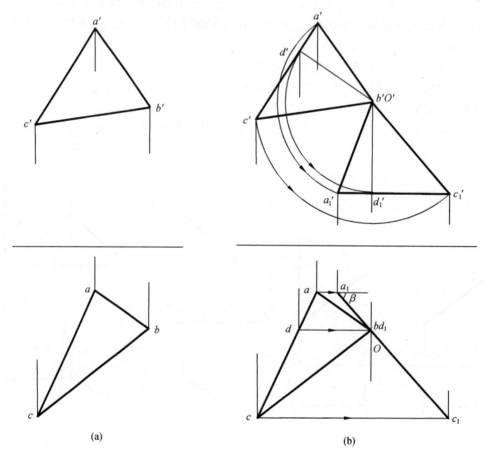

图 3-21 一般面旋转成垂直面

2. 将投影面垂直面旋转成投影面平行面,使旋转后的投影反映实形

由图 3-22(a)可以看出,△ABC 为铅垂面,欲求其实形,可将它旋转至与 V 面平行,这时 △A_1B_1C 的水平投影平行于 X 轴,其正面投影反映实形。

作图步骤[图 3-22(b)]:

(1) 在水平投影上,以 c 点为圆心,分别以 ca、cb 为半径作圆弧,与过 c 点所作 X 轴的平行线相交于 a_1、b_1 两点;

(2) 由 a_1、b_1 两点作 X 轴的垂线,与过 a'、b'所作 X 轴的平行线相交得 a_1'、b_1' 两点,连接 △$a_1'b_1'c'$ 即反映△ABC 的实形。

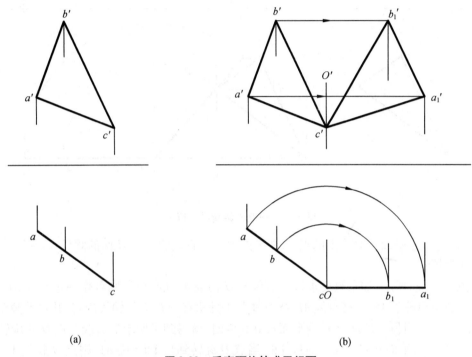

(a)　　　　　　　　　　　　　　(b)

图 3-22　垂直面旋转成平行面

3. 将一般位置平面旋转成投影面平行面,使旋转后的投影反映实形

如图 3-23(a)所示,一般位置平面绕投影面垂直轴旋转时,只能旋转成另一投影面的垂直面。由于平面与旋转轴所垂直的投影面之间的倾角不变,故不能一次旋转成投影面的平行面,而要先将平面旋转成投影面垂直面,再旋转成投影面平行面。图 3-23(b)为图 3-21(b)、图 3-22(b)两次作图过程的合成。

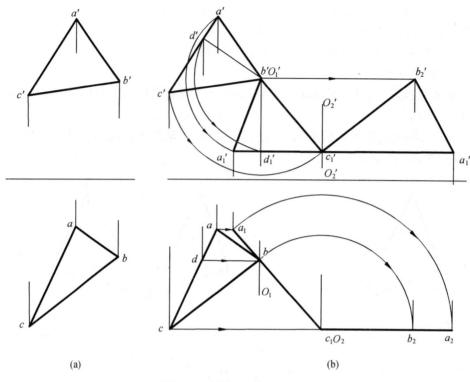

图 3-23　一般面旋转成平行面

【例 3-5】 过平面 △ABC 上的点 A，在平面内作一直线使其与 H 面的倾角 α=45°。

空间分析：

如图 3-24(a)所示，如果只要求过 A 点作与 H 面成 45°的直线，则可作一正平线 AD，使其与水平面的倾角等于 45°。将直线 AD 绕通过点 A 且垂直于 H 面的轴线旋转，其水平倾角保持不变，点 A 不动，当另一端点 D 转到平面 △ABC 内时，就得到了所求的直线。点 D 的旋转平面是水平面 P，它与平面 △ABC 交于直线 ⅠⅡ，当点 D 旋转到与 ⅠⅡ相遇时，则点 D 就位于 △ABC 平面内。

作图步骤[图 3-24(b)]：

(1) 作正平线 AD，使其水平倾角为 45°。
(2) 求出过 D 的水平面 P 与 △ABC 的交线 ⅠⅡ(12,1'2')。
(3) 以 a 为圆心、ad 为半径作弧，交 12 于 e，由 e′在 1′2′线上定出 e′点。
(4) 连接 AE(ae,a′e′)，则 AE 即为所求。

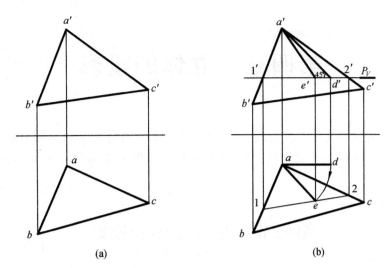

图 3-24 过已知点作满足一定条件的直线

发散思维练习题：

已知一般位置平面和平面外一点，过该点可以作哪些与已知平面有关的几何元素？题目自行设计，并用换面法给出解答。

第四章 立体的投影

空间立体是由各个表面围成的,按其表面性质的不同可分为平面立体与曲面立体两类:表面全是平面的立体称为平面立体,表面全是曲面的或既有曲面又有平面的立体称为曲面立体。

第一节 平面立体的投影

平面立体主要有棱柱、棱锥等。在投影图中表示平面立体就是把组成立体的平面和棱线画出来,并判别可见性,将看得见的线画成实线,看不见的线画成虚线。

一、棱柱

工程中常见的棱柱有三棱柱、四棱柱、五棱柱、六棱柱等。现以五棱柱为例说明棱柱的投影特性和表面取点的方法。

1. 棱柱的投影

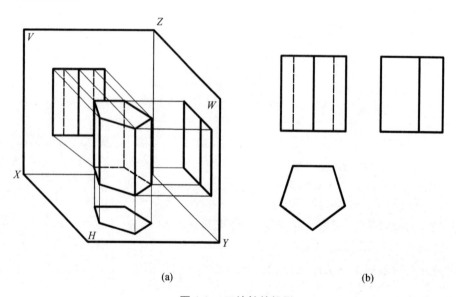

图 4-1 五棱柱的投影

如图 4-1(a)所示为正五棱柱的立体投影图,正五棱柱是由五个侧面和上、下两底面围成。上、下底面与 H 面平行,是水平面,其 H 面投影具有真实性,在 V 面和 W 面的投影分别积聚为一水平直线。五棱柱的五个侧面中,除后侧棱面是正平面外,其余均为铅垂面。正平面在 V 面的投影反映实形,其余四个侧棱面在 V、W 面上为类似形。五个侧面在 H 面上积聚成直线,五条侧棱线均是铅垂线,其 H 面投影积聚为点,正面和侧面投影均反映实长。其投影图如图 4-1(b)所示。

2. 棱柱表面上的点

在平面立体表面上取点,其方法和原理与在平面上取点完全相同。首先应确定点所在的平面,然后分析平面的投影特性。一般棱柱面上的点可利用积聚性来作图。

【例 4-1】 如图 4-2(a)所示,已知五棱柱表面上的点 A 和 B 的一个投影,求点的其余两面投影。

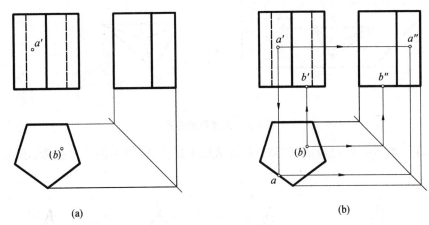

图 4-2　五棱柱表面上取点

作图步骤[图 4-2(b)]:

(1) 作 A 点的投影。由 a′可知,A 点位于左前方的侧棱面上,因此可先在 H 面中定出 a,然后作出 a″,a″可见。

(2) 作 B 点的投影。由图中(b)点可知,B 点位于下底面上,于是先作 V 面投影 b′,然后作 W 面投影 b″。

二、棱锥

工程中常见的棱锥有三棱锥、四棱锥、五棱锥、六棱锥等。现以三棱锥为例说明棱锥的投影特性和表面取点的方法。

1. 棱锥的投影

如图 4-3(a)所示为三棱锥的立体投影图,三棱锥是由三个侧面和一个底面围成。底面 △ABC 与 H 面平行,其 H 面投影具有真实性,在 V 面和 W 面的投影分别积聚为一水平直线。三棱锥的三个侧面中,除△SAC 面是侧垂面外,其余均为一般面。侧垂面在 W 面的投影积聚为斜线,在另外两投影面上为类似形,其余两个侧棱面在 H、V、W 面上均为类似形。AB 和 BC 是水平线,AC 是侧垂线,SA、SB、SC 均为一般线。其投影图如图 4-3(b)所示。

2. 棱锥表面上的点

从棱锥的投影图分析可知,除底面△ABC 外,棱锥的各表面一般没有积聚性,所以在棱锥面上取点需要用辅助线来作图。

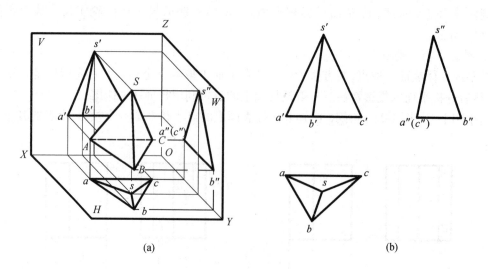

图 4-3　三棱锥的投影

【例 4-2】　如图 4-4(a)所示,已知三棱锥表面上的点 M 和 N 的一个投影,求点的其余两面投影。

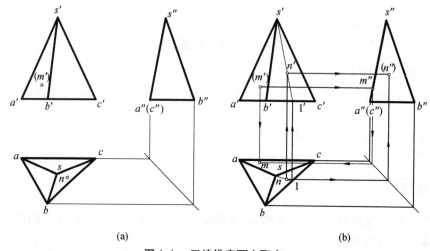

图 4-4　三棱锥表面上取点

作图步骤[图 4-4(b)]：

(1) 作点 M 的投影。由(m′)可知,M 点位于后侧棱面△SAC 上,其为侧垂面,因此可先在 W 面中定出 m″,然后由(m′)和 m″作出 m,m 可见。

(2) 作点 N 的投影。由 n 可知,N 点位于前右侧棱面△SBC 上,过 n 点作辅助线 s1,再作 s′1′,在 s′1′上定出 n′,由 n 和 n′作出(n″),(n″)不可见。

第二节　回转曲面的投影

母线绕一轴线旋转而形成的曲面称为回转面,否则为非回转面。常见的回转曲面有圆柱面、圆锥面、球面、圆环面等。

一、圆柱面

1. 圆柱面的形成

以直线 AA_0 为母线,以平行直线 OO_0 为轴线旋转而成的曲面称为圆柱面。如图4-5(a)所示,圆柱面上的素线相互平行。端点 A 和 A_0 旋转时形成顶圆和底圆。

2. 圆柱面的投影

当圆柱的轴线垂直于水平面时,它在 H 面上的投影为圆,具有积聚性,圆柱面上的所有点和线均积聚在该圆上。其 V 面、W 面投影均为矩形,矩形的上下两水平线是顶圆和底圆的积聚投影。

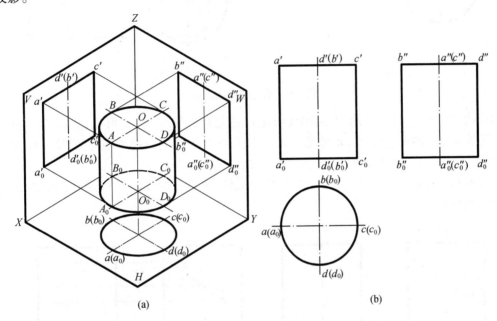

图4-5 圆柱面的投影

V 面的左右两条线 AA_0 和 CC_0 是最左和最右的两条直素线,将圆柱分为前后两部分,向 V 面投影时前半部分可见,而后半部分不可见,是前后可见与不可见的分界线。

W 面的左右两条线 DD_0 和 BB_0 是最前和最后的两条直素线,将圆柱分为左右两部分,向 W 面投影时左半部分可见,而右半部分不可见,是左右可见与不可见的分界线,这样的分界线又称为转向轮廓线,如图4-5(b)所示。

3. 圆柱表面上取点和线

在圆柱面上取点和线,可直接利用圆柱面的积聚投影来作图。

【例4-3】 如图4-6(a)所示,已知圆柱面上的点 M、N 的投影 m'、(n'),求点的其余两面投影。

分析:由 m' 所在的位置可知,其在左半圆柱面上,又因其可见,可知其在前半圆柱面上,所以 M 点应在左前半圆柱面上。由 (n') 所在的位置可知,其在右半圆柱面上,又因其不可见,可知其在后半圆柱面上,所以 N 点应在右后半圆柱面上。

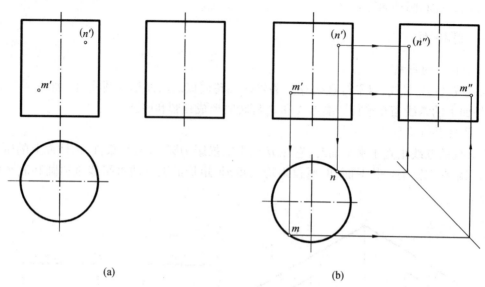

图 4-6 圆柱表面上取点

作图步骤：如图 4-6(b)所示，因圆柱面在 H 面上有积聚性，且 m' 可见，故 m 应在前半圆弧上，根据 m'、m，即可求得 m''，m'' 可见。而 (n') 表明 N 点的 V 面投影不可见，故 n 应在后半圆弧上，根据 (n')、n，即可求得 (n'')，(n'') 不可见。

【例 4-4】 如图 4-7(a)所示，已知圆柱面上线段 AB 的正面投影 $a'b'$，求作线段的 H 面投影和 W 面投影。

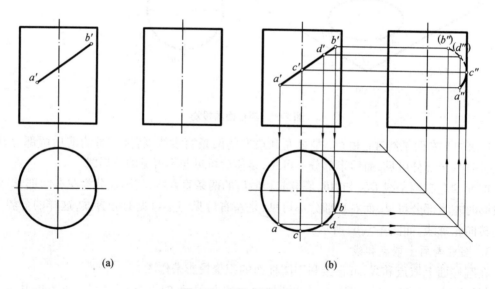

图 4-7 圆柱表面上取线

分析：如图 4-7(a)所示，因 AB 线段的正面投影 $a'b'$ 为一倾斜线，故该线段为平面曲线。又因该线段在圆柱面上，故其水平投影积聚在圆上。可将线段看成由若干点组成，依次求点的投影，即可求得 AB 线段的侧面投影。

作图步骤[图 4-7(b)]：

(1) 在正面投影上取若干点,如 a'、c'、d'、b' 等,因各点均可见,故线段在前半圆柱上。
(2) 利用积聚性,直接求 a、c、d、b 点。
(3) 由正面投影与水平投影求 a''、c''、d''、b'' 点,光滑连接,并判别可见性。因 c'' 点位于侧面的转向轮廓线上,曲线 AC 在左半圆柱面上,而曲线 CB 在右半圆柱面上,故 $a''c''$ 可见,$c''(b'')$ 不可见。

二、圆锥面

1. 圆锥面的形成

以直线 SA 为母线,以与其相交的直线 SO 为轴线旋转而成的曲面称为圆锥面,如图 4-8(a)所示。

2. 圆锥面的投影

当圆锥的轴线垂直于水平面时,它在 H 面上的投影为圆和一顶点 s,其 V 面、W 面投影均为大小相同的等腰三角形,三角形的底边是底圆的积聚投影。

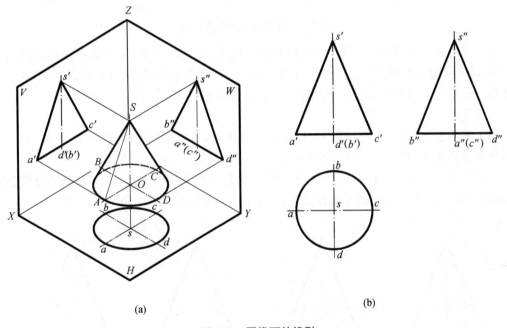

图 4-8 圆锥面的投影

V 面的左右两条线 SA 和 SC 是最左和最右的两条直素线,将圆锥分为前后两部分,向 V 面投影时前半部分可见,而后半部分不可见,是前后可见与不可见的分界线。

W 面的左右两条线 SD 和 SB 是最前和最后的两条直素线,将圆锥分为左右两部分,向 W 面投影时左半部分可见,而右半部分不可见,是左右可见与不可见的分界线,这样的分界线又称为转向轮廓线,如图 4-8(b)所示。

3. 圆锥表面上取点和线

在圆锥面上取点和线,因圆锥面在三面投影中均无积聚性,所以一般需要用辅助线来求作,通常用素线法或纬圆法,如图 4-9(a)所示。

【例 4-5】 如图 4-9(b)所示,已知圆锥面上一点 M 的正面投影 m',求作它的 H 面投影 m

和 W 面投影 m''。

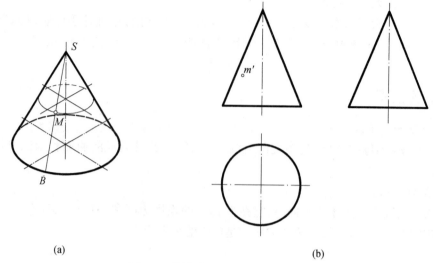

(a)   (b)

图 4-9   圆锥表面上取点（一）

分析：由 m' 所在的位置可知,其在左半圆锥面上,又因其可见,可知其在前半圆锥面上,所以 M 点应在前左半圆锥面上。然后过 M 点在圆锥面上作辅助线,可作过锥顶 S 的素线或垂直于轴线的圆线。再按点的投影规律求点的其他投影即可。

作图步骤：

（1）素线法。如图 4-10(a)所示,连接 $s'm'$ 并延长,与底圆相交于 b', M 必在 SB 上,因点 M 在前半圆锥面上,可求 m。然后可求 m'', m 和 m'' 均可见。

（2）纬圆法。如图 4-10(b)所示,过 m' 作一平行于底圆的水平线,其在 H 面的投影是圆, m 点必在此圆上,因点 M 在前半圆锥面上,可求 m。然后可求 m'', m 和 m'' 均可见。

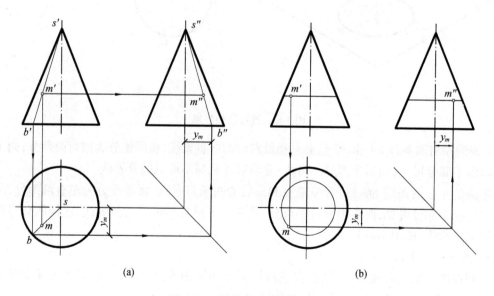

(a)   (b)

图 4-10   圆锥表面上取点（二）

【例4-6】 如图4-11(a)所示,已知圆锥面上线段 AB 的正面投影 a'b',求作线段的 H 面投影和 W 面投影。

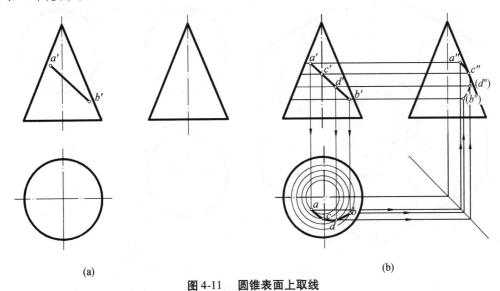

图4-11 圆锥表面上取线

分析:如图4-11(a)所示,因 AB 线段的正面投影 a'b' 为一倾斜线,故该线段为平面曲线。可将线段看成由若干点组成,依次求点,即可求得其侧面投影。

作图步骤[图4-11(b)]:

(1) 在正面投影上取若干点,如 a'、c'、d'、b' 等,因各点均可见,故线段在前半圆锥面上。

(2) 用素线法或纬圆法求 a、c、d、b 点(图中用的是纬圆法)。

(3) 由正面投影与水平投影求 a"、c"、d"、b"点,光滑连接,并判别可见性。因 c"点位于侧面的转向轮廓线上,曲线 AC 在左半圆锥面上,而曲线 CB 在右半圆锥面上,故 a"c"可见,c"(b") 不可见。

三、球面

1. 球面的形成

以圆为母线,绕其直径旋转而成的曲面称为球面,如图4-12(a)所示。

2. 球面的投影

如图4-12(b)所示,球的三面投影均为与球直径等大的圆。

球的 H 面投影是水平圆 A,其将球面分成上下两部分,向 H 面投影时,上半球可见,下半球不可见,是上下半球可见与不可见的分界线。

球的 V 面投影是正面圆 B,其将球面分成前后两部分,向 V 面投影时,前半球可见,后半球不可见,是前后半球可见与不可见的分界线。

球的 W 面投影是侧面圆 C,其将球面分成左右两部分,向 W 面投影时,左半球可见,右半球不可见,是左右半球可见与不可见的分界线,这样的分界线又称为转向轮廓线。

3. 球表面上取点和线

因球面的三个投影均无积聚性,在球面上取点或线,可利用平行于投影面的圆为辅助线来作图。

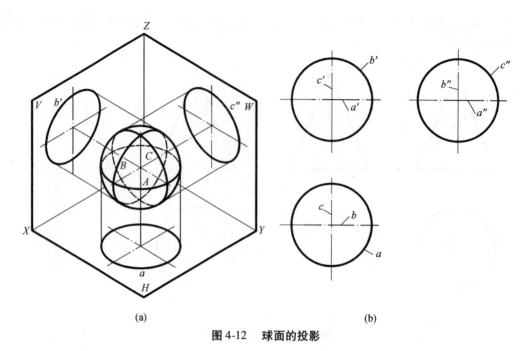

图 4-12 球面的投影

【例 4-7】 如图 4-13(a)所示,已知球面上一点 M 的正面投影 m',求作它的 H 面投影 m 和 W 面投影 m''。

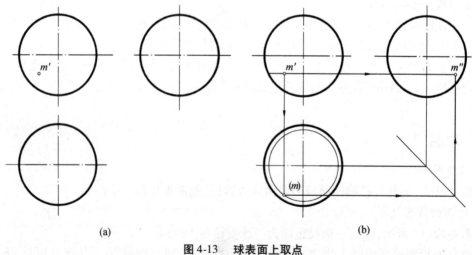

图 4-13 球表面上取点

分析:由 m' 所在的位置可知,其 M 点在球面的前、左、下部分,根据球面特性,作平行于投影面的各种辅助圆线,再按点的投影特性,求 M 点的水平投影和侧面投影。

作图步骤:如图 4-13(b)所示,过 m' 作一平行于 H 面的水平线,其在 H 面的投影是圆,m 点必在此圆上,因点 M 在圆球的前下部分,所以水平投影 (m) 不可见。然后由 (m) 和 m' 可求 m'',m'' 可见。

【例 4-8】 如图 4-14(a)所示,已知球面上线段 AB 的正面投影 $a'b'$,求作线段的 H 面投影和 W 面投影。

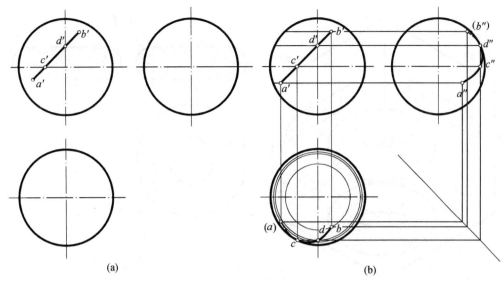

图 4-14　球表面上取线

分析：如图 4-14(a)所示，因 AB 线段的正面投影 $a'b'$ 为一倾斜线，故该线段为平面曲线。可将线段看成由若干点组成，依次求点，即可求得其水平投影和侧面投影。

作图步骤[图 4-14(b)]：

(1) 在正面投影上取若干点，如 a'、c'、d'、b' 等，因点均可见，故线段在前半球面上。

(2) 作辅助圆求 a、c、d、b 点。c 点在水平面的转向轮廓线上，曲线 AC 在下半球面上，而曲线 CB 在上半球面上，故 $(a)c$ 不可见，cb 可见。

(3) 由正面投影与水平投影求 a''、c''、d''、b'' 点，光滑连接，并判别可见性。因 d'' 点位于侧面的转向轮廓线上，曲线 AD 在左半圆球面上，而曲线 DB 在右半圆球面上，故 $a''d''$ 可见，$d''(b'')$ 不可见。

四、圆环面

1. 圆环面的形成

以圆为母线，绕与其共面的圆外直线旋转而成的曲面称为圆环面，如图 4-15(a)所示。

2. 圆环面的投影

如图 4-15(b)所示，当圆环面的轴线垂直于 H 面时，H 面的投影为两同心圆，分别是赤道圆和喉圆。圆环面的 V 面和 W 面投影均由两个圆和与它们相切的两段水平面轮廓线组成，圆环面的正面两圆分别是最左和最右素线，侧面的两圆是最前与最后素线，两圆的上下切线为环面上最高和最低纬圆的投影。

对于 H 面投影，上半环面可见，下半环面不可见。对于 W 面投影，只有左半外环面可见，右半外环面与内环面均不可见。对于 V 面投影，只有前半外环面可见，后半外环面与内环面均不可见。

3. 圆环面上取点

因圆环面的三面投影均无积聚性，故也需要用辅助线来求，一般用纬圆法来作图。

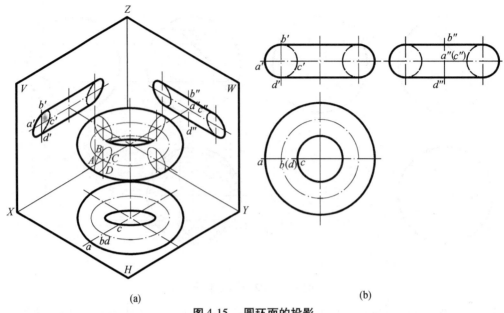

(a) (b)

图 4-15 圆环面的投影

【例 4-9】 如图 4-16(a)所示,已知圆环面上 M 点的正面投影 m',求其水平投影和侧面投影。

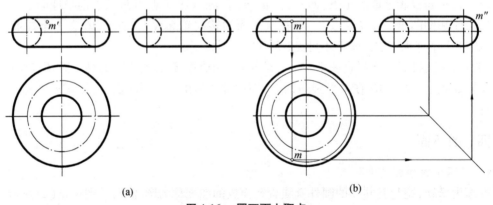

(a) (b)

图 4-16 圆环面上取点

分析:因 m' 可见,所以 M 点位于上半环面前方的外环面上。根据环面形成特点,在 V 面上作平行于 H 面的直线,在 H 面上的投影为圆,以圆作为辅助线,找点即可。

作图步骤[图 4-16(b)]:

(1) 过 m' 作水平线与外环面相交(因点可见,M 点必在外环面上),交点间距离即为水平圆直径。

(2) 在 H 面上作出水平圆,求出 m,然后作出 m"。

(3) 因 M 点在上、左、前外环面上,所以 m、m" 均可见。

发散思维练习题:

在已知棱台和圆台面上各作三个点的三面投影图。

第五章 立体表面的交线

第一节 平面与立体相交

平面与立体相交,就是用平面去截切立体,此平面称为截平面。截平面与立体表面的交线称为截交线,由截交线围成的平面图形称为截断面,如图5-1所示。平面与立体相交,主要是求作截交线的投影及截断面的实形。

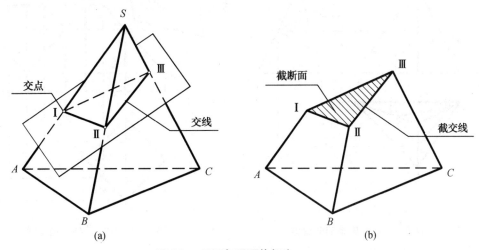

图 5-1 平面与平面体相交

一、平面体的截交线

由于平面体的表面都是由平面围成的,所以平面体的截交线一般为平面多边形。此多边形的各顶点是平面体棱线与截平面的交点,各条边线是平面体棱面与截平面的交线。

求作平面体的截交线一般有两种方法。

1. 交点法

先求出平面体的各棱线与截平面的交点,然后把位于同一棱面上的两交点连成线。

2. 交线法

直接作出平面体的各棱面与截平面的交线。

在投影图中,截交线的可见性取决于平面体各棱面的可见性,位于可见棱面上的交线才可见,应画成实线,否则,交线不可见,应画成虚线。但若立体被截断后,截交线成为投影轮廓线,则该段截交线是可见的。

【例5-1】 求正垂面 P 与三棱锥 $S\text{-}ABC$ 的截交线。

分析:截平面 P 与三棱锥的三条棱线 SA、SB、SC 均相交,故截交线为 △ⅠⅡⅢ。

作图步骤(图5-2):

(1) 由于截平面 P 的 V 面投影有积聚性,故截交线的 V 面投影必积聚在 P_V 上为已知,即截交点Ⅰ、Ⅱ、Ⅲ的 V 面投影 $1'$、$2'$、$3'$ 可直接求出。

(2) 从 $1'$ 和 $3'$ 点向下作投影连系线,分别与 sa 和 sb 相交于 1 和 3 点。由于Ⅱ点在平行于 W 面的棱线 SB 上,需用分比法或经由 W 面投影才能求出 2 点,所得 △123 即为截交线的 H 面投影。

(3) 从 $1'$、$2'$、$3'$ 各点向右作投影连系线,分别与 $s''a''$、$s''b''$、$s''c''$ 相交于 $1''$、$2''$、$3''$,所得 $\triangle 1''2''3''$ 即为截交线的 W 面投影。

(4) 截交线的可见性判别如下:在 H 面投影中,三个侧棱面均是可见的,故 △123 可见,应画实线;在 W 面投影中,右侧棱面 SBC 不可见,故 $2''3''$ 不可见,应画虚线。

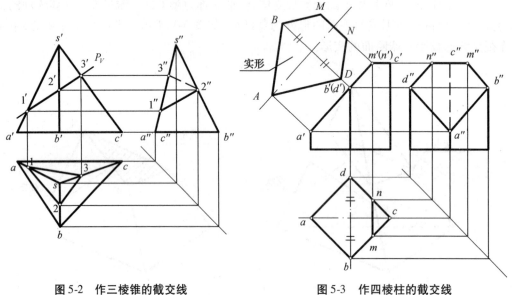

图 5-2 作三棱锥的截交线　　图 5-3 作四棱柱的截交线

【例 5-2】 求作四棱柱被正垂面截断后的投影和截断面的实形。

分析:截平面与四棱柱的四个侧棱面均相交,与顶面也相交,故截交线为五边形 $ABMND$。

作图步骤(图 5-3):

(1) 由于截平面为正垂面,故截交线的 V 面投影 $a'b'm'n'd'$ 为已知。截平面与顶面的交线为正垂线 MN,可直接作出 mn,于是截交线的 H 面投影 $abmnd$ 亦确定。

(2) 作截交线的 W 面投影时,$m''n''$ 可利用"高平齐、宽相等"的原则求出。

(3) 截交线的可见性判别如下:截交线的 H 面和 W 面投影均可见。截去的部分,棱线不再画出,但右侧棱线的 W 面投影不可见,应画虚线。

(4) 求截交线的实形,可利用换面法,以平行于 P 面的平面作为辅助投影面作出。

二、曲面体的截交线

曲面体的截交线一般情况下是平面曲线。当截平面与直线面交于直素线,或与曲面体的平面部分相交时,截交线可为直线。

截交线是截平面与曲面体的共有线,截交线上的点是它们的共有点。因此,求曲面体的截交线,实际上是作出一系列的共有点,然后顺次连成光滑的曲线。为了能正确地作出截交线,首先要作出控制截交线形状、范围的特殊点,如截交线与投影轮廓线的切点,以及其上的最高、最低、最右、最前、最后点等,然后再作一些中间一般点,最后连成截交线。

曲面体截交线的投影可见性的判别方法与平面体类似,当截交线位于曲面体可见部分时,这段截交线的投影是可见的,否则是不可见的。

1. 圆柱的截交线

根据截平面与圆柱的相对位置不同,截交线的形状有三种情况,如表 5-1 所示。当截平面平行于圆柱轴线时,截交线为两条平行的直线;当截平面垂直于圆柱轴线时,截交线为圆;当截平面倾斜于圆柱轴线时,截交线为椭圆,此椭圆的短轴等于圆柱的直径,长轴随截平面与圆柱轴线的夹角变化而变化。

表 5-1 圆柱的截交线

截平面位置	平行于圆柱的轴线	垂直于圆柱的轴线	倾斜于圆柱的轴线
截交线形状	直　　线	圆　周	椭　圆
空间形状	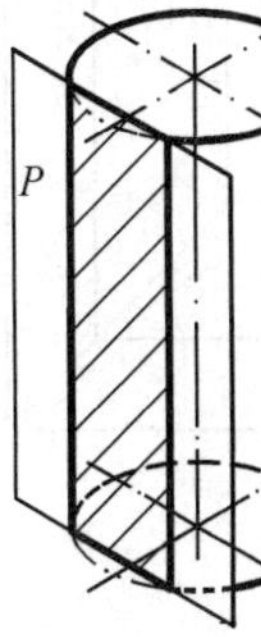	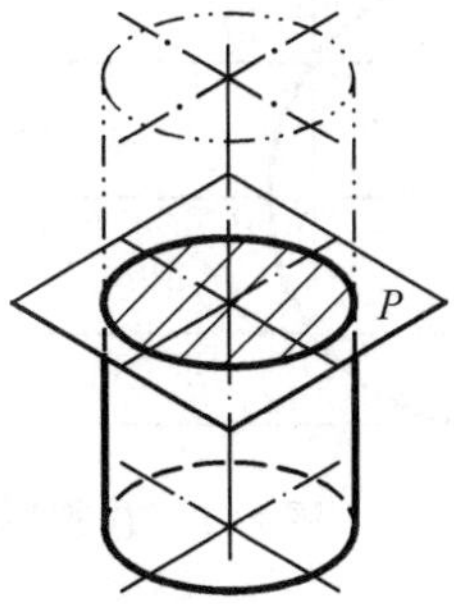	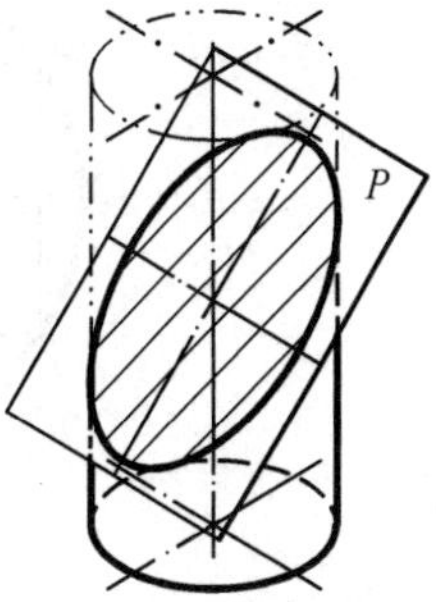
投影图	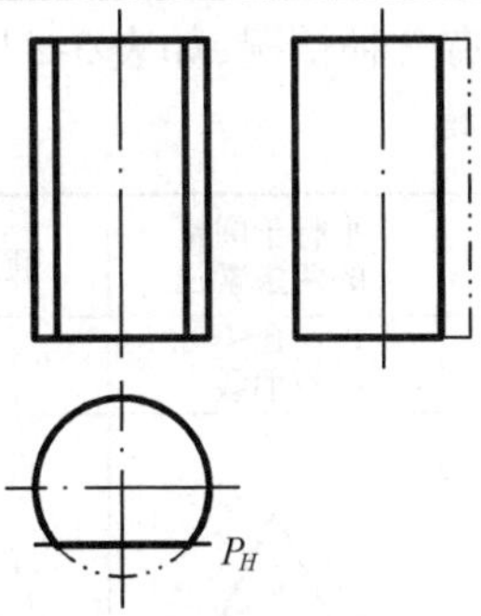	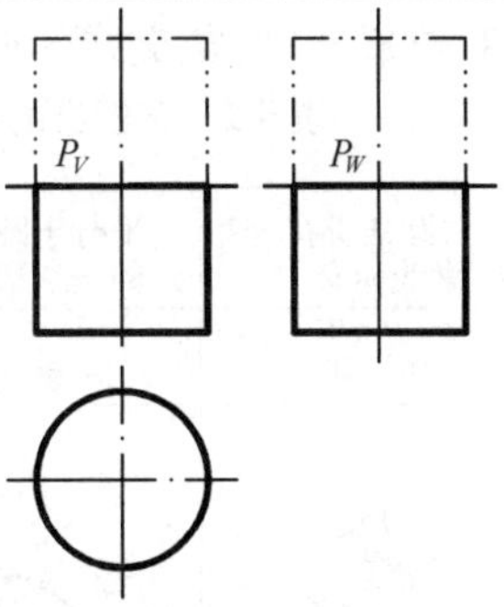	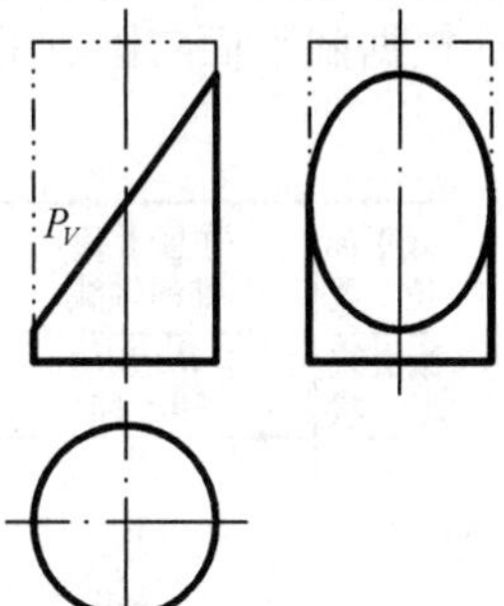

【例 5-3】 求作侧垂面 P 与圆柱的截交线的投影。

分析:如图 5-4 所示,侧垂面 P 与圆柱的截交线为椭圆,该椭圆的 W 面投影积聚在 P_W 上,其 H 面投影与圆周重合,需要作的是 V 面投影。椭圆的投影一般仍是椭圆,但长、短轴的长度有变化。

作图步骤:

(1) 先求特殊点,即椭圆长、短轴的端点。长轴 $AB /\!/ W$ 面,A 和 B 在圆柱的最后、最前素线上,在 W 面投影轮廓线上定出 a'' 和 b'',由 a'' 和 b'' 作连系线至 V 面投影上交得 a' 和 b';短轴 $CD \perp W$ 面,C 和 D 在圆柱的最左、最右素线上,由 c'' 和 d'' 作连系线在 V 面投影上交得 c' 和 d'。

(2) 作一般点,如 E、F、M、N 等。利用圆柱面上取点的方法,由 $e''(f'')$、$m''(n'')$ 定出 e、f、m、n,再求出 e'、f'、m'、n'。

(3) 将这些点光滑地连接起来,画出椭圆的 V 面投影。由于前半个椭圆弧是可见的,故将 $c'e'b'f'd'$ 画为实线;后半个椭圆弧是不可见的,故将 $c'(m')(a')(n')d'$ 画为虚线。

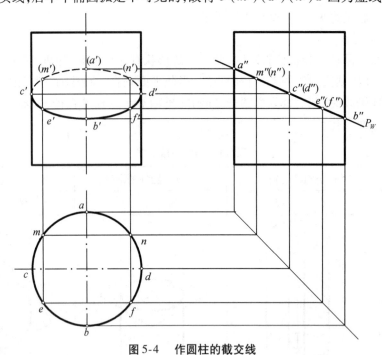

图 5-4　作圆柱的截交线

2. 圆锥的截交线

根据截平面与圆锥的相对位置不同,截交线的形状有五种情况,如表 5-2 所示。

表 5-2　正圆锥的截交线

截平面位置	垂直于圆锥的轴线	与圆锥所有素线相交	平行于圆锥的一条素线	平行于圆锥的两条素线	通过圆锥顶点
截交线形状	$\theta=90°$ 圆周	$\alpha<\theta<90°$ 椭圆	$\theta=\alpha$ 抛物线	$0°\leq\theta<\alpha$ 双曲线	直线
空间形状					
投影图					

当截平面垂直于圆锥的轴线(即 $\theta=90°$)时,截交线为圆;当截平面倾斜于圆锥轴线且与圆锥面上所有的素线均相交($\alpha<\theta<90°$)时,截交线为椭圆;当截平面只平行于圆锥面上的一条素线(即 $\theta=\alpha$)时,截交线为抛物线;当截平面平行于圆锥面上的两条素线(即 $0°\leqslant\theta<\alpha$)时,截交线为双曲线;当截平面通过圆锥的顶点时,截交线为两条相交的直线。

【例 5-4】 求作圆锥被正垂面 P 截断后的投影和截断面的实形。

分析:如图 5-5 所示,截平面 P 与圆锥轴线倾斜,并与所有的素线均相交,故截交线为椭圆。椭圆的 V 面投影积聚在 P_V 上成为一直线,其 H 面和 V 面投影仍是椭圆。

作图步骤:

(1) 作椭圆长轴的端点 A 和 B。由于 $AB/\!/V$ 面,A 和 B 在圆锥的最右、最左素线上,故可在 V 面投影轮廓线上定出 a' 和 b',再作出 H 面投影 a 和 b 及 W 面投影 a'' 和 b''。

(2) 作椭圆短轴的端点 C 和 D。由于 $CD\perp V$ 面,故可在 $a'b'$ 的中点定出 c'、(d'),再用纬圆法作出 c 和 d,然后作出 c'' 和 d''。

(3) 作 W 面投影轮廓线上的 E 和 F。E 和 F 在圆锥的最前、最后素线上,先在 V 面投影上定出 e' 和 (f'),然后向右作连系线交得其 W 面投影。它们是 W 面投影中椭圆和轮廓线的切点。

(4) 用纬圆法或素线法作若干一般点,如 M 和 N 等。

(5) 分别在 H 面和 W 面投影中,依次将上述各点连成光滑的椭圆。由于圆锥上部截去后,截交线的 H 面和 W 面投影均可见,故应画成实线。

(6) 作截断面的实形,利用辅助投影面法,以平行于 P 面的平面作为辅助投影面作出。

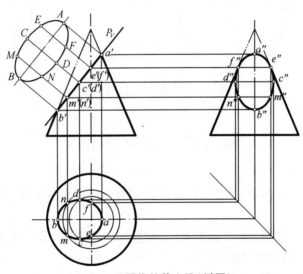

图 5-5 作圆锥的截交线(椭圆)

3. 圆球的截交线

无论截平面处于何种位置,它和圆球的截交线总是圆。截平面愈靠近圆心,截得的圆愈大,当截平面通过球心时,截得的圆最大,其直径等于球的直径。

只有当截平面平行于投影面时,截交线在该投影面上的投影才反映圆的实形,否则投影为椭圆。

【例 5-5】 求作正垂面 P 与球面的截交线的投影。

分析:如图 5-6 所示,截交线是圆,其 V 面投影是积聚在 P_V 上的一直线段,其 H 面、W 面投影为椭圆。

作图步骤：

(1) 在 V 面投影上定出最左、最右点 1′、2′（在轮廓线圆上），最前、最后点 3′、(4′)（在线段 1′2′ 的中点处），上、下半球分界圆上的点 5′、(6′) 和左、右半球分界圆上的点 7′、(8′)。

(2) 求出这些点的 H 面、W 面投影。

(3) 分别在 H 面和 W 面投影中，依次将上述各点连成光滑的椭圆。由于圆球上部截去后，截交线的 H 面和 W 面投影均可见，故应画为实线。

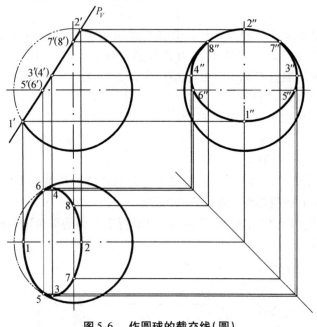

图 5-6　作圆球的截交线（圆）

第二节　两立体相交

两立体相交又称两立体相贯，相交两立体表面的交线称为相贯线。相贯线上的点称为相贯点。

相贯线是两立体表面的共有线，相贯点是两立体表面的共有点。求作相贯线，可利用立体投影的积聚性作图，也可利用辅助面作图。

相贯线投影的可见性判别原则是：两立体表面都可见的部分相交，它们的交线才可见，否则是不可见的。

两立体相交后就形成一个整体，因此，一个立体位于另一个立体内部的部分就互相融合在一起，不需要画出。

一、两平面体的相贯线

两平面体的相贯线一般情况下为空间折线，特殊情况下为平面折线。每段折线均是一个立体棱面与另一个立体棱面的交线，每一个折点均是一个立体的棱线与另一个立体的棱面的交点,因此,求两平面体的相贯线,实际上就归结为求直线与平面的交点和平面与平面的交线。

【例 5-6】 求直立三棱柱与水平三棱柱的相贯线。

分析:如图 5-7 所示,直立三棱柱的 H 面投影有积聚性,相贯线的 H 面投影必积聚在直立三棱柱的 H 面投影轮廓线上;同样,水平三棱柱的 W 面投影有积聚性,相贯线的 W 面投影必积聚在水平三棱柱的 W 面投影轮廓线上。于是,只需要求出相贯线的 V 面投影。从 H、W 面投影中可见,只有水平三棱柱的 D 棱、E 棱和直立三棱柱的 B 棱参与相交,每条棱线有两个交点,由此可见,相贯线上共有六个相贯点,求出这些相贯点,就可连成相贯线。

作图步骤:

(1) 在 H 面和 W 面投影上分别定出上述六个折点的投影 1、2、3、5、4、6 和 1″、2″、3″、4″、5″、6″。

(2) 由这些点的 H 面和 W 面投影作连系线,得到它们的 V 面投影。

(3) 连接各点并判别可见性。图中 3′5′和 4′6′两段不可见,应画虚线。

(4) 判别两立体轮廓线的可见性,在 V 面投影上,直立三棱柱后面的两棱线被水平三棱柱挡住的部分画成虚线。

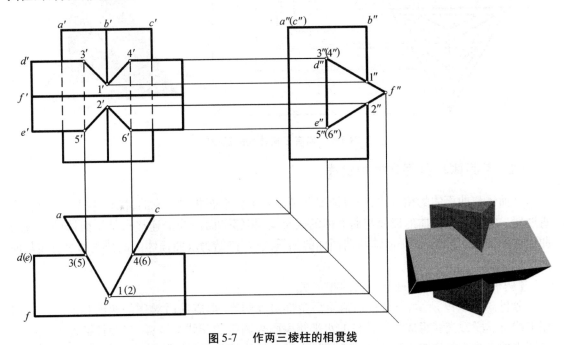

图 5-7 作两三棱柱的相贯线

【例 5-7】 求带有三棱柱孔的三棱锥的三面投影。

分析:如图 5-8 所示,三棱锥被三棱柱贯穿后,形成一个三棱柱孔,并在三棱锥的表面上形成孔口线。其孔口线实际上相当于这两个立体的相贯线。由于三棱柱孔的 V 面投影有积聚性,因此孔口线的 V 面投影积聚在三棱柱孔的 V 面投影轮廓线上为已知,孔口线的 H、W 面投影需要求出。三棱柱孔的三条棱线和三棱锥的一条棱线参与相交,孔口线应有八个相贯点,但由于三棱柱的上侧棱线和三棱锥的前侧棱线相交,实际上只有七个相贯点。

作图步骤:

(1) 在 V 面投影图上定出七个折点的投影 1′、2′、3′、4′、5′、6′、7′。

(2) 利用棱锥表面定点的方法,求出上述各点的 H 面投影和 W 面投影。

(3) 在 H 面投影上按 15、57、73、31 连线,形成前部孔口线;按 26、64、42 连线,形成后部孔口线。在 W 面投影上按 1″3″、3″7″连线(其余线或积聚或重合)。

(4) 画出三棱柱孔侧棱的 H、W 面投影(用虚线表示)。三棱锥的前侧棱上的 Ⅰ Ⅶ 段已被三棱柱孔切断,不应画出。

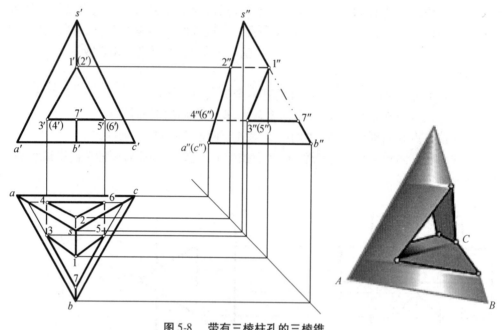

图 5-8　带有三棱柱孔的三棱锥

二、平面体与曲面体的相贯线

平面体与曲面体的相贯线,一般情况下是由若干段平面曲线组成的,特殊情况下也可包含直线段。它们是平面体的棱面与曲面体的截交线,相邻平面曲线的连接点是平面体的棱线与曲面体的交点。因此,求平面体与曲面体的相贯线,可归结为求曲面体的截交线和求直线与曲面体的交点。

【例 5-8】　求作三棱柱和圆锥的相贯线。

分析:如图 5-9 所示,三棱柱从前至后全部贯穿圆锥,形成前后对称的两组相贯线。每组相贯线由三段截交线组成。三棱柱的水平侧棱面与圆锥的交线为圆弧,三棱柱的左右侧棱面与圆锥的交线为抛物线。各段交线的连接点是三棱柱的三条侧棱与圆锥的交点。由于三棱柱的侧棱面的 V 面投影有积聚性,故相贯线的 V 面投影与之重合,需要作出的是 H、W 面投影。

作图步骤:

(1) 在 V 面投影上定出三棱柱的三条侧棱与圆锥面交点的 V 面投影 1′、2′、3′、4′、5′、6′;利用圆锥表面求点的方法,求出上述各点的 H 面投影和 W 面投影。

(2) 画各段截交线。在 H 面投影中,35、46 为圆弧,13、15 和 24、26 均为抛物线。为了正确作出抛物线,应再作出若干一般点,如 7、8、9、10 等。然后作 W 面投影。

(3) 判别相贯线的可见性。H 面投影中圆锥面可见,三棱柱上方两侧棱面可见,下方侧棱面不可见,故四段抛物线均应画成实线,两段圆弧画为虚线。在 W 面投影中,相贯线是左右重合的,故画为实线。

（4）对投影轮廓线的处理。三棱柱的三条侧棱穿入圆锥内部的部分不画出。H面投影中圆锥底圆被三棱柱遮住部分应画成虚线。W面投影中圆锥的轮廓线穿入三棱柱的部分不应画出。

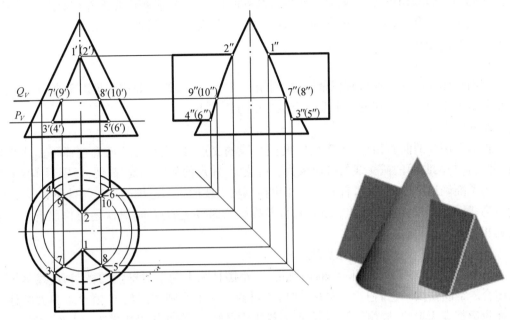

图5-9　作三棱柱与圆锥的相贯线

在上例中，如果将三棱柱取出，则在圆锥中形成了孔口线，如图5-10所示，孔口线的作法与相贯线的作法基本相同。所不同的是投影图中相贯线的可见性有变化，另外还应画出穿入形体内部的棱线或投影轮廓线，均为虚线。

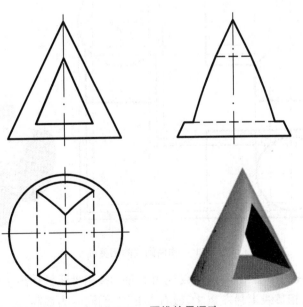

图5-10　圆锥的贯通孔

三、两曲面体的相贯线

两曲面体的相贯线一般情况下是闭合的空间曲线，特殊情况下可能为平面曲线。

求两曲面体的相贯线，一般要先作出一系列的相贯点，然后顺次光滑地连成曲线。相贯点是两曲面体的共有点，要根据两曲面的形状、大小、位置及投影特性来作图。

一般有两种作法：

1. 积聚投影法

当曲面体表面的某投影有积聚性时，则相贯线的一个投影与此积聚投影重合而成为已知，于是其他投影就可利用在另一个曲面上取点的方法作出。

2. 辅助面法

作辅助面与两曲面相交，求出两辅助截交线的交点，即相贯点。通常选择平面作为辅助面，并使它与两曲面的截交线的投影成为直线或圆，才能使作图准确、简便，否则无实用意义。

为了准确地画出相贯线，首先需要作出控制相贯线形状和范围的一些特殊位置的相贯点，如最高、最低、最左、最右、最前、最后点，以及投影轮廓线上的点等，其次还要作出若干一般位置的相贯点。

【例 5-9】 求作两圆柱的相贯线。

分析：如图 5-11 所示，两圆柱的轴线正交，小圆柱从上向下贯穿大圆柱，相贯线是上下两条闭合的空间曲线。它们上下、左右、前后均对称。由于小圆柱面的 H 面投影和大圆柱面的 W 面投影都有积聚性，故相贯线的 H、W 面投影为已知，只需要作出相贯线的 V 面投影。

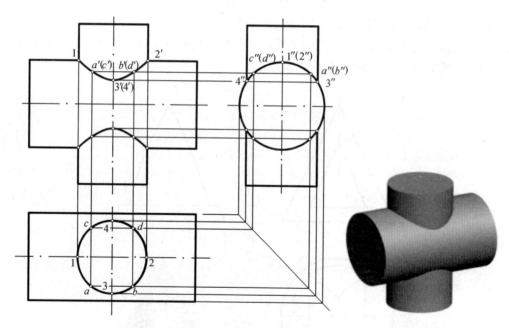

图 5-11 作两圆柱的相贯线

因上下两条相贯线的作法相同，这里仅说明上面一条相贯线的作图步骤：

（1）先作特殊点，相贯线上最左点 Ⅰ、最右点 Ⅱ，它们同时为最高点。相贯线上最前点 Ⅲ、最后点 Ⅳ，它们又是最低点。这四个点是小圆柱上的四条特殊位置的素线与大圆柱的交点，可

直接在 H 面投影和 W 面投影中求出,然后再作它们的 V 面投影。

（2）作若干一般点,可在最高点和最低点之间作水平辅助面,然后求出左右和前后对称的四个相贯点 A、B、C、D。

（3）将各点的 V 面投影光滑地连成相贯线。

（4）相贯线的可见性判别。由于相贯线前后对称,V 面投影重合,故画实线。

在上例中,若将小圆柱体贯穿后抽去,则大圆柱体上就形成圆柱孔,如图 5-12 所示；若在四棱柱上打两个圆柱孔,则成为两圆柱孔的相交,如图 5-13 所示。无论是实体还是孔洞,相贯线的作法是类似的。

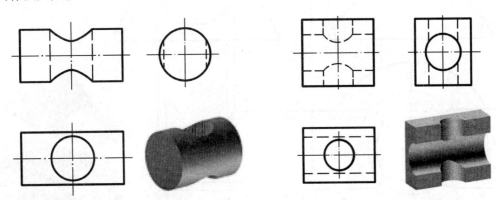

图 5-12　圆柱体上的圆柱孔　　　图 5-13　四棱柱上的两圆柱孔相交

【例 5-10】　求作圆柱和圆锥的相贯线。

分析：如图 5-14 所示,圆柱体完全贯穿圆锥体,相贯线是左右两条闭合的空间曲线,左右、前后对称。由于圆柱的 W 面投影有积聚性,所以相贯线的 W 面投影积聚在圆柱的 W 面投影上,为已知,要求的是相贯线的 H、V 面投影,可用辅助平面法作图。

作图步骤：

（1）以通过圆柱和圆锥轴线所在的 V 面平行面作为辅助平面,分别与两曲面相交成 V 面投影的外形线,它们交得四个相贯点的 V 面投影 $1'$、$2'$、$3'$、$4'$。由此可求出其 H 面投影 1、2、3、4,它们分别为最高、最低点。

（2）以通过圆柱最前、最后素线的水平面 Q 作为辅助平面,交圆柱为最前、最后素线,交圆锥为纬圆,它们也交得四个相贯点的 H 面投影 5、6、7、8。由此可求出其 V 面投影 $5'$、$6'$、$7'$、$8'$,它们分别为最前、最后点。

（3）在适当的位置作水平面 P,重复上面的作图,可得到一般点 A、B、C、D。

（4）将各点的同面投影光滑地连成相贯线。

（5）相贯线的可见性判别。由于相贯线前后对称,V 面投影重合,画实线。在相贯线的 H 面投影中,上半个圆柱面上的相贯线可见,画实线,下半个圆柱面上的相贯线不可见,画虚线。

（6）最后处理圆柱和圆锥的投影轮廓线,完成全图。

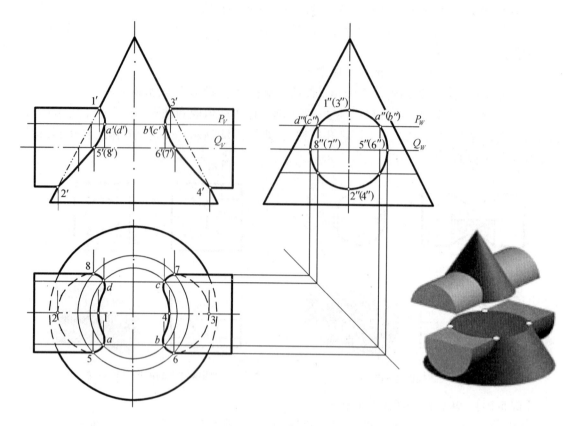

图 5-14 作圆柱和圆锥的相贯线

四、两曲面体相贯线的特殊情况

（1）轴线互相平行的两圆柱相交时，相贯线为直线。如图 5-15 所示，两圆柱的轴线相互平行，它们的相贯线为平行于轴线的两条直素线。

（2）同轴的两回转体相交时，相贯线为垂直于轴线的圆。如图 5-16 所示为圆球、圆柱、圆锥等回转体同轴相交的几种情况。由于轴线均垂直于 H 面，故相贯线为水平圆，其 H 面投影反映实形，其 V 面投影积聚成水平直线。

（3）具有公共内切球的两回转体相交时，相贯线为平面曲线。

两圆柱直径相等且轴线相交（即两圆柱内切于同一个球面）时，如果轴线正交，它们的相贯线是两个大小相同的椭圆，见图 5-17（a）；如果轴线斜交，它们的相贯线是两个短轴相等、长轴不等的椭圆，见图 5-17（b）。由于两圆柱的轴线均平行于 V 面，故两椭圆的 V 面投影积聚为两条相交的直线段。

圆柱和圆锥轴线相交且内切于同一球面时，如果轴线正交，它们的相贯线是两个大小相同

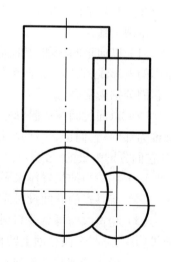

图 5-15 相贯线为直线的情况

的椭圆,见图 5-17(c);如果轴线是斜交的,它们的相贯线是两个大小不等的椭圆,见图5-17(d)。由于圆柱和圆锥的轴线均平行于 V 面,故两椭圆的 V 面投影积聚为两条相交的直线段,其 H 面投影一般仍为椭圆。

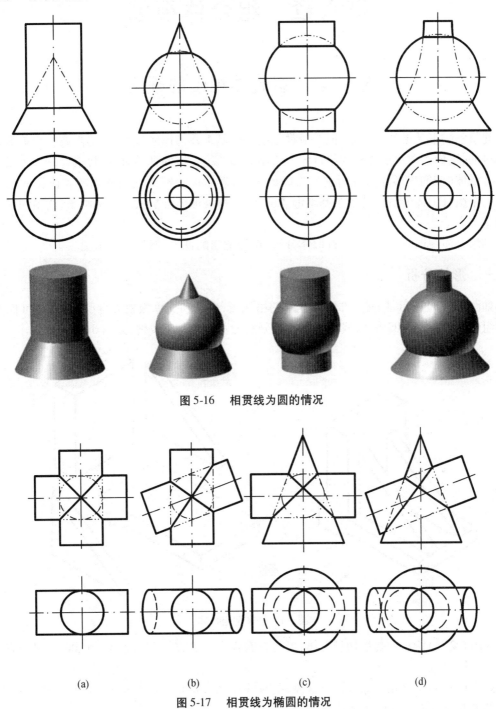

图 5-16 相贯线为圆的情况

(a)　　　　(b)　　　　(c)　　　　(d)

图 5-17 相贯线为椭圆的情况

第六章 组合体视图

第一节 组合体视图的画法

建筑物的形状虽然很复杂,但一般都是由一些基本几何体经过叠加、切割或相交等形式组合而成的,这样的建筑形体称为组合体。绘制和阅读组合体的视图时,可将组合体分解成若干个基本形体(或简单形体),分析它们之间的关系,然后逐一解决它们的画图和读图问题。这种把一个组合形体分解成若干个基本形体的方法,称为形体分析法。它是画图、读图和标注尺寸的基本方法。

画组合体视图时,一般先进行形体分析,选择适当的视图,然后进行画图。

一、形体分析

如图 6-1(a)所示是一扶壁式挡土墙,它由底板、直墙和支撑板三部分叠加而成,可称为叠加型组合体。直墙为四棱柱,底板和支撑板分别为六棱柱和三棱柱,如图 6-1(b)所示。

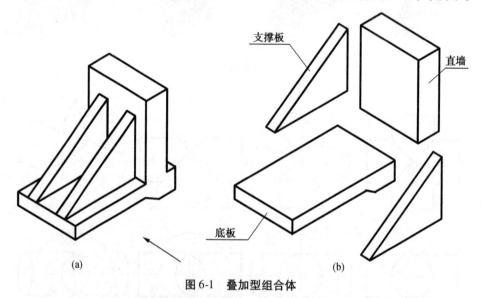

图 6-1 叠加型组合体

如图 6-2(a)所示的是挖切型形体,可将它看成是由长方体挖切去 Ⅰ、Ⅱ、Ⅲ 三部分而成,如图 6-2(b)所示。

如图 6-3(a)所示是一综合型组合体,既有叠加又有挖切。如图 6-3(b)所示,各基本形体之间的表面连接关系有相错、相切和相交。

无论是由哪一种形式组成的组合体,画它们的视图时,都应正确表示各基本形体之间的表面连接关系,如图 6-4 和图 6-5 所示,可归纳为以下四种情况:

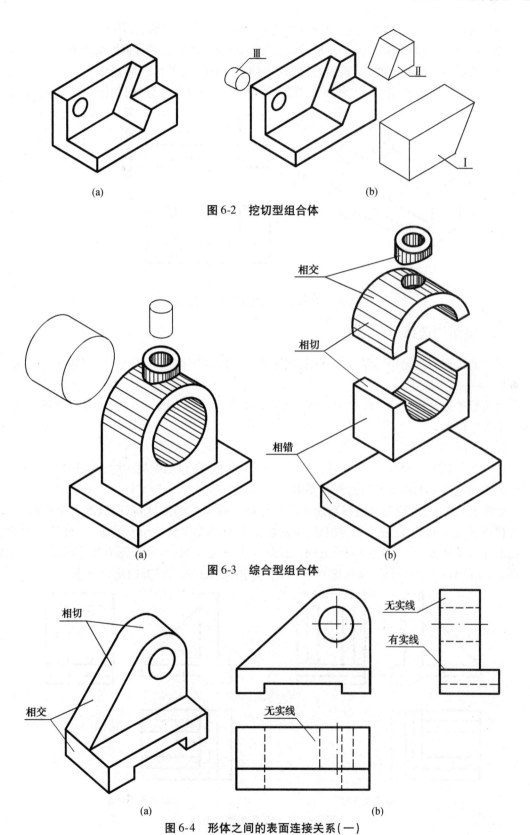

图 6-2 挖切型组合体

图 6-3 综合型组合体

图 6-4 形体之间的表面连接关系(一)

（1）两形体表面相交时，两表面的投影之间应画出交线的投影，如图6-4（b）所示。
（2）两形体表面相切时，由于光滑过渡，两表面的投影之间不应画线，如图6-4（b）所示。
（3）两形体表面共面时，两表面的投影之间不应画线，如图6-5（b）所示。
（4）两形体表面相错（不共面）时，两表面的投影之间应画线分开，如图6-5（b）所示。

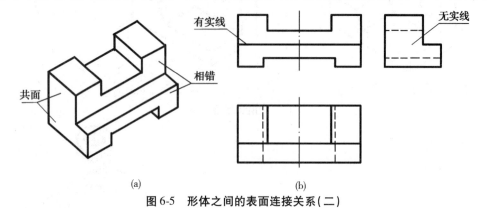

图6-5 形体之间的表面连接关系（二）

二、视图的选择

视图的选择原则是用尽量少的视图，把形体的结构和形状完整、清晰、准确地表达出来。

1. 确定放置位置

建筑形体通常按正常工作位置放置。如图6-1所示的挡土墙，应使它的底板在下，并使底板处于水平位置。

2. 选择正面投影

在表达形体的一组视图中，正面投影是主要投影图，应反映形体的主要形状特征。此外还应尽量减少视图中的虚线及合理利用图纸。

如图6-1所示，沿箭头方向投影能比较明显地反映形体的形状特征，既能看出底板、直墙和支撑板三部分上下、左右的相对位置，又能看出底板和支撑板的形状特征，因此选择该方向的投影作为正面视图。若选择相反方向的投影作为正面视图，其左视图有较多的虚线。比较图6-6（a）和图6-6（b）可见，采用图6-1中箭头方向作为正面投影方向比较合适。

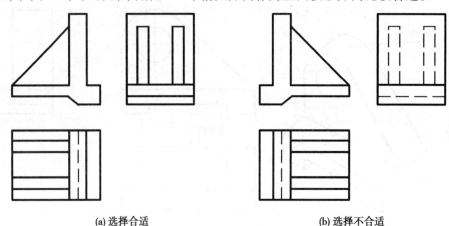

图6-6 正立面投影图的选择

图 6-7(a)、(b)为一拱桥三面视图的两种表达方案,将这两种表达方案进行比较,图 6-7(a)正面投影方向不合适,一是正面视图不反映拱桥的形状特征,二是右下角图纸空白太多,应按图 6-7(b)的图面布置为好。

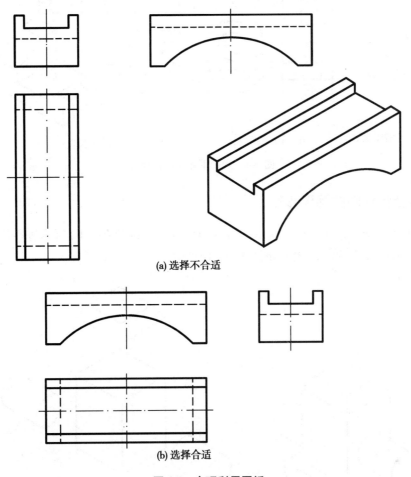

图 6-7 合理利用图纸

选择正面视图的原则不是绝对的,应根据具体情况进行综合分析,最后得出一个比较好的表达方案。

3. 确定视图的数量

选定了正面投影方向,也就确定了形体的摆放位置,接下来就是视图数量的选择。其选择原则是:在保证完整、清晰地表达出形体各部分的形状和相对位置的前提下,应使视图的数量尽量减少。有些形体,通过加注尺寸或文字说明,可以减少视图。如图 6-8(a)所示的球,由于加注了尺寸,用一个视图表示即可。又如图 6-8(b)所示的形体,由于各几何体之间互相制约而能够使形状确定,因此,只需用两个视图表示。如图 6-8(c)所示的形体就应采用三个视图表示。对于较复杂的形体可能需要更多的视图表达。

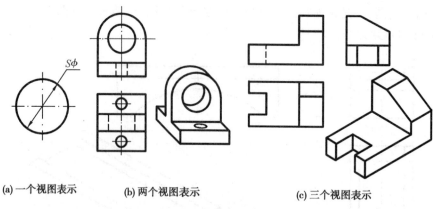

(a) 一个视图表示　　(b) 两个视图表示　　(c) 三个视图表示

图 6-8　投影图数量的选择

三、组合体视图的画图步骤

以窨井模型为例，如图 6-9(a)所示，画视图时，首先要按图 6-9(b)所示进行形体分析、选择正面视图、确定视图的数量，然后进行下述画图步骤。

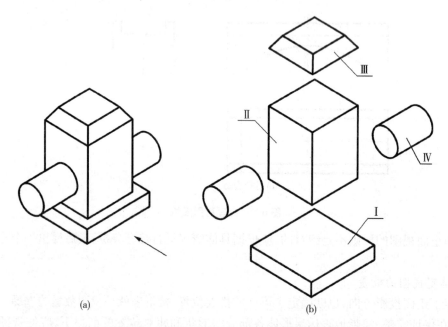

图 6-9　窨井模型的立体图及其形体分析

1. 选比例、定图幅

根据组合体的大小确定绘图比例，再根据视图大小确定图纸幅面。先画出图框和标题栏，然后确定各视图在图纸上的位置。

2. 画底稿、校核

根据形体分析法，逐个画出各基本形体的三视图。一般是先画主要的，后画次要的；先画大的，后画小的；先画外面的轮廓，后画里面的细部；先画实线，后画虚线。底稿画完后，必须进行校核,擦去多余的线,如有错误,立即修正。

3. 加深图线

经检查底稿,确定无误后,适当清理图面,再按规定的线型加深、加粗。

窨井模型视图的详细画图步骤如图 6-10 所示。

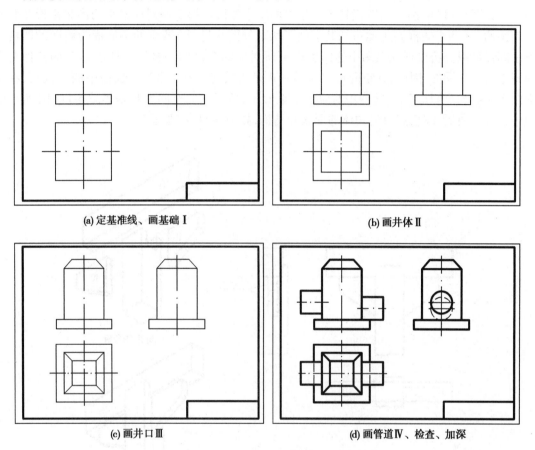

(a) 定基准线、画基础Ⅰ　　(b) 画井体Ⅱ

(c) 画井口Ⅲ　　(d) 画管道Ⅳ、检查、加深

图 6-10　画窨井模型三视图的步骤

第二节　组合体视图的读法

根据建筑形体的视图,想象出它的空间形状和结构的过程,称为读图。读图是从平面图形到空间形体的思维过程。读图是工程技术人员必须掌握的技能,提高读图能力,也有利于画图。

一般情况下,一个视图不能反映物体的形状,常用三个或更多的视图表示。因此读图时,不能孤立地看一个视图。通常以正立面图为主要视图,同时将几个视图联系起来读图,只有这样才能正确地确定物体的形状和结构。

读图的基本方法有两种:形体分析法和线面分析法。

一、形体分析法

用形体分析法读图,就是将形体的视图分解成若干个部分,从视图中分析出各组成部分的形状及相对位置,然后综合起来确定形体的整体形状与结构。下面以图 6-11 所示形体的三视图为例,来说明用形体分析法读图的步骤。

如图 6-11(a)所示,将正立面图分成 1′、2′、3′、4′四个部分。按照形体投影的"三等"关系可知,四边形 1′在平面图和左侧立面图中对应的是 1、1″线框,由此可确定该组合体的正中间是一个如图 6-11(b)所示的四棱柱Ⅰ。正立面图中的四边形 2′所对应的平面图是矩形 2 和侧立面图的 2″(两个线框),由此可知其空间形状是如图 6-11(b)所示的下底面为斜面的四棱柱Ⅱ。同样可以分析出正立面图中的四边形 4′所对应的其他两个视图与四边形 2′的其他两个视图是完全相同的,因此,其空间形状与形体Ⅱ完全相同。最后看正立面图中的 3′线框,在平面图中对应的是矩形 3,侧面图中对应的是矩形 3″,所以它的空间形状是如图 6-11(b)所示的四棱柱Ⅲ。最后,综合想象出物体的形状和结构,如图 6-11(c)所示。

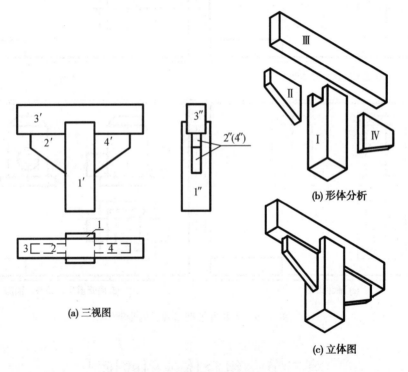

图 6-11 形体分析法读图(一)

又如图 6-12(a)为一形体的三视图。在图 6-12(b)中,按形体分析法,首先分析正立面图中的矩形 1′,对应的平面图和侧立面图中的矩形分别为 1 和 1″,可以看出它是一个长方体Ⅰ。在图 6-12(c)中,将正立面图中的矩形 2′对应到另外两个视图中的矩形 2 和 2″,它也表示一个长方体Ⅱ。再从图 6-12(d)的正立面图中分析实线四边形 3′,对应到平面图和侧立面图中,可以看出它是一个棱线垂直于正立面的四棱柱Ⅲ,其中在右上方挖去一个小四棱柱Ⅳ。根据三视图,确定各形体之间的连接关系,如图 6-12(e)所示。最后,综合想象出该组合体的形状,如图6-12(f)所示。

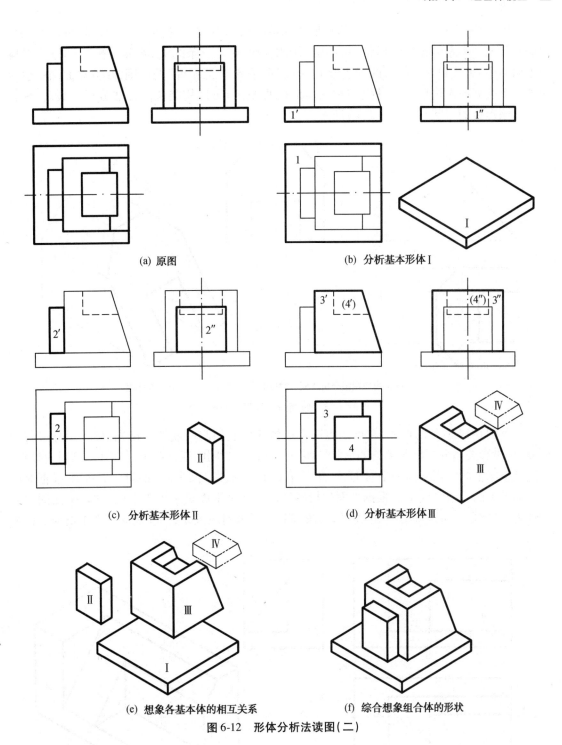

图 6-12　形体分析法读图（二）

二、线面分析法

当视图不易分成几个部分时，或部分视图比较复杂时，可采用线面分析法读图。线面分析法是运用正投影原理中的各种线、面的投影特性，分析视图中的某一条线或某一"线框"（封闭的图形）所表达的空间几何意义，从而构思出物体的形状的方法。

如图 6-13 所示的形体,它是由基本形体四棱柱切割而成的,各个截面的形状可由线面分析法来判定。如左端截面的形状,在正立面图中积聚成了一条线 1′,将此线按"长对正"对应到平面图中,可找到一个等长的多边形 1,再按"高平齐""宽相等"的原则,在侧立面图中也对应出一个类似的多边形 1″。其他的截面(如Ⅱ、Ⅲ截面)可以用类似的方法分析。最后,综合想象出该形体的形状,如图 6-13(b)所示。

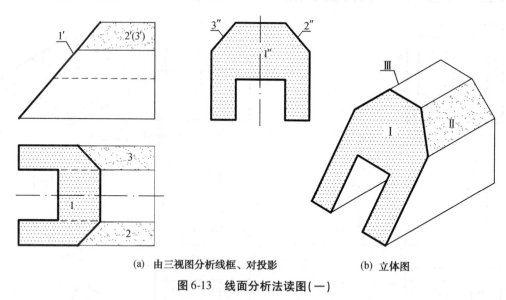

(a) 由三视图分析线框、对投影　　(b) 立体图

图 6-13　线面分析法读图(一)

又如图 6-14 所示的形体,它也是由基本形体四棱柱切割而成的。首先,将视图分成若干部分,按投影关系分析出各部分的形状。将正立面图中封闭的线框编上号并找出其对应投影,确定其空间形状。正立面图中有 1′、2′、3′三个封闭线框,按"高平齐"的对应关系,1′线框对应侧立面图上的一条竖线 1″。根据平面的投影规律可知Ⅰ平面是一个正平面,它在平面图中的投影为一横线 1。正立面图中的线框 2′,按"高平齐"的对应关系,它在侧立面图上对应的投影

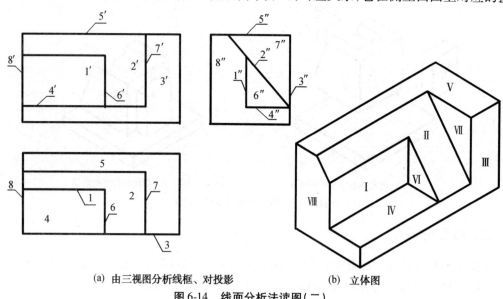

(a) 由三视图分析线框、对投影　　(b) 立体图

图 6-14　线面分析法读图(二)

应为斜线2″,因此平面Ⅱ应为侧垂面,它的水平投影应与正面投影"长对正",并且为正面投影的类似形,由此可确定平面图中的2线框是它的水平投影。其次,根据"高平齐",分析3′线框的侧面投影为竖线3″,说明Ⅲ平面为正平面,它的水平投影为平面图中的横线3。将平面图中剩下的封闭线框编上号4、5,将侧立面中的封闭线框也编上号6″、7″、8″,并找出它们的另外两个投影,确定其空间形状。Ⅳ为水平矩形面,Ⅴ为L形水平面,Ⅵ为三角形侧平面,Ⅶ也为三角形侧平面,Ⅷ为多边形侧平面。最后,根据投影图分析各组成部分的相对位置,即上下、前后、左右关系,综合起来想象出整体形状,如图6-14(b)所示。

总之,读图步骤通常是:先做大概肯定,再做细致分析;先用形体分析法,后用线面分析法;先外部后内部;先整体后局部,再由局部回到整体;有时也可徒手画立体图帮助想象读图。

三、根据组合体的两个视图补画第三视图

已知组合体的两个视图,运用读图的基本方法,在想象出空间形状的基础上,再按已知两视图补画物体的第三视图,这也是训练读图并提高空间思维能力的一种方法。根据画出来的第三视图是否正确,可以检验读图能力。因此,要学习由两个视图补画第三视图。

【例6-1】 已知下水道出口的正立面图和平面图,试补画其左侧立面图,如图6-15(a)所示。

分析:如图6-15(b)所示,将正立面图分成三个部分1′、2′、3′,根据"长对正"的投影规律,可以在平面图中分别找到相对应的部分1、2、3,由此可大致想象出物体的形状。

作图步骤:

(1)用形体分析法并结合线面分析法,想象出物体的形状,确定画左侧立面图的位置,并画出基准线[图6-15(b)]。

(2)补画基座Ⅰ的左侧立面图。根据正立面图和平面图可以看出,基座Ⅰ为一个垂直于V面的"⌐"形棱柱体,并在其前后端各截去两个角,截切面垂直H面,其余各表面均为投影面平行面。按"高平齐"和"宽相等"的规律,便可画出基座的左侧立面图[图6-15(c)]。

(3)由图6-15(d)所示的正立面图和平面图可知,挡土翼墙Ⅱ的基本形状为一个垂直于H面的"]"形棱柱体,而前后两侧翼墙的上角被截去,截面为一般位置平面,中间立墙的顶面为水平面。根据"高平齐"和"宽相等"的规律,可以补画出挡土翼墙的左侧立面图。

(4)如图6-15(e)所示,管道Ⅲ的正立面图和平面图虽未反映管道的截面形状,但图中的折断线表示它是圆形管道,管道轴线垂直于W面,因此,补画出的管道的左侧立面图为两个同心圆。

(5)检查视图,确定无误后,按规定的线型加深、加粗,如图6-15(f)所示。

【例6-2】 根据图6-16(a)所示的两个视图,补画第三视图。

分析:用线面分析法,从给定的两个视图可以看出,该形体的左上角、左前角、左后角被截去,左上角截面A垂直于V面,左前角B和左后角(与左前角B对称)截面垂直于H面,这是一个切割型组合体。可判定该形体是由长方体切割而成的,空间切割情况如图6-16(b)所示。

作图步骤:

(1)由正立面图中的线a′,按"长对正"的规律,在平面图中有一个六边形a与之对应。将此六边形用阿拉伯数字编号,按"三等"关系可画出侧立面图上对应的六边形a″,如图6-16(c)所示。

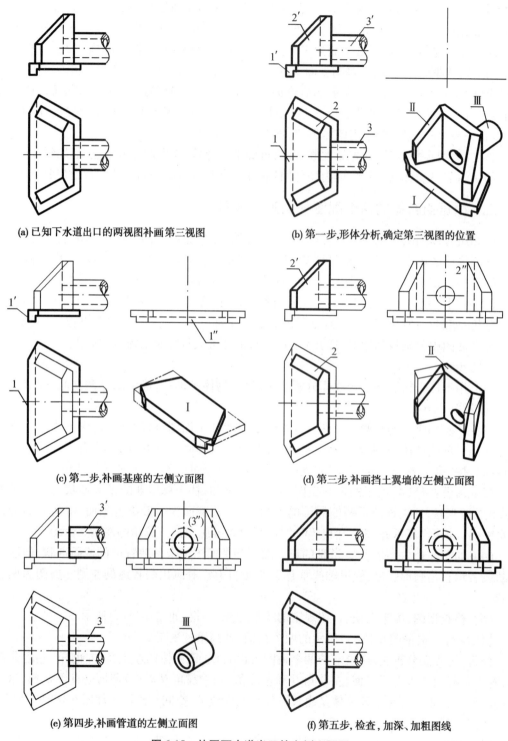

(a) 已知下水道出口的两视图补画第三视图
(b) 第一步,形体分析,确定第三视图的位置
(c) 第二步,补画基座的左侧立面图
(d) 第三步,补画挡土翼墙的左侧立面图
(e) 第四步,补画管道的左侧立面图
(f) 第五步,检查,加深、加粗图线

图 6-15 补画下水道出口的左侧立面图

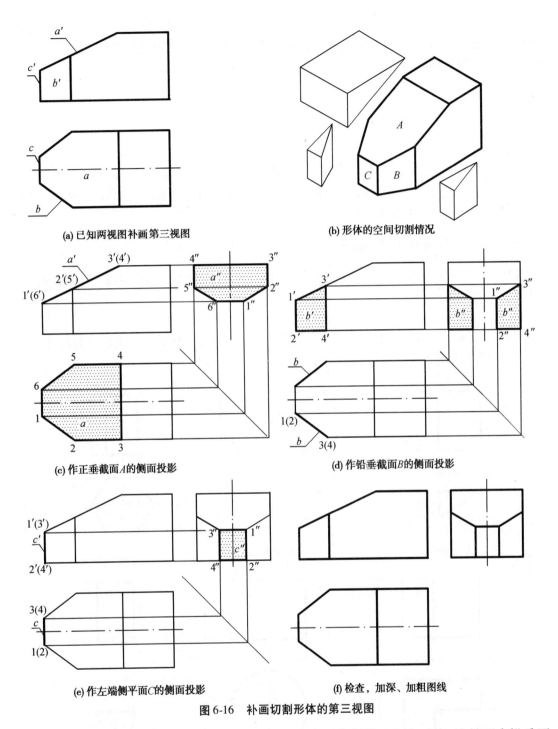

图 6-16 补画切割形体的第三视图

（2）正立面图中的线框 b' 四边形，在平面图中有两条斜线 b 与之对应，这是两个铅垂面。将四边形编号，同样按"三等"关系可画出侧立面图上对应的两个四边形 b''，如图 6-16(d) 所示。

（3）再看两视图的左端，正立面图上是一条线 c'，对应的平面图上也是一条线 c，它表示一侧平面。同样将 c'、c 的端点编号后，补画出的侧立面图为矩形 c''，如图 6-16(e) 所示。

（4）仍用线面分析法，分析原长方体的其余各表面的投影是否已完成。在本例中，补画完 A、B、C 三个面的投影后，其余表面的投影也随之完成。检查视图，确定无误后，按规定的线型加深、加粗，如图 6-16(f) 所示。

第三节　组合体的尺寸标注

三视图只能表达物体的形状，不能确定其真实大小。工程图样按实际需要，必须完整、正确、清晰地标注尺寸。尺寸标注的形式及基本规格，要符合国家颁布的《技术制图标准》规范，请参阅第八章中制图基本规格等有关内容。

一、基本几何体的尺寸标注

任何几何体都具有长、宽、高三个方向的尺寸，在视图中标注尺寸时，应将三个方向的尺寸标注齐全。

1. 柱体的尺寸标注

图 6-17 列举了几种柱体的尺寸标注。对棱柱和圆柱应先注出确定底面形状的尺寸，然后标注它们的高度尺寸。

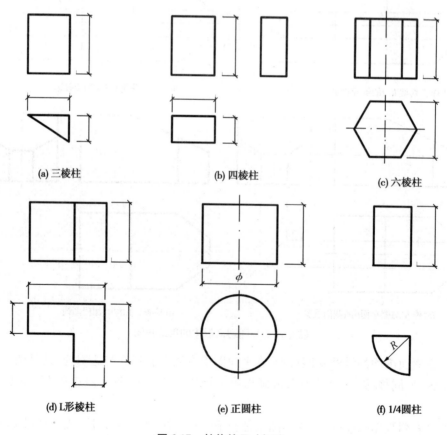

(a) 三棱柱　　(b) 四棱柱　　(c) 六棱柱

(d) L形棱柱　　(e) 正圆柱　　(f) 1/4圆柱

图 6-17　柱体的尺寸标注

2. 锥体、锥台和球的尺寸标注

图 6-18 列举了几种锥体、锥台和球的尺寸标注。对棱锥和圆锥,应先注出确定底面形状的尺寸,然后标注它们的高度尺寸。对棱锥台和圆锥台,应注出确定底面、顶面形状的尺寸和锥台的高度尺寸。对球体,只要注出它的直径尺寸即可,因要区别于圆的直径尺寸,规定在球的直径代号ϕ之前加注字母"S"。

几何体标注尺寸后往往可以减少视图的数量。例如,字母"S"是球的代号,如果明确了是球的投影,并标注了直径尺寸,用一个视图就可以表示球。又如,圆柱、圆锥、圆台在正立面图中标注了图中所示的尺寸,也只要用一个视图即可完整地表达出这些几何形体。

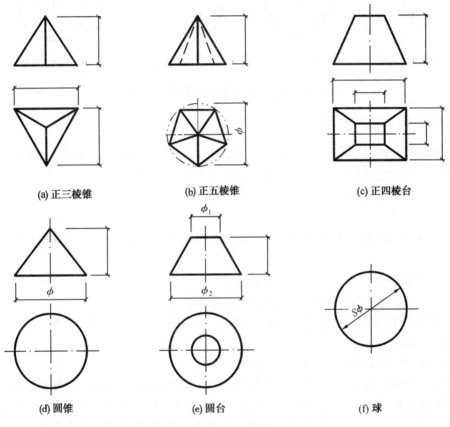

(a) 正三棱锥　　(b) 正五棱锥　　(c) 正四棱台

(d) 圆锥　　(e) 圆台　　(f) 球

图 6-18　锥体、锥台和球体的尺寸标注

3. 被截切的立体和相贯体的尺寸标注

如图 6-19 所示,当标注被截切或带切口的立体和相贯体的尺寸时,应标注基本形体的定形尺寸,并标注确定截平面位置的定位尺寸,而不标注截交线的尺寸[图 6-19(a)、(b)、(c)]。标注相贯体的尺寸时,只标注各个参与相贯的基本体的定形尺寸和确定参与相贯的基本体之间的定位尺寸,而不标注相贯线形状的尺寸[图 6-19(d)]。

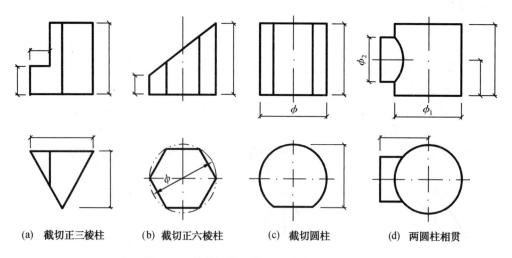

(a) 截切正三棱柱　　(b) 截切正六棱柱　　(c) 截切圆柱　　(d) 两圆柱相贯

图 6-19　被截切的立体和相贯体的尺寸标注

二、组合体的尺寸标注

组合体可以看作由若干个基本几何体经过叠加和切割组合而成,因此,标注组合体的尺寸,就应该标注基本几何体的大小尺寸和它们准确的相对位置尺寸。

在标注组合体的尺寸时,应将尺寸进行分类标注。

1. 尺寸的种类

运用形体分析法,除了标注各基本形体的大小尺寸外,还应标注它们的相对位置尺寸。尺寸有如下三种:

(1) 定形尺寸:确定各基本形体大小的尺寸。
(2) 定位尺寸:确定各基本形体之间相对位置的尺寸。
(3) 总体尺寸:确定组合体的外形总长、总宽、总高的尺寸。

2. 尺寸标注示例

【例 6-3】　标注如图 6-20 所示的组合体的尺寸。

首先进行形体分析,确定组合体的形状和结构。该物体有六个部分、四种基本形体。

(1) 标注定形尺寸。底板 I 的定形尺寸为长 86、宽 54、高 10 和四个孔的直径 $4 \times \phi 10$。主体构件 II 的定形尺寸为长 38、宽 22、高 32。左右两端肋板 III 的定形尺寸为长 24、宽(厚度)8、高 20。前后两肋板 IV 的定形尺寸为长(厚度)8、高 20、宽 16。

(2) 标注定位尺寸。底板 I 上的四个孔的定位尺寸有:长度方向孔的中心距为 66,孔的轴线距离底板 I 左右端分别为 10,宽度方向孔的中心距为 34,距离底板 I 前后端面为 10,因孔在底板 I 上是通孔,不用标注高度方向的定位尺寸。肋板 III 的定位尺寸为:长度方向 24,高度方向为 10、12,宽度方向相对底板 I 居中对称放置,省略定位尺寸。肋板 IV 的定位尺寸为:长度方向相对底板 I 居中对称放置,省略定位尺寸,高度方向为 10、12,宽度方向为 16。

(3) 标注总体尺寸。组合体的总长 86、总宽 54、总高 42。

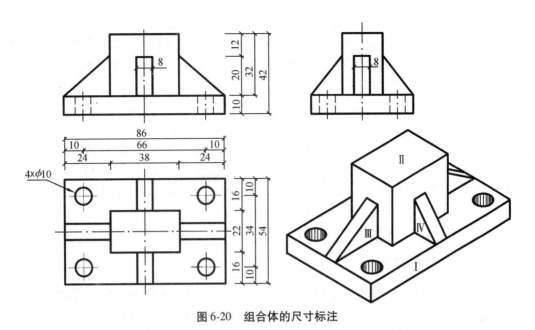

图 6-20 组合体的尺寸标注

【例 6-4】 标注如图 6-21 所示的窨井模型三视图的尺寸。

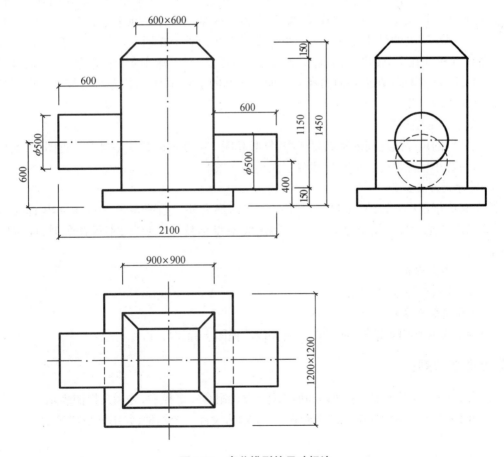

图 6-21 窨井模型的尺寸标注

首先进行形体分析,确定该形体由五个部分组成,立体图见图 6-9。

(1) 标注定形尺寸:底座的定形尺寸为长 1200,宽 1200,高 150;井身的定形尺寸为长 900,宽 900,高 1150;井口的定形尺寸为长 600,宽 600,高 150;左右两边管道的定形尺寸为长 600,宽和高即为管道的直径 ϕ500。

(2) 标注定位尺寸:由于底座、井身和井口上下为叠加放置,它们之间在高度方向上不需要定位尺寸。在长度和宽度方向上它们有公共的对称面,反映在视图上它们有公共对称轴线,因此,三个形体之间在长度和宽度方向上也不需要标注定位尺寸。左端的管道高度方向定位尺寸为 600,长度方向的定位尺寸为 600,宽度方向以中心线为对称,定位尺寸省略。右端的管道高度方向定位尺寸为 400,长度方向的定位尺寸为 600,宽度方向以中心线为对称,定位尺寸省略。

(3) 标注总体尺寸:总长 2100,总宽 1200,总高 1450。

三、标注尺寸的原则

在工程图纸上,除了将上述三类尺寸都标注齐全、正确外,还要考虑尺寸的配置,使之清晰、整齐、符合国家《建筑制图标准》规范、便于阅读。其配置的主要原则有:

1. 尺寸标注要集中

要将同一个基本形体的定形、定位尺寸尽量集中标注在同一个视图上。如图 6-20 所示,四个小圆孔的定形尺寸 $4\times\phi10$ 和定位尺寸 10、66、34 都集中标注在平面图上。为了集中,还应将与两个视图有关的尺寸尽量标注在两个视图之间的某个视图上。如图 6-20 中的 86、66、38、24 等尺寸标注在正立面图和平面图之间的平面图上,而不标注在平面图的下方;高度尺寸 10、20、12、32、42 都标注在正立面图和侧立面图之间的正立面图上,而不标注在正立面图的左侧或侧立面图的右侧。

2. 尺寸标注要整齐

相互平行的尺寸线之间的距离要相等,一般相距 7~10 mm,且使小尺寸靠近图形,大尺寸远离图形而在小尺寸之外。书写尺寸数字大小要一致。

3. 尺寸标注要清晰

除了某些细部尺寸以外,尽量将尺寸布置在图形之外。如图 6-20 中,$4\times\phi10$ 标在图形外,其余的尺寸也均标在图形之外。但任何图线不得穿越尺寸数字,不可避免时,应将图线断开。

4. 尺寸不允许重复

同一尺寸只允许标注一次。

5. 尽量避免在虚线上标注尺寸

对于孔、槽和切口等结构,尽量在反映实线的视图上标注尺寸。

发散思维练习题:

1. 用 2~6 个基本形体(平面体和曲面体)设计组合一个模型,并用三视图表示。
2. 由 1~2 个基本形体组成的组合体,用切割法设计一个模型,并用三视图表示。

第七章 轴测投影

第一节 轴测投影的基本知识

一、轴测投影的形成

我们知道,在正投影图中,物体的每一个投影都不能反映出其空间形状,因而直观性差,缺乏立体感,使其使用场合受到限制。当我们要向公众展示一个物体时,往往采用的是直观性比较好的立体图。如图7-1(a)就不如图7-1(b)那样使人对物体一目了然。为此,我们引入一个新的投影方式:轴测投影。

轴测图能在一个投影面上同时反映出形体的长、宽、高三个方向的结构和形状,所以立体感较强。轴测图虽具有立体感强的特点,但它不能同时反映物体各面的实形,因此,度量性差。其对形状比较复杂的立体不易表达清楚,而且作图繁琐,所以在工程上轴测图只作为一种辅助图样。

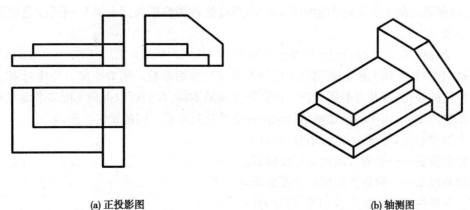

(a) 正投影图　　　　　　　　　　　　(b) 轴测图

图 7-1　正投影图与轴测图的比较

要获得物体的轴测图,有以下两种方法:

(1) 如图7-2(a)所示,将物体放在空间直角坐标系中,使物体的一个顶点与坐标系的原点 O 重合,物体的长、宽、高三个方向的棱线分别与 OX、OY、OZ 轴重合。将物体三个方向的面及其三个坐标轴与投影面 P 成倾斜的位置,投影方向 S 垂直于投影面 P,这时所得到的正投影就能反映出物体三个方向的表面,也就是能反映出立体的空间形状,因而具有立体感。

(2) 如图7-2(b)所示,将物体某个方向的表面置于与投影面 P 平行的位置,但投影方向 S 与投影面 P 倾斜,则此时得到的斜投影不仅能反映正面的实际形状,同时也能反映出立体的空间形状,因而也具有立体感。

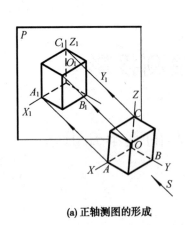 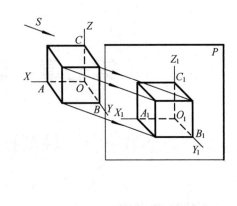

(a) 正轴测图的形成　　　　(b) 斜轴测图的形成

图 7-2　轴测图的形成

这两种方法都只有一个投影面,称为轴测投影面;空间直角坐标系 $O\text{-}XYZ$ 各坐标轴的平行投影 O_1X_1、O_1Y_1、O_1Z_1 称为轴测坐标轴,简称轴测轴;物体在轴测投影面上的投影称为轴测投影或轴测图。

二、轴间角和轴向伸缩系数

我们已引入一个空间直角坐标系 $O\text{-}XYZ$,空间立体可用该直角坐标系定位,如图 7-2 所示,三个轴测轴之间的夹角称为轴间角。轴向线段的轴测投影长度与其空间长度之比称为轴向伸缩系数。

空间坐标轴 X、Y、Z 的轴向伸缩系数分别为:$p = O_1A_1/OA, q = O_1B_1/OB, r = O_1C_1/OC$。

画轴测图时,必须先确定轴测轴的轴间角和轴向伸缩系数。随着空间直角坐标系对投影面相对位置的变化,以及投射线对投影面倾斜方向的不同,我们可以得到无限多个轴间角和轴向伸缩系数的组合,而不同的轴间角和轴向伸缩系数就形成不同的轴测投影。

其中按投射线对投影面是否垂直,可分为:

正轴测投影——投射方向垂直于投影面;

斜轴测投影——投射方向倾斜于投影面。

按三个轴向伸缩系数是否相等,可分为:

三等轴测投影——三个轴向伸缩系数相等;

二等轴测投影——任意两个轴向伸缩系数相等;

不等轴测投影——三个轴向伸缩系数不相等。

至于各种不同的轴测投影的名称,则可用两个分类方式的名称合并而得,如正轴测投影中的三等轴测投影,即可称为三等正轴测投影。

此外,在斜轴测投影中,若使投影面平行于立体的三个互相垂直面中的正面或水平面,则可在相关名称前再加"正面"或"水平"两字,如三等正面斜轴测投影。

三、轴测投影的基本性质

由于轴测图是用平行投影法得到的,因此,轴测图也具有平行投影的某些特性,如从属性、平行性、定比性等。具体如下：
(1) 立体上互相平行的线段，在轴测图上仍互相平行。
(2) 立体上两平行线段或同一直线上两线段的长度之比，在轴测图上保持不变。
(3) 立体上平行于轴测投影面的直线和平面，在轴测图上反映实长和实形。

要注意的是，若线段不平行于相应的轴，则不能直接测量，要依据线段两端点的坐标度量作图，才能准确地找到其投影。

四、几种常用的轴测投影

1. 正轴测投影

常用的正轴测投影有以下两种：

(1) 三等正轴测（简称正等测）。

三等正轴测是轴测图中最常用的一种。以立方体为例，投射线方向是穿过立方体的一对顶角，并垂直于轴测投影面。立方体相互垂直的三条棱线，即为三个坐标轴，它们与轴测投影面的倾斜角度完全相等，所以三根轴的伸缩系数也相等，如图7-3所示。

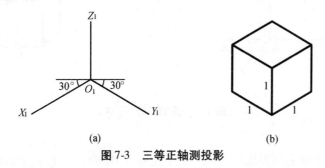

图 7-3 三等正轴测投影

绘图时，使 X_1 轴、Y_1 轴与水平线成 30°角，Z_1 轴为竖直线，三根轴的伸缩系数经计算为 0.82。实际绘图时，为方便起见，将伸缩系数简化为 1，这样所画出的图样比实际物体放大 1.22 倍，但不影响效果，因此比较常用。

(2) 二等正轴测（简称正二测）。

如图7-4所示，二等正轴测图的轴测轴，有两个轴间角相等，两个轴向伸缩系数相等。O_1Z_1 画成铅垂线，O_1X_1 轴与水平线夹角为 7°10′，O_1Y_1 轴与水平线夹角为 41°25′，轴测轴的近似画法如图7-4(b)所示。O_1X_1 轴、O_1Z_1 轴的轴向伸缩系数均为 0.94，O_1Y_1 轴的轴向伸缩系数

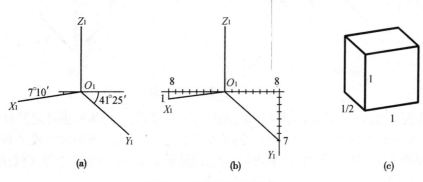

图 7-4 二等正轴测投影

为 0.47，为了方便起见，可将 0.94 简化为 1，0.47 简化为 0.5，这样所画出的轴测图是原物体投影的 1.06 倍。

2. 斜轴测投影

在斜轴测投影中，投射线与轴测投影面倾斜，使物体的一个主要面与轴测投影面平行，则这个面在投影图中反映实形。在正轴测投影中，物体的任何一个主要面的投影均不能反映其实形。所以凡物体有一个面形状复杂、曲线较多时，画斜轴测比较方便。

常用的斜轴测投影有以下两种：

（1）正面斜轴测。

正面斜轴测的特点是物体的正立面平行于轴测投影面，其投影反映实形，所以 X_1、Z_1 轴平行于轴测投影面而不变形，其轴间角为 90°，如图 7-5 所示。Z_1 轴为竖直线，X_1 轴为水平线，Y_1 轴为斜线，它与水平线的夹角为 30°、45° 或 60°，也可以自定。Y_1 轴的伸缩系数可自定，如 1、3/4、1/3 或 1/2 等。

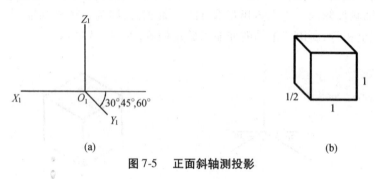

图 7-5　正面斜轴测投影

（2）水平斜轴测。

水平斜轴测的特点是轴测投影面处于水平位置，物体的水平面平行于轴测投影面，其投影反映实形，X_1、Y_1 轴平行于轴测投影面而不变形，它们之间的轴间角为 90°，它们与水平线的夹角通常为 45°，也可以自定。Z_1 轴为竖直线，其伸缩系数可自定，如 1、3/4 或 1/2 等，如图 7-6 所示。

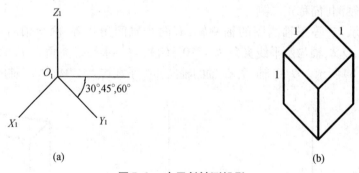

图 7-6　水平斜轴测投影

本章主要介绍这几种常用的轴测图的画法。图 7-7 是同一物体的正等测图和斜轴测图。由此可知，同一个物体可以选用不同的轴测类型来表达，但画出的图形视觉效果不一样，因而轴测图类型的选择直接影响轴测图的效果。此外，投射方向及是否方便作图，都是在画轴测图时需要考虑的因素。

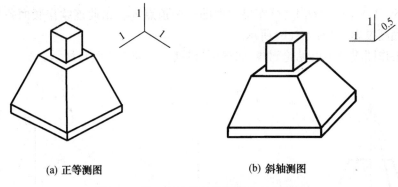

(a) 正等测图　　　　(b) 斜轴测图

图 7-7　同一物体的正等测图和斜轴测图

第二节　正轴测图的画法

大家都知道,当投射方向与轴测投影面相互垂直时,所得的投影为正轴测投影。常用的正轴测投影是正等测图。正二测图也比较常用,但作图比较麻烦,一般在不影响图形表达的前提下,优先选用正等测图。下面将主要介绍正等测图的画法。

正等轴测图的轴间角为120°,三个轴向伸缩系数均为0.82,我们将其简化为1。据此,可画出正等轴测图。

一、平面立体的正等轴测图画法

作平面立体的轴测图,可归结为作其棱线的轴测投影。而作棱线的轴测投影,当棱线平行于坐标轴时,可平行于相应的轴测轴而直接画出;当棱线倾斜于坐标轴时,则只要用坐标法作出棱线两个端点的轴测投影,连成直线即可。

具体作图时,先要选择轴测类型和投射方向,然后确定轴间角、轴向伸缩系数。下面举例说明其画法。

【例7-1】　如图7-8所示,已知正五棱锥台的正投影图,用简化伸缩系数画出其正等轴测图。

分析:可以把正五棱锥台的五条棱延伸相交,得到一个正五棱锥,先画出该五棱锥的正等轴测图,然后用一个平行于底面的平面截去上半部。

作图步骤:

(1) 已知正五棱锥台的三视图,以底面上相互垂直的两条中心线为OX轴、OY轴,OZ轴垂直于底面过正五棱锥顶点,如图7-8(a)所示。

(2) 画出轴测轴O_1X_1、O_1Y_1、O_1Z_1,如图7-8(b)所示。

(3) 用1∶1的简化系数量取底面各顶点的X坐标、Y坐标,分别在O_1X_1轴、O_1Y_1轴上用1∶1的简化系数量出底面各顶点坐标,画出底面上五点的投影,如图7-8(c)所示。

(4) 1∶1量取五棱锥顶点S、五棱锥台顶面中心S_P的Z坐标,在O_1Z_1轴上画出顶点的投影S_1、顶面中心的投影S_{P1},再将S_1与底面各点连接,于是可画出完整五棱锥的轴测图,如

图7-8(d)所示。

(5) 自 S_{P1} 作 $S_{P1}A_{P1} /\!/ O_1A_1$,可作出顶面的一个顶点 A_{P1},由此连续作底面各边的平行线,即得顶面的轴测投影,如图7-8(e)所示。

(6) 擦去作图线及不可见轮廓线,加深可见轮廓线,如图7-8(f)所示。

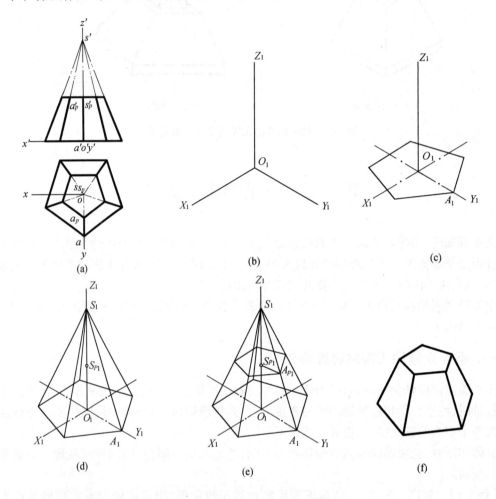

图 7-8 正五棱锥台的正等轴测图画法

【例7-2】 求作立体的正等轴测图,如图7-9所示。

分析:可将该立体看成是从长方体上先后切去以梯形为底面的四棱柱和三棱锥后形成的挖切式组合体。挖切式组合体的轴测图一般用形体分析法作图,作图步骤与画三视图相似。

作图步骤:

(1) 作坐标轴 OX、OY、OZ,如图7-9(a)所示。

(2) 画轴测轴,作完整长方体的轴测投影,如图7-9(b)所示。

(3) "切去"左上方的四棱柱体。为此,沿相应轴测轴方向量取尺寸,先作出前面的两条边,其中与轴测轴倾斜的直线可用求直线两端点的方法作出,如图7-9(c)所示。

(4) 应用两平行线的投影特性,完成即将切去的四棱柱的图形,如图7-9(d)所示。

(5) "切去"三棱锥,三棱锥底面也应先求三个顶点,如图7-9(e)所示。

（6）擦去作图线,加深可见轮廓线,如图7-9(f)所示。

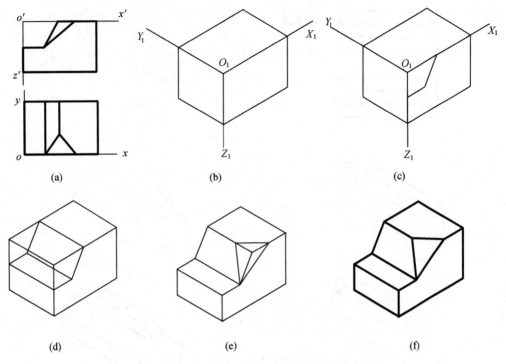

图7-9 挖切式组合体的正等轴测图画法

【例7-3】 用简化系数,求作排架基础的正等轴测图,如图7-10所示。

分析:该立体是由上、下两个长方体叠加而成的,下部长方体的前、后方向切成斜面,上部长方体的左、右方向切成斜面,因此,先画长方体,后画切去部分的形状。

作图步骤:

（1）已知该立体的三视图,设其坐标轴为 OX、OY、OZ,如图7-10(a)所示。

（2）画轴测轴 O_1X_1、O_1Y_1、O_1Z_1,作出下部长方体,如图7-10(b)所示。

（3）从左视图量取斜面宽、高尺寸,画出下部长方体的前、后斜面,如图7-10(c)所示。

（4）画出上部长方体,位于下部长方体的中上部,如图7-10(d)所示。

（5）从主视图量取斜面长、高尺寸,画出上部长方体左、右斜面,如图7-10(e)所示。

（6）擦去作图线,加深可见轮廓线,如图7-10(f)所示。

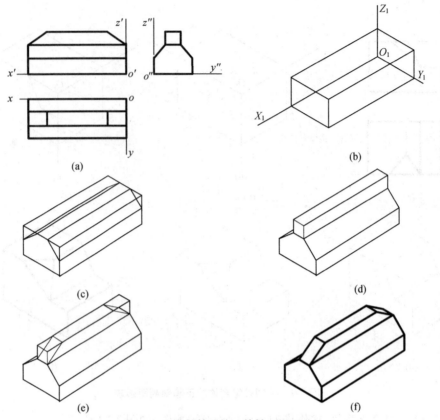

图 7-10　排架基础的正等轴测图画法

二、曲面立体的轴测图画法

常见的曲面立体一般有圆柱、圆锥或其他回转体，而画圆柱、圆锥和其他回转体的轴测图，都可归结为画圆周的轴测图。如图 7-11 所示，其中圆柱是在作出底圆的轴测椭圆后，再作两椭圆的公切线，即为圆柱的轴测图。圆锥的轴测图是自锥顶向底椭圆作两条切线。至于其他回转体的轴测图，可在作出许多纬圆（应包括顶圆、底圆、喉圆及赤道圆）的轴测椭圆后，再作出这些椭圆外切的包络线。所以，在讨论曲面体轴测图的画法前，我们先介绍圆的轴测图的画法。

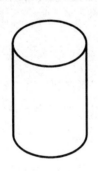 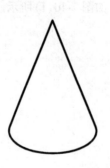

图 7-11　回转体的轴测图

1. 圆的轴测图画法

当圆周平面平行于投射方向时,其轴测图为一直线;当圆周平面平行于轴测投影面时,其轴测图为一个等大的圆周。一般情况下,圆周的轴测图则为一椭圆。

椭圆除按长、短轴进行绘制外,还常根据简化伸缩系数用八点法或四圆心法进行作图。

(1) 八点法。

圆周上任一对互相垂直的直径,其轴测图为椭圆的一对共轭轴。由共轭轴用八点法画轴测椭圆。如图7-12所示,已知圆周的一对互相垂直的直径AB和CD的轴测图A_1B_1和C_1D_1,必为轴测椭圆的一对共轭轴。除共轭轴的端点A_1、B_1、C_1和D_1为椭圆上四点外,如再求出四点,即可以连成轴测椭圆,画法步骤为:

① 作圆周的外切正方形$EFGH$的轴测投影。

② 连接E_1和G_1、F_1和H_1,得平行四边形的对角线,必为圆周外切正方形对角线的轴测投影。

③ 以C_1E_1为斜边作等腰直角三角形,再以C_1为圆心、腰长为半径画圆弧,交E_1H_1边于两点5_1、6_1,由5_1、6_1作C_1D_1的平行线,即可与对角线交于四点1_1、2_1、3_1和4_1,这四点是圆周与外切正方形对角线所交得的四点的轴测投影,因而这四点亦为椭圆上的点。

④ 最后,光滑连接八点,即为所求的椭圆。

八点法作椭圆,适用于绘制任意位置圆周的各类轴测图。当画圆周的正等轴测图时,常采用四圆心法(又叫菱形画法)画圆的正等轴测图。

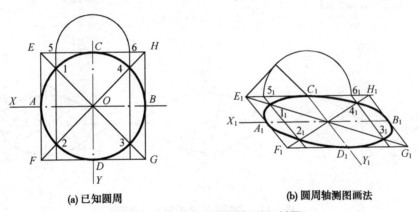

(a) 已知圆周　　　　　　　　　　(b) 圆周轴测图画法

图7-12　八点法作圆周的轴测图(椭圆)

(2) 四圆心法。

如图7-13所示,立方体上平行于坐标面的三个圆,其正等轴测图都是椭圆,图示为三个椭圆的位置。三个椭圆的大小及画法是相同的,都采用四圆心法。即将椭圆用四段圆弧连接起来,但是必须注意三个椭圆的长、短轴方向是不同的,长轴方向是菱形的长对角线,短轴方向是菱形的短对角线,长轴与短轴互相垂直平分。每个椭圆的四个圆心位置分别用O_1、O_2、O_3、O_4在图中注明。若

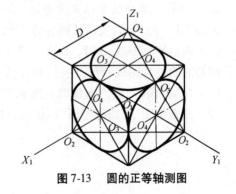

图7-13　圆的正等轴测图

按简化系数作图,三个椭圆的长轴约为圆的直径 D 的 1.22 倍,短轴约为圆的直径 D 的 7/10 倍。

对立方体顶面上水平圆用四圆心法画正等轴测图的步骤如图 7-14 所示。

(1) 将立方体顶面圆用 X、Y 坐标确定下来,圆与坐标轴交于四点 A、B、C、D,并过此四点作圆的外切正方形,如图 7-14(a) 所示。

(2) 画轴测轴 X_1、Y_1,在 X_1、Y_1 轴上截取 A_1、B_1、C_1、D_1,使 A_1B_1、C_1D_1 的长等于圆的直径。再分别过 A_1、B_1、C_1、D_1 点作轴测轴平行线形成一菱形,如图 7-14(b) 所示。

(3) 由菱形短对角线一端点 O_1 连接 O_1C_1、O_1B_1 直线(或由另一端点 O_2 连接 O_2A_1、O_2D_1 直线)与菱形长对角线分别交于 O_3、O_4 两点,则 O_1、O_2、O_3、O_4 为四圆心,如图 7-14(c) 所示。

(4) 分别以 O_1 和 O_2 为圆心,以 O_1B_1 和 O_2A_1 为半径作椭圆的两段长圆弧,如图 7-14(d) 所示。

(5) 分别以 O_3 和 O_4 为圆心,以 O_3A_1 和 O_4B_1 为半径作椭圆的两段短圆弧,如图 7-14(e) 所示,A_1、B_1、C_1、D_1 四点为圆弧连接的切点(此为近似作法)。

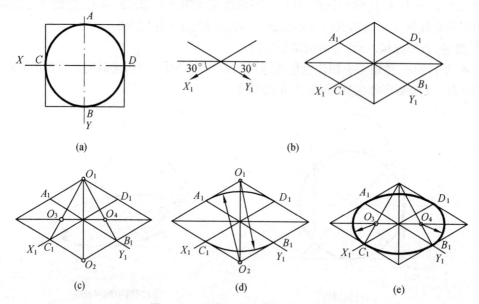

图 7-14 四圆心法作圆周的轴测图

2. 截切圆柱体的正等轴测图画法

如图 7-15(a) 所示,表示从圆柱体上部切去两块后形成的立体,作图步骤为:

(1) 画轴测轴 O_1X_1、O_1Y_1、O_1Z_1。作上、下底圆的正等测投影,两椭圆的中心高度为 h,然后作两椭圆的外公切线,得圆柱的轴测投影,如图 7-15(b) 所示。

(2) 在顶面沿 X_1 轴方向截取长度 b,作出切口的轴测投影,如图 7-15(c) 所示。

(3) 擦去作图线,加深轮廓线,如图 7-15(d) 所示。

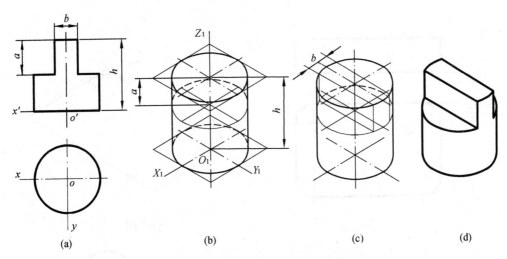

图 7-15　圆柱被挖切后的正等轴测图画法

3. 带圆角立体的正等轴测图画法

如图 7-16 所示，圆角是四分之一圆，所以它的正等轴测图为四分之一椭圆。画四分之一椭圆亦可采用四圆心法。将椭圆沿轴测轴方向拆开分成四个部分，每一部分即为一个圆角。图 7-17 是一带圆角的长方体平台，长方体的四个角做成了圆角。作图步骤如图 7-17 所示。

4. 球的正等轴测图画法

球的正等轴测图是圆。当采用简化轴向伸缩系数作图时，这个圆的直径约等于球直径的 1.22 倍。为了使球的正等轴测图立体感较强，可把以球心为原点的三个坐标面与球面的截交线的轴测投影画出来，并假想切去 1/8，如图 7-18 所示。

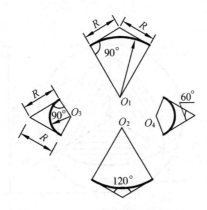

图 7-16　圆角的正等轴测图画法

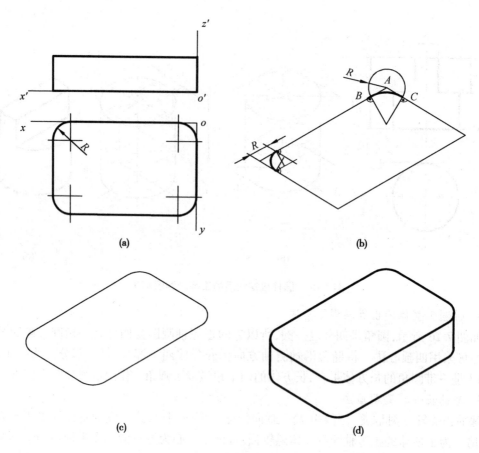

图 7-17 圆角平台的正等轴测图画法

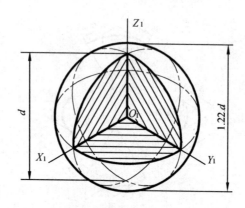

图 7-18 球的正等轴测图画法

三、正轴测图综合举例

【例 7-4】 如图 7-19 所示,已知台阶的投影图,画出其正等轴测图。

分析:台阶由两侧栏板和三级踏步组成。一般先逐个画出栏板,然后再画踏步。

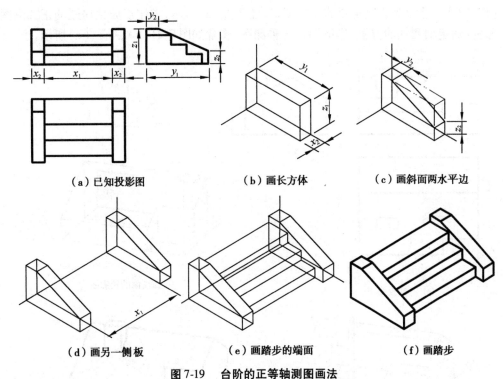

图 7-19　台阶的正等轴测图画法

【例 7-5】　根据柱冠的投影图作正等轴测图,如图 7-20 所示。

分析:自上而下,柱冠是由方板、圆板、圆台和圆柱组成。另外,柱冠上部的形体大,下部的形体小,应选自下往上投射。

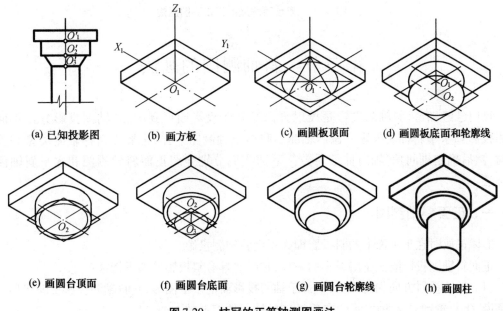

图 7-20　柱冠的正等轴测图画法

【例7-6】 已知双坡顶房屋的投影图,如图7-21(a)所示,求作双坡顶房屋的正二测图。

分析:确定轴测轴的位置,作法同正等轴测图,步骤如图7-21(b)、(c)、(d)所示。

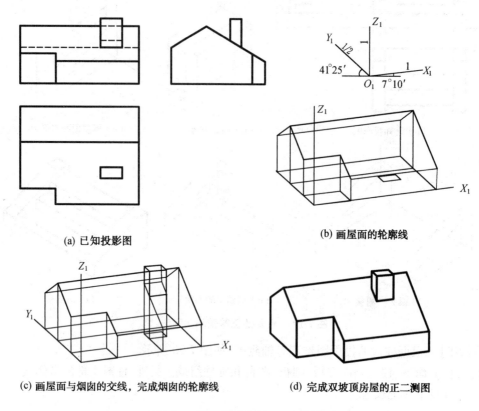

(a) 已知投影图　　　　　　　　　(b) 画屋面的轮廓线

(c) 画屋面与烟囱的交线,完成烟囱的轮廓线　　(d) 完成双坡顶房屋的正二测图

图7-21　双坡顶房屋的正二测图画法

第三节　斜轴测图的画法

我们已经知道,斜轴测投影是投射方向倾斜于投影面得到的,斜轴测投影分为正面斜轴测投影和水平斜轴测投影。画斜轴测图和画正轴测图一样,也要先选择轴测类型和投射方向,然后确定轴间角、轴向伸缩系数。下面我们分别介绍正面斜轴测图和水平斜轴测图的画法。

一、正面斜轴测图

形体正放时在正平面上的斜投影即为正面斜轴测投影。

正面斜轴测投影既然是斜投影的一种,它必然具有斜投影的如下特性:

(1) 无论投射方向如何倾斜,平行于轴测投影面的平面图形,其斜轴测投影反映实形。也就是说,O_1X_1轴和O_1Z_1轴之间的夹角是90°,轴向伸缩系数$p=r=1$。

(2) O_1Y_1轴的倾角和轴向伸缩系数可以自由选择,一般分别采用45°和1/2。

(3) 相互平行的线段,其斜轴测投影仍相互平行。

在正面斜轴测图中,以正面斜二测图比较常用。正面斜二测图通常又简称为斜二测,即 O_1Y_1 轴的倾角和轴向伸缩系数分别为 45° 和 1/2。

【例 7-7】 根据挡土墙的投影图,作正面斜二测图,如图 7-22 所示。

分析:根据挡土墙形状的特点,选择从左前上方向右后下方的投射方向,这样三角形的扶壁不被竖墙遮挡。

作图步骤:

(1) 设定轴测轴 O_1X_1、O_1Y_1、O_1Z_1,如图 7-22(a)所示。

(2) 先画出竖墙和底板的正面斜轴测图,如图 7-22(b)所示。

(3) 扶壁到竖墙前后面的距离是 y_1,从竖墙边往后量 $y_1/2$,画出扶壁的三角形面的实形,如图 7-22(c)所示。

(4) 再量取扶壁的厚度 $y_2/2$,完成图形,如图 7-22(d)所示。

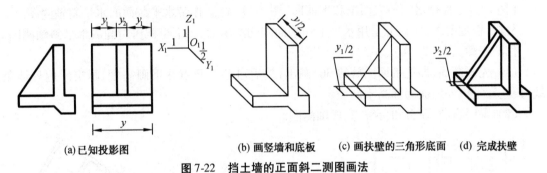

(a) 已知投影图　　　(b) 画竖墙和底板　　　(c) 画扶壁的三角形底面　　(d) 完成扶壁

图 7-22　挡土墙的正面斜二测图画法

【例 7-8】 根据物体的投影图,作正面斜二测图,如图 7-23 所示。

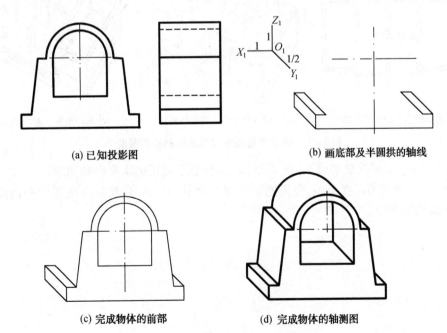

(a) 已知投影图　　　　　　　(b) 画底部及半圆拱的轴线

(c) 完成物体的前部　　　　　(d) 完成物体的轴测图

图 7-23　物体的正面斜二测图画法

作图步骤:
(1) 设定轴测轴 O_1X_1、O_1Y_1、O_1Z_1,如图 7-23(a)所示。
(2) 先画底部,Y_1 方向取 1/2,并定出物体前面半圆拱的圆心位置,如图 7-23(b)所示。
(3) 作物体前面部分,如图 7-23(c)所示。
(4) 完成物体,注意画出物体后部的可见部分,加深图形,如图 7-23(d)所示。

二、水平斜轴测图

形体正放时,在水平面上的斜投影即为水平斜轴测投影。X_1 轴和 Y_1 轴之间的轴间角为 90°,$p=q=1$。X_1 轴和 Z_1 轴的轴间角及 Z_1 轴的轴向伸缩系数可以单独选择,通常轴间角取 120°,伸缩系数取 1。作图时仍把 O_1Z_1 画成竖直方向,O_1X_1 和 O_1Y_1 分别与水平线成 30°、60°角。这种轴测图具有很好的直观性,一般用来表达建筑群的总平面图、房屋的平面图。

【例 7-9】 根据房屋的立面图和平面图[图 7-24(a)],作带水平截面的水平斜轴测图。
分析:根据要求,实质上是用水平剖切平面剖切房屋后,将下半截房屋画成水平斜轴测图。
作图步骤[图 7-24(b)、(c)]:
(1) 先画断面,即把平面图旋转 30°画出,然后过各个角点往下画高度,画出屋内外墙角线,要注意室内外地面的标高不同。
(2) 画门窗洞、窗台和台阶,完成轴测图。

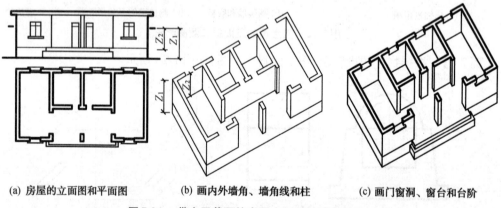

(a) 房屋的立面图和平面图　　(b) 画内外墙角、墙角线和柱　　(c) 画门窗洞、窗台和台阶

图 7-24　带水平截面的房屋水平斜轴测图画法

【例 7-10】 试根据总平面图[图 7-25(a)],作总平面图的水平斜轴测图。
分析:由于房屋的高度不一,可先把总平面图旋转 30°画出,然后在房屋的平面图上向上画对应建筑物的高度,作图如图 7-25(b)所示。

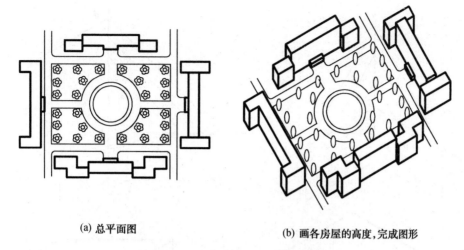

(a) 总平面图　　　　　　　　　(b) 画各房屋的高度,完成图形

图 7-25　总平面图的水平斜轴测图画法

第四节　轴测剖视图的画法

为了表达立体的内部形状,可假想用剖切平面切去立体的一部分,画成轴测剖视图。为了保持物体外形的清晰,不论物体是否对称,轴测剖视图通常都采用两个互相垂直的平面来剖切物体,即用剖切掉物体 1/4 的剖切方法。

一、画轴测剖视图的规定

（1）应选取通过物体主要轴线或对称面,同时又平行于坐标面的平面作为剖切平面。
（2）被剖切平面切出的断面上,应画上剖面线,平行于各坐标面的断面上的剖面线的方向,如图 7-26 和图 7-27 所示。

二、轴测剖视图的画法

按选定的轴测类型,画出物体的轴测投影,然后根据需要选定剖切位置,用剖切平面去剖切物体,画出物体被剖切后的断面轮廓线,擦去多余的图线,在断面轮廓范围内画上剖面符号,从而得到物体被剖切后的轴测投影,作图过程如图 7-28 所示。

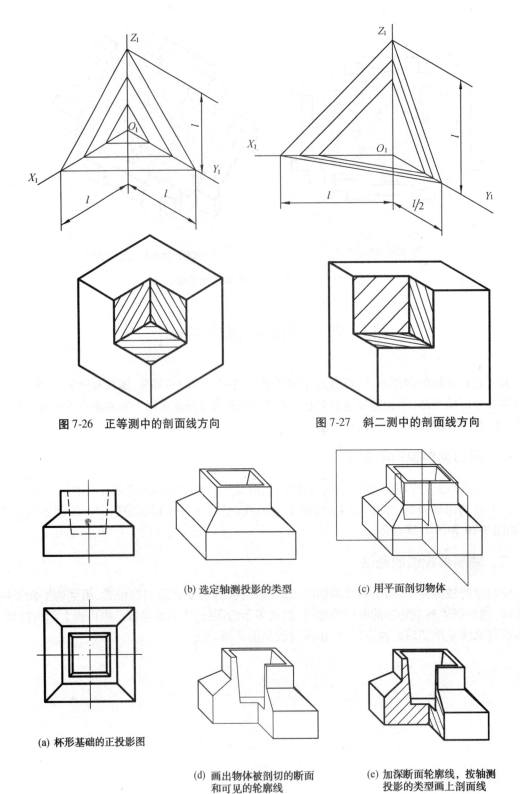

图 7-26 正等测中的剖面线方向

图 7-27 斜二测中的剖面线方向

(a) 杯形基础的正投影图

(b) 选定轴测投影的类型

(c) 用平面剖切物体

(d) 画出物体被剖切的断面和可见的轮廓线

(e) 加深断面轮廓线,按轴测投影的类型画上剖面线

图 7-28 轴测投影的剖视画法

第八章 制图规格及基本技能

第一节 制图基本规格

建筑工程图是表达建筑工程设计的重要技术资料,是施工的依据。为了使建筑图表达统一,便于识读和技术交流,对于图样的内容、格式、画法、尺寸注法、图例及字体等应有一个统一的规定,这个统一规定就是国家制图标准。本书主要采用了《房屋建筑制图统一标准》(GB/T 50001—2017)、《总图制图标准》(GB/T 50103—2010)、《建筑制图标准》(GB/T 50104—2010)、《建筑结构制图标准》(GB/T 50105—2010)、《给水排水制图标准》(GB/T 50106—2010)。标准对施工图中常用的图纸幅面、比例、字体、图线(线型)、尺寸标注、材料图例等内容作了具体规定。下面将逐一介绍这些规定的要点,供设计绘图时参照执行。

一、图纸幅面

1. 幅面尺寸和格式

为了便于装订、保管及合理利用图纸,绘制图样时,所有图纸的幅面优先采用表 8-1 中规定的幅面尺寸。必要时也允许按国标规定的尺寸加长幅面。

表 8-1 图纸幅面及边框尺寸

单位:mm

幅面代号		A0	A1	A2	A3	A4
宽(B)×长(L)		841×1189	594×841	420×594	297×420	210×297
边框	c	10			5	
	a	25				

图纸幅面可以采用横式或竖式,一般以横式居多。

2. 图框

图框有留装订边和不留装订边两种格式。图 8-1 为留装订边的图框格式,不留装订边的图框四周距离幅面线相等。图框线应画成粗实线。

为了使图样复制和缩微摄影时定位方便,应在图纸各边长的中点处分别画出对中标志。对中标志线宽不小于 0.35 mm,长度从纸边界开始伸至图框内约 5 mm,如图 8-1 所示。

3. 标题栏

标题栏(亦称图标)一般配置在图样的下方或右方,与图框线连接,格式见图 8-2。横式标题栏高度一般为 30~50 mm,立式标题栏宽度一般为 40~70 mm。

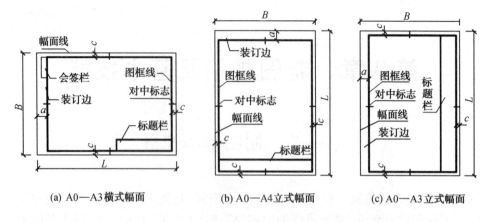

(a) A0—A3横式幅面　　(b) A0—A4立式幅面　　(c) A0—A3立式幅面

图 8-1　图纸幅面格式及尺寸代号

图 8-2　标题栏格式

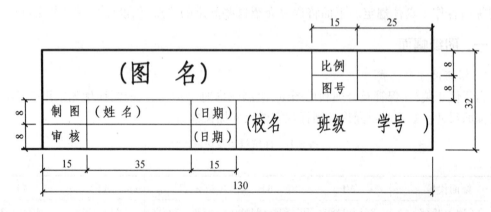

图 8-3　学生作业用图纸标题栏(推荐)

图样中的标题栏一律按规定尺寸绘制。学生在学习中为了提高手工绘图的效率,教材及习题册中推荐简化的标题栏,仅供参考使用。制图作业不用会签栏。本课程的作业和练习都不是生产用图纸,所以除图幅外,图标的栏目和尺寸都可简化或自行设计。学习阶段建议用图 8-3 所示的标题栏。其中图名用 10 号字,校名用 10 或 7 号字,其余汉字除签名外用 5 号字书写,数字则用 3.5 号字书写。

二、图线

在建筑工程图中,图纸上的图线随用途的不同,必须使用不同的线型和不同粗细的图线,对于表示不同内容和区分主次的图线,其线宽都互成一定的比例,即粗线、中粗线、中线、细线四种线宽之比为 $b:0.7b:0.5b:0.25b$。常用图线的线型、线宽及用途见表 8-2。

表 8-2　图线的线型、线宽及用途

名　称	线　型	宽　度	用　途
粗实线	———————	b	主要可见轮廓线
中实线	———————	$0.5b$	可见轮廓线、尺寸线
细实线	———————	$0.25b$	图例填充线、家具线
中虚线	- - - - - - -	$0.5b$	不可见轮廓线、图例线
细点画线	— · — · — · —	$0.25b$	中心线、对称线、轴线等
细双点画线	— ·· — ·· —	$0.25b$	假想轮廓线、成型前原始轮廓线
折断线	——/\——/\——	$0.25b$	断开界线
波浪线	～～～～～	$0.25b$	断开界线

画各种图线时应注意以下几点：

（1）粗实线的宽度 b 应根据图形的复杂程度及比例大小，从下面线宽系列中选取：0.13、0.18、0.25、0.35、0.5、0.7、1.0、1.4(mm)，但一般选取 $b \geqslant 0.5$。

（2）在同一张图纸上，同类图线的宽度应基本一致。虚线、点画线及双点画线的线段长度和间隔应各自大致相等。

（3）点画线或双点画线的两端不应是点，两点画线相交、虚线与点画线相交、两虚线相交、虚线与粗实线相交，均应交于线段处。虚线为实线的延长线时，不得与实线交接，如图 8-4 所示。

（4）绘制圆或圆弧中心线时，圆心应为线段的交点，且中心线两端应超出圆弧 2～3 mm，如图 8-4 所示。

（5）折断线直线间的符号和波浪线应徒手画出。折断线应通过被折断图形的全部，其两端各画出 2～3 mm，如图 8-5 所示。

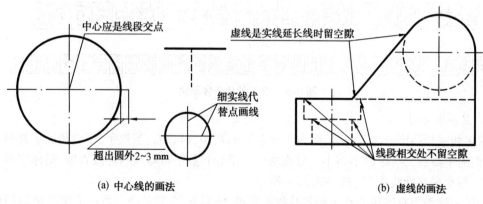

(a) 中心线的画法　　　　(b) 虚线的画法

图 8-4　实线、虚线、点画线画法举例

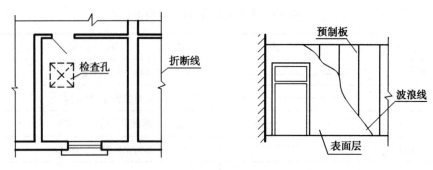

图 8-5　折断线、波浪线画法举例

三、字体

图样上除绘有图形外,还要用文字和数字说明物体的大小及其他内容。图样中书写的文字和数字必须做到字体工整、笔画清楚、间隔均匀、排列整齐。

1. 汉字

字体高度(用 h 表示)的公称尺寸数列为 3.5、5、7、10、14、20(mm)。如果需要书写更大的字,其字体高度应按 $\sqrt{2}$ 的比例递增。字体的高度代表字体号数。汉字书写成长仿宋体,并应采用中华人民共和国国务院正式公布推行的《汉字简化方案》中规定的简化字。汉字的高度 h 不应小于 3.5 mm,其字宽一般为 $h/\sqrt{2}$。书写仿宋体字的要领是:横平竖直,注意起落,结构均匀,填满方格。长仿宋体的笔画粗度约为字高的 1/20。

为了保证字体大小一致和排列整齐,书写前可先打好格子,然后书写。汉字的字例如图 8-6 所示。

10号字
排列整齐字体端正笔画清晰注意起落

7号字
画法几何及工程制图国家标准长仿宋字的书写要点

5号字
建筑工程制图平面图立面图剖面图轴测图透视图阴影专业学校姓名

图 8-6　汉字长仿宋体示例

2. 数字和字母

数字和字母高度分为 7 级,依次为 2.5、3.5、5、7、10、14、20。当数字、字母和汉字并列书写时,它们的字高宜比汉字的字高小一号或两号。字母和数字可写成斜体或直体,斜体字字头向右倾斜,与水平基准线成 75°角,如图 8-7 所示。

图样上的数字有阿拉伯数字和罗马数字两种,字母用拉丁字母。当拉丁字母单独用作代号或符号时,不使用 I、O 及 Z 三个字母,以免与阿拉伯数字的 1、0 及 2 相混淆。字母和数字的字体如图 8-7 所示。

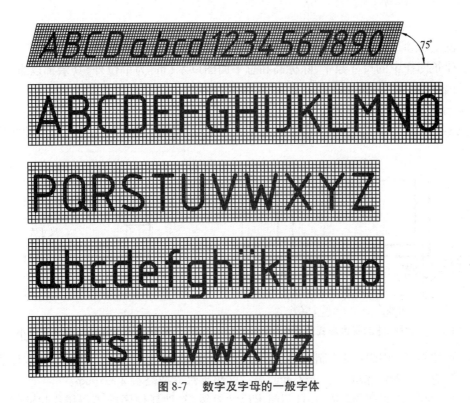

图 8-7　数字及字母的一般字体

四、比例与图名

建筑工程图通常要缩小绘制在图纸上,图形大小与实物大小有所不同,图样中图形与实物相对应的线性尺寸之比称为比例。比例应用阿拉伯数字表示,图形大小与实物大小相同,比例为 1∶1,比值大于 1 的比例称为放大比例,小于 1 的比例称为缩小比例。

绘图时应优先采用表 8-3 规定的比例。

表 8-3　绘图所用的比例

常用比例	1∶1,1∶2,1∶5,1∶10,1∶20,1∶30,1∶50,1∶100, 1∶150,1∶200,1∶500,1∶1000,1∶2000
可用比例	1∶3,1∶4,1∶6,1∶15,1∶25,1∶40,1∶60,1∶80, 1∶250,1∶300,1∶400,1∶600,1∶5000,1∶10000, 1∶20000,1∶50000,1∶100000,1∶200000

比例书写在图名的右侧,字的基准线应取平,字高宜比图名的字高小一号或两号。图名下画一条粗实线。

五、尺寸标注法

尺寸是图样的重要组成部分,尺寸标注必须完整、清晰、合理。这是一项相当重要的工作,必须认真细致,一丝不苟。

1. 尺寸标注的基本规则

(1) 图上所注尺寸表示物体的真实大小,它与绘图所用的比例无关。

(2) 建筑图样中的尺寸数字,除标高和总平面图以米(m)为单位外,其余都以毫米(mm)为单位。因此,建筑工程图上的尺寸数字无须注写单位。

2. 尺寸的组成和标注方法

如图8-8所示,一个完整的尺寸标注由尺寸界线、尺寸线、尺寸起止符号和尺寸数字等四部分组成。

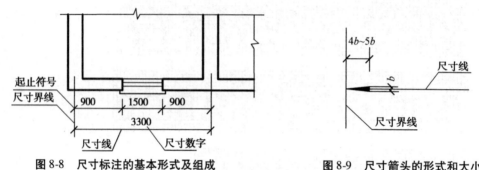

图8-8 尺寸标注的基本形式及组成　　　　图8-9 尺寸箭头的形式和大小

(1) 尺寸界线:用细实线绘制,也可以用轮廓线、轴线、对称中心线代替,应与被注线段垂直。其一端应离开图样轮廓不小于2 mm,另一端超出尺寸线终端2~3 mm。

(2) 尺寸线:用细实线绘制,并且不超出尺寸界线,其他任何图线不得用作尺寸线。标注线性尺寸时,尺寸线必须与所标注的线段平行。当几个尺寸线相互平行时,大尺寸线画在小尺寸线之外,以免尺寸线和尺寸界线相交。

(3) 尺寸起止符号:画在起止点上,一般为45°的中粗短线,其倾斜方向应与尺寸界线成顺时针45°角,长度为2~3 mm,也可用箭头代替尺寸起止符号,箭头形式如图8-9所示。用计算机绘图时,箭头可不涂黑。同一张图样上的尺寸起止符号和箭头大小应基本一致。当相邻的尺寸界线的间隔都很小时,尺寸起止符号可采用小圆点绘制,小圆点直径1 mm。

(4) 尺寸数字:高度一般是3.5 mm。尺寸线的方向有水平、竖直、倾斜三种,注写尺寸数字的读数方向不得倒写,如图8-10(a)所示。对尺寸数字在30°斜线区范围内的倾斜尺寸,其尺寸数字不得沿尺寸线方向书写,尺寸数字应正写,应按如图8-10(b)的形式注写尺寸数字。

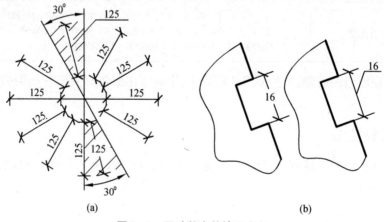

图8-10 尺寸数字的填写方向

（5）任何图线不得穿交尺寸数字，当不能避免时，必须将此图线断开。尺寸数字不得贴靠在尺寸线或其他图线上，一般应离开约 1 mm，如图 8-11 所示。若尺寸界线较密，以致注写尺寸数字的空隙不够，最外边的尺寸数字可写在尺寸界线外侧，中间相邻的可错开或用引出线引出注写，如图 8-12 所示。

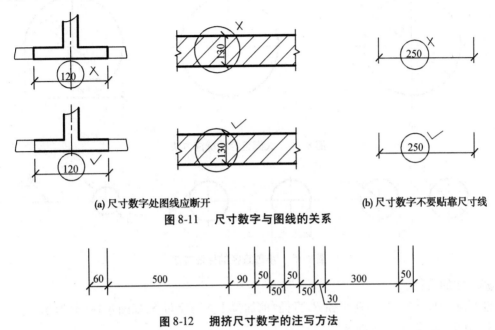

(a) 尺寸数字处图线应断开　　　　　　　　　　　(b) 尺寸数字不要贴靠尺寸线

图 8-11　尺寸数字与图线的关系

图 8-12　拥挤尺寸数字的注写方法

3. 半径、直径、球径的标注

（1）半径。

一般情况下，半圆或小于半圆的圆弧应标注其半径。半径尺寸线必须从圆心画起，尺寸线应画上箭头。半径数字前应加注半径符号"R"，如图 8-13(a) 所示。

较小圆弧的半径，可按图 8-13(b) 的形式标注；较大圆弧的半径，可按图 8-13(c) 的形式标注。

(a) 半圆半径的标注方法　　(b) 小圆弧半径的标注方法　　(c) 大圆弧半径的标注方法

图 8-13　圆弧半径的标注方法

（2）直径。

一般大于半圆的圆弧或圆应标注直径。直径可标在圆弧上，也可标在圆积聚成直线的投影上，直径的尺寸数字前应加注直径符号"ϕ"，在圆内标注的尺寸线应通过圆心，如图 8-14 所示。

较小圆的直径尺寸，可按图 8-15 的形式注写。直径尺寸还可标注在平行于任一直径的尺寸线上，此时需要画出垂直于该直径的两条尺寸界线，且起止符号改用与尺寸线成 45°的斜短线,如图 8-14(b)和 8-15 所示。

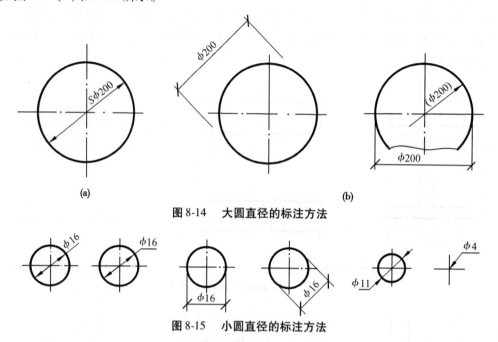

图 8-14　大圆直径的标注方法

图 8-15　小圆直径的标注方法

(3) 球的直径。

注写球的尺寸时,分别在半径 R、直径 ϕ 前加拉丁大写字母 S,如图 8-14(a)所示。

4. 角度、弧长、弦长的标注

(1) 标注角度时,角度两边作为尺寸界线,尺寸线画成圆弧,起止符号以箭头表示。角度数字一律沿水平方向注写,如图 8-16(a)所示。

(2) 标注圆弧的弧长时,尺寸线是该弧的同心圆弧,尺寸界线垂直于该弧的弦,起止符号用箭头表示,弧长数字上方或前方应加"⌒"符号,如图 8-16(b)所示。

(3) 标注弦长时,尺寸线平行于该弦的直线,尺寸界线垂直于该弦,起止符号用中粗斜短线表示,如图 8-16(c)所示。

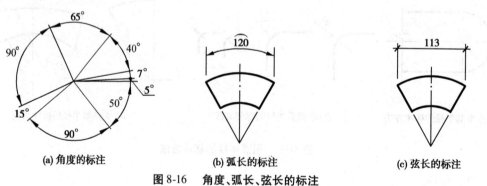

(a) 角度的标注　　(b) 弧长的标注　　(c) 弦长的标注

图 8-16　角度、弧长、弦长的标注

5. 其他尺寸注法举例

在建筑工程制图中,有各种各样的尺寸标注,须根据具体情况确定正确的尺寸注法。对于其他的尺寸注法,现仅举几例如下:

(1) 标注坡度时,应沿坡度画上指向下坡的箭头(也可画成半箭头),在箭头的一侧注写坡度数字(百分数、比例、小数均可),如图 8-17 所示。

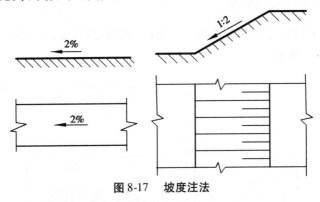

图 8-17 坡度注法

(2) 对于均匀分布的相同要素,可标成乘积形式,如图 8-18 所示。

(3) 对于桁架式结构、钢筋及管线等的单线图,可直接将尺寸数字沿着杆件或管线的一侧注写,如图 8-19 所示。

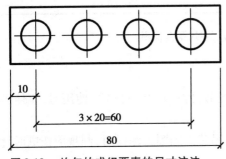

图 8-18 均匀的成组要素的尺寸注法

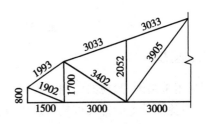

图 8-19 桁架式结构单线图的尺寸注法

6. 建筑材料图例

为了简化作图,对于一些不能如实画出的建筑细部,应用图例表示。图 8-20 选列了一些常用的建筑材料断面图例。其他材料图例见《房屋建筑制图统一标准》。

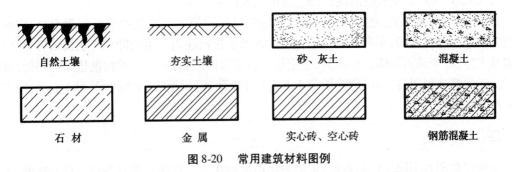

图 8-20 常用建筑材料图例

第二节 制图仪器、工具及其使用

正确、熟练地使用绘图工具对提高绘图速度和保证绘图质量起着重要作用。常用的绘图仪器和工具包括:图板、丁字尺、三角板、圆规、分规、比例尺、曲线板、铅笔等。

一、图板、丁字尺和三角板

图板是绘图时的垫板,要求表面平整。丁字尺用来画水平线,与三角板配合使用可画垂直线及倾斜线,如图8-21所示。

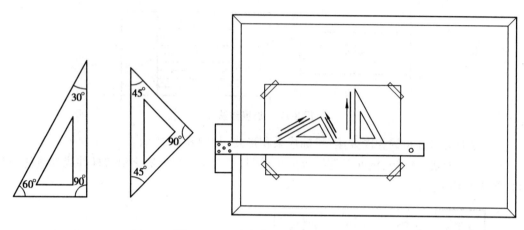

图8-21 三角板与丁字尺配合使用

二、圆规

圆规用来画圆,圆规的针两端不同,一端为锥形,另一端有"针肩",使用时,应使用有针肩的一端,以免图纸上的针孔被扎得过大、过深。

圆规使用前应先调整好针脚,使针尖略长于铅芯。画圆或圆弧时,圆规应按顺时针方向旋转并稍向前倾斜,如图8-22所示。

三、铅笔、墨线笔

一般铅笔上刻有表示铅心软硬的代号,绘图时常用的是2H、H、HB、B、2B等铅笔。如"B"表示较软而浓,"H"表示较硬而淡,"HB"表示软硬适中。

墨线笔,俗称鸭嘴笔,是用来画墨线的,如图8-23(a)所示。给墨线笔内加墨水,应用蘸水笔把墨水加入两笔叶间,不要把墨线笔直接插入墨水瓶内注墨。笔的叶片外表面沾有墨水时,应擦拭干净,以免玷污图纸。画线时,笔应位于行笔方向的铅垂面内,并向前进方向稍做倾斜。除了用墨线笔来画图外,还可用绘图墨水笔(又叫针管笔)画墨线,如图8-23(b)所示,每支笔只可画一种线宽。

四、比例尺

比例尺是刻有不同比例的直尺,常用的比例尺是在三个棱面上刻有共六种百分比例、千分比例的三棱尺。尺面上有不同比例的刻度,可按需要的比例,直接在尺面上截取所需长度,如图8-24所示。例如,百分比例尺上有1∶100、1∶200、1∶300、1∶400、1∶500、1∶600六种刻度。尺上刻度所注数字的单位是米。以1∶100为例,尺上刻度1 m就是实际尺寸为1 m长。

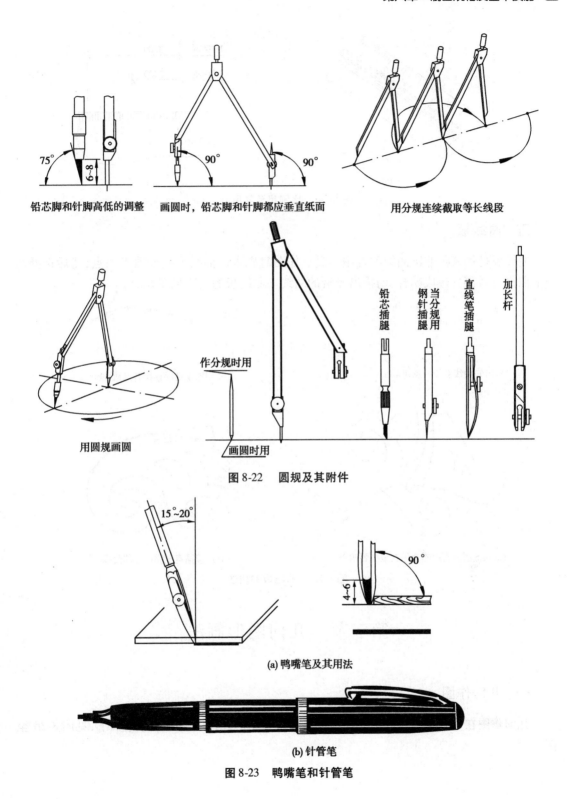

图 8-22　圆规及其附件

(a) 鸭嘴笔及其用法

(b) 针管笔

图 8-23　鸭嘴笔和针管笔

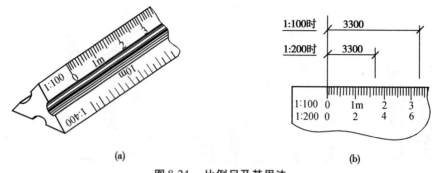

图 8-24 比例尺及其用法

五、曲线板

曲线板是用来画非圆曲线的常用工具。作图时先求出曲线上足够数量的点,然后选择曲线上曲率合适部分逐段贴合,勾描出光滑的曲线。曲线板的用法见图 8-25。

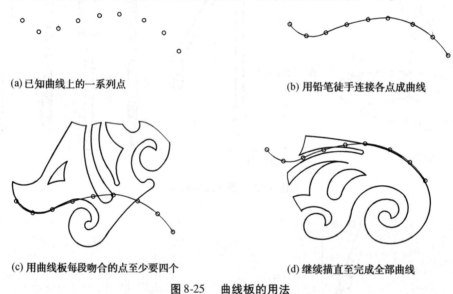

图 8-25 曲线板的用法

第三节 几何图形画法

一、几何作图

几何作图在建筑制图中应用甚广。现将其中常用的几何图形画法介绍如下,见图 8-26 至图 8-35。

1. 分直线为任意等分

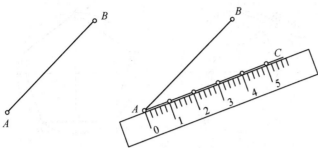

(a) 已知直线段 AB　　(b) 过点 A 作任意直线 AC，从点 A 起截取任意长度的五等分，得1、2、3、4、5点　　(c) 连 B5，过各分点作 B5 的平行线，交 AB 于各等分点

图 8-26　五等分线段 AB

2. 分两平行线之间的距离为已知等分

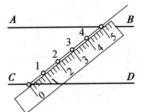
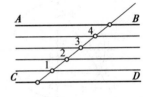

(a) 已知平行线 AB 和 CD　　(b) 直尺0点位于 CD 上，移动直尺，使刻度5落在 AB 上，截得1、2、3、4各等分点　　(c) 过各等分点作 AB 或 CD 的平行线，即为所求

图 8-27　分两平行线 AB 和 CD 之间的距离为五等分

3. 作已知圆的内接正六边形

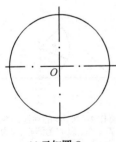
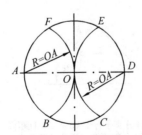
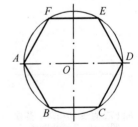

(a) 已知圆 O　　(b) 用半径 R 划分圆周为六等分　　(c) 顺次连接各等分点，即为所求

图 8-28　作圆 O 的内接正六边形

4. 作已知圆的内接正五边形

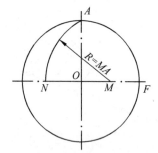
(a) 已知圆 O，作半径 OF 的中点 M；以 M 为圆心，MA 为半径作圆弧交直径于 N

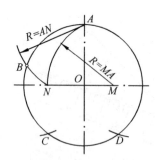
(b) 以 A 为圆心、AN 为半径作圆弧，交圆周于 B。以 AB 为弦长，在圆周上顺次截取等分点

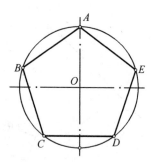
(c) 分圆周为五等分，顺次连接各等分点 A、B、C、D、E，即为所求

图 8-29　作圆 O 的内接正五边形

5. 作已知圆的内接正多边形（以正七边形为例）

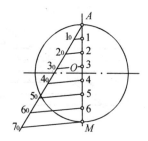
(a) 已知圆 O，将直径 AM 七等分

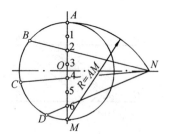
(b) 连接 $N2$、$N4$、$N6$ 并延长交圆周于 B、C、D

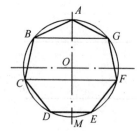
(c) 作 B、C、D 以 AM 为对称轴的对称点 G、F、E，顺次连接各个顶点即得正七边形

图 8-30　作圆 O 的内接正七边形

6. 作圆弧与相交二直线连接

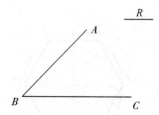
(a) 已知直线 AB 和 BC，连接圆弧 R，作连接圆弧

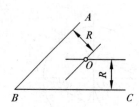
(b) 作分别平行于 AB 和 BC 且距离为 R 的直线，两直线交于 O

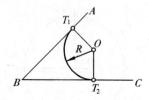
(c) 过 O 点作 AB 和 BC 的垂线，垂足分别为 T_1、T_2，以 O 为圆心、R 为半径自 T_1 至 T_2 画弧

图 8-31　作圆弧与相交二直线连接

7. 作圆弧与一直线和一圆弧外切

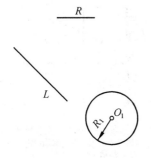 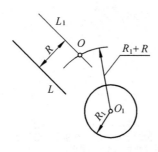 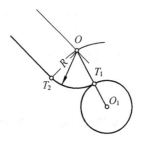

(a) 已知直线 L 和半径为 R_1 的圆，连接圆弧半径为 R

(b) 作平行于直线 L 且距离为 R 的直线 L_1，再作以 O_1 为圆心、$R+R_1$ 为半径的弧交 L_1 于 O

(c) 过 O 点作 L 的垂线，垂足为 T_2，连 OO_1 与圆交于点 T_1，以 O 为圆心、R 为半径自 T_1 至 T_2 作弧

图 8-32　作圆弧与一直线和一圆弧外切

8. 作圆弧与两已知圆弧内切

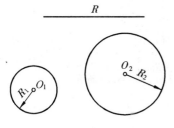 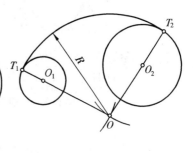

(a) 已知圆 O_1、O_2，半径分别为 R_1、R_2，连接圆弧半径为 R

(b) 分别以 O_1、O_2 为圆心，$R-R_1$ 及 $R-R_2$ 为半径作弧并交于点 O，O 即为连接弧的圆心

(c) 连 OO_1、OO_2 并延长，与两圆的圆周分别交于点 T_1 和 T_2，T_1 和 T_2 即为连接点，以 O 为圆心、R 为半径作弧交 T_1 和 T_2 点，即为所求

图 8-33　作圆弧与两已知圆弧内切

9. 作圆弧与两已知圆弧外切

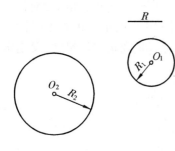 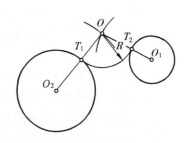

(a) 已知圆 O_1、O_2，半径分别为 R_1、R_2，连接圆弧半径为 R

(b) 分别以 O_1、O_2 为圆心，$R+R_1$ 及 $R+R_2$ 为半径作弧并交于点 O，O 即为连接弧的圆心

(c) 连 OO_1、OO_2，与两圆的圆周分别交于点 T_1 和 T_2，T_1 和 T_2 即为连接点，以 O 为圆心、R 为半径作弧交 T_1 和 T_2 点，即为所求

图 8-34　作圆弧与两已知圆弧外切

10. 四圆心法作椭圆

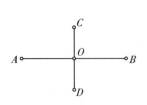
(a) 已知椭圆的长轴AB和短轴CD

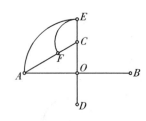
(b) 以O为圆心、OA为半径作弧，交CD延长线于E，以C为圆心、CE为半径作弧，交CA于点F

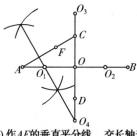
(c) 作AF的垂直平分线，交长轴于O_1，交短轴于O_4，在AB上截取$OO_2=OO_1$，在CD上截取$OO_3=OO_4$

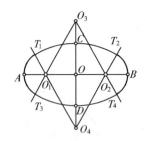
(d) 将O_1、O_2、O_3、O_4两两相连，以O_1、O_2为圆心，O_1A、O_2B为半径作圆弧T_1T_3和T_2T_4

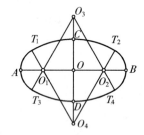
(e) 分别以O_3、O_4为圆心，O_3D、O_4C为半径，作圆弧T_1T_2和T_3T_4，即求得近似椭圆

图 8-35　四圆心法作椭圆

二、平面图形的画法

形体的多面正投影的每一投影都是平面图形。画图之前，要对图形各线段进行分析，明确每一段的形状、大小和相对位置，然后分段画出，连接成一图形。各线段的大小和位置，可根据图中所注尺寸确定。

用来确定几何元素大小的尺寸，称为定形尺寸；用来确定几何元素与基准之间的相对位置的尺寸，称为定位尺寸。有些定形尺寸，同时起定位的作用。如图 8-36 所示是由若干线段组成的平面图形。图中 R13、R26、$\phi 12$ 等是定形尺寸，18 是定位尺寸，R8 既是定形尺寸，又是定位尺寸。

作平面图形的步骤一般如下：
（1）定比例，布置图面，使图形在图纸上的位置适中。
（2）选定基准线，对称图形一般以对称轴线作为基准。
（3）画出所有大小和位置都已确定的直线和圆弧。
（4）用几何作图方法画连接圆弧。
（5）标注尺寸。
图 8-37 是图 8-36 所示平面图形的作图步骤。

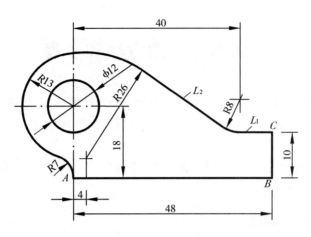

图 8-36 平面图形的线段分析

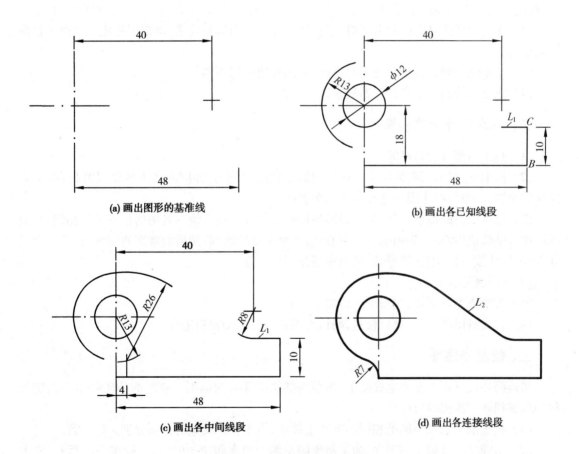

图 8-37 平面图形的画图步骤

第四节 绘图方法和步骤

为了保证制图工作的顺利进行,提高图样质量和绘图速度,除了应该正确使用各种制图工具和仪器、遵守制图的国家标准和部标准的规定、掌握几何作图的基本技能外,还应当注意制图的步骤和方法。

制图的程序一般可分为:制图前的准备工作、平面图形的尺寸分析、画底稿、铅笔加深、描图及图样复制等。

一、制图前的准备工作

(1) 制图前应准备好洁净的制图工具和仪器,削好铅笔及圆规铅笔插脚内的铅芯,洗净双手,在绘图工作中亦须经常保持清洁。

(2) 准备并阅读必要的参考资料,了解所画图样的内容与要求,确定图样比例和图纸幅面的大小。

(3) 绘图纸一般放置于图板的左下角,并离板边一定距离。

(4) 把必需的制图工具和仪器放在适当位置。

二、画底稿及铅笔加深

(1) 画出图框及标题栏等。

(2) 根据选定的比例,使图形在图框内的布置适当均匀,并同时考虑预留尺寸标注、文字注释的位置,一般是用作图的基准位置来布置图形。

(3) 根据图形的特点,逐步画出图形各部分的轮廓。逐个绘制各图的轻细铅笔稿线,若画的图中有轴线或中心线,先画轴线或中心线,再画主要轮廓线,然后画细部的图线,包括画上尺寸界线、尺寸线、尺寸起止符号,以及用铅笔注写数字等。

(4) 画材料图例。

(5) 按要求书写字体,注意字体的端正整齐。

(6) 完成各图稿线后,自行校对,确认无误后,加深、加粗铅笔线。

三、描画墨线图

将透明描图纸覆盖在铅笔底图上,用墨线描绘图样称为描图。描图的步骤基本与铅笔加深的步骤相同。描图时应注意:

(1) 描图前可先在与图纸相同的纸片上试画,力求各种线型的粗细分别大体一致。

(2) 墨线并没有固定的顺序,为了避免触及未干墨水和待干时间,一般按先左后右、先上后下的顺序画墨线。

(3) 完成各图的墨线后,用绘图钢笔书写尺寸数字、注释文字、各图名称及标题栏内文字,然后用墨线画标题栏的分格线及图框线等。校对无误后,此图即告完成。

第九章 建筑形体表达方法

前面介绍了用正投影原理绘制物体三视图的方法。在生产实践中,仅用三个视图有时难以将复杂物体的外部形状和内部结构同时表达清楚,为此,《建筑制图标准》中规定了多种表达方法,绘图时可根据具体情况选用。

第一节 视 图

一、基本视图

物体在原有的三个投影面 V、H、W 面上的投影图(亦称"视图")分别称为:

正立面图——由前向后投影所得到的视图,简称正面图。

平面图——由上向下投影所得到的视图。

左侧立面图——由左向右投影所得到的视图,简称侧面图。

在此基础上,再增设三个投影面,这六个投影面组成一个正六面体,该正六面体的六个面称为基本投影面。物体在另外三个投影面上的视图分别称为:

右侧立面图——由右向左投影所得到的视图。

底面图——由下向上投影所得到的视图。

背立面图——由后向前投影所得到的视图。

以上六个视图称为基本视图,六个投影面的展开方法如图 9-1(a)所示。展开后的六个视图的相对位置如图 9-1(b)所示。六个视图仍符合"长对正、高平齐、宽相等"的投影规律。当

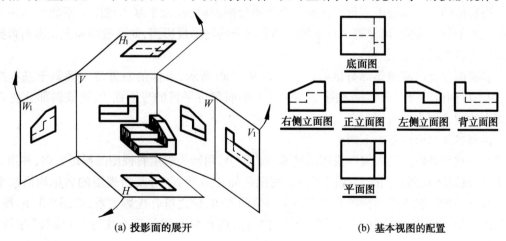

(a) 投影面的展开　　　　　　　　(b) 基本视图的配置

图 9-1 基本视图

六个视图在同一张图纸上并按图 9-1(b)所示的位置排列时,可省略各投影图的名称,否则应在每个投影图下方注写图名。

工程上有时也称以上六个基本视图为主视图(正视图)、俯视图、左视图、右视图、仰视图、后视图。绘图时,可根据建筑形体的形状和结构特点,适当选用其中几个基本视图。

二、辅助视图

1. 局部视图

把物体的某一部分向投影面投影,所得到的视图称为局部视图。画局部视图时应注意以下两点:

(1)局部视图的断裂边界应以波浪线或折断线表示,如图 9-2(a)中的"A"视图是用波浪线断开表示的,图 9-2(b)中的"B"视图是用折断线断开表示的。

(2)局部视图一般在其下方标注视图的相应名称如 A、B 等,在对应的视图附近用箭头指明投影方向,并注上相同的大写字母,且字母应沿水平方向书写,如图 9-2 所示。

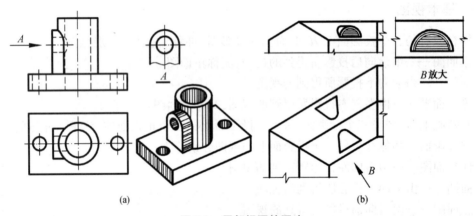

图 9-2 局部视图的画法

2. 斜视图

当物体的某一部分不平行于任何一个基本投影面时,在六个基本视图上不能显示相应部分的真实形状。为此,可设置平行于物体倾斜部分的辅助投影面,向该投影面上投影所得到的视图称为斜视图。

斜视图仅画出所需要部分的投影。如图 9-3(a)所示,形体的右方部分倾斜于基本投影面,为了得到该部分实形的投影图,设立一个与倾斜部分平行的投影面 P,则倾斜部分在 P 投影面上的投影即为斜视图。

画斜视图时应注意以下两点:

(1)在反映斜面的积聚性投影的基本投影图上,用箭头表示斜视图的投影方向,并用大写拉丁字母标注,在所得到的斜视图下方注写图名如 A、B 等,字母及斜视图的名称均沿水平方向书写。一般情况下将斜视图布置在箭头所指的方向,使之符合投影关系,如图 9-3(b)所示。为绘图方便,允许图形旋转至合适的位置,但这时应在斜视图的下方注写"×旋转"字样,如图 9-3(c)所示。

(2)对于不反映倾斜部分真实形状的其他视图,一般可用局部视图画出,如图 9-3(b)和

图9-3(c)的平面图。

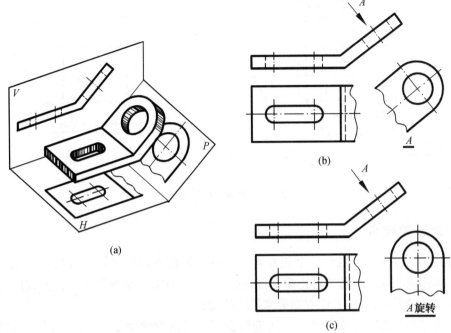

图9-3 斜视图的画法

3. 旋转视图

当物体上有倾斜于基本投影面的部分,且具有明显的回转轴时,可采用旋转视图表达。假想将倾斜部分绕回转轴线旋转到与某一基本投影面平行后,再进行投影所得到的视图称为旋转视图。如图9-4(b)中的俯视图为旋转视图,旋转视图一般不加标注。

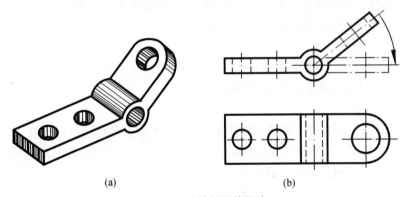

图9-4 旋转视图的画法

4. 镜像视图

在建筑工程制图新标准中介绍了镜像图示法。当某些建筑形体直接用正投影法绘制不易表达时,可用镜像投影法绘制,但应在图名后注写"镜像"二字。

如图9-5所示,把镜面放在物体的下面,代替水平投影面,在镜面中反射得到的图像称为平面图(镜像)。由此可知,它和用通常投影法绘制的平面图是有所不同的。

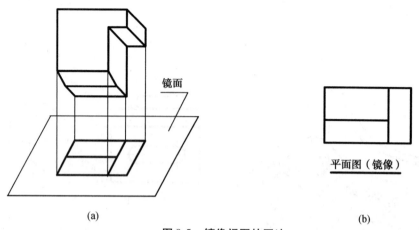

图9-5 镜像视图的画法

三、第三角投影

如图9-6(a)所示，H、V、W三个相互垂直的投影面将空间分成四个分角。前面介绍的三视图是将物体放在第一分角进行正投影得到的视图，称为第一角投影法。目前我国及欧洲一些国家和地区，如英国、德国、俄罗斯等采用这种投影法。

另一种方法是将物体放在第三分角进行投影。假设投影面是透明的，按照"观察者—投影面—形体"的位置关系进行正投影得到投影图，这种方法称为第三角投影法。美国、日本等国家采用这种投影法。

如图9-6(b)所示，为了将三个相互垂直的投影面展开成一个平面，和第一角投影法相同，规定V面不动，H面绕着它和V面的交线向上翻转90°，W面绕着它和V面的交线向右翻转90°，所得到物体的第三角投影图如图9-6(c)所示。

第一角投影法与第三角投影法均采用正投影法，两者所得到的投影图均保持"长对正、高平齐、宽相等"的关系，但两种投影法也有不同之处。

1. 投影面与形体的位置关系不同

第一角投影法中，H、V、W面分别置于形体的下方、后方和右方；第三角投影法中，H、V、W面分别置于形体的上方、前方和右方[图9-6(b)]。

2. 投影过程不同

第一角投影法是：观察者—形体—投影面，即通过形体上各点的投影线延长后与投影面相交得到各点的投影；第三角投影法是：观察者—投影面—形体，即通过形体上各点的投影线先与投影面相交，延长后到达形体上的各点。

3. 投影面展开后，投影图的排列位置不同

在第一角投影法中，平面图在正立面图的下方，左侧立面图在正立面图的右方；在第三角投影法中，平面图在正立面图的上方，右侧立面图在正立面图的右方[图9-6(d)]。

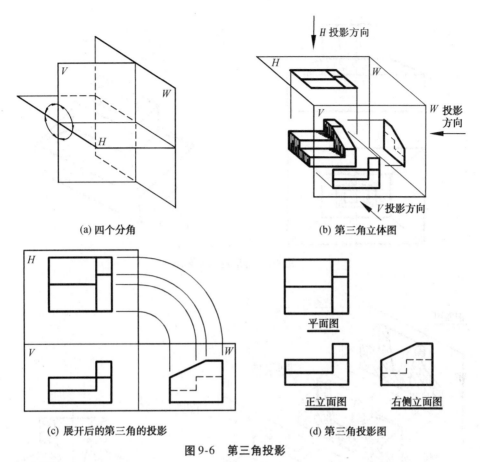

图 9-6 第三角投影

第二节 剖面图

一、剖面图的形成

正投影图只能反映形体的外部形状和大小,形体的内部结构在投影图中只能用虚线表示。内部结构比较复杂的建筑形体,投影图上将出现很多虚线,从而造成虚线、实线纵横交错,致使图面不清晰,难以阅读。在工程制图中,为了解决这一问题,采用了剖面图。

如图 9-7 所示杯形基础的正立面图,其内部被外形挡住,因此在投影图上只能用虚线表示。为了将正立面图中的凹槽用实线表示,现假想用一个正平面沿基础的对称面将其剖开[图 9-8(a)],然后移走观察者与剖切平面之间的那一部分形体,将剩余部分形体向正立面(V 面)投影,所得到的投影图称为剖面图[图 9-8(b)]。用来剖开形体的平面称为剖切平面。

应注意的是:剖切是假想的,只有在画剖面图时,才假想剖开形体并移走一部分。画其他投影图时,则一定要按未剖的完整形体画出。如图 9-9 中的平面图就是按未剖的完整形体画出的视图。

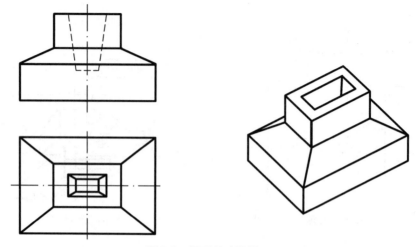

图 9-7 杯形基础投影图

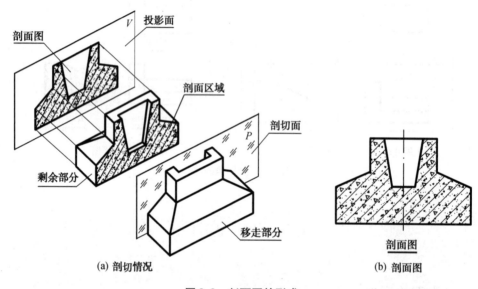

(a) 剖切情况　　　　　　　　　　(b) 剖面图

图 9-8 剖面图的形成

二、剖面图的画法

1. 剖切位置的表示

作剖面图时,一般应使剖切平面平行于基本投影面,从而使断面的投影反映实形。剖切平面在它所垂直的投影面上的投影积聚成一条直线(图中不画出),这条直线表示剖切位置,称为剖切位置线,简称剖切线,在投影图中用断开的两段短粗实线表示,长度为 6 ~ 10 mm(图9-9)。

2. 投影方向

为了表明剖切后剩余部分形体的投影方向,在剖切线两端的同侧各画一段与之垂直的短粗实线表示投影方向,长度为 4 ~ 6 mm(图9-9)。

3. 编号

对结构复杂的形体,可能要剖切几次,为了区分清楚,对每一次剖切要进行编号,规定用阿拉伯数字编号,书写在表示投影方向的短粗线一侧,并在对应的剖面图下方注写"×-× 剖面图"字样。如图 9-9 所示,在剖面图的下方注写"1-1 剖面图"。

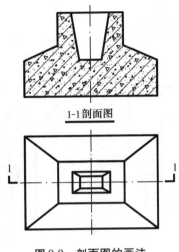

图 9-9 剖面图的画法

4. 材料图例

剖面图中包含了形体的截断面,在断面上必须画上表示材料类型的图例。如果没有指明材料,要用 45°方向的平行线表示,其线型为 $0.25b$ 的细实线。当一个形体有多个断面时,所有图例线的方向和间距应相同。

三、剖面图的分类

1. 全剖面图

假想用一个剖切平面将形体完全剖开,然后画出它的剖面图,这种剖面图称为全剖面图,如图 9-10 所示。全剖面图适用于不对称形体或对称形体,但外部结构比较简单,而内部结构比较复杂。全剖面图一般都要标注剖切平面的位置。当剖切平面与形体的对称平面重合,且全剖面图又位于基本投影图的位置时,可省略标注。

2. 半剖面图

一个形体的视图由一半视图和一半剖面图组成时,该视图称为半剖面图。如图 9-11 所示,三个投影图均为半剖面图,是用相互垂直的两个剖切平面去剖切一个形体时形成的,视图和剖面图以中心线为界。因剖切平面是假想的,不要画出两剖切平面的交线[图 9-12(a)],也不要遗漏剖切平面后面的可见轮廓线[图 9-12(b)]。

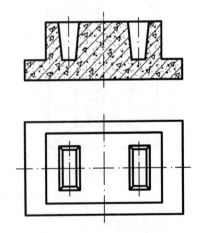

图 9-10 全剖面图

半剖面图一般应用于形体被剖切后内外结构图形均具有对称性,而且在中心线上没有轮廓线时。半剖面图的标注方法与全剖面图相同。

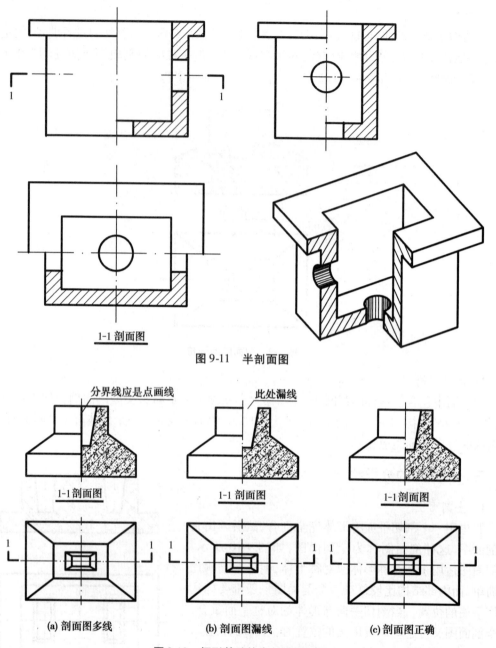

图 9-11 半剖面图

图 9-12 杯形基础的半剖面图画法

3. 阶梯剖面图

用相互平行的两个或两个以上的剖切平面剖切一个形体所得到的剖面图,称为阶梯剖面图。如图9-13(a)所示,1-1 剖面图为阶梯剖面图,其剖切情况如图 9-13(b)所示。又如图 9-14 所示,如果用一个平面剖切,只能剖切到该形体中间的大孔和右端的小孔,左端的两个孔均剖切不到。为此,将剖切平面转折成两个或两个以上互相平行的剖切平面,这样更能清楚地表达形体的内部结构。图9-15(b)所示的平面图也是阶梯剖面图。

阶梯剖面图属于全剖面图的一种特例,其标注方法如图 9-13(a)和图 9-14(a)。另外,由于剖切是假想的,故阶梯剖面图中,在两剖切平面转折处不画线。

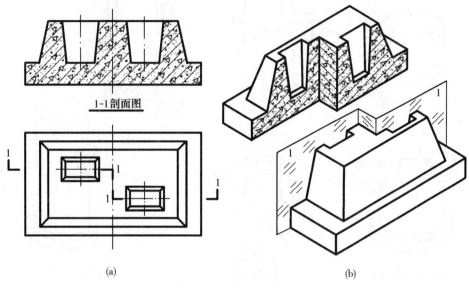

图 9-13　阶梯剖面图(一)

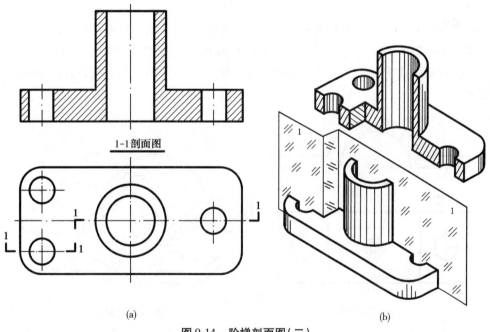

图 9-14　阶梯剖面图(二)

4. 旋转剖面图

有的形体不能用一个或几个相互平行的平面进行剖切,而需要用两个相交的剖切平面(这两个剖切平面的交线应垂直基本投影面)进行剖切。剖开后,将倾斜于基本投影面的剖切平面绕其交线旋转到与基本投影面平行的位置后,再向基本投影面投影。这样得到的剖面图,称为旋转剖面图,如图 9-15(b)中的 2-2 剖面图。

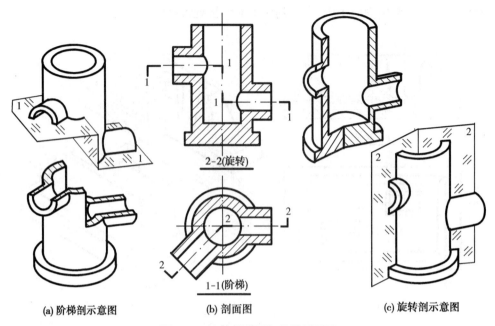

(a) 阶梯剖示意图　　(b) 剖面图　　(c) 旋转剖示意图

图 9-15　旋转剖面图与阶梯剖面图

5. 局部剖面图

当形体只有某一个局部需要剖开表达时，就在投影图上将这一局部结构画成剖面图，这种局部地剖切后得到的剖面图，称为局部剖面图（图 9-16）。局部剖面图不用标注剖切线与观察方向，但是，局部剖面图与外形之间要用波浪线分开，波浪线不得与轮廓线重合，也不得超出轮廓线之外。

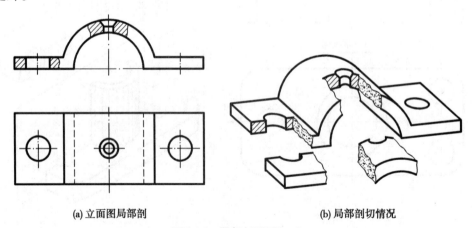

(a) 立面图局部剖　　　　　　　　　　(b) 局部剖切情况

图 9-16　局部剖面图（一）

有些对称视图，由于中心线处具有轮廓线，不宜作半剖面图，通常应画成局部剖面图。如图 9-17（a）所示，形体在正立面图的中心线处具有内部不可见轮廓线的投影，故形体上剖切掉的部分要大于一半，才能使内部的轮廓线在剖面图中反映出来。图 9-17（b）中形体的正立面图中心线与外轮廓线的投影重合，这时剖切掉的部分应小于一半，使其外轮廓线的投影保留在视图中。图 9-17（c）中形体的内部和外部轮廓线的投影，同时在正立面图上与中心线重合，则宜采用剖切后使其内部和外部的轮廓线的投影均能反映出一部分的局部剖面图。图中中心线处的实线,上半部分为内轮廓线的投影,下半部分为外轮廓线的投影。

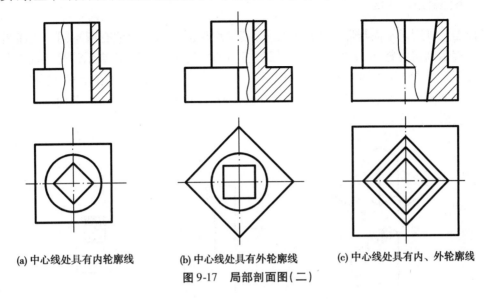

(a) 中心线处具有内轮廓线　　(b) 中心线处具有外轮廓线　　(c) 中心线处具有内、外轮廓线

图 9-17　局部剖面图(二)

第三节　断　面　图

一、断面图的形成

假设用一个平面将台阶剖切开,剖切平面与形体交得的图形称为断面图,如图 9-18 中的 2-2 断面图。断面图与剖面图既有区别又有联系。其区别在于断面图是一个截交面的实形,而 剖面图是剖切后剩余部分形体的投影。它们的联系在于剖面图中包含了断面图,如图 9-18 所 示,1-1 剖面图包含了 2-2 断面图。

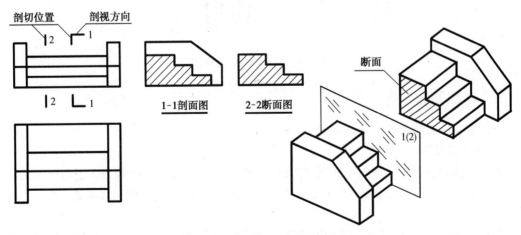

图 9-18　台阶的剖面图和断面图

二、断面图的画法

断面图只画剖切平面与形体的截面部分,其标注与剖面图的标注有所不同。断面图也用短粗实线表示剖切位置,但不再画出表示投影方向的短粗实线,而是用表示编号的数字所处的位置来表明投影方向。编号写在剖切线的下方,表示向下投影;编号写在剖切线的右方,表示向右投影。如图9-18中的2-2断面图是向右投影画出的,图9-19中的1-1断面图和2-2断面图是向下投影画出的。

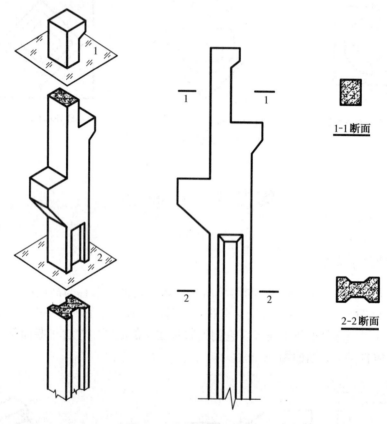

图9-19 立柱的移出断面图

三、断面图的分类

根据断面图的配置可将其分为以下几类。

1. 移出断面图

画在形体的投影图之外的断面图,称为移出断面图。如图9-18中的2-2断面图和图9-19中的1-1、2-2断面图均为移出断面图。移出断面图的轮廓线用中粗实线画出,并画出材料符号。

当移出断面图形是对称的,它的位置又紧靠原视图且无其他视图隔开,即断面图的对称轴线为剖切平面迹线的延长线时,也可省略剖切符号和编号,如图9-20所示。

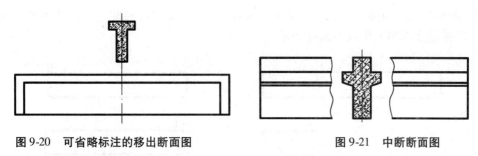

图 9-20　可省略标注的移出断面图　　　　　图 9-21　中断断面图

2. 中断断面图

画长构件时,常把视图断开,并把断面图画在中间断开处,称为中断断面图。如图 9-21 所示为一用中断断面图表示的十字形梁(又称花篮梁)。中断断面图直接画在视图内的中断位置处,因此省略任何标注。

3. 重合断面图

画在形体的投影图以内的断面图,称为重合断面图(图 9-22)。为了与轮廓线相区别,重合断面的轮廓线用细实线表示。这种断面常用来表示型钢、墙面的花饰、屋面的形状、坡度及局部杆件等。

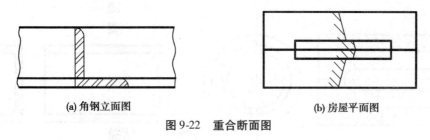

(a) 角钢立面图　　　　　　　　(b) 房屋平面图

图 9-22　重合断面图

第四节　规定画法与简化画法

实际工作中,要求绘图准确。但在不影响生产的前提下,为了节约绘图时间,允许采用国家标准统一的规定画法和简化画法。

一、规定画法

(1) 较长的构件,沿长度方向的形状一致或按一定规律变化时,可以断开省略绘制,断开处用折断线表示,如图 9-23 所示。

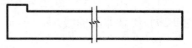

图 9-23　折断省略画法

(2) 所绘制的构件图形与另一构件的图形仅一部分不相同时,可只画另一构件的不同部分,用连接符号表示相连,两个连接符号应对准在同一直线上,如图 9-24(a)所示。

当同一构件绘制的位置不够时,也可将该构件分成两部分绘制,再用连接符号表示相连,如图 9-24(b)所示。

(3) 图 9-25(a)用细的双点画线表示坯料的原有长度。钢筋弯钩的原有长度也可以用双点画线表示,如图 9-25(b)所示。

（4）图 9-26 所示的机件，如果正立面图采用全剖面，又要反映前方外壁凸条的长度和形状，也可以在正立面图上用双点画线表示。

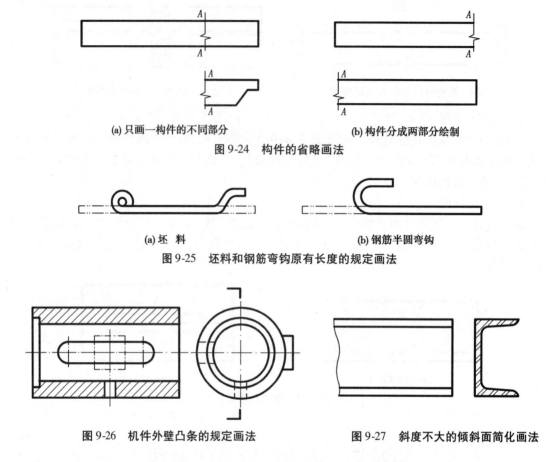

图 9-24　构件的省略画法

图 9-25　坯料和钢筋弯钩原有长度的规定画法

图 9-26　机件外壁凸条的规定画法　　　　图 9-27　斜度不大的倾斜面简化画法

二、简化画法

（1）对于斜度不大的倾斜面，若在一个视图中已表示清楚，其他视图允许可以只按小端画出，如图 9-27 所示。

（2）视图中的相贯线，若不影响图形的真实感，允许简化画出，如用圆弧（图 9-28）或直线（图 9-29）代替非圆曲线。

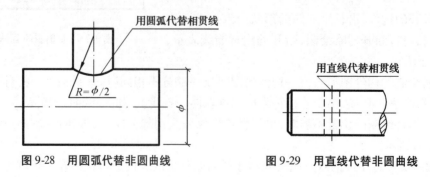

图 9-28　用圆弧代替非圆曲线　　　　图 9-29　用直线代替非圆曲线

(3)对大面积的剖面图,可以只沿物体轮廓线画出部分图例线,如图 9-30 所示的滚水坝的剖面图。

(4)若构件对称,允许以对称中心线为界,只画出对称图形的一半,并绘制规定的对称符号,如图 9-31 所示。

(5)构配件内多个完全相同且又连续排列的构造要素,可仅在两端或适当的位置画出其完整形状,其余部分以中心线或中心线的交点表示,如图 9-32 和图 9-33(a)所示。

如果相同构造要素少于中心线的交点,则其余部分应在相同构造要素位置的中心线交点处用小圆点表示,如图 9-33(b)所示。

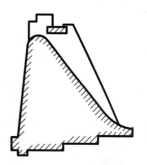

图 9-30 滚水坝的剖面图

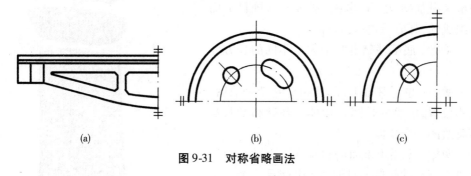

图 9-31 对称省略画法

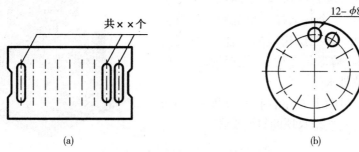

图 9-32 相同要素的省略画法(一)

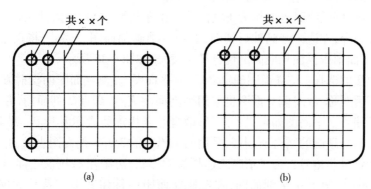

图 9-33 相同要素的省略画法(二)

第五节 综合应用举例

【例】 已知由钢筋混凝土、混凝土和毛石砌体三种材料组成的一个桥墩,图9-34是这个桥墩的形体经分解后的轴测图。试选择适当的图样表达方案,完整、清晰地绘制桥墩的图样。

【解】 首先对图9-34所示桥墩进行分析,确定绘图步骤。

1. 形体分析

桥墩是由基础、墩身、墩帽、垫板四部分自下而上叠加组成的,其前后、左右对称。

(1) 基础:底部基础由两个大小不同的长方体构成。

(2) 墩身:位于基础上部,且相对基础是前后、左右对称放置,墩身为长圆台形体。基础和墩身是用毛石砌筑的一个整体。

(3) 墩帽:墩帽由上面的顶帽和下面的托盘组成。托盘为倒置的长圆台状形体(中间是一个正垂的梯形柱,两端各是半个斜圆柱),由混凝土浇筑构成。顶帽是由上、中、下三层构成的组合体,下层为长方体,中间层为一薄形长四棱台,上层为左右、前后对称的四向同坡排水顶。

(4) 垫板:在顶帽上方左右有两块垫板,垫板下部有两个斜坡与同坡排水顶的斜面重合。

2. 视图选择

(1) 正立面的选择:根据桥墩的形状特征与正常位置,可以选择道路的线路方向作为正立面图。由于桥墩左右对称,故采用半剖面图表示,即以中心对称线为界,左边一半画外形视图,右边一半画剖面图。因此,将正立面图画成1-1半剖面图,并在平面图中标注相应的剖切符号及编号,如图9-35所示。

图9-34 桥墩形体分析轴测图

(2) 其他视图的选择:正立面图确定之后,其平面图、左侧立面图的投射方向就随之确定了。由于桥墩前后对称,故左侧立面图也采用半剖面图表示,即2-2剖面图,并在平面图中标注其剖切符号和编号。平面图如果只画外形,墩身就要用虚线表示其形状,为避免画虚线,选择沿托盘底部与墩身顶部的结合面剖切,采用向下投射的3-3半剖面图表示,并在正立面图中标注相应的剖切符号与编号。为了清晰表达托盘的形状,可采用沿托盘底部与墩身顶部的结合面剖切,向上投射,画出4-4剖面图,在左侧立面图中标注其剖切符号和编号,如图9-35所示。

3. 画出图样并标注尺寸

按选定的图样表达方案,根据实际尺寸(轴测图中未标注)用1:100的比例画出桥墩图样,并标注尺寸(单位为cm)。

第九章 建筑形体表达方法

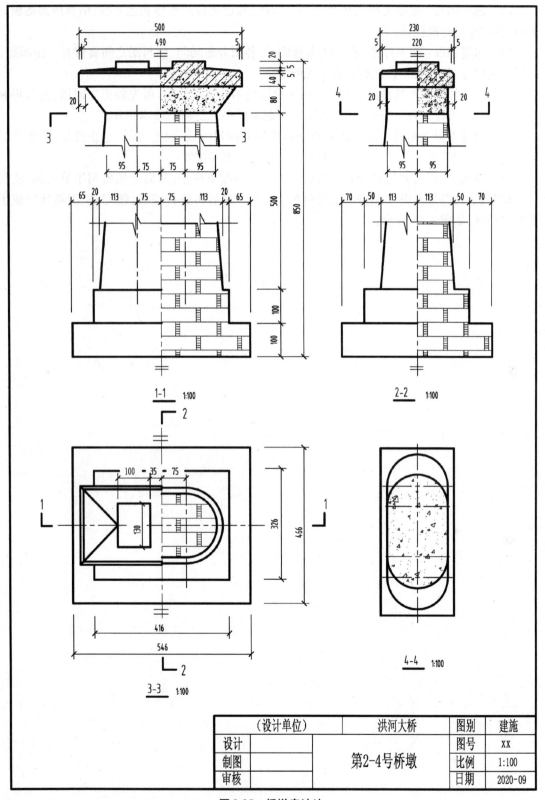

图 9-35 桥墩表达法

（1）选定图幅：根据实物大小和比例1∶100，按已确定的图样表达方案，估算所需图幅的大小，然后选定标准图幅。

（2）布置图面：以对称线、底面线为基线，使各图分布均匀，图与图之间要留有一定间距，以便标注尺寸、符号、图名、比例和有关说明等。

（3）用细线画各个视图的底稿线：由于桥墩的结构比较简单，可先画正立面图，然后再画其他各图。也可按形体分析法，几个视图联系起来顺序画出各个形体部分。

（4）尺寸及其他标注：按形体分析法画出所有的尺寸线、尺寸界线、起止符号，并布置好尺寸数字、剖切符号及编号、图名、比例和文字说明的书写位置。

（5）校核、上墨或铅笔描深：先对底稿进行详细检查更正，然后上墨或用铅笔描深，注写尺寸数字、剖切符号及编号、图名、比例和文字说明。最后再进行校核，便完整、清晰地完成了桥墩的图样，如图9-35所示。

第十章 房屋建筑施工图

第一节 概 述

建造房屋需要经过两个过程:一是设计,二是施工。设计时需要把想象中的房屋用图形绘制出来,这种图样统称为房屋施工图,简称房屋图。房屋设计一般分为初步设计和施工图设计两个阶段。设计过程中用来研究、比较、审核等反映房屋功能组合、内外概貌和设计意图的图样称为初步设计图,为指导施工而绘制的图样称为施工图。

初步设计图和施工图在图示原理和绘图方法上是一致的,但它们在表达内容的深入程度上有很大的区别。施工图在图纸的数量上要齐全,在工种上除了建筑施工图、结构施工图以外,还要有各种设备施工图。

对于从事土建专业的技术人员来说,不但要能够绘制设计图和施工图,同时还要能读懂已有的设计图和施工图,以便在设计过程中能够确定或审核方案,并在施工过程中能按照施工图的要求把建筑物建造起来。

一、房屋的组成

建筑物按其使用功能的不同,可分为工业建筑(厂房、仓库、动力间等)、农业建筑(谷仓、饲养场、农机具场房等)和民用建筑。民用建筑又可分为公共建筑(学校、医院、商场等)和居住建筑(住宅、宿舍、公寓等)。

各种建筑物尽管在使用功能、构造方式及规模大小上各有不同,但构成建筑物的主要部分一般都是由基础、墙(或柱)、楼(地)面、楼梯、屋顶、门窗等组成。图10-1是一幢假想被剖切的教学楼,图中比较清楚地表明了楼房各部分的名称及所在位置。这些组成部分按其使用功能来说,各自起着不同的作用。

(1)屋顶:位于房屋的最上部,其面层起围护作用,防雨雪、风沙,隔热保温;其结构层起承重作用,承受屋顶重力、积雪和风的载荷。

(2)楼梯:上下楼层之间垂直方向的交通设施。

(3)楼(地)面:除了承受载荷之外,还在垂直方向将建筑物分层。

(4)墙或柱:房的主要承重构件,房屋的外墙起围护作用,内墙起分割作用。

(5)基础:建筑物地面以下的部分,承受建筑物的全部载荷并将其传给地基。

(6)门窗:门是室内外的交通通道,窗则起通风、采光作用。

二、房屋施工图的组成

房屋施工图由于专业分工不同,可分为:建筑施工图(简称"建施"),包括总平面图、建筑平面图、建筑立面图、建筑剖面图及建筑详图;结构施工图(简称"结施"),包括结构布置图、结

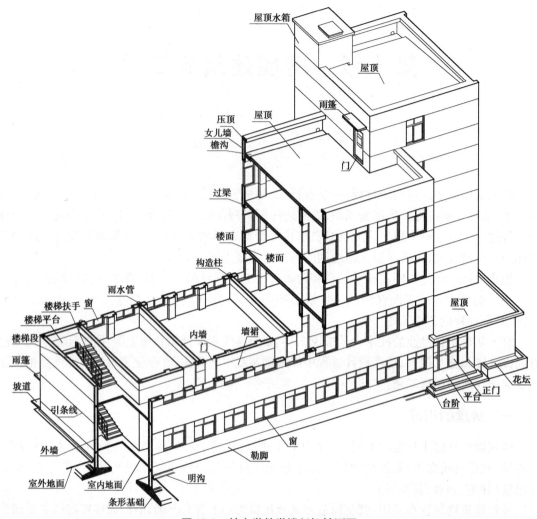

图 10-1 某小学教学楼剖切轴测图

构详图；设备施工图（简称"设施"），包括给水排水施工图、电气施工图、采暖通风施工图等。

全套房屋施工图一般有：图纸目录、施工总说明、建筑施工图、结构施工图、设备施工图等。本章仅叙述建筑施工图的图示特点与绘制方法。

三、绘制房屋建筑施工图的有关规定

建筑施工图应按正投影原理及视图、剖面图、断面图等基本图示方法绘制，为了保证质量、提高效率、统一要求、便于识图，除应遵守《房屋建筑制图统一标准》（GB/T 50001—2017）中的基本规定外，还应遵守《建筑制图标准》（GB/T 50104—2010）中的规定。

1. 比例

建筑物是庞大且复杂的形体，通常需要缩小后才能画在图纸上。建筑施工图中，各图样常用的比例见表 10-1。

表 10-1 建筑施工图的比例

图 名	比 例
建筑物或构筑物的平面图、立面图、剖面图	1∶50,1∶100,1∶200
建筑物或构筑物的局部放大图	1∶10,1∶20,1∶50
配件及构造详图	1∶1,1∶2,1∶5,1∶10,1∶20,1∶50

2. 图线

在建筑施工图中,为反映不同的内容和层次分明,必须采用不同的线型和宽度的图线来表达,具体规定见表 10-2。

表 10-2 建筑施工图中图线的选用

名 称	线 宽	用 途
粗实线	b	(1) 平面图、剖面图中被剖切的主要建筑构造(包括构配件)的轮廓线 (2) 建筑立面图的外轮廓线 (3) 建筑构造详图中被剖切的主要部分的轮廓线 (4) 建筑构配件详图中的构配件的外轮廓线
中粗实线	$0.7b$	(1) 平面图、剖面图中被剖切的次要建筑构造(包括构配件)的轮廓线 (2) 建筑平、立、剖面图中建筑构配件的轮廓线 (3) 建筑构造详图及建筑构配件详图中的一般轮廓线
中实线	$0.5b$	小于 $0.7b$ 的图形线、尺寸线、尺寸界线、图例线、索引符号、标高符号等
细实线	$0.25b$	图例填充线、家具线、纹样线等
中粗虚线	$0.7b$	(1) 建筑构造及建筑构配件不可见的轮廓线 (2) 平面图中的起重机(吊车)轮廓线 (3) 拟扩建的建筑物轮廓线
中虚线	$0.5b$	图例线、小于 $0.7b$ 的不可见轮廓线
细虚线	$0.25b$	图例填充线、家具线等
粗点画线	b	起重机(吊车)轨道线、结构图中梁或构架的位置线
细点画线	$0.25b$	中心线、对称线、定位轴线
折断线	$0.25b$	不需要画全的断开界线
波浪线	$0.25b$	不需要画全的断开界线、构造层次的断开界线

3. 定位轴线

定位轴线是用来确定建筑物的主要结构及构件位置的尺寸基准线,是施工放线的重要依据,凡承重构件如墙、柱、梁、屋架等位置都要画上定位轴线并进行编号。对于非承重的分隔墙、次要承重构件等,则有时用分轴线来确定。

施工图上,定位轴线采用细点画线表示,在线的端部画一直径为 8 mm 的细线圆,详图上可增为 10 mm,圆心应在定位轴线的延长线上或延长线的折线上,圆内注写编号。在建筑平面图上编号的次序是横向自左向右用阿拉伯数字编写,竖向自下而上用大写拉丁字母编写,字母

I、O、Z不用。定位轴线的编号宜注写在图的下方和左侧。两轴线之间有附加的分轴线时,则编号应以分数表示,分母表示前一轴线的编号,分子表示附加轴线的编号,编号用阿拉伯数字顺序编写,如图10-2所示。

图10-2　两轴线之间附加的轴线编号

4. 尺寸和标高注法

建筑施工图上的尺寸可分为定形尺寸、定位尺寸和总体尺寸。定形尺寸表示各部位构造的大小,定位尺寸表示各部位构造之间的相对位置,总体尺寸应等于各部分尺寸之和。尺寸单位除标高及建筑总平面图以米(m)为单位外,其余一律以毫米(mm)为单位。注写尺寸时,应注意使长、宽尺寸与相邻的定位轴线相联系。

标高是用以表明房屋各部分(如室内外地面、窗台、雨篷、檐口等)高度的标注方法,在图中用标高符号加注尺寸数字表示,见图10-3。标高符号用细实线绘制,符号中的三角形为等腰直角三角形,高度一般为3 mm,该直角可以向下指,也可以向上指,直角指向实际高度线,尺寸单位为米(m),注写到小数点后三位(总平面图上可注到小数点后两位)。图10-3(a)、(b)是建筑物图样中用的标高符号,图10-3(c)是涂黑的符号,用在总平面图和底层平面图表示室外地坪标高。

标高分绝对标高和相对标高两种。在我国绝对标高是以青岛附近黄海平均海平面为标高零点,其他各地以此为基准。相对标高一般以房屋底层室内地面为基准零点。零点标高用±0.000表示,低于零点的标高为负数,负数标高数字前需要加注"-"号,如-0.450,高于零点的正数标高数字前不加"+"号,如3.300。

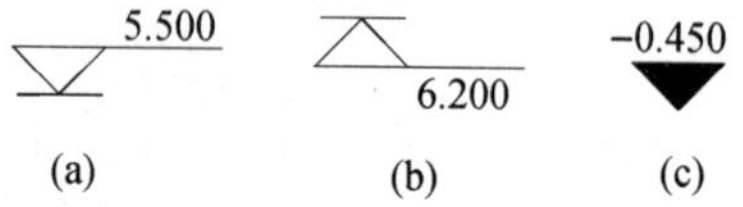

图10-3　标高符号

5. 索引符号与详图符号

图样中的某一局部或构件,如需另见详图,应以索引符号索引。在需要画详图的部位加注索引符号,并在所画的详图上加注详图符号,两者必须对应一致。索引符号、详图符号的绘制与标注含义见表10-3。

索引符号如用于剖面详图,应在被剖切的部位绘制剖切位置线(粗短线),并以引出线引出索引符号,引出线所在的一侧应为剖视方向。如图10-4所示,图(a)表示剖切后向左投影,图(b)表示剖切后向下(或向前)投影,图(c)表示剖切后向上(或向后)投影,图(d)表示剖切后向右投影。详图的位置和编号以详图符号表示,见表10-3。

6. 建筑施工图常用图例

建筑物和工程构筑物是按比例缩小绘制的,有些建筑细部以及建筑材料和构件形状等往往不能如实画出,为了简化作图,画上统一规定的图例和代号。建筑总平面图图例见表10-4,建筑施工图中常用的建筑构配件图例见表10-5,常用建筑材料图例参见第八章图8-20。

表 10-3 索引符号、详图符号

符　号	说　明
索引符号: 　○3 — 详图的编号 　　　　　详图在本张图纸上 　=○3 — 局部剖面详图的编号 　　　　　剖面详图在本张图纸上	详图索引符号的圆和引线均以细实线绘制,圆的直径为 10 mm 详图在本张图纸上
J103 ○3/2 — 标准图册编号 　　　　　标准详图编号 　　　　　详图所在的图纸编号	标准详图
○3/4 — 详图的编号 　　　　　详图所在的图纸编号 =○3/4 — 局部剖面详图的编号 　　　　　剖面详图所在的图纸编号	详图不在本张图纸上
详图符号: 　○5 — 详图编号	详图符号应以粗实线绘制,直径为 14 mm,被索引的详图在本张图纸上
○5/3 — 详图编号 　　　　　被索引的详图所在的图纸编号	被索引的详图不在本张图纸上

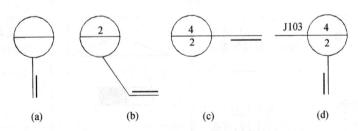

图 10-4 用于索引剖面详图的索引符号

7. 指北针及风向频率玫瑰图

指北针:在底层建筑平面图上,均应画上指北针,表示建筑物的朝向。单独的指北针,其细实圆的直径为 24 mm,指针尾端的宽度一般为圆直径的 1/8(3 mm),见表 10-4。

风向频率玫瑰图:在建筑总平面图上,通常应按当地实际情况绘制风向频率玫瑰图。全国各地主要城市的风向频率玫瑰图可参见《建筑设计资料集》。有些城市没有风向频率玫瑰图,则在总平面图上只画单独的指北针。

表 10-4　建筑总平面图图例

图 例	名 称	图 例	名 称
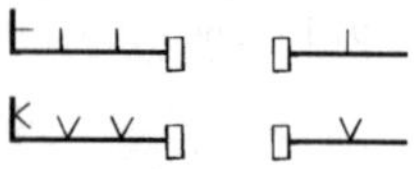	围墙及大门 （下图为铁丝网篱笆等围墙）	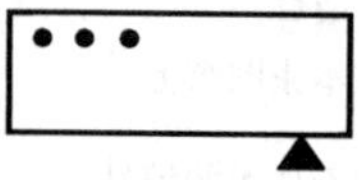	新建的建筑物 （用粗实线表示）
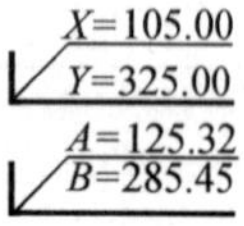 $X=105.00$ $Y=325.00$ $A=125.32$ $B=285.45$	坐 标 （上图表示测量坐标，下图表示施工坐标）	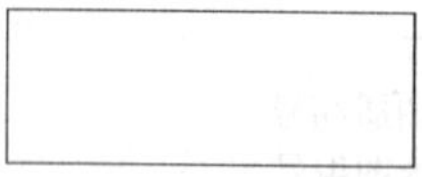	原有的建筑物 （用细实线表示）
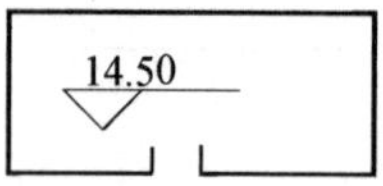 14.50	室内标高		计划扩建的建筑物或预留地 （用中粗虚线表示）
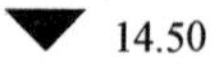 ▼ 14.50	室外标高	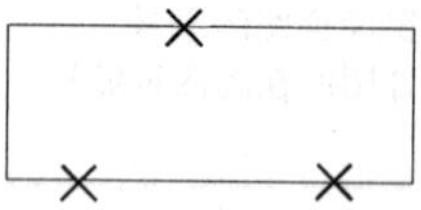	拆除的建筑物 （用细实线表示）
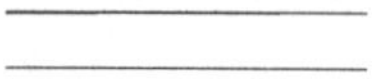	原有的道路 （用细实线表示）		地下建筑物或构筑物 （用粗虚线表示）
	计划扩建的道路 （用细虚线表示）	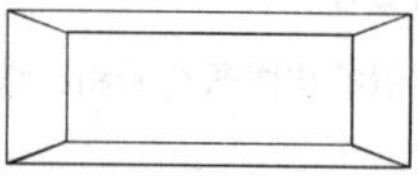	散状材料露天堆场 （需要时注明材料名称）
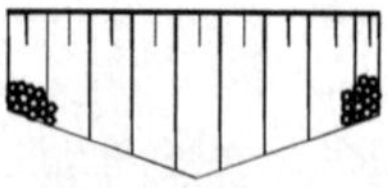	护坡 （边坡较长时，可在一端或两端局部表示）	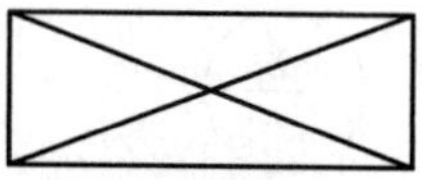	其他材料露天堆场或露天作业场 （需要时注明材料名称）
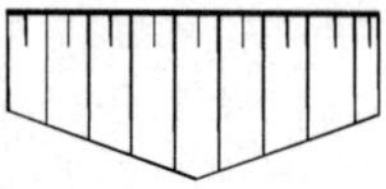	填挖边坡 （边坡较长时，可在一端或两端局部表示）		雨水井
			消火栓井
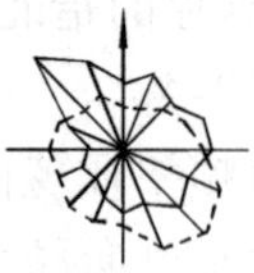	风向频率玫瑰图	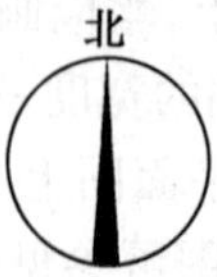 北	指北针 （圆的直径为 24 mm，指针尾部宽度为直径的 1/8）

表 10-5　建筑构配件图例

图　例	名　称	图　例	名　称
	坡　道		双扇门 （用于平面图中）
			高　窗 （用于平面图中）
	底层楼梯平面图		墙上预留孔
			墙上预留槽 （用于平面图中）
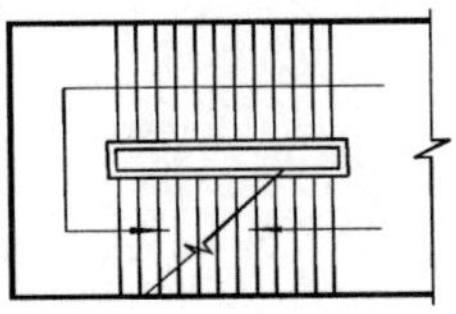	中间层楼梯平面图	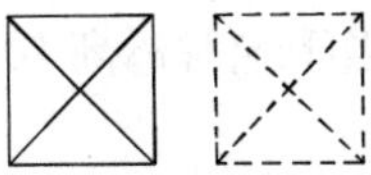	检　查　孔 （左图为地面检查孔， 右图为吊顶检查孔）
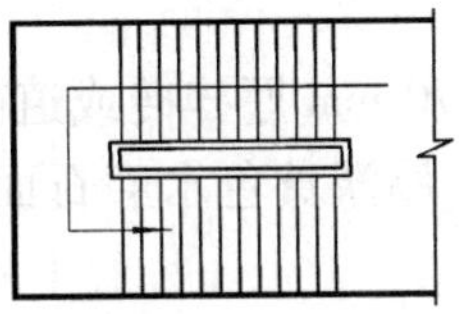	顶层楼梯平面图	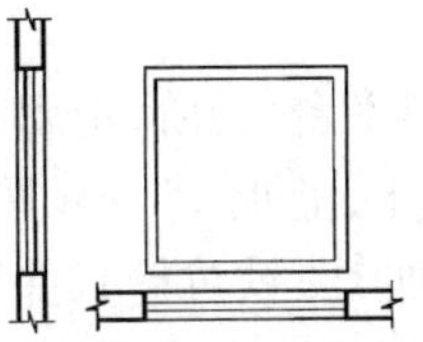	单层固定窗
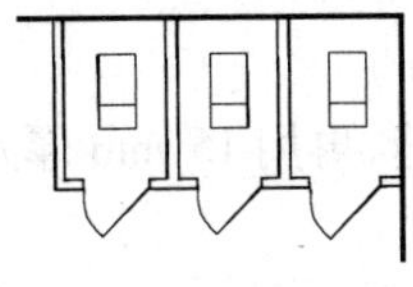	厕　所　间	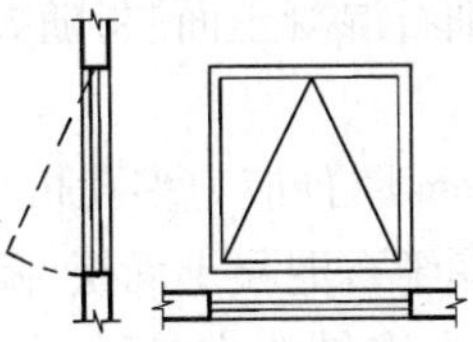	单层外开上悬窗
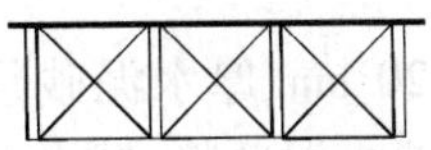	淋浴小间	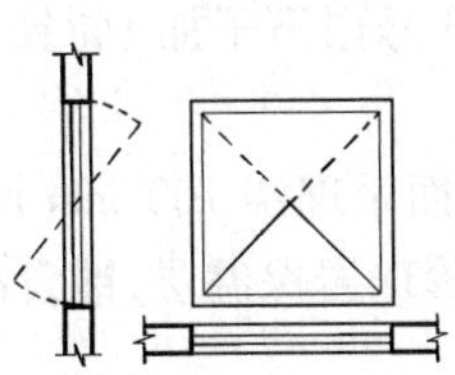	中悬窗
	空门洞 （用于平面图中）		
	单扇门 （用于平面图中）		单层推拉窗

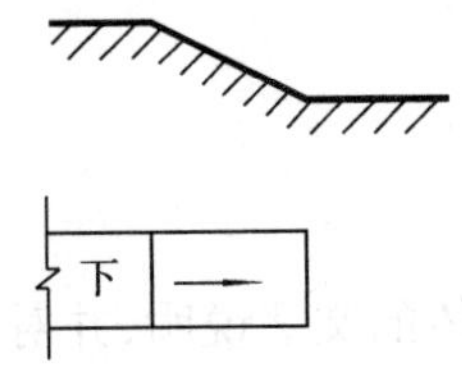

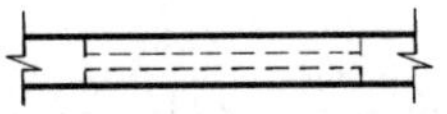

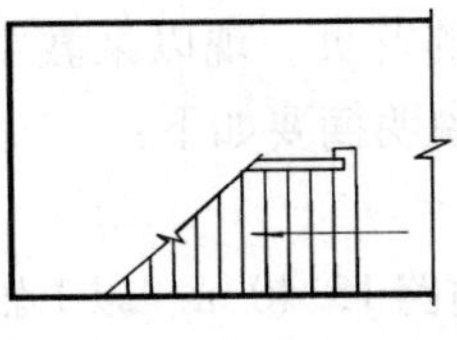

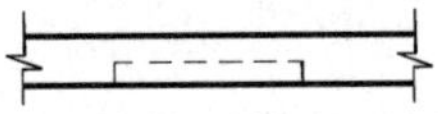

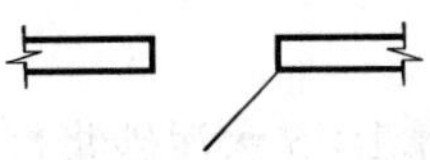

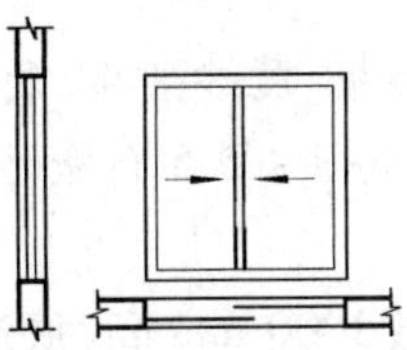

第二节　施工总说明及建筑总平面图

一、施工总说明

施工总说明主要对图样上未能详细注写的用料和做法等要求作具体的文字说明,并对施工图的设计依据、设计规模和相对标高与绝对标高的关系进行说明。中小型规模建筑的施工总说明一般放在建筑施工图内,有时与结构总说明合并放在整套图纸的首页。现以某教学楼(图 10-5)按照某单位提出的设计任务书和方案进行设计为例,施工总说明摘要如下:

1. 放样

教学楼位置:F 轴线与 8 轴线的交角离南侧围墙 18.40 m,离西侧道路 15.40 m。以 1 轴线至 8 轴线与光明路东西方向平行为定位依据,按建筑底层平面图所示尺寸放样。

2. 标高

设计标高 ±0.000,相当于绝对标高 10.85 m,室内外高差 0.45 m。

3. 施工用料

(1) 基础防潮层。

做 60 mm 厚 3ϕ8 钢筋混凝土带。

(2) 地坪(地面)。

① 主入口门厅、入口平台、台阶、走廊和厕所:先将素土夯实,上做 70 mm 厚碎砖或道砟,再捣 50 mm 厚 C15 混凝土,上加 15 mm 厚水泥砂浆找平,再做 15 mm 厚淡黄色水磨石面层(白水泥、大 3 号白石子加 1% 铁黄粉),并用玻璃条划成方格。

② 教室、传达室和茶炉室:先将素土夯实,上做 70 mm 厚碎砖或道砟,再捣 50 mm 厚 C15 混凝土,上加 30 mm 厚细石混凝土面层,随捣随光。

(3) 楼地面(楼面)。

① 教室:在铺 120 mm 厚预应力多孔板后,先用 C20 细石混凝土灌缝,再用 15 mm 厚水泥砂浆找平,上加 15 mm 厚细石混凝土面层,随捣随光。

② 楼梯、走廊和厕所:在结构完成后,上加 15 mm 厚水泥砂浆找平,再做 15 mm 厚淡黄色水磨石面层(白水泥、大 3 号白石子加 1% 铁黄粉),并用玻璃条划成方格。

(4) 屋面。

四层、五层部分的屋面做现浇 100 mm 厚钢筋混凝土屋面板,再用 20 mm 厚水泥砂浆找平,上做 100 mm 厚水泥珍珠岩保温层,铺设高分子卷材,最后做 20 mm 厚水泥砂浆(铺设编织钢丝网片)。

(5) 内粉刷。

① 平顶:均用水泥、石灰、黄沙刮糙,纸筋灰粉平刷白二度。

② 内墙:均用 20 mm 厚 1:2.5 石灰砂浆打底,纸筋灰粉平刷白二度。

③ 踢脚线和墙裙:

a. 各层教室和走廊做 1000 mm 高(底层做 1100 mm 高)的 25 mm 厚 1:3 水泥砂浆打底、1:2 水泥砂浆粉面的墙裙。底层茶炉室墙面全部高度均做 20 mm 厚 1:3 水泥砂浆打底、1:2

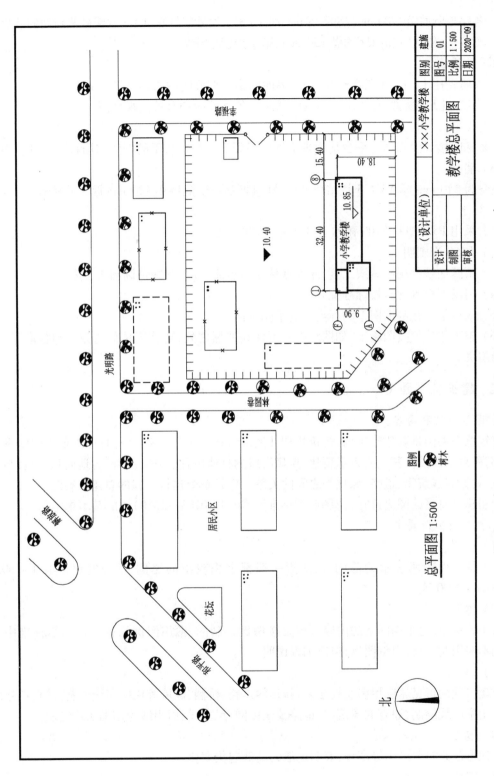

图 10-5 某小学教学楼总平面图

水泥砂浆粉面。

b．各层厕所均做1200 mm 高的25 mm 厚1∶3 水泥砂浆打底、1∶2 水泥砂浆粉面的墙裙。

c．实验室、传达室和门厅均做150 mm 高的水泥踢脚线。

（6）外粉刷。

① 外墙先用1∶1∶6 混合砂浆打底,墙面面层各部分的做法详见各立面图。

② 雨篷、花坛、线脚、女儿墙压顶等的做法见各立面图和有关剖视详图。

（7）楼梯。

两楼梯的楼梯段和休息平台均为现浇钢筋混凝土。栏杆扶手的做法和用料见楼梯详图。

（8）墙身。

墙身为240 mm 厚 MU7.5 烧结普通砖、M5 砂浆砌筑,隔墙用120 mm 厚半砖砌筑。

4．其他

（1）采用 PVC 塑料ϕ100 雨水管和水斗,铸铁弯头。

（2）ϕ150 半圆明沟。

（3）不露面铁件用防锈漆二度,露面铁件用防锈漆一度、灰绿色调和漆二度。

（4）门窗五金等配件按标准配齐。

（5）入口平台在剖面图上的标高均为平均标高。

（6）施工单位须按图施工,如图纸中有不详和遗漏之处,请施工单位与设计单位联系,共同协商解决。

二、建筑总平面图

1．图示方法和内容

建筑总平面图是新建建筑物、构筑物和其他设施在一定范围基地上的总体布置的水平正投影,简称总平面图。其主要表示新建、拟建房屋的具体位置、朝向、高程、占地面积,以及与周围环境,如原有建筑物、道路、绿化等之间的关系。它是整个建筑工程的总体布局图。

绘制建筑总平面图应遵守《总图制图标准》(GB/T 50103—2010)中的基本规定。

2．画法特点及要求

（1）比例。

由于总平面图所表示的范围大,所以一般都采用较小的比例,常用的比例有1∶500、1∶1000、1∶2000 等。

（2）图例。

由于比例小,总平面图上的内容一般是按图例绘制的,常用图例见表10-4。当标准中所列图例不够用时,也可自编图例,但应加以说明。

（3）图线。

新建房屋的可见轮廓用粗实线绘制,新建的道路、桥涵、围墙等用中实线绘制,计划扩建的建筑物用中虚线绘制,原有的建筑物、道路及坐标网、尺寸线、引出线等用细实线绘制。

（4）地形。

当地形复杂时要画出等高线,表明地形的高低起伏变化。

（5）定位。

总平面图表示的范围较大时,应画出测量或施工坐标网。建筑物的定位须标注其角点的坐标,一般情况下,可利用原有建筑物或道路定位。

(6) 指北针。

总平面图上应画出指北针或风向频率玫瑰图,以表明建筑物的朝向和该地区常年风向频率。

(7) 尺寸标注。

总平面图中的距离、标高及坐标尺寸以米为单位(保留至小数点后两位)。新建房屋的室内外地面应注绝对标高。

(8) 注写名称。

总平面图上的建筑物、构筑物应注写名称,当图样比例小或图面无足够的位置时,可编号列表编注。

3. 读图举例

图 10-5 是某小学教学楼的总平面图。绘图比例为 1∶500。图中用粗实线表示的轮廓是新设计建造的教学楼,各矩形右上角中的黑点表示各部分楼层的高度。尺寸 32.40 m 和 9.90 m 分别为该建筑物的长度和宽度,18.40 m 和 15.40 m 是该房屋的定位尺寸。左下角的指北针显示该教学楼的朝向是朝南。室外地坪标高 10.40 m,室内地坪标高 10.85 m,室内外高差 0.45 m。西面与一居民小区仅一路之隔,东面紧靠幸福路。

第三节　建筑平面图

一、图示方法和内容

建筑平面图是沿建筑物门、窗洞位置作水平剖切并移去上面部分后,向下投影所形成的全剖面图。其主要表示建筑物的平面形状、大小、房间布局、门窗位置、楼梯、走廊分布、墙体厚度及承重构件的尺寸等。平面图是建筑施工图中最重要的图样。

多层建筑物的平面图由底层平面图、中间层平面图、顶层平面图组成。中间层是指底层到顶层之间的楼层,如果这些楼层的布置相同或基本相同,可共用一个标准层平面图,否则每一楼层均应画平面图。

屋顶平面图若用直接投影法不易表达清楚,可用镜像投影法绘制,但在图名后应加注"镜像"二字。

二、画法特点及要求

1. 比例

建筑平面图常用比例为 1∶100、1∶200 等。

2. 定位轴线

定位轴线的画法和编号已在本章第一节中详细介绍。建筑平面图中的定位轴线与编号确定后,其他各种图样中的轴线编号均应与之相符。

3. 图线

被剖切到的墙、柱轮廓线用粗实线(b)绘制,没有剖切到的可见轮廓线如窗台、台阶、楼梯等用中粗实线(0.7b)绘制,尺寸线、标高符号、轴线等用细线(0.25b)绘制。如果需要表示高窗、通风孔、槽、地沟等不可见部分,则应以虚线绘制。

4. 尺寸标注

平面图中标注的尺寸有外部和内部两类尺寸。外部尺寸主要有三道:第一道是最外面的尺寸,为总体尺寸,表示建筑物的总长、总宽;第二道是轴线间的尺寸,它是承重构件的定位尺寸,一般也是房间的"开间"和"进深"尺寸;第三道是细部尺寸,表示门、窗洞及洞间墙的尺寸。内部尺寸主要有:各内外墙的厚度,内墙上门、窗洞洞口尺寸及其定位尺寸,台阶尺寸,底层楼梯起步尺寸,各房间或进厅中某些固定设备的定位尺寸,以及有些建筑中各种内外装饰的主要尺寸和其定位尺寸等。

平面图中还应注明楼地面、台阶顶面、阳台顶面、楼梯休息平台及室外地坪等的标高。

5. 代号及图例

平面图中门、窗用图例表示,并在图例旁注写它们的代号和编号,代号"M"表示门,"C"表示窗,编号可用阿拉伯数字顺序编写,也可直接采用标准图上的编号。钢筋混凝土断面可涂黑表示,砖墙一般不画图例。

6. 其他标注

在平面图中一般还要注写房间的名称或编号。在底层平面图中应画出指北针。当平面图中某一部分或某一构件另有详图表示时需要用索引符号表明。建筑剖面图的剖切符号也应在房屋的底层平面图上标注。

7. 门窗表

为了方便订货和加工,建筑平面图中一般附有门、窗表。

8. 局部平面图和详图

在平面图中,某些局部平面图因比例小且固定设备多而表达不清楚时,可另画出比例较大的局部平面图或详图。

9. 屋顶平面图

屋顶平面图是直接从房屋上方向下投影所得,由于内容较少,可以用较小的比例绘制,主要表示屋顶面排水情况(用箭头、坡度或泛水表示),以及天沟、雨水管、水箱等的位置。

三、读图举例

1. 底层平面图

图 10-6 是某小学教学楼的底层平面图,是用 1∶100 的比例绘制的。它表示了该教学楼平面形状呈 L 形,以及底层内各房间的形状、布置、名称,教学楼的出入口、门厅、走廊、楼梯的位置,各种门窗的布置、厕所内的布置、外墙周围的明沟和雨水管的位置等,并且注写了轴线、尺寸及标高、指北针,绘制了垂直剖面图剖切符号等。

底层平面图是沿窗台上方剖切的水平剖面图,所以两端楼梯的第一个楼梯段被剖开,按图例规定画出楼梯段的下半部分,折断线画成倾斜方向,并用箭头指明上下行的方向。图中"上23 级"是指底层到二层两个楼梯段共 23 级踏步。

底层砖墙的厚度除部分为半砖 120 mm 厚以外,其余砖墙厚度均为 240 mm。入口门厅处有三根钢筋混凝土立柱,它们的断面尺寸分别为 240 mm×240 mm,240 mm×300 mm,300 mm×300 mm。在教室和办公室内,窗间墙及内墙有凸出砖墩,各层砖墩的尺寸分别见各层平面图。

定位轴线按规定从左至右用阿拉伯数字编号,共有九根轴线,从下至上用大写拉丁字母编号,共有六根轴线。分轴线是次承重墙的定位轴线。

门窗是按图例绘制的,从所画的图例看,该教学楼采用了较多的推拉窗图例,并用"C"作为窗的代号,"M"表示门的代号。门窗的具体形式和大小可在门窗表和门窗详图或有关的立面图、剖面图中查阅。

2. 楼层平面图

楼层平面图是沿楼层窗台上方剖切得到的水平剖面图,图示方法与底层平面图相比,减去了室外的附属设施、踏步及指北针。

图10-7为二至四层平面图,由于二、三、四层的平面布置基本相同,只有楼梯、厕所和室外的表达有少许不同,所以它们合用一张平面图。东西两端的楼梯表示方法与底层不同,不仅画出本层到上一层的部分楼梯踏步,还将本层下一层的楼梯踏步画出,并在楼梯的中间休息平台处分别注写各层楼梯平台的标高。厕所部分:教学楼一、三层设男厕所,二、四层设女厕所,后面将有局部平面图说明厕所里面的构配件和设施具体布置、尺寸,这里仍按男厕所平面图画出。

图10-8为五层及东端屋顶平面图。从图中可以看到:教学楼西端楼梯自五层楼面下行梯段的全部梯级、栏杆,一间实验室及走廊屋顶上设置的水箱平面形状(用虚线画出的部分);东端屋顶平面形状,屋面上的标高表示屋面板铺设成斜的,形成排水坡度为2.5%,流水随箭头方向流至天沟,进入雨水管后排到地面。

3. 屋顶平面图

屋顶平面图是教学楼的水平投影图,表示屋顶平面形状、水箱的位置、屋面排水(用箭头及坡度表示)、天沟或檐沟、分水线、雨水管等的位置。图10-9是教学楼西端屋顶平面图,由于东端屋顶在图10-8中已绘出,所以本图中省略。

4. 局部平面图

在平面图中,因比例小而使某些固定设备较多、某些内部组合比较复杂的结构不能详细画出,则可另外画出放大比例的局部平面图。如图10-10所示,为了详细表达男女厕所的固定设施的位置及其尺寸,另画了比例为1∶50的局部平面图,必要时,可以画更大比例的局部平面图。

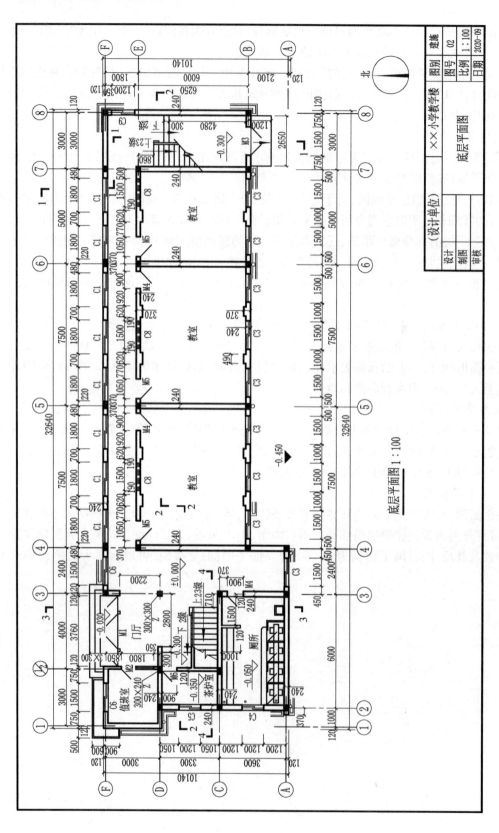

图 10-6 底层平面图

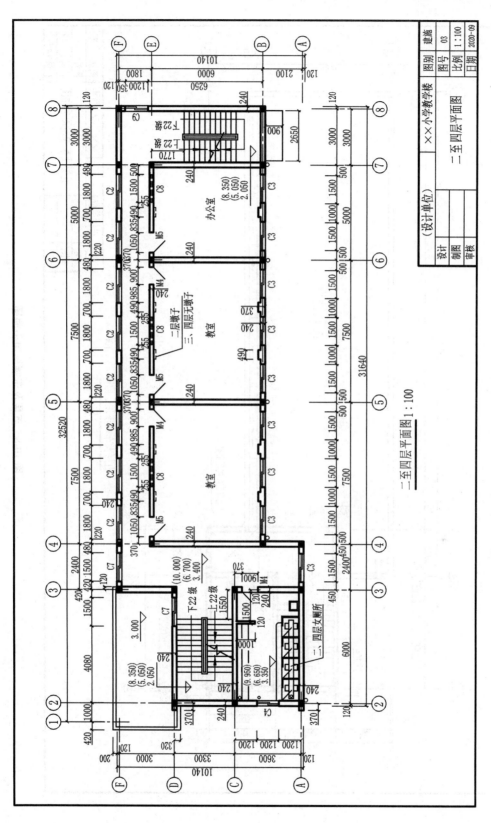

图 10-7　二至四层平面图

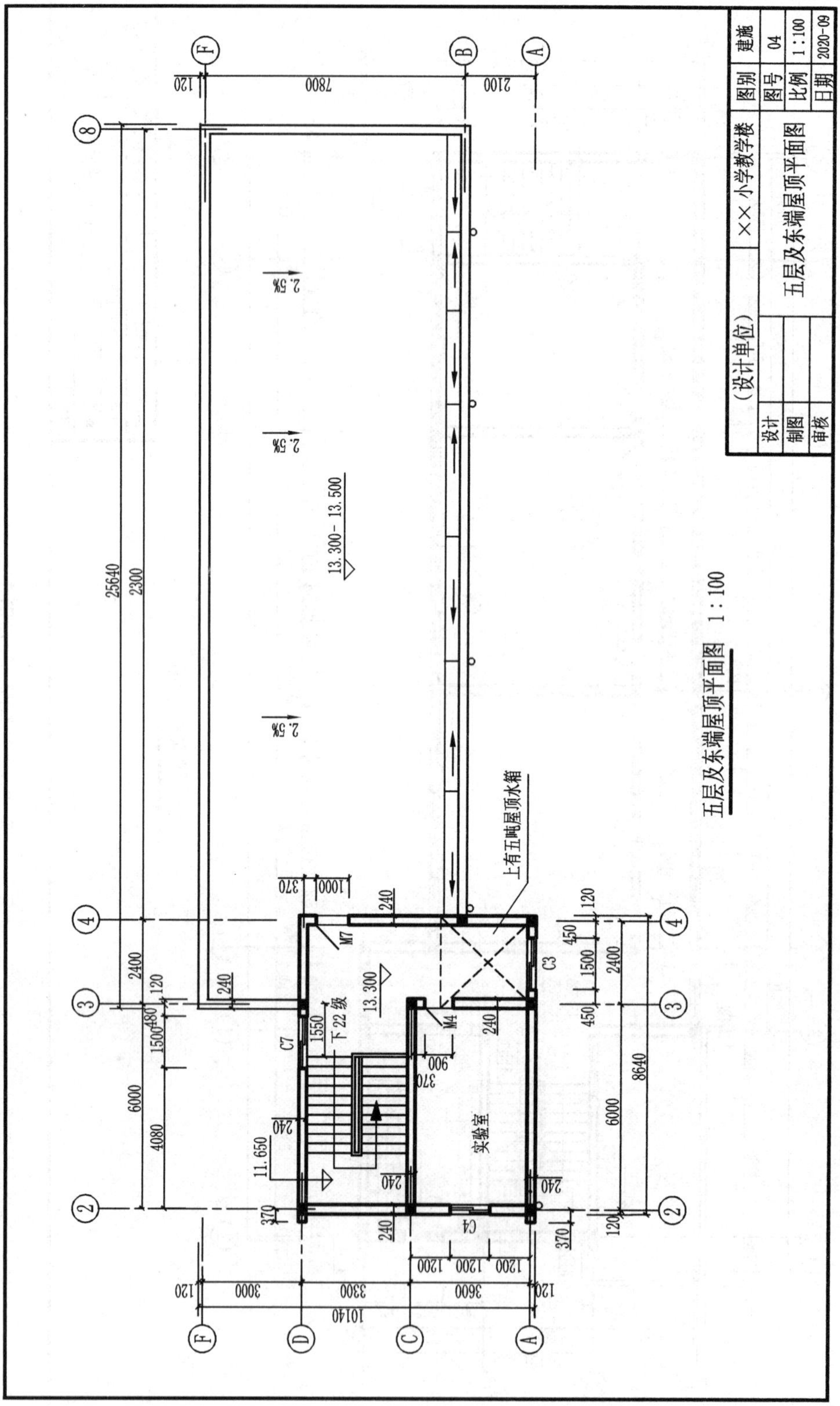

五层及东端屋顶平面图 1:100

图10-8 五层及东端屋顶平面图

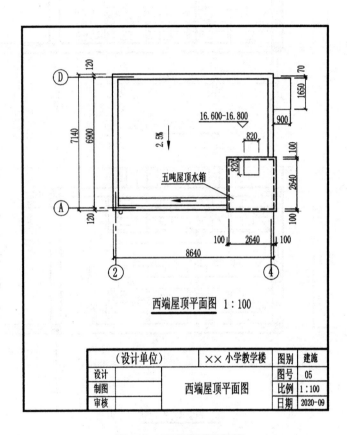

图 10-9 西端屋顶平面图

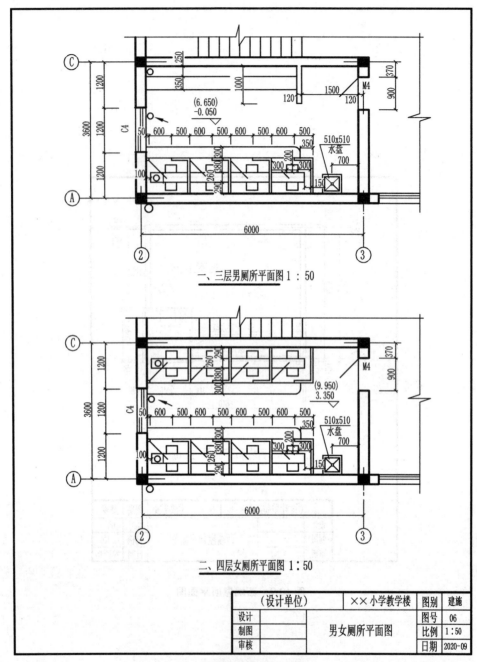

图 10-10 男女厕所平面图

5. 门窗表

虽然在平面图中反映了门窗的位置与编号,但是还应编制门窗表,计算出房屋不同类型的门窗数量;若采用了门窗通用图集的门窗,还应注明通用图集的名称,以供订货或加工之用。表 10-6 是本教学楼的门窗表。

表 10-6 门窗表

设计编号	洞口尺寸(宽×高) (单位:mm)	数量	采用图集及编号		附注
			图集代号	编 号	
C1	1800×1500	8	选自××塑钢窗图集	TC1815	
C2	1800×1800	24		TC1818	
C3	1500×1800	37		TC1518	
C4	1200×1500	5		TC1215	
C5	1200×550	1		TC1205	
C6	1500×1500	2		TC1515	
C7	1500×1800	7		TC1518	
C8	1500×750	12		TC1507	
C9	1200×1800	4		TC1218	
M1	3760×2600	1	非标准门,见详图		
M2	1800×2600	1			带耳窗门
M3	1500×2100	1	选自××木门图集	BM4	
M4	900×2600	9		M83	
M5	1050×2600	12		M189	
M6	900×2100	1		M132	
M7	1000×2100	1		BM2	

四、绘图步骤

绘制建筑平面图应按图 10-11 所示步骤进行。

(1) 确定比例和图幅,即根据房屋的复杂程度和大小以及注写尺寸、符号及有关说明所需的位置选定比例和图幅。

(2) 画图框和标题栏,均匀布置图面,然后画基准线,即按尺寸画出房屋的纵横向承重墙和柱的定位轴线。

(3) 画出主要的墙和柱的轮廓线。

(4) 画出门窗和次要结构。

(5) 画所有构配件细部构造、卫生器具的图例或外形轮廓。

(6) 标注尺寸、符号和文字。

(7) 仔细校核图稿,确认无误后,方可加深或上墨。

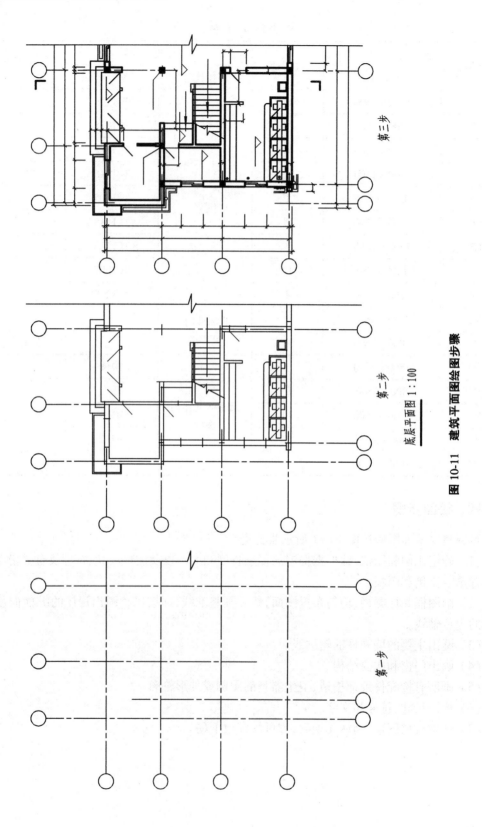

图 10-11 建筑平面图绘图步骤

第四节　建筑立面图

一、图示方法和内容

建筑立面图是向平行于各立面的投影面作出的正投影图,简称(某向)立面图。通常一个房屋有四个朝向,立面图可根据房屋的朝向来命名,如东立面图、西立面图等;也可根据主要入口来命名,如正立面图、背立面图、左侧立面图、右侧立面图;还可以根据立面图的两端轴线编号来命名。

建筑立面图主要用来表示建筑物的体型和外貌、外墙装修的材料和色彩、门窗的位置与形式,以及屋顶水箱、檐口、阳台、雨篷、雨水管、水斗、引条线、勒脚、平台、台阶、花坛等构造和配件各部位的标高、必要的尺寸及详图索引符号。建筑立面图在施工过程中主要用于室外装修。

二、画法特点及要求

1. 比例

立面图的比例通常与平面图相同。

2. 定位轴线

一般立面图只画出两端的轴线及编号,以便与平面图对照。

3. 图线

为了加强立面图的表达效果,使建筑物的轮廓突出、层次分明,通常选用的线型如下:最外轮廓线画粗实线(b),室外地坪线用加粗线($1.4b$)表示,所有突出部位如阳台、雨篷、线脚、门窗洞等画中粗实线($0.7b$),其余部分用细实线($0.25b$)表示。

4. 投影图

建筑立面图中,只画出可见的部分,不可见的部分一律不表示。

5. 图例

由于比例较小,按投影很难将所有的细部都表达清楚,如门、窗、卫生器具等都是用图例来绘制的,且只画出主要的轮廓线及分格线。门窗框用双细线画出。

6. 尺寸标注

高度尺寸用标高的形式标注,主要包括建筑物室内外地坪、出入口地面、窗台、门窗洞顶部、檐口、阳台底部、女儿墙压顶及水箱顶部等处的标高。各标高注写在立面图的左侧或右侧且排列整齐。

7. 其他标注

建筑物外墙的各部分装饰材料、色彩、做法等用文字说明。

三、读图举例

图 10-12 为教学楼的正立面图,画出的两端轴线为⑧、①,所以图名称为⑧－①立面图。对照图 10-6 底层平面图一起识读,可知北立面图为建筑物的主要立面图,主要入口处在西端,门厅和传达室是一层楼建筑,门口有台阶,一侧有转角花坛。门厅东面是四层楼建筑,南面是

五层楼建筑,可以看见屋顶还有一个水箱及五层楼东侧门洞上的雨篷。该立面图还表明了门窗的分布位置、形式及开启方向,墙面的材料及色彩。

教学楼的主要外轮廓用粗实线,室外地坪线用加粗线,门窗洞及其他凸出部分用中粗线,门窗图例、雨水管、引条线、标注引出线、标高符号等用细实线画出。

立面图上的高度尺寸用标高的形式标注,图中注出了室外地坪、门窗洞口的上下口、女儿墙压顶和水箱顶面及雨篷底的标高。

图 10-13 和图 10-14 为该教学楼其他三个主要方向的立面图,其图示方法和内容与图 10-12 基本相同。

四、绘图步骤

建筑立面图的绘制应按图 10-15 所示步骤进行。

(1) 画基准线,即按尺寸画出房屋的横向定位轴线和层高线,横向定位轴线要与平面图保持一致。

(2) 画墙的轮廓线和门窗洞线。

(3) 按规定画门窗图例及细部构造并注标高尺寸和文字说明。

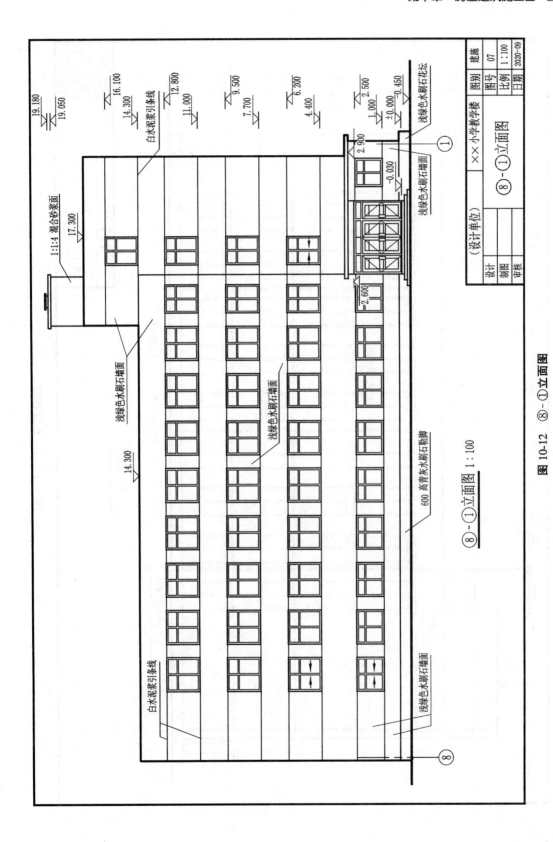

图 10-12 ⑧-①立面图

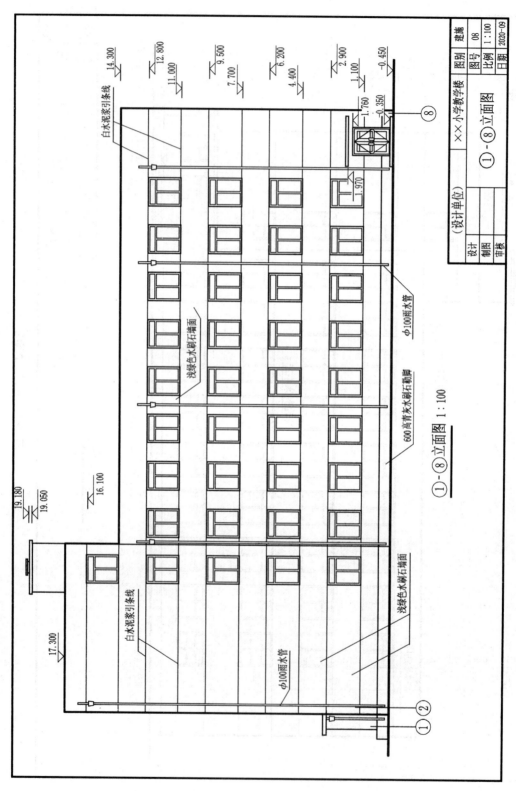

图 10-13 ①-⑧立面图

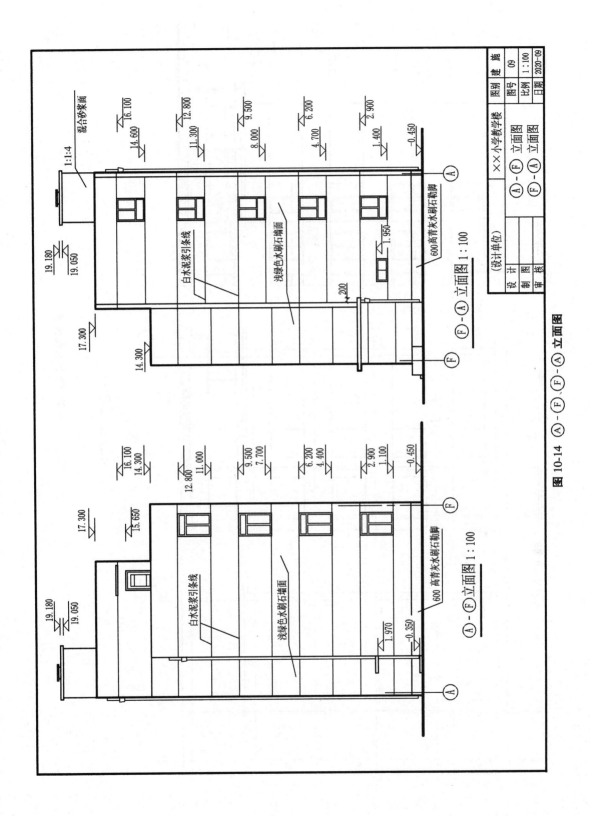

图10-14 Ⓐ-Ⓕ、Ⓕ-Ⓐ立面图

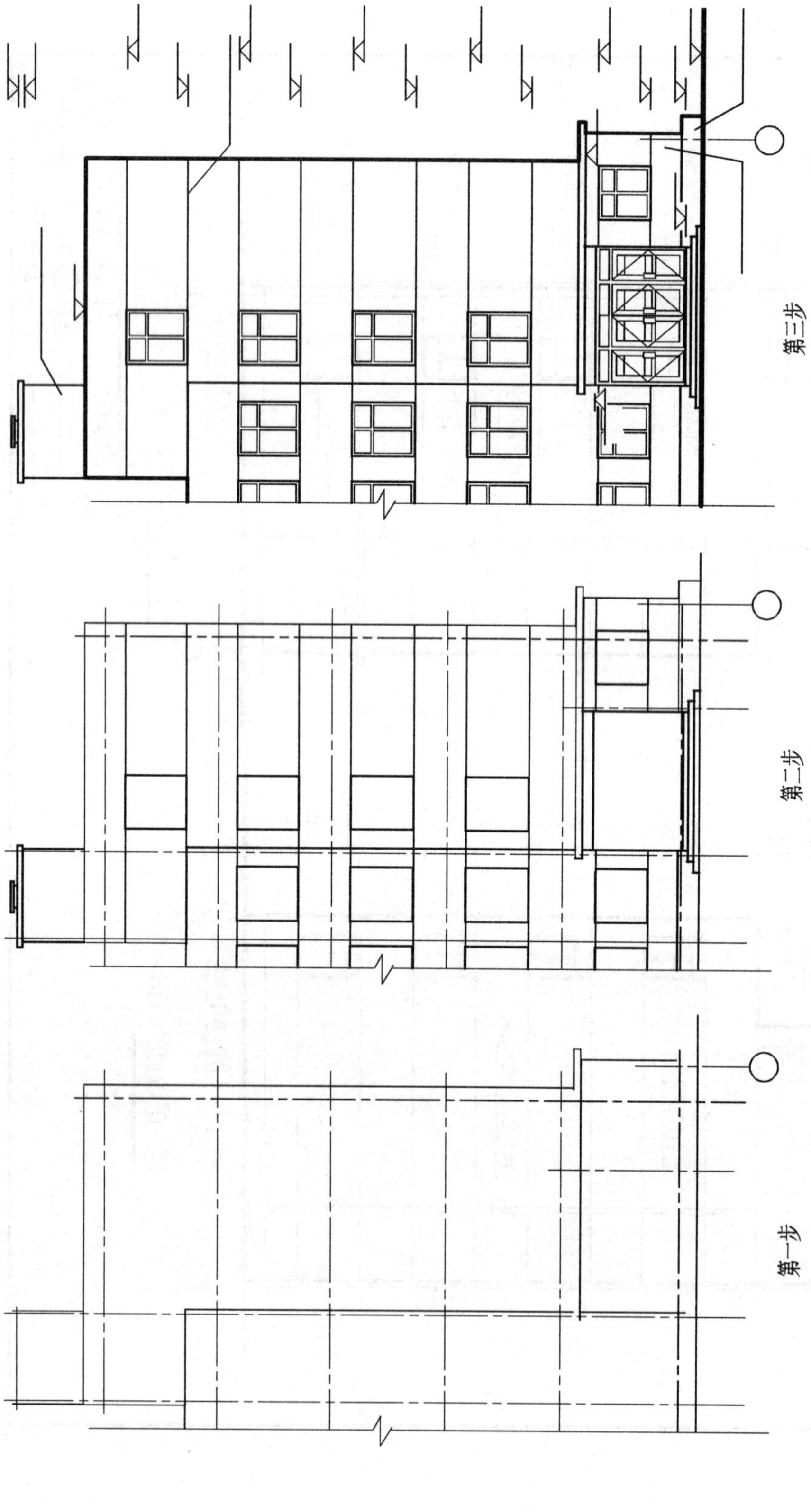

图 10-15 建筑立面图绘图步骤

第五节　建筑剖面图

一、图示方法和内容

建筑剖面图是房屋的垂直剖面图，即用直立平面剖切建筑物所得到的剖面图。它表示建筑物内部垂直方向的主要结构形式、分层情况、构造做法及组合尺寸。剖面图的剖切部位，应根据图纸的用途和设计深度，在平面图上选择能反映全貌和构造特征，以及有代表性的剖切位置。根据房屋的复杂程度，剖面图可绘制一个或数个，如果房屋的局部构造有变化，还可以画局部剖面图。

二、画法特点及要求

1. 比例

应与建筑平面图一致。

2. 定位轴线

画出两端的轴线及编号，以便与平面图对照。有时也注出中间的轴线。

3. 图线

剖切到的墙身轮廓画粗实线(b)，楼层、屋顶层在 1∶100 的剖面图中只画两条粗实线，在 1∶50 的剖面图中宜在结构层上方画一条作为面层的中粗线($0.7b$)，但下方板底粉刷层不表示，室内外地坪线用加粗线($1.4b$)表示。可见部分的轮廓线如门窗洞、踢脚线、楼梯栏杆、扶手等画中粗线($0.7b$)，图例线、引出线、标高符号、雨水管等用细实线($0.25b$)绘出。

4. 投影要求

剖面图中除了画出被剖切到的部分外，还应画出按投影方向能看到的部分。室内地坪以下的基础部分，一般不在剖面图中表示，而在结构施工图中表达。

5. 图例

门、窗按规定图例绘制，砖墙、钢筋混凝土构件的材料图例与建筑平面图相同。

6. 尺寸标注

一般沿外墙标注三道尺寸，最外面一道从室外地坪到女儿墙压顶，是室外地面以上的总高尺寸，第二道为层高尺寸，第三道为勒脚高度、门窗洞高度、洞间墙高度、檐口的厚度等细部尺寸，这些尺寸应与立面图相对应。另外，还应标出各层楼面、楼梯休息平台等的高度。

7. 其他标注

某些局部构造表达不清时可用索引符号引出，另绘详图。细部做法如地面、楼面，可用多层构造引出标注。

三、读图举例

图 10-16 是按底层平面图 1-1 剖切位置来绘制的剖面图，为了使剖切面能通过北墙面上的窗洞，采用了阶梯剖的形式。它反映了东端楼梯间垂直方向各部位的结构和构造，同时反映了楼梯的垂直剖面和未剖切到但看得见的部分。

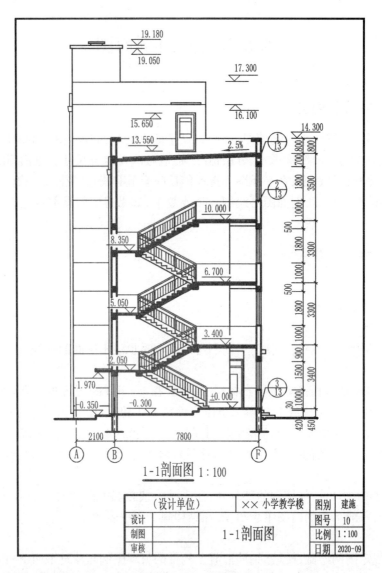

图 10-16 1-1 剖面图

在 1-1 剖面图中，室内外地坪线用加粗线绘制，地面以下的基础部分将由结构施工图中的基础图来表达，故将地坪线以下的基础墙用折断线断开。剖切到的楼面、屋顶用两条粗实线表示，剖切到的钢筋混凝土梁、楼梯均涂黑表示。每个楼梯有两个梯段，称作双跑楼梯。一层楼层高 3.4m，二、三层楼层高 3.3m，四层楼层高 3.5m。屋面铺成一定坡度，在南面檐口处设有天沟，以便屋面雨水经天沟排向雨水管。屋面、楼面的做法及檐口、窗台、勒脚等节点处的构造须另绘详图，或套用标准图。

在图示上，除了必须画出被剖切到的构件、配件外，还画出了未被剖切到的可见部分（如传达室的门、屋顶女儿墙、梯段及栏杆扶手、内墙面的墙裙、南外墙面的水斗及雨水管、五层房屋西端面和水箱等）。

图 10-17 是按底层平面图 2-2 剖切位置来绘制的剖面图。为了反映东西两端的楼梯和教学楼主要房间的结构布置和构造特点，2-2 剖面图也采用了阶梯剖面图。

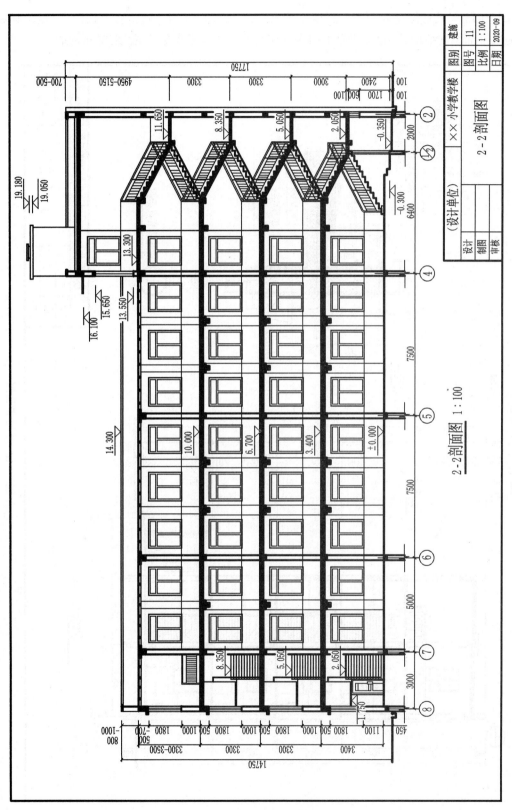

图 10-17 2-2 剖面图

图 10-18 是按底层平面图 3-3 剖切位置来绘制的剖面图,主要反映入口、门厅、西端楼梯间、厕所等部位的结构,同时反映出了西端一层与五层房屋的层数变化、结构和构造。

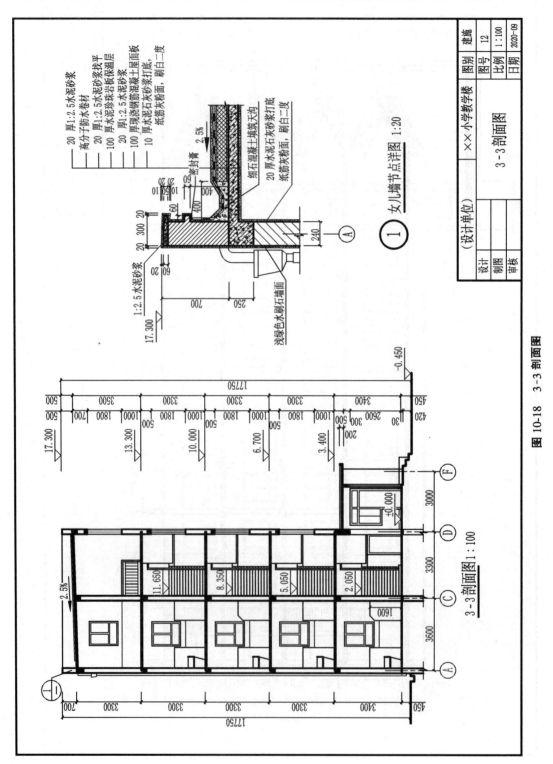

图 10-18　3-3 剖面图

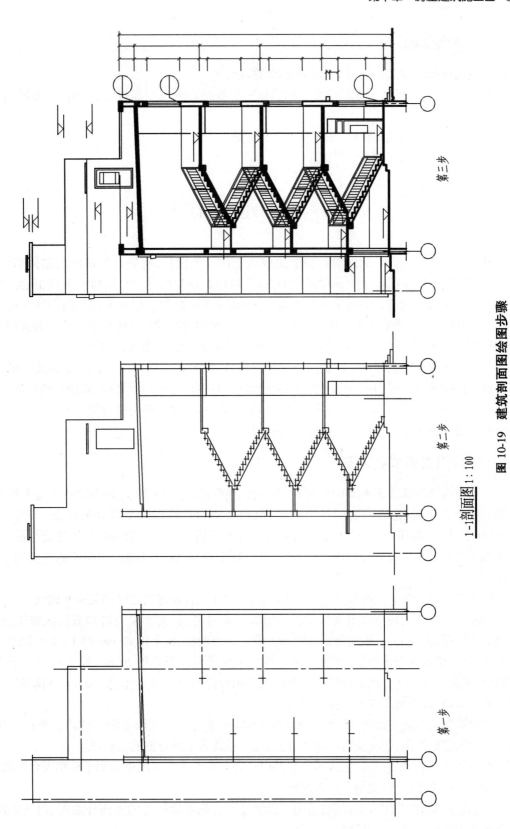

图 10-19 建筑剖面图绘图步骤

四、绘图步骤

建筑剖面图的绘制应按图 10-19 所示步骤进行。

（1）画基准线，即按尺寸画出房屋的横向定位轴线和纵向层高线、女儿墙、水箱顶部位置线等。

（2）画墙体轮廓线和楼层、屋面线及楼梯剖面。

（3）画门窗及细部构造，并标注尺寸。

第六节　建　筑　详　图

建筑平面图、立面图、剖面图是房屋建筑施工的主要图样，它们已将房屋的整体形状、结构、尺寸等表示清楚，但由于绘图比例较小，许多局部的详细构造、尺寸、做法及施工要求均无法在这些图中表达清楚。为满足施工的需要，对某些部位必须绘制较大比例的图样才能表达清楚，这种图样称为建筑详图。因此，建筑详图是平面图、立面图、剖面图的补充。若详图采用套用标准图或通用详图，则不必另画，只需注出图集的名称及详图所在的页码。

建筑详图除了绘制比例较大的节点部位图样外，还要在平面图、立面图、剖面图中的有关部位标注详图索引符号，并在所画的详图上绘制详图符号、写明详图名称，以便对照查阅。

建筑详图按要求不同，可分为平面详图、局部构造详图和配件构造详图。下面通过某小学教学楼的部分建筑详图，阐述建筑详图的图示特点。

一、外墙剖面节点详图

外墙节点详图通常采用 1∶10 或 1∶20 的比例绘制。图 10-20 是某小学教学楼 F 轴线的外墙剖面节点详图，它表示出了外墙檐口、窗台及明沟和勒脚三个部分的详图。它们是由图 10-16 的 1-1 剖面图中引出放大绘制的，不仅反映了房屋的屋顶层、檐口、楼地面层的构造、尺寸和用料及其与墙身等其他构件的关系，也反映了窗顶、窗台、勒脚、明沟等的详细构造、尺寸和用料。

图中①是屋顶外墙剖面节点，它表明了屋面、女儿墙及窗过梁之间的关系和做法。

屋面做法用多层构造引出线标注。引出线应通过各层，文字说明按构造层次依次注写。本例是卷材屋面，250 mm 厚现浇钢筋混凝土空心砖密肋板，板上用 20 mm 厚 1∶2.5 的水泥砂浆找平，上一层铺高分子卷材，再做 20 mm 厚的水泥砂浆。板底用 20 mm 厚 1∶1∶6 混合砂浆粉面、刷白二度。女儿墙顶部的钢筋混凝土压顶外侧厚 60 mm，内侧厚 50 mm，粉刷时，内侧做出滴水斜口，以免雨水渗入下面墙身。

窗顶有钢筋混凝土过梁，其顶面粉出滴水槽（或坡度），以免雨水渗入窗内。推拉窗用矩形表示塑钢窗框断面，中间画两根细线，两边画中粗线表示推拉窗的剖面图。

节点②是窗台节点详图，它表明窗台的做法及与窗的关系。图中表明了砖砌窗台的做法，其外侧顶面粉出坡度，以免雨水渗入窗内。

节点③是勒脚、明沟节点详图，表明了教学楼墙身靠近墙脚处的室内外地面、内外墙面和墙身内的详细构造、尺寸和用料。

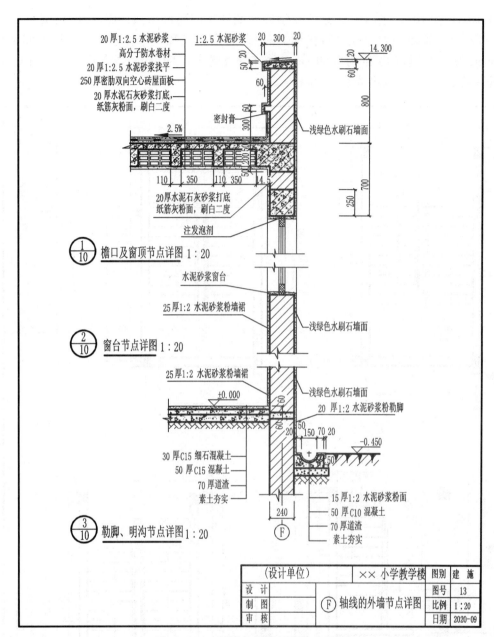

图 10-20 F 轴线的外墙剖面节点详图

图 10-18 中教学楼 A 轴线上的南外墙檐口节点详图,表明了五层屋顶、檐口、女儿墙的详细构造、尺寸和用料。

二、楼梯详图

楼梯详图一般用较大比例绘制,它包括楼梯平面图、剖面图、节点详图,主要表示楼梯的类型、结构、尺寸及梯段的形式、栏杆的材料和做法等。在标注尺寸方面,除了需要注出各细部的详细尺寸、楼地面和平台面的标高外,通常用梯段上的踏步数乘以踏面宽度或踢面高度来表示梯段的长度或高度尺寸(踏步一般有两个面,水平面称为踏面,铅垂面称为踢面)。

图 10-21、图 10-22、图 10-23 是该教学楼西端楼梯的局部平面详图,绘图比例为 1∶50、1∶10 和 1∶5。该楼梯为双跑平行楼梯,每层有两个梯段和一个休息平台。楼梯间宽度为 3300 mm,每一个梯段的宽度为 1480 mm。楼梯每级宽均为 280 mm,高均为 150 mm,由于层高不完全一样,所以每层踏步数也不相同。

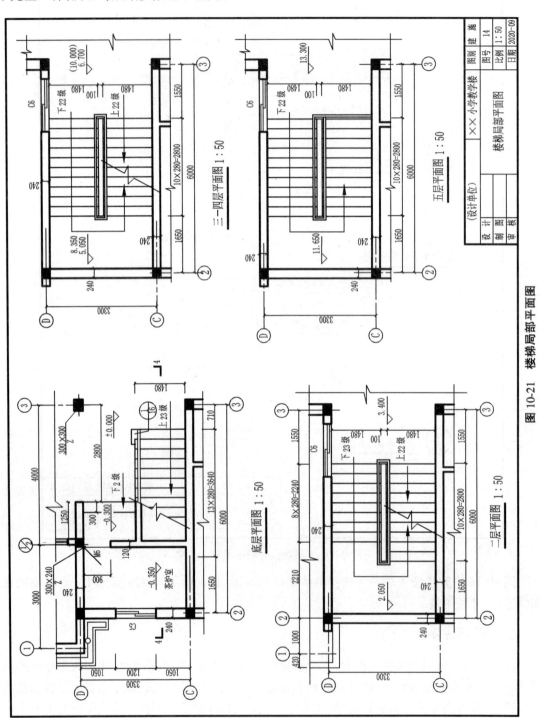

图 10-21 楼梯局部平面图

第十章 房屋建筑施工图

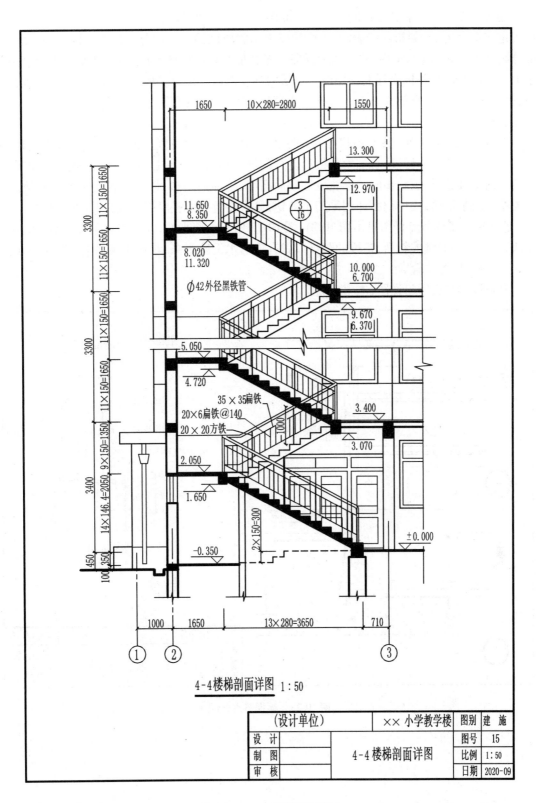

图 10-22 4-4 楼梯剖面详图

楼梯平面图实质上是楼梯间的水平剖面图,剖切高度在每层的第一梯段,位于窗台上方,按规定在图中用45°斜折断线表示,折断线仅表示假想该梯段一部分被剖切后已移去,而另一部分则留下。在图10-21中,除了表明梯段的布置情况和栏杆扶手位置外,还在图中用箭头表示上、下行的方向,并标出到上一层或下一层的踏步总数。顶层楼梯平面图看到的都是下行梯段,因此图中仅有下行箭头方向。楼梯的栏杆扶手到顶层楼面后,设一道水平的栏杆扶手与墙连接,以保证安全。

图10-22 楼梯剖面详图是按底层楼梯平面图中4-4剖切位置及剖视方向画出的,剖切到每层楼梯上行的第一梯段,看到每层楼梯上行的第二梯段和栏杆扶手。它清晰地表示出各楼梯段的踏步级数、每级踏步的踏面宽度和踢面高度、楼梯的构造、楼梯与各层平台及楼面之间的关系。限于篇幅,楼梯剖面详图采用了简化画法,在适当位置以折断线断开省略绘制。

图10-23 楼梯节点详图是由图10-21、图10-22中索引而来的,详细表示了楼梯踏步的起始做法,踏步的踢面做成斜面,梯段的踏步口做有铁屑水泥防滑条,梯段上的栏杆用方钢和扁铁组成,扶手则用黑铁管。

其他详图如进厅门详图,本书省略。

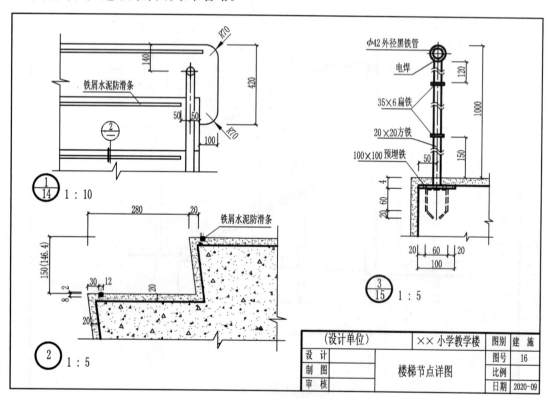

图10-23 楼梯节点详图

第十一章 结构施工图

第一节 概 述

房屋建筑施工图表达房屋的外部造型、内部布置、建筑构造和内外装修等内容,而房屋的承重构件(如基础、梁、板、柱等)的布置、结构构造等内容都没有表达出来。因此,在房屋设计中,除了进行建筑设计,画出建筑施工图外,还要进行结构设计,绘制出结构施工图。

一、结构施工图的内容和用途

结构施工图主要表达结构设计的内容,它是表示建筑物各承重构件(如基础、承重墙、柱、梁、板、屋架等)的布置、形状、大小、材料、构造及其相互关系的图样。结构施工图主要用于施工放线,挖基槽,支模板,扎钢筋,布置预埋件和预留孔,浇捣混凝土,安装梁、板、柱等构件,并作为编制预算和施工组织设计的依据。

结构施工图一般包括基础图、上部结构布置图和结构详图等。

本章仍以第十章的某小学教学楼为例说明结构施工图的内容和图示方法。该教学楼是由承重墙和钢筋混凝土构件共同承重。砖墙的布置和尺寸已在建筑施工图中表明,故不必再画其结构施工图。钢筋混凝土构件的布置图和结构详图是本章的主要内容。

表 11-1 结构施工图中图线的选用

名 称	线 宽	一 般 用 途
粗实线	b	螺栓、钢筋线、结构平面布置图中的单线结构构件等
中粗实线	$0.7b$	结构平面图及详图中剖到或可见墙身轮廓线等
细实线	$0.25b$	钢筋混凝土构件的轮廓线、尺寸线等
粗虚线	b	不可见的钢筋、螺栓线,结构平面布置图中不可见的单线结构构件等
中粗虚线	$0.7b$	结构平面布置图中不可见的墙身轮廓线等
细虚线	$0.25b$	基础平面图中管沟轮廓线,不可见的钢筋混凝土构件轮廓线
粗点画线	b	垂直支撑、柱间支撑线
细点画线	$0.25b$	中心线、对称线、定位轴线
粗双点画线	b	预应力钢筋线
折断线	$0.25b$	断开界线
波浪线	$0.25b$	断开界线

二、结构施工图的有关规定

绘制结构施工图,除了应遵守《房屋建筑制图统一标准》(GB/T 50001—2017)外,还必须遵守《建筑结构制图标准》(GB/T 50105—2010)。

1. 图线

结构施工图中各种图线的用法如表 11-1 所示。

2. 比例

绘制结构施工图应选用表 11-2 中的常用比例,特殊情况下也可选用可用比例。

表 11-2 结构施工图的比例

图 名	常用比例	可用比例
结构平面布置图及基础平面图	1:50,1:100,1:200	1:150
圈梁平面图、沟管平面图等	1:200,1:500	1:300
详图	1:10,1:20,1:50	1:5,1:25,1:30,1:40

3. 构件代号

在结构施工图中,构件种类繁多,布置复杂,为了简化标注,方便阅读,构件名称一般用代号表示,代号后应用阿拉伯数字标注构件的型号和编号。常用的构件代号见表 11-3。

表 11-3 常用的构件代号(GB/T 50105—2010)摘录

序号	名称	代号	序号	名称	代号	序号	名称	代号
1	板	B	15	吊车梁	DL	29	基础	J
2	屋面板	WB	16	圈梁	QL	30	设备基础	SJ
3	空心板	KB	17	过梁	GL	31	桩	ZH
4	槽形板	CB	18	连系梁	LL	32	柱间支撑	ZC
5	折板	ZB	19	基础梁	JL	33	垂直支撑	CC
6	密肋板	MB	20	楼梯梁	TL	34	水平支撑	SC
7	楼梯板	TB	21	檩条	LT	35	梯	T
8	盖板或沟盖板	GB	22	屋架	WJ	36	雨棚	YP
9	挡雨板或檐口板	YB	23	托架	TJ	37	阳台	YT
10	吊车安全走道板	DB	24	天窗架	CJ	38	梁垫	LD
11	墙板	QB	25	框架	KJ	39	预埋件	M
12	天沟板	TGB	26	刚架	GJ	40	天窗端壁	TD
13	梁	L	27	支架	ZJ	41	钢筋网	W
14	屋面梁	WL	28	柱	Z	42	钢筋骨架	G

4. 定位轴线

结构施工图上的定位轴线及编号应与建筑施工图一致。

5. 尺寸标注

结构施工图上的尺寸应与建筑施工图相符合,但不完全相同,结构施工图中所注尺寸是结构的实际尺寸,即一般不包括结构的表面粉刷层或面层的厚度。

第二节 钢筋混凝土构件图

一、钢筋混凝土的基本知识

1. 钢筋混凝土的概念

混凝土简称砼（tóng），是由水泥、砂、石料和水按一定比例配合后，经均匀搅拌、密实成型及养护硬化而成的人造石材。用混凝土制成的构件抗压强度较高，但抗拉强度低，极易因受拉、受弯而断裂。为了提高构件的承载力，在构件的受拉区或相应部位配置一定数量的钢筋，这种由钢筋和混凝土结合而成的构件，称为钢筋混凝土构件。

2. 混凝土的等级和钢筋的直径符号

混凝土按其立方体抗压强度标准值分为不同的等级，普通混凝土分为 C15、C20、C25、C30、C35、C40、C45、C50、C55、C60、C65、C70、C75、C80 等，等级越高的混凝土抗压强度越高。

钢筋的品种等级不同，其直径符号也不同。常用的钢筋直径符号有：

HPB300 钢筋（Ⅰ级）——ϕ

HRB335 钢筋（Ⅱ级）——ϕ

HRB400 钢筋（Ⅲ级）——ϕ

HRB500 钢筋（Ⅳ级）——ϕ

冷拔低碳钢丝——ϕ^b

3. 钢筋的种类和作用

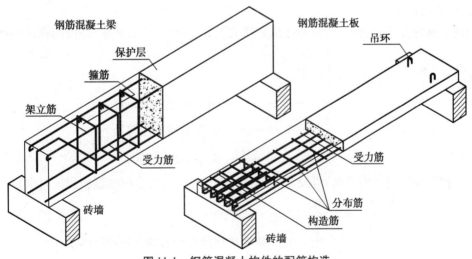

图 11-1 钢筋混凝土构件的配筋构造

如图 11-1 所示,按钢筋在构件中所起的作用不同,钢筋可分为:
(1) 受力筋,也称主筋,主要承受拉力和压力。
(2) 箍筋,用以固定柱、梁内纵向筋的位置并承受剪力和扭力。
(3) 架立筋,它和梁内的受力筋、箍筋一起构成钢筋的骨架。
(4) 分布筋,它和板内的受力筋一起构成钢筋的骨架。
(5) 构造筋,因构造要求和施工安装要求配置的钢筋,架立筋和分布筋也属于构造筋。

4. 钢筋的保护层和弯钩

为了防止钢筋锈蚀,保证钢筋和混凝土的黏结力,最外层钢筋外缘到构件表面应保持一定的厚度,称为保护层。一类环境下,设计使用年限为 50 年的混凝土(大于 C25 mm)结构,梁柱的保护层厚度为 20 mm,板的保护层厚度为 15 mm。保护层的厚度在图上一般不需要标注。

为了加强光圆钢筋与混凝土的黏结力,钢筋的端部常做成弯钩。Ⅱ级钢筋或Ⅱ级以上的钢筋因表面有肋纹,一般不需要做弯钩。

二、钢筋混凝土构件的图示方法

对于钢筋混凝土构件,不仅要表示构件的形状、尺寸,而且还要表示钢筋的配置情况,包括钢筋的种类、等级、数量、直径、形状、尺寸、间距等。为此,假定混凝土是透明体,可透过混凝土看到构件内部的钢筋。这种能反映构件钢筋配置情况的图样,称为配筋图。配筋图一般包括平面图、立面图、断面图等,有时还需要画出构件中各种钢筋的单独成型详图并列出钢筋表。如果构件的形状较复杂,且有预埋件,还应画出构件的外形图,称为模板图。

1. 钢筋的表示

在配筋图中,为了突出钢筋,构件的轮廓线用细线画出,混凝土材料不画,而钢筋则用粗实线(单线)画出。钢筋的断面用黑圆点表示。

2. 钢筋的标注

钢筋的标注方式有两种,一种是标注钢筋的根数、等级、直径,如梁、柱内的纵向钢筋。

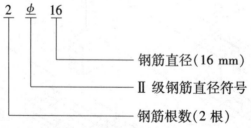

另一种是标注钢筋的等级、直径、相邻钢筋的中心距,如梁柱内的箍筋和板内钢筋。

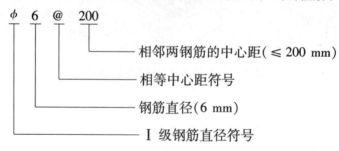

3. 钢筋的编号

构件中各种钢筋(凡等级、直径、形状、长度等要素不同的)一般均应编号,编号数字写在直径为 6mm 的细线圆内,编号圆宜绘制在引出线的端部,如图 11-3 所示。

三、钢筋混凝土构件图举例

1. 钢筋混凝土梁

梁的结构详图一般包括立面图和断面图。如图 11-2 所示是某教学楼中楼面梁的结构详图,该梁的两端搁置在砖墙上,为了增加砖墙的承压面积,梁的端部做成矩形块。为了提高室内梁下净空高度和搁置预制板的需要,把梁的断面做成十字形(俗称花篮梁)。由于该梁左右对称,当在梁的对称中心线上画出对称符号后,立面图一半表示梁的外形,另一半表示梁内配筋,其中均匀配置的箍筋(ϕ6@200)可以画全,也可以如图中所示只画一部分。梁的截面形状、大小及不同位置的配筋,则用断面图来表示。1-1 为跨中断面图,2-2 为支座处梁的断面图。该梁内下面配有受力筋(3ϕ18),中间一根在接近支座处按 45°方向弯起,上面为架立筋(2ϕ12),截面外挑部分有受力筋(ϕ6@200)和架立筋(4ϕ6),支座处矩形断面的下部加设横向附加钢筋(2 ϕ12)。图中除了注出梁的定形尺寸和钢筋尺寸外,还应标出梁底的结构标高。

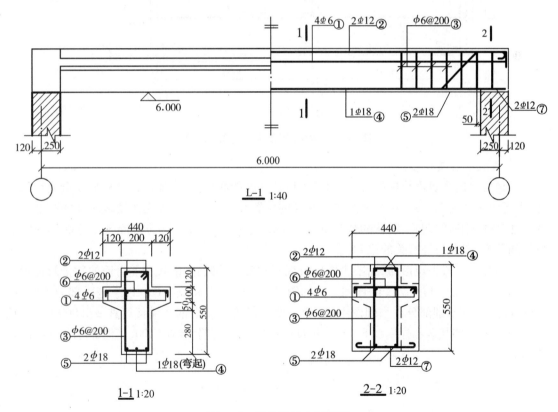

图 11-2 钢筋混凝土梁详图

2. 现浇钢筋混凝土板

现浇钢筋混凝土板的结构详图常用配筋平面图和断面图表示。配筋平面图可直接在平面图上绘制,每种规格的钢筋只需画一根,并标出其规格、间距。断面图反映板的配筋形式。板的配筋有分离式和弯起式两种。板的上下钢筋分别单独配置的称为分离式,支座附近的上部钢筋是由下部钢筋直接弯起的就称为弯起式。在配筋图上还应注明板厚和板底结构标高。板内分布筋一般不画出,可用文字加以说明。图11-3是现浇的两跨连续板的分离式配筋图。

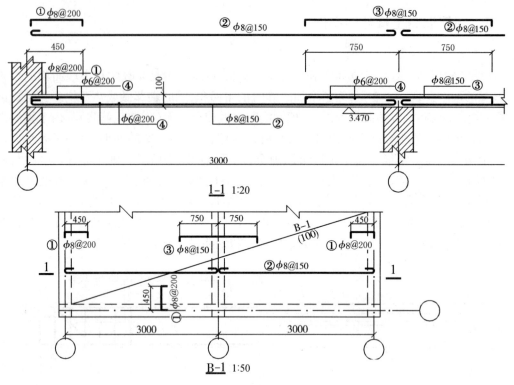

图11-3 结构平面图中板的配筋画法

3. 现浇钢筋混凝土柱

柱是房屋的主要承重构件,其结构详图包括立面图和断面图,如果柱的外形复杂或有预埋件,则还应画模板图,在模板图上画出预埋件的位置和编号。柱立面图主要表示柱的高度方向的尺寸,柱内钢筋的配置、钢筋的截断位置(用45°短斜线表示)、钢筋搭接区及箍筋加密区的位置和长度,以及与柱有关的梁和板。

柱的截面一般为矩形,断面图主要反映截面的尺寸、箍筋的形状和受力筋的数量及位置。

图11-4是教学楼柱Z-1的详图。立面图显示柱高3.4 m,±0.000以下基础部分不画,用折断线隔开(柱基础部分在基础图中表示)。受力筋为4ϕ22,钢筋搭接区在±0.000以上,长度为1100 mm,搭接区和柱顶以下600 mm为箍筋加密区,箍筋为ϕ6@100,其他部位为ϕ6@200。

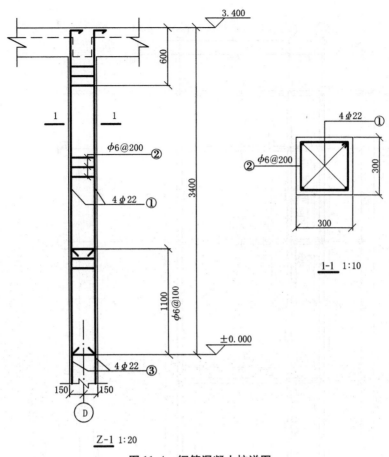

图 11-4 钢筋混凝土柱详图

第三节 基 础 图

基础是房屋在地面以下的部分,它承受房屋全部荷载,并将其传给地基。基础的形式与上部结构体系的形式、荷载大小及地基的承载力有关,一般有条形基础、独立基础、整板基础等形式。基础图一般包括基础平面图和基础详图。

一、基础平面图

基础平面图是假想用一水平面沿房屋的地面与基础之间将整幢房屋剖开,移去上面部分和周围土层,向下投影所得到的全剖面图。

1. 图示内容和要求

在基础平面图中,只要画出基础墙、柱的断面及基础底面的轮廓线,至于基础的细部投影可省略不画。这些细部的形状,将在基础详图中表示。图中,用中实线表示被剖切到的基础墙的轮廓线和柱子的断面(涂黑),条形基础和独立基础的底部外形线用细实线画出。

当房屋底层平面中开有较大的门窗洞时,为了防止在地基反力的作用下门洞处室内地坪

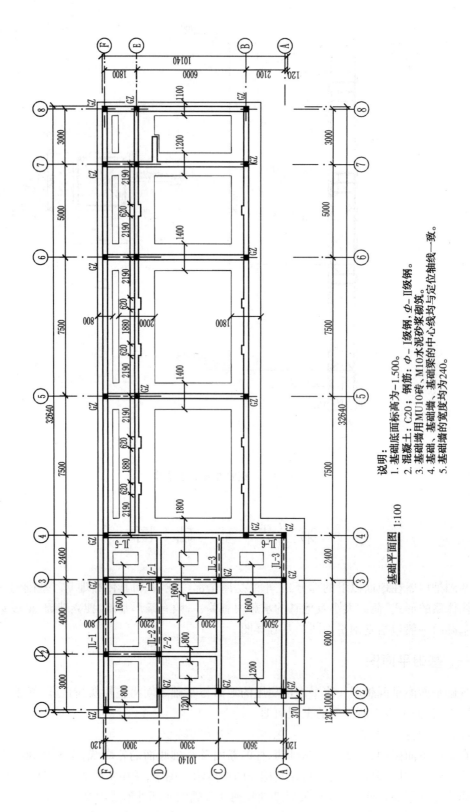

图 11-5 基础平面图

的开裂隆起,通常在门洞处的基础中设置基础梁,如图 11-5 中的 JL-1、JL-2 等。基础梁和基础圈梁拉通。

2. 尺寸注法

基础平面图中必须注明基础的大小尺寸和定位尺寸。基础的大小尺寸即基础墙的宽度、柱外形尺寸及它们基础的底面尺寸,这些尺寸一般直接标注在基础平面图上。基础的定位尺寸也就是基础墙、柱的轴线尺寸。图 11-5 中,定位轴线都在墙身和柱的中心位置。

二、基础详图

基础平面图仅表明了基础的平面布置,而基础各部分的形状、大小、构造及基础的埋置深度等都没有表达出来,这就需要另画基础详图。

1. 图示内容和要求

条形基础详图一般采用垂直断面图来表示。图 11-6 为承重墙的钢筋混凝土条形基础的结构详图,这个条形基础底面宽度为 1400 mm。钢筋混凝土条形基础的底部铺设 70 mm 厚的混凝土垫层,垫层的作用是使基础与地基有良好的接触,以便均匀传力,并且使基础底面的钢筋不与地面直接接触,以防止钢筋锈蚀。基础的高度由 250 mm 向两端降低到 150 mm。带弯钩的横向钢筋(ϕ10@200)是基础的受力筋,受力筋上面均匀分布的黑圆点是纵向分布筋(ϕ6@250)。在室内地坪以下 20 mm 处的基础墙中,设有 60 mm 厚的防潮层,内配纵向钢筋(3ϕ8)和横向分布筋(ϕ^b4@300),以防止地下水渗透。基础墙底部两边各放出 1/4 砖长、两皮砖厚(包括灰缝厚度)的大放脚,以增大承压面积。

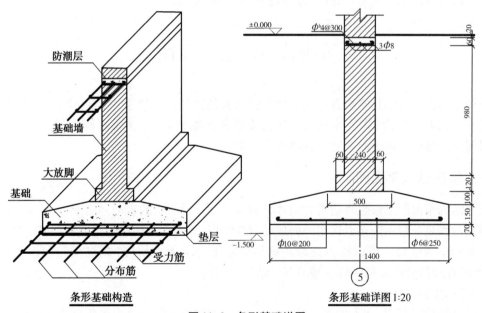

图 11-6 条形基础详图

独立基础的结构详图可由断面图和平面图表示。图 11-7 为柱下钢筋混凝土独立基础的结构详图。断面图表示基础的形状和基础板的配筋(双向配置ϕ10@150),下面铺设 100 mm 厚的混凝土垫层。平面图主要表示基础平面的形状。为了更明显地表示基础板的配筋情况,可在平面图中一角用局部剖面图表示。柱基内预插 4ϕ22 钢筋(俗称插筋),以便和柱子钢筋搭接,其搭接长度为 1100 mm。在钢筋搭接区内的箍筋($\phi6@100$)间距比柱内箍筋($\phi6@200$)密。在基础内配置二道箍筋。

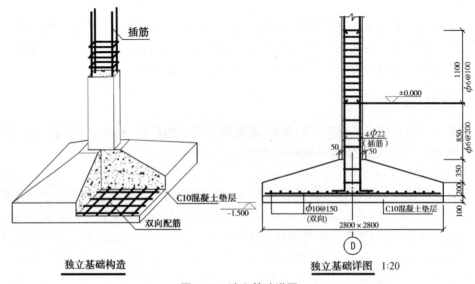

图 11-7　独立基础详图

2. 尺寸注法

在基础详图内应注出基础各部分(如基础板、基础墙、柱、基础垫层等)的详细尺寸、钢筋尺寸及室内外地面标高和基础底面(基础埋置深度)的标高。

第四节　结构平面图

结构平面图是表示建筑物各承重构件平面布置的图样。在楼房中,当底层地面直接建筑在地基上(无架空层)时,它的地面的做法已在建筑详图中表明,无须再画底层结构平面图。本例只需画出楼层结构平面图和屋顶结构平面图。

一、楼层结构平面图

楼层结构平面图是假想将建筑物沿楼板面水平剖开后所得的水平剖面图。

某教学楼是一幢由四至五层组合而成的混合结构,竖向承重构件是砖墙和钢筋混凝土柱,水平承重构件为楼盖。各层楼盖是采用钢筋混凝土的梁板式结构(现浇梁和预制板)。如图 11-8 的左边部分所示是该教学楼的五层结构平面图。

1. 图示内容和要求

在混合结构房屋中,为了加强房屋的整体刚度,在楼板下的砖墙中需要设置一道钢筋混凝土圈梁(QL)。该教学楼的圈梁同时兼作窗过梁用,故梁底面和窗洞顶面的结构标高相一致;而门洞顶面比窗洞顶面低 200 mm,所以圈梁不能代替门过梁,必须在门洞上另设预制的钢筋混凝土门过梁(YGL)。

在楼层结构平面图中,可见的楼板轮廓线用细实线表示,剖切到的墙身轮廓线用中实线表

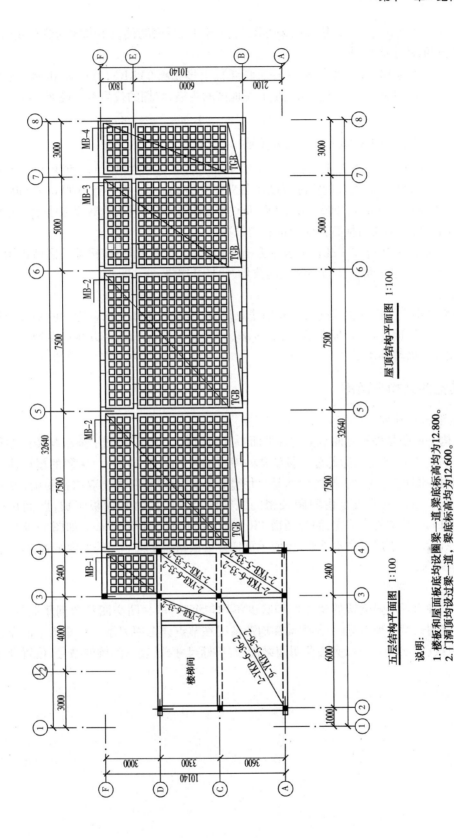

图 11-8 五层和屋顶结构平面图

示,楼板下不可见的墙身轮廓线用中虚线表示,门窗洞口线及密肋楼板下部肋的轮廓线用细虚线表示,剖切到的柱子涂黑。

楼面铺设预制的 120 mm 厚的预应力钢筋混凝土多孔板(YKB),其断面和钢筋配置如图 11-9 上方的断面图所示。这种多孔板是上海地区的规格,它们的代号意义说明如下:

×　—　Y K B　—　×　—　× ×　—　×
(块数)　(预应力多孔板)　(板宽代号)　(板长)　(配筋)

板宽代号用数字 4、5、6、8、9、12 表示,分别表示板的名义宽度为 400 mm、500 mm、600 mm、800 mm、900 mm、1200 mm,而板的实际宽度比名义宽度小 20 mm。板长有 2100 mm、2400 mm、2700 mm、3000 mm、3300 mm、3600 mm、3900 mm 等七种,分别用前两个数字来表示。预应力多孔板的配筋是指两圆孔间配有预应力钢筋的根数。

在结构平面图中,预应力多孔板的表示方法如图 11-8 所示,即在铺楼板的区域内画一条对角线(细实线),并沿对角线注写预制板的数量、代号及规格。

2. 尺寸注法

结构平面图中应注出各轴线间尺寸和轴线总尺寸,还应标明有关承重构件的平面定位尺寸。此外,还必须注明各种梁、板底面的结构标高。梁、板的底面标高可以注写在构件后的括号内,也可用文字做统一说明。

二、其他的结构平面图

1. 屋顶结构平面图

屋顶结构平面图是表示屋面承重构件平面布置的图样,其内容和图示要求与楼层结构平面图基本相同。图 11-8 的右边部分是教学楼的屋顶结构平面图(局部)。房屋的屋面应具有隔热、保温和防水性能,该教学楼的屋面是采用整体现浇的钢筋混凝土双向密肋板(MB)和天沟板(TGB)。双向密肋板是由间距较密的纵横两个方向的肋和面板组成,肋间用三块 200 mm×300 mm 的空心砖填充,肋的断面 110 mm×250 mm,板厚 50 mm,如图 11-9 中下方的局部视图所示。由于屋面排水需要,屋面承重构件可根据需要按一定的坡度布置,并设置天沟板、屋顶水箱等。

2. 圈梁平面布置图

圈梁是一种为了加强建筑的整体性和减少不均匀沉降,呈封闭交圈状的钢筋混凝土梁。圈梁平面布置图只是一种示意图,其配筋和构造情况在节点详图中表示。在圈梁平面布置图中,圈梁用单线(粗实线)表示,旁边注明圈梁代号,不标尺寸,仅表示圈梁的型号、位置及组合情况(图略)。

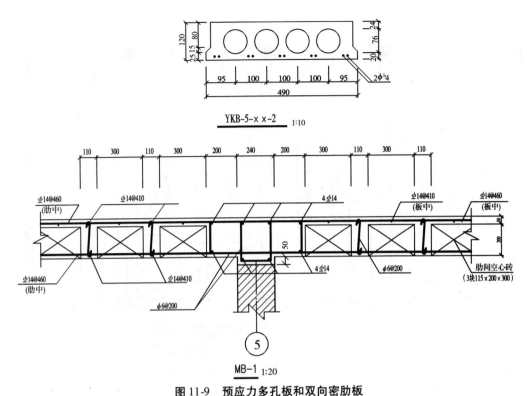

图 11-9 预应力多孔板和双向密肋板

第五节 楼梯结构详图

某教学楼的楼梯是钢筋混凝土的双跑板式楼梯。所谓双跑楼梯是指从下一层楼(地)面到上一层楼面需要经过两个梯段,两个梯段间设一个楼梯平台;所谓板式楼梯是指梯段的结构形式,每一梯段是一块梯段板(梯段板中不设斜梁),梯段板直接搁置在基础或楼梯梁上。

楼梯结构详图由各层楼梯结构平面图和楼梯结构剖面图组成。

一、楼梯结构平面图

楼层结构平面图中虽然也包括了楼梯间的平面位置,但因为比例较小(1∶100),不易把楼梯构件的平面布置和详细尺寸表达清楚。因此,楼梯间的结构平面图通常需要用较大的比例另行绘制,如图 11-10 所示。楼梯结构平面图的图示要求和楼层结构平面图基本相同,也是用水平剖面图的形式来表示的,但剖切位置有所不同。为了表示楼梯梁、梯段板和平台板的平面位置,通常把剖切位置放在层间楼梯平台上方。顶层楼面以上无楼梯,则顶层楼梯平面图的剖切位置就设在顶层楼面上方的适当位置。

楼梯结构平面图应分层画出。当中间几层的结构布置和构件类型完全相同时,则只要画一个标准层楼梯结构平面图。

楼梯结构平面图中各承重构件,如楼梯梁、梯段板、平台板等的表达方法和尺寸注法与楼层结构平面图相同,这里不再赘述。在平面图中,梯段板的折断线按投影原理应与踏步线方向

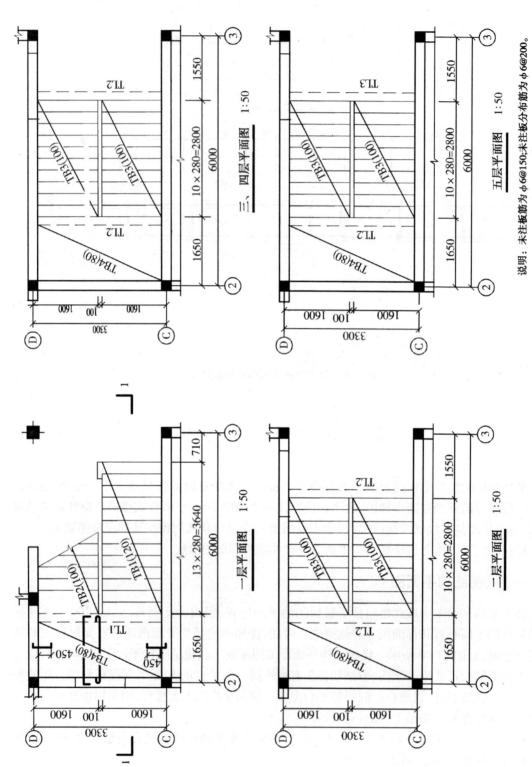

图 11-10 楼梯结构平面图

一致,为避免混淆,按制图标准规定画成倾斜方向。在楼梯结构平面图中除了要标注出平面尺寸外,通常还需要标注出各种梁底的结构标高。

二、楼梯结构剖面图

楼梯结构剖面图是表示楼梯间的各种构件的竖向布置和构造情况的图样。由底层楼梯结构平面图中所注的 1-1 剖切线的剖视方向而得到的楼梯 1-1 剖面图,如图 11-11 所示。它表明了剖切到的梯段板的厚度和配筋、楼梯的基础墙、楼梯梁、平台板、部分楼板等的布置,还表示出未剖切到梯段的外形和位置。与楼梯结构平面图类似,楼梯结构剖面图中的标准层可利用折断线断开,并采用标注不同标高的形式来简化。

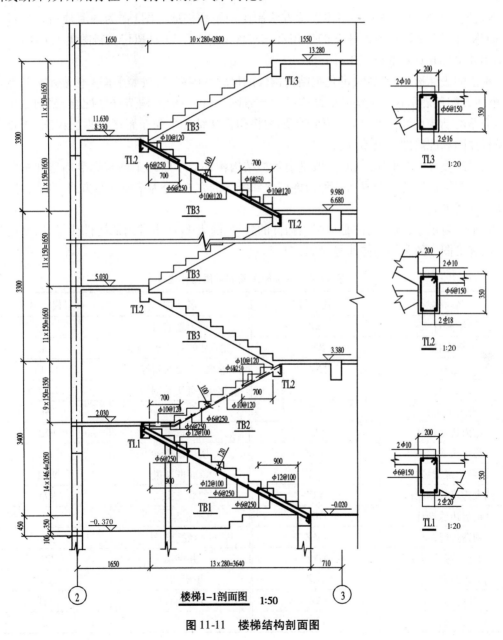

图 11-11 楼梯结构剖面图

楼梯结构剖面图中,应标注出轴线尺寸、梯段的外形尺寸和配筋、层高尺寸及室内外地面和各种梁、板底面的结构标高。

图中,还应用较大的比例,另外画出各种楼梯梁的断面形状、尺寸和配筋。

第六节　平法施工图

一、概述

《混凝土结构施工图平面整体表示方法制图规则和构造详图》作为国家建筑标准设计图集(简称"平法"图集),图集号为03G101-1,于2003年2月15日执行。新图集16G101-1替代03G101-1、04G101-4和11G101-1。

平法的表达形式,概括来讲是把结构构件的尺寸和配筋等,按照平面整体表示方法制图规则,整体直接地表示在各类构件的结构平面布置图上,再与标准构造详图配合,就构成了一套新型完整的结构设计。其改变了传统的那种将构件从结构平面布置图中索引出来,再逐个绘制模板详图和配筋图的繁琐方法。

按平法设计绘制的施工图,一般是由各类结构构件的平法施工图和标准构造详图两大部分构成。在平面布置图上表示各种构件尺寸和配筋的方式,分为平面注写方式、列表注写方式和截面注写方式三种。

在平法表示中,各种构件必须标明构件的代号,除表11-3中常用的构件代号外,又增加了在平法施工图中的常用构件代号,见表11-4。

表11-4　平法施工图的常用构件代号

名　称	代　号	名　称	代　号
框架柱	KZ	剪力墙墙身	Q
框支柱	KZZ	连梁(无交叉暗撑、钢筋)	LL
芯柱	XZ	连梁(有交叉暗撑)	LL(JA)
梁上柱	LZ	连梁(有交叉钢筋)	LL(JG)
剪力墙上柱	QZ	暗梁	AL
约束边缘端柱	YDZ	边框梁	BKL
约束边缘暗柱	YAZ	楼层框架梁	KL
约束边缘翼墙柱	YYZ	屋面框架梁	WKL
约束边缘转角墙柱	YJZ	框支梁	KZL
构造边缘端柱	GDZ	非框架梁	L
构造边缘暗柱	GAZ	悬挑梁	XL
构造边缘翼墙柱	GYZ	井字梁	JZL
构造边缘转角墙柱	GJZ	矩形洞口	JD
非边缘暗柱	AZ	圆形洞口	YD
扶壁柱	FBZ		

二、柱平法施工图

柱平法施工图的绘制是在柱平面布置图上采用列表注写方式或截面注写方式表达。图 11-12 为柱平法施工图列表注写方式,图 11-13 为柱平法施工图截面注写方式。

1. 列表注写方式

(1) 表达内容。

列表注写方式,包括平面图、柱断面图类型、柱表、结构层楼面标高及结构层高等内容,如图 11-12 所示。

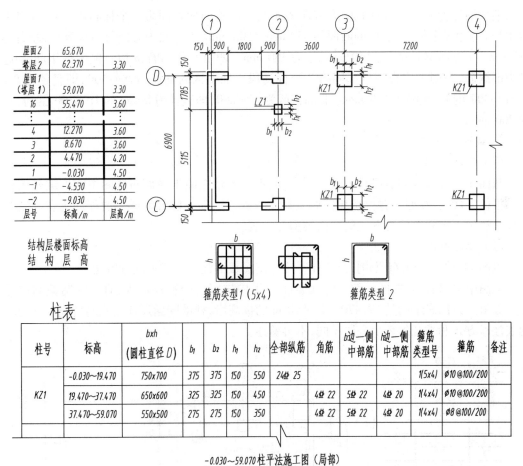

图 11-12 柱平法施工图列表注写方式示例

(2) 读图举例。

列表注写方式的阅读要结合图、表进行。下面以 KZ1 为例,介绍柱平法施工图列表注写方式的阅读方法。

首先,从图中查明柱 KZ1 的平面位置及轴线的关系,其次结合图、表阅读。可以看出该柱分 3 个标高段,从 -0.030~19.470 m 为第 1 个标高段,柱的断面为 750 mm × 700 mm。b 方向中心线与轴线重合,左右都为 375 mm。h 方向偏心,h_1 为 150 mm,h_2 为 550 mm。全部纵筋为 24 根⌀25 的 HRB400 钢筋。箍筋选用类型号 1(5×4),意思是箍筋选用类型号为 1,箍筋肢数

b 方向为 5 肢,h 方向为 4 肢。加密区的箍筋为 $\phi10@100$,即直径为 10 mm 的 HPB300 钢筋,间隔为 100 mm。非加密区为 $\phi10@200$,即直径为 10 mm 的 HPB300 钢筋,间隔为 200 mm。从 19.470~37.470 m 为第 2 个标高段,柱的断面为 650 mm×600 mm。b 方向中心线与轴线重合,左右都为 325 mm。h 方向偏心,h_1 为 150 mm,h_2 为 450 mm。四个大角钢筋为 4 ⌰22 的 HRB400 钢筋。b 边一侧中部钢筋为 5 ⌰22 mm 的 HRB400 钢筋,即 b 边两侧中部钢筋共配 10 根直径为 22 mm 的 HRB400 钢筋。h 边一侧中部钢筋为 4 ⌰20 的 HRB400 钢筋,即 h 边两侧中部钢筋共配 8 根直径为 20 mm 的 HRB400 钢筋。故在 19.470~37.470 m 范围内一共配有 ⌰22 的 HRB400 钢筋 14 根和 ⌰20 的 HRB400 钢筋 8 根。箍筋选用类型号 1(4×4),意思是箍筋类型编号为 1,b 方向为 4 肢,h 方向为 4 肢。箍筋的配置同第 1 个标高段。从 37.470~59.07 m 为第 3 个标高段,柱的断面为 550 mm×500 mm。b 方向中心线与轴线重合,左右都为 275 mm。h 方向偏心,h_1 为 150 mm,h_2 为 350 mm。四个大角钢筋、b 边一侧中部钢筋、h 边一侧中部钢筋、箍筋选用类型号都同第 2 个标高段。加密区的箍筋为 $\phi8@100$,即直径为 8 mm 的 HPB300 钢筋,间隔为 100 mm。非加密区为 $\phi8@200$,即直径为 8 mm 的 HPB300 钢筋,间隔为 200 mm。

2. 截面注写方式

(1) 表达内容。

截面注写方式与列表注写方式大同小异,不同的是在施工平面布置图中同一编号的柱选出一根柱为代表,在原位置上按比例放大到能清楚表示轴线位置和详尽的配筋为止。它代替了柱平法施工图列表注写方式的截面类型和柱表。

(2) 读图举例。

以图 11-13 中的 KZ1 为例,介绍柱平法施工图截面注写方式的阅读方法。

从图中可以看出,在同一编号的框架柱 KZ1 中选择一个截面放大,直接注写截面尺寸和配筋数值。该图表示的是 19.470~33.870 m 的标高段,柱的断面尺寸及配筋情况。其他均与列表注写方式和常规的表示方法相同,不再赘述。

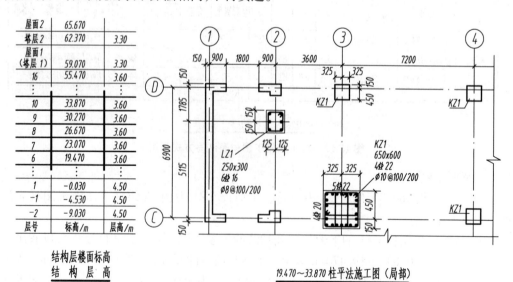

图 11-13 柱平法施工图截面注写方式示例

三、剪力墙平法施工图

剪力墙平法施工图在剪力墙平面布置图上采用列表注写方式或截面注写方式表达。

1. 列表注写方式

（1）表达内容。

列表注写方式是在分别在剪力墙柱表、剪力墙梁表、剪力墙身表中,对应于剪力墙平面布置图上的编号,用绘制截面配筋图并注写几何尺寸与配筋具体数值的方式来表达剪力墙平法施工图(图11-14)。表达内容包括剪力墙施工图和剪力墙柱表、剪力墙梁表、剪力墙身表、结构层楼面标高及结构层高表等。

剪力墙表包括三个表,即剪力墙柱表、剪力墙梁表、剪力墙身表。

剪力墙柱表与柱平法施工图中的列表注写方式相同;剪力墙梁表的表示方法与梁的平法施工图中的列表注写方式相同;剪力墙身表的配筋比较简单,它表示剪力墙的编号、标高、墙厚、水平分布筋、垂直分布筋和拉筋等内容。

（2）读图举例。

剪力墙平法施工图列表注写方式读图时要注意剪力墙在不同的标高段的墙厚,水平钢筋、竖向钢筋和拉结钢筋的布置情况。

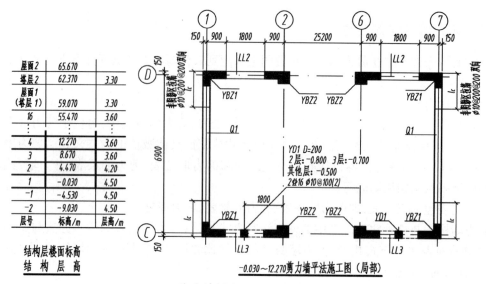

剪力墙梁表

编号	所在楼层号	梁顶相对标高高差	梁截面 bxh	上部纵筋	下部纵筋	箍筋
LL1	2~9	0.800	300×2000	4⊈22	4⊈22	∅10@100(2)
	10~16	0.800	250×2000	4⊈20	4⊈20	∅10@100(2)
	屋面1		250×1200	4⊈20	4⊈20	∅10@100(2)
LL2	3	-1.200	350×2520	4⊈22	4⊈22	∅10@150(2)
	4	-0.900	300×2070	4⊈22	4⊈22	∅10@150(2)
	5~9	-0.900	300×1770	4⊈22	4⊈22	∅10@150(2)
	10~屋面1	-0.900	250×1770	3⊈22	3⊈22	∅10@150(2)

剪力墙身表

编号	标高	墙厚	水平分布筋	垂直分布筋	拉筋（双向）
Q1	-0.030~30.270	300	⊈12@200	⊈12@200	∅6@600@600
	30.270~59.070	250	⊈10@200	⊈10@200	∅6@600@600
Q2	-0.030~30.270	250	⊈10@200	⊈10@200	∅6@600@600
	30.270~59.070	200	⊈10@200	⊈10@200	∅6@600@600

剪力墙柱表

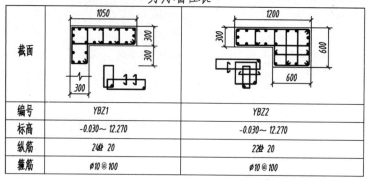

编号	YBZ1	YBZ2
标高	-0.030~12.270	-0.030~12.270
纵筋	24⊈20	22⊈20
箍筋	∅10@100	∅10@100

图 11-14 剪力墙平法施工图列表注写方式示例

2. 截面注写方式

截面注写方式是分标准层绘制的剪力墙平面布置图上，以直接在墙柱、墙梁、墙身上注写截面尺寸和配筋具体数值的方式来表达剪力墙平法施工图（图 11-15）。

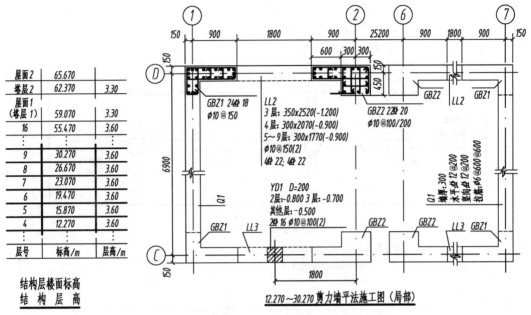

图 11-15 剪力墙平法施工图截面注写方式示例

四、梁平法施工图

梁平法施工图的绘制是在梁的平面布置图上采用平面注写方式或截面注写方式表达。

1. 平面注写方式

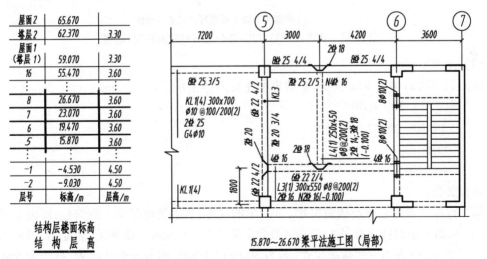

图 11-16 梁平法施工图平面注写方式示例

（1）表达内容。

平面注写方式是在梁的平面布置图上，分别在不同编号的梁中各选一根梁为代表，以在其上注写截面尺寸和配筋具体数值的方式来表达梁平法施工图(图 11-16)。平面注写包括集中注写和原位注写(图 11-17),集中注写表达梁的通用数值,原位注写表达梁的特殊数值。当集中标注中的某项数值不适用于梁的某部位时,则将该项数值原位标注,施工时,原位标注取值优先。

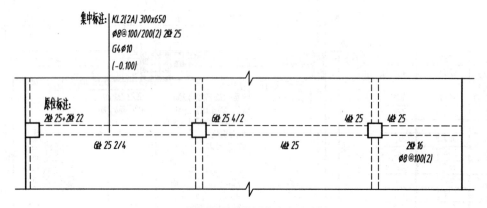

(a) 框架梁平面注写方式表达示例

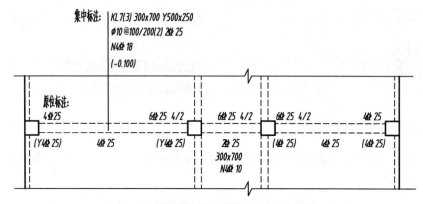

(b) 框架梁加腋平面注写方式表达示例

图 11-17 梁平法注写方式(集中注写和原位注写)示例

(2) 读图举例。

以图 11-17(a) 中的 KL2 为例,梁的集中注写内容和方式如下:

KL2(2A) 300×650

$\phi 8@100/200(2) \quad 2 \Phi 25$

G4ϕ10

(−0.100)

其含义是:

第 1 行标注梁的名称及截面尺寸。KL:梁的代号,表示为框架梁。2:编号,即为 2 号框架梁。(2A):括号中的数字表示 KL2 的跨数为 2 跨,字母 A 表示一端悬挑(若是 B,则表示两端悬挑)。300×650 表示梁的截面尺寸(若为 300×650/500,则表示变截面梁,高端为 650 mm,矮端为 500 mm;若为 300×650 Y500×200,则表示加腋梁,加腋长为 500 mm,加腋高为 200 mm)。梁的截面尺寸标注如图 11-18 所示。

200

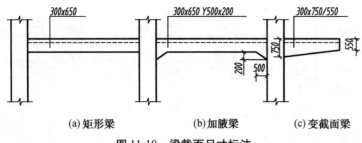

(a) 矩形梁　　　　(b) 加腋梁　　　　(c) 变截面梁

图 11-18　梁截面尺寸标注

第 2 行表示箍筋及梁上部通长筋或架立筋的配置。$\phi 8$：表示直径为 8 mm 的 HPB300 钢筋。斜线"/"为区分加密区和非加密区而设置，斜线前面的"100"表示加密区箍筋间距，斜线后面的"200"表示非加密区的箍筋间距，括号中的"2"表示箍筋的肢数为 2 肢。"2⊈25"表示梁上部通长筋为 2 根直径 25 mm 的 HRB400 钢筋。

第 3 行表示腰筋配置。用于腹板高度≥450 mm 的梁，如"G4ϕ10"中 G 表示构造钢筋；此处若是"N"，则表示抗扭钢筋。G4ϕ10 表示梁的两个侧面共配置了 4ϕ10 的纵向构造钢筋，每侧配置 2ϕ10。若有变化，则需要采用原位标注。

第 4 行数字表示梁的顶面标高高差。梁的顶面标高高差，是指相对于结构层楼面标高的高差值。有高差时，须将其写入括号内，无高差时则不用标注。如（0.100）表示梁顶面标高比本层楼的结构层楼面标高高出 0.1 m；（-0.100）则表示梁顶面标高比本层楼的结构层楼面标高低 0.1 m。

梁的原位标注内容及含义说明如下：

梁在原位标注时，要特别注意各种数字符号的注写位置。标注在纵向梁的上面表示梁的上部配筋，标注在纵向梁的下面表示梁的下部配筋。标注在横向梁的左面表示梁的上部配筋，标注在横向梁的右面表示梁的下部配筋。当上部或下部纵筋多于一排时，用斜线"/"将各排纵筋自上而下分开。例如，图 11-16 中框架梁 KL1 为纵向梁，梁的上面标注的"8⊈25 4/4"，表示梁的上部配筋为 8 根直径为 25 mm 的 HRB400 钢筋，分两排布置，上面第一排 4 根，第二排 4 根。梁 KL1 的下面标注的"7⊈25 2/5"，表示梁的下部纵筋为 7 根直径为 25 mm 的 HRB400 钢筋，分两排布置，下面第一排 2 根，第二排 5 根。又如，图 11-16 中框架梁 KL3 为横向梁，梁的左边标注的"6⊈22 4/2"，表示梁的上部纵筋为 6 根直径为 22 mm 的 HRB400 钢筋，分两排布置，上面第一排 4 根，第二排 2 根。梁 KL3 的右面标注的"7⊈20 3/4"，表示梁的下部纵筋为 7 根直径为 20 mm 的 HRB400 钢筋，分两排布置，下面第一排 3 根，第二排 4 根。

当同排纵筋有两种直径时，用"+"将两种直径的钢筋标注相连。例如，图 11-17(a) 中的 2⊈25+2⊈22，注写时将角筋标注在"+"前面。

附加箍筋或吊筋，将其直接画在平面图中的主梁上，用引线标注总配筋值，如图 11-16 中的 8ϕ10(2)、2⊈18 等。

2. 截面注写方式

截面注写方式，是在梁的平面布置图上分别在不同编号的梁中各选择一根梁用剖切符号引出截面配筋图，并在截面配筋图上用注写截面尺寸和配筋数值的方式来表达梁平法施工图，如图 11-19 所示。

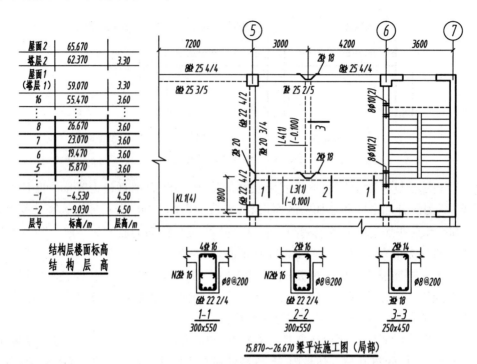

图 11-19 梁截面注写方式示例

截面注写方式与平面注写方式大同小异，梁的代号、各种数字符号的含义均相同，只是平面注写方式中的集中注写方式在截面注写方式中用截面图表示。

五、平法施工图的构造

在平法施工图中按照不同的结构形式（框架梁、非框架梁）、不同的位置（中部、端部）、不同的抗震等级（一级抗震、二至四级抗震、非抗震）区别了构造做法。柱、剪力墙、梁、板等的构造做法参见《混凝土结构施工图平面整体表示方法制图规则和构造详图》系列图集。

第七节　钢结构图

钢结构是用钢板、热轧型钢或冷加工成型的薄壁型钢制造的结构，钢结构主要用于大跨度结构、重型厂房结构、高耸结构和高层建筑等。

图 11-20 是一个梯形钢屋架结构详图。在钢结构详图中，通常用 1∶200 或 1∶100 的比例画出屋架的单线简图。由于左右对称，所以可画出一半多一点，用折断线断开。屋架上面的杆件称为上弦杆，下面的杆件称为下弦杆，中间的杆件称为腹杆。屋架由上弦杆、下弦杆、腹杆三部分组成，腹杆包括斜杆和竖杆。屋架详图是用较大比例画出的。这榀屋架的正立面图，也可只画出一半多一点后折断。为了表达得比较清楚和明显，还常画出上弦杆和下弦杆的辅助投影，这两个杆件的辅助投影应分别与它们的正立面图按各自的投影连线对准。由于本例仅作为介绍钢结构图样概念的示例，所以在图中只画出了左端的一部分。各杆件的相交处称为节点，在节点处用钢板（节点板）把各杆件连接在一起。实际上，钢结构构件都是由标准规格的

型钢经过焊接或螺栓连接、铆钉连接而制成的。型钢的标注方法可查阅《建筑结构制图标准》。在钢结构中最常用的型钢有等边角钢、不等边角钢、工字钢、槽钢、扁钢和钢板等,它们的截面符号分别是∟、L、I、[、—等,如在图11-20中的上弦杆标注为2∟180×110×12,说明它是由两根长肢宽为180 mm、短肢宽为110 mm、肢厚为12 mm的不等边角钢所组成的,指引线下面的数字是上弦杆的长度,即此杆件的长度为11960 mm。上弦杆的两根角钢之间的连接板所标注的8-80×8和130表示:半榀屋架的一根上弦杆共有8块宽度为80 mm、厚度为8 mm、长度为130 mm的扁钢作为连接板,连接板的作用是使两角钢通过与连接板焊接,加强整体性,增加刚性。图中还注出了节点板的尺寸,从连接板的厚度8 mm,也可知道节点板的厚

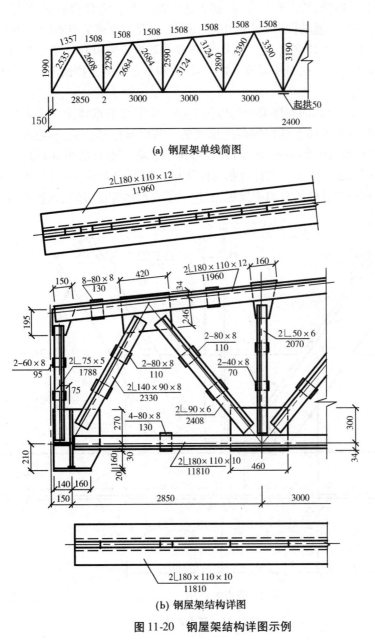

(a) 钢屋架单线简图

(b) 钢屋架结构详图

图11-20 钢屋架结构详图示例

度也是 8 mm。左边的第一根竖杆所标注的 2∟75×5，表示它由两根肢宽为 75 mm、肢厚为 5 mm 的等边角钢组成。

在绘制钢屋架结构详图时，应注意以下几点：

（1）各杆件的重心线（可在有关的手册中查阅各种型钢的重心线位置）应该画在钢屋架的几何中心线上。

（2）为了不使图纸幅面过大，且又能把细部表达清楚，在同一钢屋架详图中，通常采用两种比例，屋架的几何中心线长度采用较小的比例，节点、杆件则采用较大的比例。

（3）在详图中，应将各杆件、节点板、连接板等的形状、大小、数量和位置，以及有关焊接、螺栓连接或铆钉的有关图例、符号和尺寸等，都表达清楚。为了完整和清晰、明显地表达一切必要的内容，应按需要加绘辅助投影、剖面图或断面图，以及节点或节点板的详图等。

钢屋架两侧下端的节点是支座节点，常将支座节点下面的垫板和柱子中的预埋钢板相焊接，使屋架和柱安装在一起。在钢屋架节点处，各杆件和节点板的连接情况及有关尺寸也常常另画节点详图表示。

图 11-21 是图 11-20 所示的钢屋架中编号为 2 的一个下弦节点详图。这个节点是由两根斜杆和一根竖杆通过节点板和下弦杆焊接所形成的。两根斜杆都分别由两根 90 mm×6 mm 的等边角钢组成；竖杆由两根 50 mm×6 mm 的等边角钢组成；下弦杆由两根 180 mm×110 mm×10 mm 的不等边角钢组成。由于每根杆件都是由两根角钢所组成的，所以在两角钢之间有连接板。图中画出了斜杆和竖杆的扁钢连接板，且注明了它们的宽度、厚度和长度尺寸。下弦杆

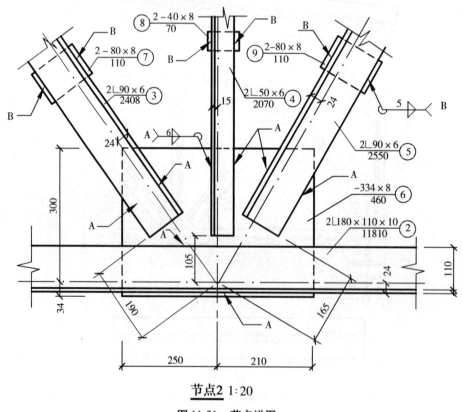

图 11-21 节点详图

的扁钢连接板已在折断线之外,于是在图中未画出。节点板的形状和大小,根据每个节点杆件的位置和计算焊缝的长度来确定,图中的节点板为一矩形板,注明了它的尺寸。在节点详图中不仅应注明各型钢杆件的规格尺寸,还应注明它的长度尺寸和各杆件的定位尺寸(如105 mm、190 mm 和 165 mm)及节点板的定位尺寸(如 250 mm、210 mm、34 mm、300 mm)。在图上要标明扁钢连接板的块数,一般沿各杆件的长度均匀分布安排。

  在图 11-21 中,对各杆件、节点板、扁钢连接板都做了零件编号,零件编号应如图中所示,以直径为 6 mm 的细实线圆表示,用阿拉伯数字按顺序编号。对于焊接形式也应进行标注,在图 11-21 中的节点使用的是双面角焊缝,但因相同的双面角焊缝的高度尺寸不同而采用分类编号,分别用字母 A、B 表示。从焊缝的图形符号和尺寸可知,A 类焊缝是焊缝高度为 6 mm 的双面角焊缝,B 类焊缝是焊缝高度为 5 mm 的双面角焊缝,有关焊缝代号和标注方法可查阅《建筑结构制图标准》(GB/T 50105—2010)和有关的焊缝国标规定。

第十二章 给水排水施工图

给水排水工程是现代城市建设的重要基础设施,由给水工程和排水工程两部分组成。给水是为工业生产和居民生活提供合格的用水,由水源取水,经自来水厂将水净化后,由管道系统输送到用户的配水龙头、生产装置和消火栓等设备。排水是将生产或生活上消耗后的污水或废水由排水设备排入管道经污水处理厂净化后,最终排放到水体中。

整个给水排水工程包括具有各种功能的设备和构筑物、各种规格的管道及配件、各种类型的卫生器具等。本章重点介绍与房屋建筑有关的给水排水施工图,主要有室内给水排水平面图、给水排水系统图、室外给水排水平面图等。

绘制给水排水施工图应遵守《建筑给水排水制图标准》(GB/T 50106—2010)和《房屋建筑制图统一标准》(GB/T 50001—2017)中的各项基本规定。

第一节 室内给水排水平面图

室内给水排水平面图是给水排水工程图中最基本的图样,它主要反映卫生器具、管道及其附件相对于房屋的平面位置。

一、图示方法和特点

1. 比例

可以采用和建筑平面图相同的比例,画出整个房屋的平面图,也可以用较大比例(如1∶50或1∶20等)只画出用水房间的局部平面图。

2. 平面图的数量

多层房屋应分层绘制给水排水管道平面图。底层给水排水平面图应单独绘制。二层以上的各楼层如果管道布置相同,可绘制一个标准层的给水排水平面图。

本书所列的某小学教学楼的各层给水排水平面图,由于男、女厕所及管道布置不同,故单独绘制各层平面图,如图12-1和图12-2所示。另外,因屋顶层管道布置不太复杂,故屋顶水箱附画在五层给水排水平面图中。

3. 房屋平面图绘制

室内给水排水管道平面图中的建筑部分不是用于土建施工,而是只用于管道的水平定位和布置的基准,因此只需用细线简要画出房屋的平面图形,其余细部均可省略。

4. 剖切位置

建筑平面图是从房屋的门窗部位水平剖切的,而管道平面图的剖切位置则不仅限于此高度,可以从本层的最高处水平剖切后向下投影绘制水平投影图,凡是为本层设施配用的管道均应画在该层平面图上。

第十二章 给水排水施工图

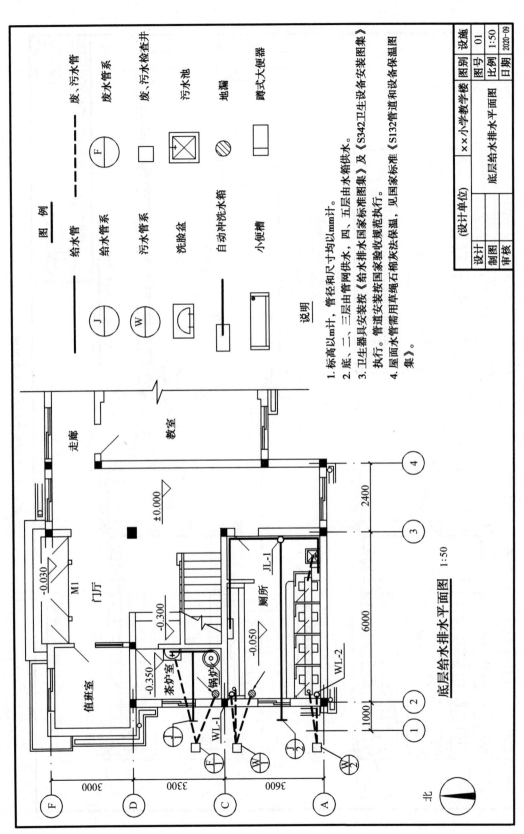

图 12-1 底层给水排水平面图

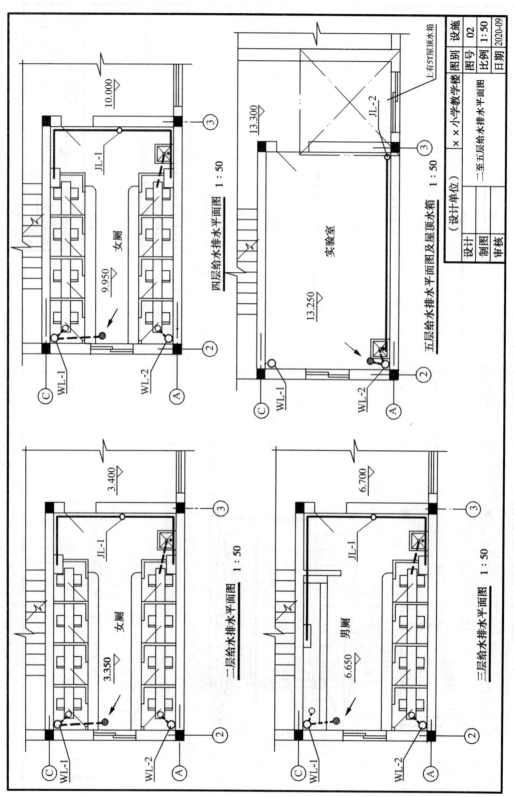

图 12-2 二至五层给水排水平面图

5. 卫生器具平面图

室内的卫生设备一般已在房屋设计的建筑平面图上布置好,可以直接抄绘在卫生设备的平面布置图上。有些卫生器具是工业定型产品(如洗脸盆、大小便器、浴盆等),有些是现场砌筑的(如水池、水槽等),通常都另有安装标准图或施工详图表示,不必详细画出其形体,可按表12-1

表12-1 给水排水工程图中的常用图例

名 称	图 例	说 明
给 水 管		
排 水 管		
雨 水 管		
检 查 井		
矩形化粪池	 HC	HC为化粪池代号
立 管	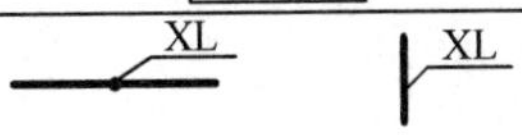 XL XL	X为管道类别代号,L为立管
放水龙头		
淋 浴 器	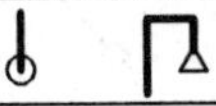	
自动冲洗水箱	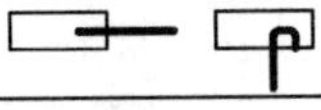	
水 表 井		
检 查 口		
清 扫 口		
通 气 帽		
存水弯管		
圆形地漏		
截 止 阀		
闸 阀		
污 水 池		最好按比例绘制
坐式大便器	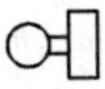	最好按比例绘制
挂式小便器		最好按比例绘制
蹲式大便器	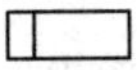	最好按比例绘制
小 便 槽	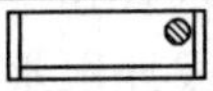	最好按比例绘制
方沿浴盆	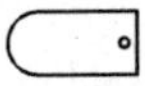	最好按比例绘制
洗 脸 盆		最好按比例绘制
雨 水 口		

所列的图例画出。

6. 管道画法

在平面图中管道均采用单线画法,通常给水管道用粗实线表示,排水管道用粗虚线表示。各段管道不论在楼面或地面的上下,都不必考虑其可见性。

7. 给水排水平面图

在底层给水排水平面图中各管道要按系统编号,编号用分数形式表示,分子为管道类别代号(用字母表示),分母为管道进出口序号(用阿拉伯数字表示)。标注方法如图 12-3 所示,用细实线画直径为 10 mm 的圆圈,可直接画在管道的进出口端部,也可用指引线与引入管或排出管相连。其中字母"J"代表给水系统,"W"代表污水系统,"F"代表废水系统。

建筑物内穿过楼层的立管,其数量多于一个时,也用阿拉伯数字编号,表示形式为"管道类别代号-编号"。如"JL-1",其中 J 表示给水,L 表示立管,1 表示编号,标注形式见图 12-4。

管道系统上的附件及附属设备也都按表 12-1 所列的图例绘制。

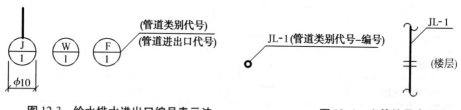

图 12-3　给水排水进出口编号表示法　　　图 12-4　立管编号表示法

8. 尺寸及标高

房屋的水平方向尺寸,在底层给水排水平面图中只需注出其轴线间的尺寸(单位为 mm)。至于标高,只需标注室外地面的整平标高和各层地面标高(单位为 m)。卫生器具和管道一般都是沿墙、靠柱布置的,不必标注其定位尺寸。卫生器具的规格可用文字标注在引出线上,或写在施工说明中。

管道的长度在备料时可用比例尺在图中近似量出,安装时,则以实际测量尺寸为依据,因此图中不标注管道的长度。管道的管径、坡度和标高,在给水排水系统图中给出,平面图中一般不标注。

二、给水排水平面图的画图步骤

绘制给水排水施工图一般先画给水排水平面图。给水排水平面图的画图步骤如下:

(1) 先画底层给水排水平面图,再画楼层给水排水平面图。

(2) 在画每一层给水排水平面图时,先抄绘房屋平面图和卫生器具平面图,再画管道布置图,最后标注尺寸、标高、文字说明等。

(3) 画管道布置图时,先画立管,再画引入管和排水管,最后按水流方向画出横支管和附件。给水管一般画至各卫生设备的放水龙头或冲水水箱的支管接口,排水管一般画至各设备的污水、废水的排泄口。

三、卫生设备安装详图

卫生设备的安装应有安装详图作为施工依据。常用的卫生设备安装详图,可套用《全国通用给水排水标准图集 S342：卫生设备安装》，不必另画详图，只需在施工图中注明所套用的卫生器具的详图编号即可。

详图一般采用的比例为 1∶25～1∶5，按卫生器具的结构和施工要求而定。本书对这部分的内容从略。

第二节　给水排水系统图

给水排水平面图主要表示室内给水排水设备的水平安装和布置，而连接各管路的管道系统因其在空间转折较多，上下交叉重叠，往往在平面图中无法完整、清晰地表达。因此，要有一个同时能反映空间三个方向的图来表示，这种图称为给水排水系统图（或称为管系轴测图）。给水排水系统图能反映各管道系统的管道空间走向和各种附件在管道上的位置，如图 12-5 和图 12-6 所示。

一、给水排水系统图的图示特点

1. 比例

给水排水系统图一般采用与给水排水平面图相同的比例 1∶100，有时采用 1∶50 或 1∶200，必要时也可不按比例绘制。

2. 轴向和轴向伸缩系数

为了完整、清晰地表达管道系统，故选用能反映三维情况的轴测图来绘制给水排水系统图。一般采用三等正面斜轴测图，各坐标轴的方向、轴间角和轴向伸缩系数参见第七章。

3. 管道系统

给水排水系统图的编号应与底层给水排水平面图中相应的系统编号相同。编号表示法如图 12-3 所示。

给水排水系统图要分别绘制，这样可避免管道过多地重叠或交叉。管道的画法与给水排水平面图一样，用各种线型表示各个系统，管道附件及附属构筑物均用图例表示。当管道交叉时，在图中可见的管道应画成连续线，不可见管道在相交处断开。

在给水系统图中，只绘制管道和配水系统，水表、闸阀、截止阀、放水龙头、淋浴龙头及连接洗脸盆、冲洗水箱等可用图例画出。

在排水系统图中，可用图例画出用水设备上的存水弯头、地漏、连接支管等。排水横管虽有坡度，但比例较小，不易画出坡度，故仍可画成水平管路。卫生设备或用水器具，在平面布置图中已表达清楚，因此，在排水系统图中省略。对用水设备和管路布置完全相同的楼层，可以只画一个楼层的管道，其他楼层的管道予以省略，如图 12-5 所示。

4. 房屋构件位置的表示

为了反映管道与房屋的联系，在给水排水系统图中还要画出被管道穿过的墙、梁、地面、楼面和屋面的位置，其表示方法如图 12-7 所示。构件的图线均用细线画出，中间画斜向图例线。

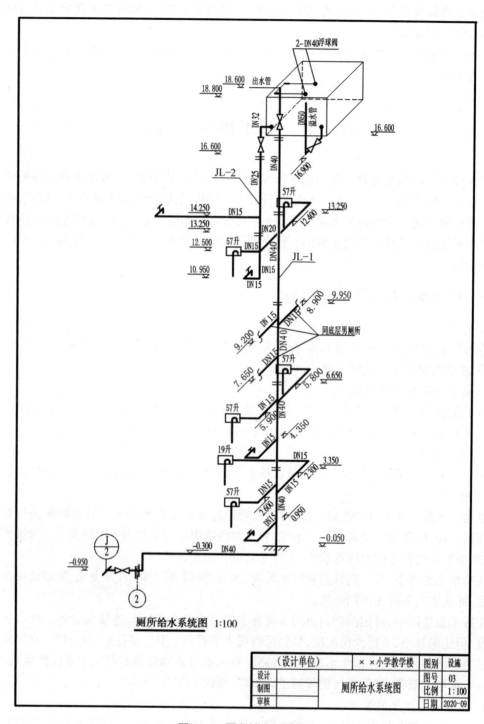

图 12-5 厕所给水系统图

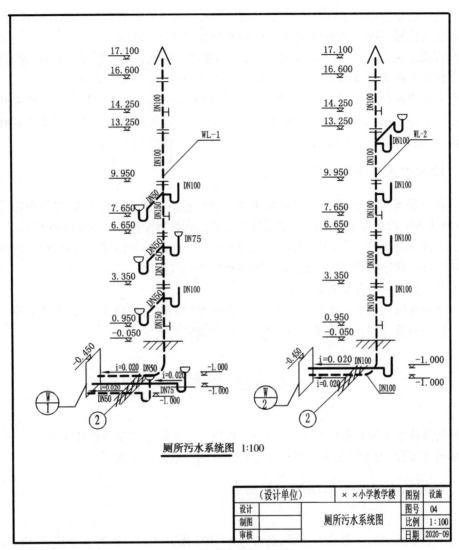

图 12-6 厕所污水系统图

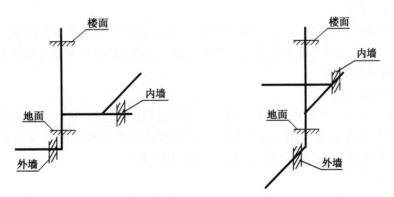

图 12-7 管道系统中房屋构件的画法

5. 管径、坡度及标高

管道系统中的各段管路的直径、坡度和标高应标在给水排水系统图上。各段管径可直接标在该管道旁边或引出标注,尺寸单位为 mm。给水和排水管的直径均需标注公称直径,在管径数字前加注代号"DN",如 DN100 表示管道的公称直径为 100 mm。

给水管道是压力流,一般不设置坡度,故不标坡度。排水管路一般是重力流,设有坡度,坡度大小要标在管路旁边或引出标注。一般用 $i=0.05$,再加箭头表示流向。

管道系统中的标高为相对标高,单位为 m,其数值保留到小数点后第三位。给水管道应标注管中心标高,同时要求标出横管、阀门、放水龙头、水箱等各部位的标高。排水管道宜标注管内底标高,一般只标注立管上的通气网罩、检查口和排出管的起点标高。

二、给水排水系统图的画图步骤

(1) 在布置图幅时,应使各管道系统中的立管穿越相应楼层的地面线,尽量画在同一水平线上,以便使各层给水排水平面图和给水排水系统图容易对照读图,如图 12-6 所示。

(2) 先画各系统的立管,定出各层的楼地面线、屋面线,再画给水引入管及屋面水箱管路;排水管系中接画排出横管、窨井及立管上的检查口和通气帽等。

(3) 从立管上引出各横管的连接管。

(4) 在横管段上画出给水管系中的附件,在排水管系中可接画支管、存水弯头等。

(5) 标注各管段的公称直径、坡度、标高、冲水箱的容积等。

第三节 室外给水排水总平面图

室外给水排水工程服务的范围可大可小,可以是一个城市完整的市政工程,或一个建筑小区的给水排水工程,也可以是少数或单个建筑物的局部范围的工程图。

一、室外给水排水平面图的图示特点

1. 绘图比例

与建筑总平面图的绘图比例相同,通常为 1:400 或 1:500。当管道多且更复杂时可采用更大的比例绘制。

2. 建筑总平面图

在所表达范围内的房屋、道路、广场、围墙、绿化等均按建筑总平面图的图例用细实线绘制,各房屋的屋角上要用小黑点表示建筑物的层数。另外,还应绘制指北针或风向频率玫瑰图,表示新建筑物的朝向。

3. 管道及附属设备

各种管道合画在一张总平面图上。管道应按规定的线型绘制,通常给水管用粗实线表示,排水管用粗虚线表示,雨水管用粗双点画线表示,其他附属构筑物均用细线表示。水表井、阀门井、消火栓、检查井、化粪池等设施均按规定的图例绘制。

4. 尺寸标注

管径用"DN"表示,直接注写在管线旁。室外管道一般一概标注绝对标高。由于给水管为压力管,且无坡度,通常沿地面一定深度埋设,图中可以不注标高,而在施工说明中写出给水管中心的统一标高。排水管是有坡度的,在排水管的交汇、转弯、跌水处,管径或坡度改变处均设置窨井。窨井的编号和标高可以引出标注,水平线的上面注写系统编号,下面注写井底标高(绝对标高)。

管道及附属建筑物的定位尺寸一般以附近房屋的外墙面为基准标注,尺寸单位为 m。

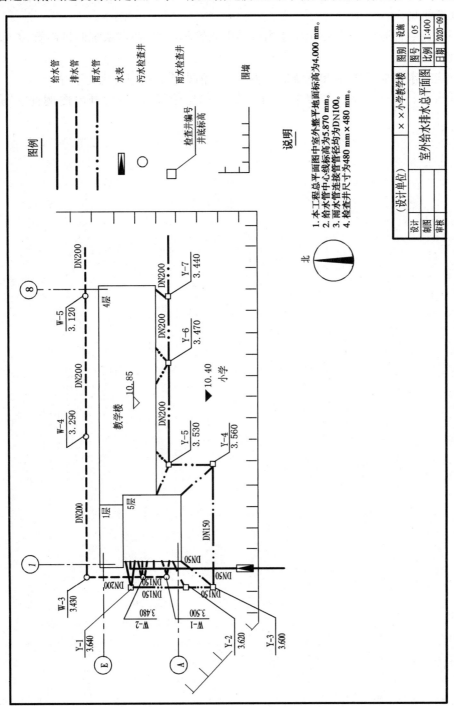

图 12-8 室外给水排水总平面图

二、室外给水排水平面图的画图步骤

(1) 若采用与总平面图相同的比例,则可直接描绘建筑总平面图,否则,应选择适当的比例将总平面图绘出。

(2) 根据底层管道平面图,绘出给水系统的引入管和废水、污水系统的排出管,并布置管路进水井、雨水井等。

(3) 确定给水排水管线,画出系统的水表、闸阀、消火栓、检查井、化粪池等。

(4) 标出管径和管底的标高及管道和附属物的定位尺寸,最后画出图例并注写说明(图 12-8)。

第十三章 机 械 图

在现代工业与民用建筑的施工过程中,广泛采用各种施工机械设备,而这些机械设备往往需要日常的保养及维护。因此建筑工程技术人员也需要具备一定的机械专业知识,能够阅读和绘制机械图样。

第一节 机械图样的基本表达方法

机械图的绘图原理与建筑图一样,均采用正投影法绘制。但由于机器在形状、大小、结构及材料上与建筑物存在很大的差别,所以在表达方法上也有所不同。因此必须弄清机械图与建筑图的区别,掌握机械图的图示特点和表达方法。在《技术制图》"图样画法"中,规定了视图、剖视、断面、局部放大图、简化画法等表达方法,下面分别介绍其基本内容,以便阅读和绘制机械图样。

一、视图

视图是将机件向投影面投影所得的图形。视图一般只画机件的可见部分,必要时才画出其不可见部分。因此,视图主要用来表达机件的外部结构形状。

1. 基本视图

将机件向基本投影面投影得到的视图,称为基本视图。

与建筑图相同,基本投影面与前述一致,但名称有变化。如图 13-1 所示,若投影面是按规

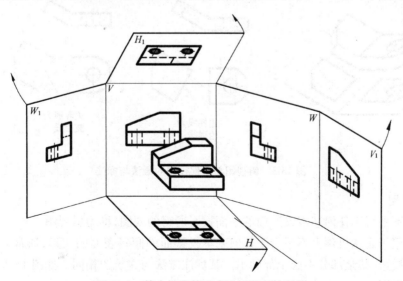

图 13-1 基本视图的形成及投影面的展开

定的方法展开的,即正投影面不动,其余按箭头所指方向展开,即得到六面视图,分别称为主视图、俯视图、左视图、右视图、仰视图、后视图。若按规定位置配置视图,一律不注视图的名称,如图 13-2(a)所示,但仍应像建筑图一样,各视图间保持"长对正、高平齐,宽相等"的投影关系。若不画在规定位置上或画在另一张纸上,则应标注,如图 13-2(b)所示,并在视图上方用大写字母标注出该视图的名称"×(向)",还应在相应视图附近用箭头指明投影方向,注上相同的字母。

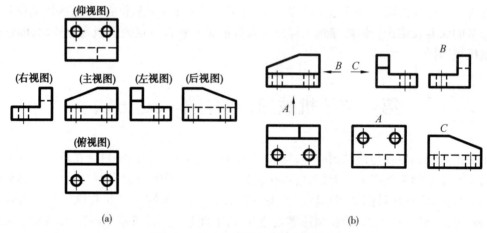

图 13-2 基本视图的配置与标注方法

2. 局部视图

将机件的某一部分向基本投影面投影所得的视图,称为局部视图。

局部视图适用于表达机件的某一局部形状,利用局部视图可减少基本视图的数量,补充表达基本视图尚未表达清楚的部分。其标注方法与建筑图相同,图 13-3 所示的 A 向视图就是局部视图。

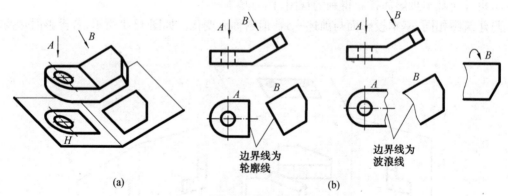

图 13-3 斜视图与局部视图的画法与标注

3. 斜视图

机件向不平行于任何基本投影面的平面投影所得的视图,称为斜视图。

斜视图用于表达机件上不平行于任何基本投影面的倾斜表面的实形,通常只画出倾斜面部分的实形投影,其余部分不必全部画出。其标注方法与建筑图相同。如图 13-3 所示的 B 向视图就是斜视图。

二、剖视图和断面图

当机件内部结构比较复杂时,视图中会出现大量虚线,为清楚表达其内部结构形状,有利于看图与标注尺寸,常采用剖视和断面的方法。

1. 剖视图

假想用剖切平面剖开机件,将处在观察者和剖切平面之间的部分移去,而将剩余部分向投影面投影,所得的图形称为剖视图,简称剖视。

如图 13-4 所示,用一个剖切平面将物体剖开后,移去观察者和剖切平面之间的部分后所画的投影图,剖到的部分露出材料,需要画材料图例,可区分出空心和实心部分,不同的材料要用不同的剖面符号。一般金属剖面符号为与水平成 45°方向(左右倾斜均可)且间距相等的细实线,也称为剖面线。

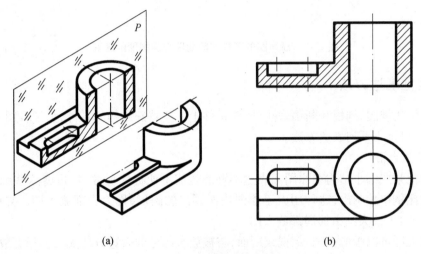

图 13-4　剖视图的形成

剖视图根据其不同的剖切方式可分为多种情况,限于篇幅,在此不再详述。需要用时,请查阅机械制图标准,加以运用即可。

2. 断面图

假想用剖切平面将机件的某处切断,仅画其断面的图形,称为断面图,简称断面。

如图 13-5 所示,断面图仅画剖切平面与机件相交的图线,而剖视图则要求画出剖切平面后方所有部分的投影。

剖面图主要用于表达机件某部分的断面形状,如机件上的肋板、轮辐、键槽、杆件及型材的断面等。

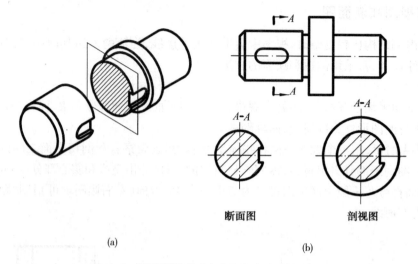

图 13-5　断面图的形成和断面图与剖视图的区别

三、其他表达方法

机件除了用视图、剖视和断面表达外,对机件上一些特殊结构的零件,为了看图方便,画图简单省时,还可选用下列表达方法。

1. 局部放大图

当机件上某些细小结构在原图上表达不够清楚或不便标注尺寸时,可将这些细小结构用大于原图的比例单独画出,这种用大于原图比例画出的图形,称为局部放大图。如图 13-6 所示,I 图是以 4∶1 放大画出的局部放大图。

局部放大图可以画成视图、剖视或断面,与被放大部分的表达方法无关。局部放大图应尽量配置在被放大部位的附近,须一一对应进行标注。

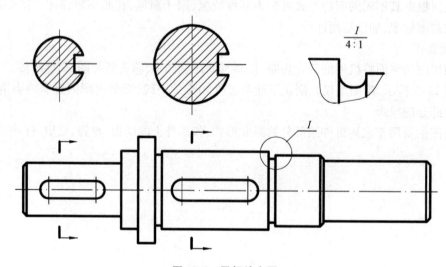

图 13-6　局部放大图

2. 简化画法

(1) 对于机件的肋板、轮辐及薄壁等结构,当剖切平面沿纵向剖切时,这些结构都不画剖面符号,而用粗实线将它与相邻部分分开,如图 13-7(a)、(b)、(c)所示。

(2) 当需要表达机件回转体结构上均匀分布的肋、轮辐和孔等,而这些结构又不处于剖切平面上时,可将这些结构旋转到剖切平面上画出,不需要任何标注,如图 13-7(a)所示。

(3) 在不至于引起误解时,对称机件的视图可只画一半或 1/4,并在对称中心的两端画出两条与其垂直的平行细实线,有时还可略大于一半画出,如图 13-7(b)、(c)所示。

(4) 较长的机件(如轴、杆、型材等)沿长度方向的形状一致或按一定规律变化时,可采用折断画法,但尺寸仍按实长标注,如图 13-7(d)所示。

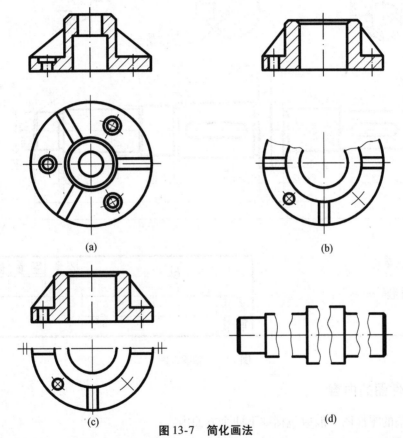

图 13-7 简化画法

以上主要介绍几种常用的简化画法,国家标准《机械制图》对简化画法做了详细的介绍,需要时可查阅使用。因建筑图与机械图的图名不同,为使用时不致产生误解,特列表对照(表 13-1)。

表 13-1 房屋建筑图与机械图的图名对照

房屋建筑图	正立面图	左、右立面图	背立面图	平面图	剖面图	断面图
机械图	主视图	左、右视图	后视图	俯视图	剖视图	断面图

第二节 零 件 图

任何机器或部件都是由若干个零件装配而成的。表示零件结构、大小及技术要求的图样，称为零件图，如图 13-8 所示为轴的零件图。

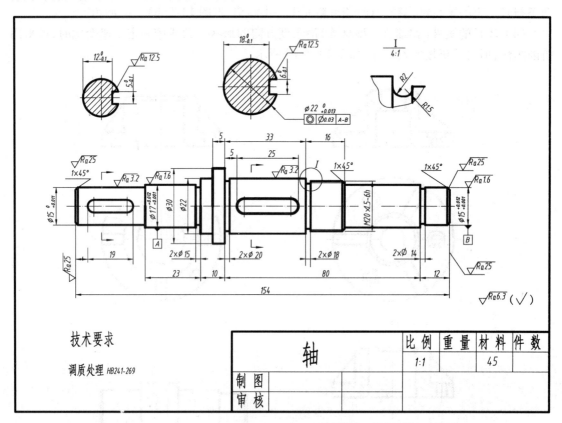

图 13-8 轴零件图

一、零件图的内容

一张完整的零件图一般应包括如下四个方面内容：

1. 一组图形

综合利用视图、剖视、断面等表达方法，正确、完整、清晰地表达零件的内外结构形状。

2. 全部尺寸

正确、完整、清晰、合理地标注出零件的全部尺寸。

3. 技术要求

用代（符）号标注或文字说明零件在制造、检验、装配及调整过程中应达到的要求，如表面粗糙度、尺寸公差、形位公差和热处理等。

4. 标题栏

标题栏中填写零件的名称、材料、数量、比例、图号、设计单位名称及设计、制图、审核等人员的签名和日期。

二、零件图的视图选择及表达方法

在机械图中,由于零件的形状比较复杂,结构变化较多。要完整、清晰地表达零件,关键在于分析零件的结构特点,选择好主视图和确定适当的视图数量及表达方法。

1. 主视图的选择

一般主视图是零件图中最重要的视图,应以合理位置(加工位置和工作位置)为原则,结合形状特征来确定。以轴为例,其合理位置是其加工位置,如图13-8所示。

2. 其他视图的选择

为了表达键槽的深度,可在适当位置画出移出断面,轴肩处的细小结构可用局部放大图表示,如图13-8所示。因轴上各段圆柱的直径可在主视图上注出,因此不必画出左、右视图。

虽然零件的形状、用途多种多样,加工方法各不相同,但零件也有许多共同特点。总结零件的共性,把常见的零件分成四种类型,即轴套类、轮盘类、叉架类和箱体类。每一类都有其特有的表达方法,可查阅机械制图图集,参照选用。

三、零件图的尺寸注法

零件图上的尺寸是制造和检验零件的重要依据,因此尺寸标注要做到正确、完整、清晰、合理。

要想使尺寸标注能满足上述四项要求,除了必须了解尺寸的一般标注要求外,还需要对零件的加工方法和工艺特性有所了解,下面仅对尺寸的一般概念做一些简单介绍。

1. 尺寸基准

基准就是标注或量取尺寸的起点。应按零件的设计和工艺要求,合理选择标注尺寸的基准。

每个零件都有长(X)、宽(Y)、高(Z)三个方向的尺寸,因此每个方向都要有标注尺寸的基准。如图13-9所示的支座,X向尺寸基准是支座的左右对称平面,Y向尺寸基准是圆柱体的后面,Z向尺寸基准是支座底板的底面。

在零件图中,尺寸基准的选择是一个综合性的问题,它与零件的工作性能、精度要求、加工方法、测量方法等都有密切的关系,一般情况下对称平面、安装底面、重要端面和回转体的轴线被选作尺寸基准。

2. 标注尺寸应注意的问题

(1) 不要注成封闭尺寸链。

所谓封闭尺寸链,是指首尾相接的尺寸形成的尺寸组。如图13-10(a)所示,轴的各段长度为A、B、C,总长为L,轴的长度方向的尺寸按顺序依次首尾衔接,形成封闭尺寸链。在标注中不能出现这种情况,因为零件在加工中总会有一定的误差,这种注法会使加工者分不清尺寸的主次,因此不能保证重要尺寸的加工精度。所以,一般是将最不重要的尺寸不注,使所有的加工误差累积在此,如图13-10(b)所示。

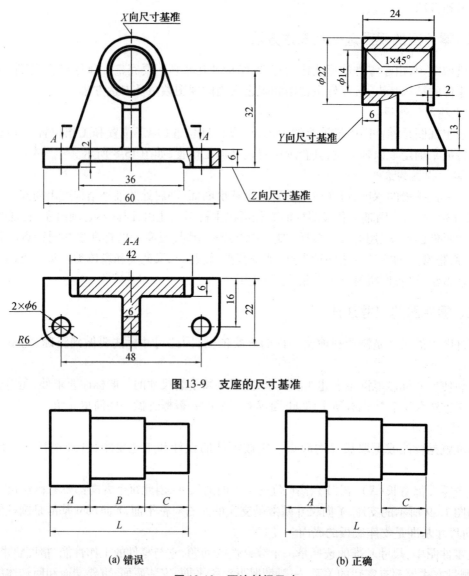

图 13-9 支座的尺寸基准

(a) 错误　　　　　　　(b) 正确

图 13-10 不注封闭尺寸

（2）主要尺寸应直接注出。

为保证设计要求，凡影响产品性能的重要尺寸，如零件上的性能尺寸、配合尺寸、相对位置尺寸、安装尺寸等均属于主要尺寸，应从主要基准直接注出。如图 13-11（a）所示，轴承孔中心高 32 是功能尺寸，则应以底面为基准在图上直接注出，而不能如图 13-11（b）所示那样标注。

（3）标注尺寸要便于测量。

在生产中为便于加工测量，所注尺寸应尽可能便于使用普通量具测量，如图 13-12（a）中的尺寸易于测量，而图 13-12（b）中的尺寸不易测量。

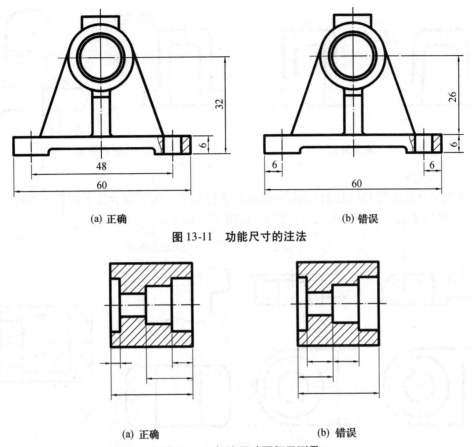

(a) 正确　　　　　　　　　　　　(b) 错误

图 13-11　功能尺寸的注法

(a) 正确　　　　　　　　　　　　(b) 错误

图 13-12　标注尺寸要便于测量

四、常见的零件工艺结构

零件的结构形状主要是根据它在机器中的作用设计的。但是,也有一些结构是为便于制造和装配、适应加工工艺、提高产品质量、降低成本而设计的,以下介绍几种常见的工艺结构。

1. 拔模斜度和铸造圆角

把熔化的金属液体浇注到与零件毛坯形状相同的型腔内,经冷却凝固便成铸件。结构形状较复杂的零件毛坯多为铸件。

铸造零件毛坯时,为便于将木模从砂型中取出来,在铸件起模方向的内外壁上应做成斜度。斜度通常为 1∶50～1∶20,一般在图上可以不画,也不必标注,如图 13-13(b) 所示。

在铸件表面的相交处应用圆角过渡,如图 13-14 所示,以防止起模时尖角处落砂和在冷却过程中产生缩孔与裂纹。铸造圆角在视图上一般不标注,集中在技术要求中注写。

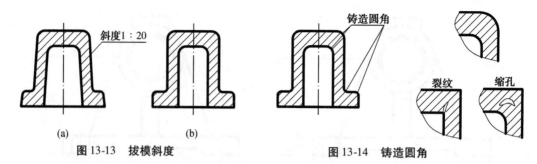

图 13-13　拔模斜度　　　　　　图 13-14　铸造圆角

2. 凸台及凹坑

零件上与其他零件相接触的表面,一般都要进行加工。为了减少加工面积,同时保证良好接触,常把要加工的部分设计成凸台或凹坑,如图 13-15 所示。

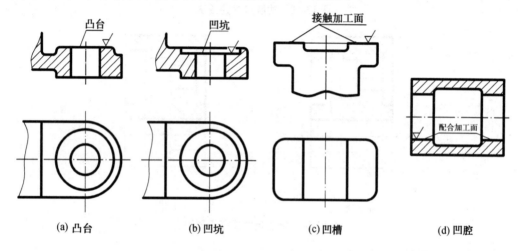

图 13-15　凸台与凹坑

3. 倒角与圆角

为了防止划伤人手和便于装配,常在轴端、孔端和台阶处加工出倒角,如图 13-16 所示。为了避免应力集中,轴肩、孔肩转角处常加工成圆角,如图 13-16(a)所示。

4. 退刀槽和砂轮越程槽

车削或磨削加工时,为便于刀具或砂轮进入或退出加工面,且装配时保证与相邻零件贴紧,可预先加工出退刀槽、砂轮越程槽,如图 13-17 和图 13-18 所示。

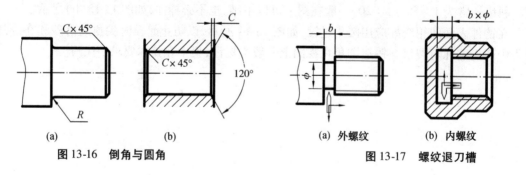

图 13-16　倒角与圆角　　　　　　图 13-17　螺纹退刀槽

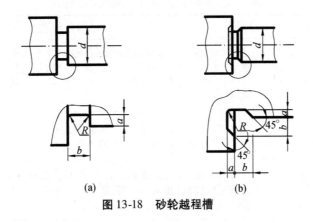

图 13-18　砂轮越程槽

五、零件图上的技术要求

机械图上的技术要求主要包括表面结构、极限与配合、几何公差、热处理及其他有关制造要求。上述要求应用有关国家规定的代(符)号或文字正确地注写出来。

1. 表面结构

（1）表面结构的概念。

表面结构（GB/T 131—2006）是表面粗糙度、表面波纹度、表面缺陷、表面几何形状的总称。零件的表面（零件实体与周围介质的分界面）大多受粗糙度、波纹度及形状误差三种表面结构特性的综合影响。表面粗糙度、波纹度、形状误差对表面的影响如图 13-19 所示。

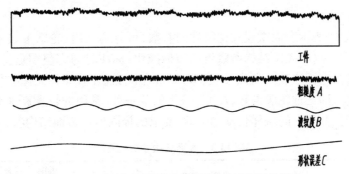

图 13-19　粗糙度、波纹度、形状误差对表面的影响

（2）表面结构的标注。

表面结构的标注内容包括表面结构图形符号、表面结构参数及加工方法或相关信息。

① 表面结构图形符号。

表面结构图形符号分为基本图形符号、扩展图形符号和完整图形符号。在技术产品文件中，对表面结构的要求可用基本图形符号、扩展图形符号和完整图形符号表示。各种图形符号的画法和含义见表 13-2。

表 13-2　表面结构图形符号的画法及含义

名称	符号	含义及说明
基本图形符号	(60°夹角符号, H_1, H_2)	表示对表面结构有要求的图形符号。当不加注粗糙度参数值或有关说明(如表面处理、局部热处理状况等)时,仅适用于简化代号标注。没有补充说明时,不能单独使用。$d=h/10$, $H_1=1.4h$, $H_2=2.1H_1$, d 为线宽, h 为字高
扩展图形符号	(基本符号加一短画)	基本符号加一短画,表示表面是用去除材料的方法获得,如车、铣、钻、磨、剪切、抛光、腐蚀、电火花加工等
	(基本符号加一小圆)	基本符号加一小圆,表示表面是用不去除材料的方法获得,如铸、锻、冲压、热轧、冷轧、粉末冶金等,或者是用于保持原供应状况的表面(包括保持上道工序的状况)
完整图形符号	(基本符号加一横线)	在基本图形符号的长边上加一横线,用于对表面结构有补充要求的标注,允许任何工艺。表面结构的补充要求包括表面结构参数代号、数值、传输带/取样长度等
	(扩展符号加一横线)	在扩展图形符号的长边上加一横线,用于对表面结构有补充要求的标注,表面是用去除材料的方法获得。表面结构的补充要求包括表面结构参数代号、数值、传输带/取样长度等
	(扩展符号加一横线，带小圆)	在扩展图形符号的长边上加一横线,用于对表面结构有补充要求的标注,表面是用不去除材料的方法获得。表面结构的补充要求包括表面结构参数代号、数值、传输带/取样长度等

② 表面结构参数。

表面结构参数是表示表面微观几何特性的参数,可分为三组:轮廓参数、图形参数和基于支承率曲线的参数。这些表面结构参数组已经标准化,标注时与完整图形符号一起使用。给出表面结构要求时,应标注其参数代号(表 13-3)和相应数值(查阅相关标准获取)。一般包括以下四项重要信息,即三种轮廓参数(R、W、P)中的某一种(常用的轮廓算术平均偏差 Ra)、轮廓特征、满足评定长度要求的取样长度的个数、要求的极限值。表面结构参数代号见表 13-3。

表 13-3　表面结构参数代号

		高度参数								间距参数	混合参数	相关参数		
		峰谷值				平均值								
轮廓参数	R 轮廓参数(粗糙度参数)	Rp	Rv	Rz	Rc	Rt	Ra	Rq	Rsk	Rku	RSm	$R\triangle q$	$Rmr(c)$	$R\delta c$	Rmr
	W 轮廓参数(波纹度参数)	Wp	Wv	Wz	Wc	Wt	Wa	Wq	Wsk	Wku	WSm	$W\triangle q$	$Wmr(c)$	$W\delta c$	Wmr
	P 轮廓参数(原始轮廓参数)	Pp	Pv	Pz	Pc	Pt	Pa	Pq	Psk	Pku	PSm	$P\triangle q$	$Pmr(c)$	$P\delta c$	Pmr
图形参数		参　　　数													
	粗糙度轮廓(粗糙度图形参数)	R					Rx				AR		—		
	波纹度轮廓(波纹度图形参数)	W					Wx				AW		Wte		

续表

		参　数					
基于支承率曲线的参数	基于线性支承率曲线的参数	粗糙度轮廓参数（滤波器根据 GB/T 1877.1 选择）	Rk	Rpk	Rvk	$Mr1$	$Mr2$
		粗糙度轮廓参数（滤波器根据 GB/T 18618 选择）	Rke	$Rpke$	$Rvke$	$Mr1e$	$Mr2e$
	基于概率支承率曲线的参数	粗糙度轮廓参数（滤波器根据 GB/T 1877.1 选择）	Rpq	Rvq	Rmq		
		原始轮廓滤波器 λs	Rpq	Rvq	Rmq		

③ 表面结构标注内容与格式。

表面结构标注内容与格式详见图 13-20，图中同时给出了新、旧两种标准，以使读者在学习现行标准规定的同时，了解旧标准的规定，以便阅读过去的图样资料。

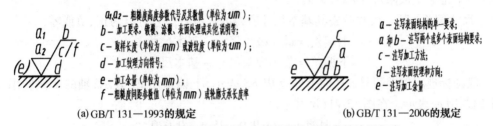

(a) GB/T 131—1993 的规定　　　　　　　　(b) GB/T 131—2006 的规定

图 13-20　表面结构参数代号、参数值及补充要求的注写规定

④ 表面结构标注示例（表 13-4）。

表 13-4　表面结构标注示例

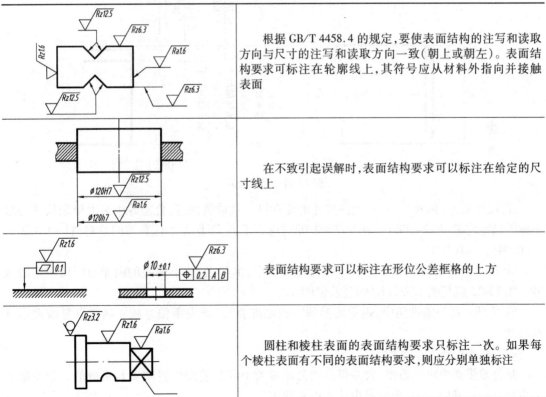

2. 公差与配合的概念及识读

在零件的制造和装配中,对于规格、大小相同的一批零件,要求可以互相调换,即任意取出一件,不经任何加工就能顺利地装配,并达到一定的使用要求和技术要求,零件的这种性质称为互换性。

为了实现零件互换,满足零件的工作要求,必须制定合理的尺寸公差与配合标准,规定尺寸的变动量,即应按公差来制造零件。

(1) 尺寸公差。

以图 13-21(b)为例说明公差的有关术语:

① 基本尺寸:设计给定的尺寸,如 $\phi25$。

② 极限尺寸:允许尺寸变化的两个界限值。其中较大的一个是最大极限尺寸 $\phi24.980$,较小的一个是最小极限尺寸 $\phi24.959$。

③ 尺寸偏差:某一尺寸减去其基本尺寸所得的代数差。它可以为正、负或零。

$$上偏差 = 最大极限尺寸 - 基本尺寸$$
$$下偏差 = 最小极限尺寸 - 基本尺寸$$

一般国标规定偏差代号:孔的上偏差用 ES 表示,下偏差用 EI 表示;轴的上偏差用 es 表示,下偏差用 ei 表示。在图 13-21(b)中:

$$上偏差\ es = 24.980 - 25 = -0.020$$
$$下偏差\ ei = 24.959 - 25 = -0.041$$

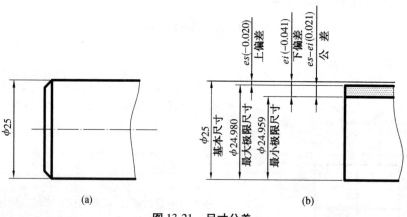

图 13-21 尺寸公差

④ 尺寸公差(简称公差):允许尺寸的变动量。就数值而言,公差等于最大极限尺寸与最小极限尺寸之差,如 $24.980 - 24.959 = 0.021$;也等于上、下偏差的代数差的绝对值 $|-0.020 - (-0.041)| = 0.021$。

⑤ 尺寸公差带(简称公差带):在公差带图中,由代表上、下偏差的两条直线所限定的区域。图 13-22 就是图 13-21(b)的公差带图。

⑥ 零线:在公差带图中,确定偏差的一条基准直线,即为零偏差线。通常以零线表示基本尺寸。

(2) 标准公差与基本偏差。

从公差带图中可以看出,公差带是由公差带大小和公差带位置两要素组成的。公差带大小由标准公差确定,公差带位置由基本偏差确定。

① 标准公差:标准公差是国家标准所列的,用以确定公差带大小的任一公差。标准公差分 20 个等级,即 IT01、IT0、IT1 至 IT18。IT 表示标准公差,阿拉伯数字表示公差等级。IT01 公差最小,精度最高;IT18 公差最大,精度最低。

② 基本偏差:基本偏差是标准中所列的,用以确定公差带相对于零线位置的上偏差或下偏差,一般指靠近零线的那个偏差。当公差带在零线上方时,基本偏差是下偏差;反之,则为上偏差。

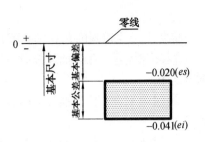

图 13-22 公差带图

孔和轴各规定了 28 个基本偏差,形成基本偏差系列图,如图 13-23 所示,大写拉丁字母表示孔,小写拉丁字母表示轴。

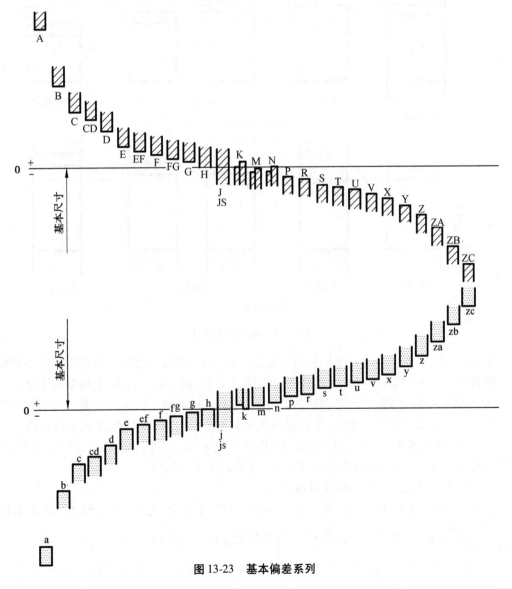

图 13-23 基本偏差系列

(3) 配合。

将基本尺寸相同的孔和轴装配在一起称为配合。根据使用要求的不同,配合分为三类:

① 间隙配合:孔与轴装配时有间隙(包括最小间隙为零),这种配合孔的公差带在轴的公差带之上。

② 过盈配合:孔与轴装配时有过盈(包括最小间隙为零),这种配合孔的公差带在轴的公差带之下。

③ 过渡配合:孔与轴装配时,可能有间隙或过盈的配合,这种配合孔的公差带与轴的公差带相互交叠。

(4) 配合制度。

国家标准对配合规定了基孔制和基轴制两种制度,如图13-24所示。

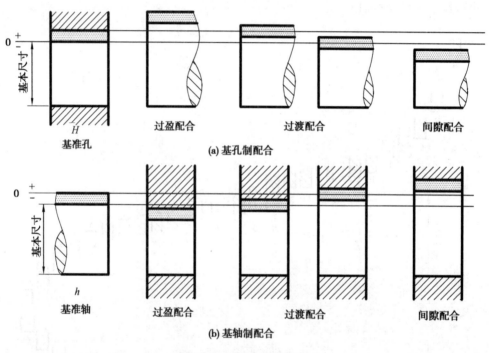

图 13-24 两种配合情况

① 基孔制:基本偏差为一定的孔的公差带,与不同基本偏差的轴的公差带形成各种配合的一种制度。如图13-24(a)所示,基孔制用代号 H 表示,其下偏差为零,上偏差为正值。

② 基轴制:基本偏差为一定的轴的公差带,与不同基本偏差的孔的公差带形成各种配合的一种制度。如图13-24(b)所示,基轴制用代号 h 表示,其上偏差为零,下偏差为负值。

从图13-23可看出,在基孔制(基轴制)中,A~H(a~h)用于间隙配合;J~N(j~n)主要用于过渡配合;P~ZC(p~zc)用于过盈配合,而 N、P(n、p)有交叉。

(5) 公差配合在图样上的标注与识读。

① 在装配图上的标注:在装配图上标注公差与配合,采用分数形式,即基本尺寸$\frac{\text{孔的公差代号}}{\text{轴的公差代号}}$或基本尺寸的孔的公差代号/轴的公差代号,如图13-25(a)所示。

② 在零件图上的标注:在零件图上标注公差有三种形式。只标公差代号,如图13-25(b)

所示;只注上、下偏差数值,如图 13-25(c)所示;注出公差代号和上、下偏差数值,如图 13-25(d)所示。

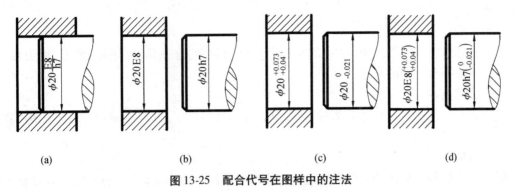

图 13-25 配合代号在图样中的注法

第三节 标准件和常用件的规定画法

机器是由许多零件组成的,其中大量、经常使用的零件有螺栓、螺钉、螺母、键、销和齿轮等。为了便于设计、制造和使用,国家对这些零件的结构、尺寸或某些结构的参数、技术要求等做了统一的规定。有的在结构、尺寸方面均已标准化,称为标准件,如螺栓、螺钉、螺母、垫圈等。有些零件的部分重要参数已标准化,称为常用件,如齿轮、弹簧等。

在绘图时,对标准件与常用件不需要按真实投影画出,只要根据国家标准规定的画法、代号和标记进行绘图与标注,这样可提高制图效率。本节将主要介绍一些广泛使用的标准件和常用件的规定画法及常用画法。

一、螺纹和螺纹连接件

螺纹是指螺栓、螺钉、螺母和丝杆等零件上起连接或传动作用的部分。在圆柱(或圆锥)外表面上的螺纹叫外螺纹,在圆柱(或圆锥)孔内表面上的螺纹叫内螺纹,如图 13-26 所示。

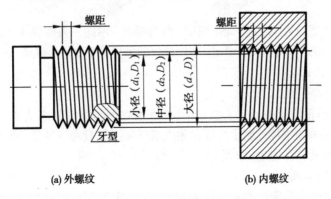

图 13-26 内外螺纹

1. 螺纹的各部分名称

螺纹的各部分名称如图 13-26 所示。

2. 螺纹的要素

螺纹的要素有牙型、直径、旋向、线数、螺距和导程。内、外螺纹旋合时,螺纹的这些要素必须完全相同。

(1) 牙型。

在通过螺纹轴线的剖面上,螺纹的轮廓形状称为牙型,有三角形、矩形、梯形、锯齿形等。不同的螺纹牙型有不同的用途。

(2) 公称直径。

公称直径是代表螺纹尺寸的直径,指螺纹大径的基本尺寸,用 d(外螺纹)或 D(内螺纹)表示,如图 13-26 所示。

(3) 旋向。

螺纹有右旋和左旋两种。顺时针旋转时旋入的螺纹称为右旋螺纹,逆时针旋转时旋入的螺纹称为左旋螺纹。工程上常用右旋螺纹,故右旋螺纹的旋向在图上不加标注。

(4) 线数。

螺纹有单线与多线之分,线数是指在同一圆柱面加工出的螺旋线的数目。沿一条螺旋线形成的螺纹称为单线螺纹,如图 13-27(a)所示;沿两条(或两条以上)螺旋线形成的螺纹称为双线(或多线)螺纹,如图 13-27(b)所示。

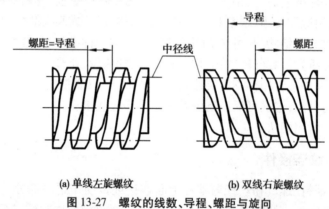

(a) 单线左旋螺纹   (b) 双线右旋螺纹

图 13-27 螺纹的线数、导程、螺距与旋向

(5) 螺距和导程。

螺纹上相邻两牙型同名点之间的轴向距离,称为螺距。沿同一条螺旋线旋转一周,轴向移动的距离称为导程。单线螺纹的导程等于螺距,多线螺纹的导程等于线数乘螺距,如图 13-27 所示。

3. 螺纹的规定画法

(1) 外螺纹的规定画法。

螺纹牙顶所在的轮廓线画成粗实线,螺纹牙底所在的轮廓线画成细实线,螺纹终止线画成粗实线。在投影为圆的视图中,表示牙底的圆为细实线圆,只画 3/4 圈,而倒角圆不画。在剖视图中,剖面线画到粗实线为止,如表 13-4 所示。

(2) 内螺纹的规定画法。

在剖视图中,螺纹牙尖所在的轮廓线画成粗实线,螺纹牙底所在的轮廓线画成细实线,螺纹终止线画成粗实线,剖面线画到粗实线为止。在投影为圆的视图中,表示牙底的圆为细实线圆,只画 3/4 圈,而倒角圆不画,如表 13-4 所示。

(3) 内、外螺纹连接的规定画法。

在剖视图中,内、外螺纹的结合部分按外螺纹画法绘制,其余部分仍按原规定画法表示。应注意:表示内、外螺纹的粗、细实线应对齐,如表13-4所示。

表13-4 螺纹的规定画法

各种情况		图 例	
		外螺纹	内螺纹
外、内螺纹	不剖	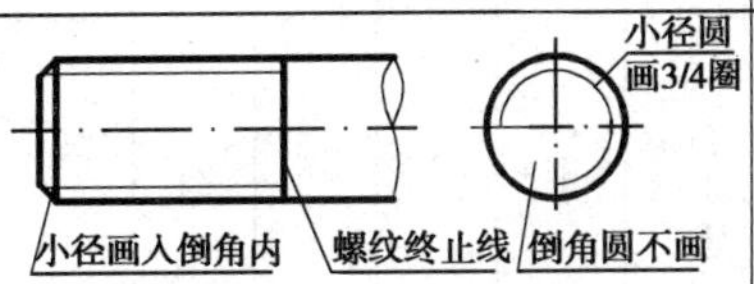 小径画入倒角内　螺纹终止线　小径圆画3/4圈　倒角圆不画	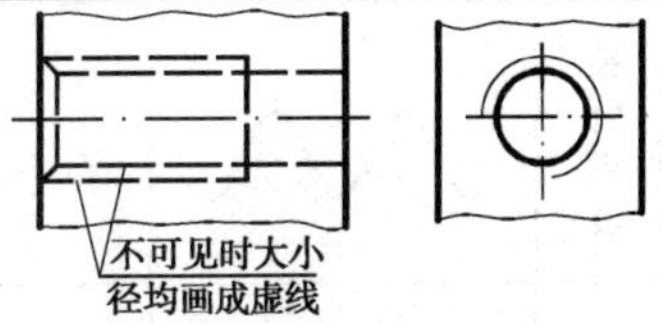 不可见时大小径均画成虚线
	剖开	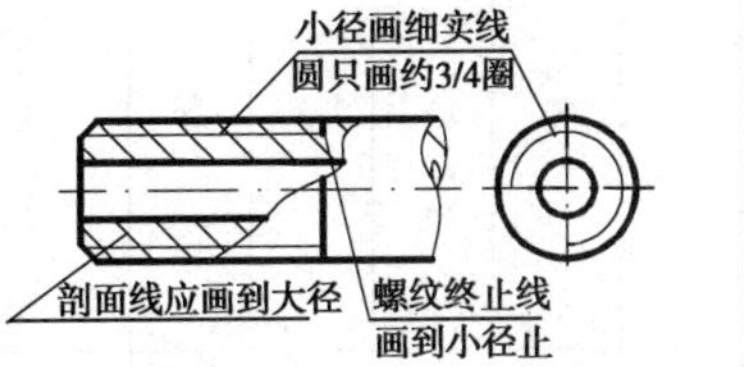 小径画细实线圆只画约3/4圈　剖面线应画到大径　螺纹终止线画到小径止	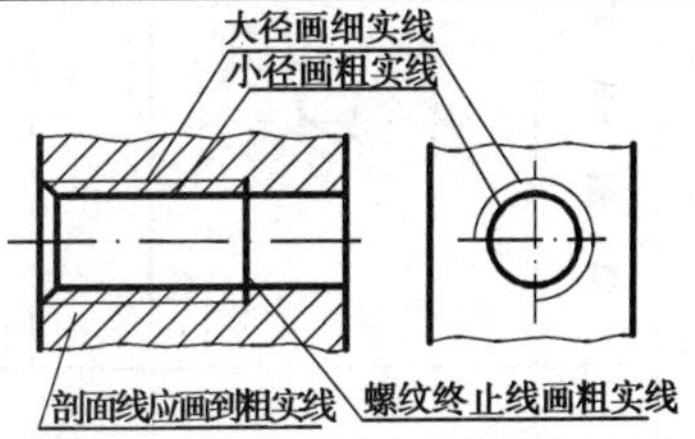 大径画细实线　小径画粗实线　剖面线应画到粗实线　螺纹终止线画粗实线
内、外螺纹连接的画法		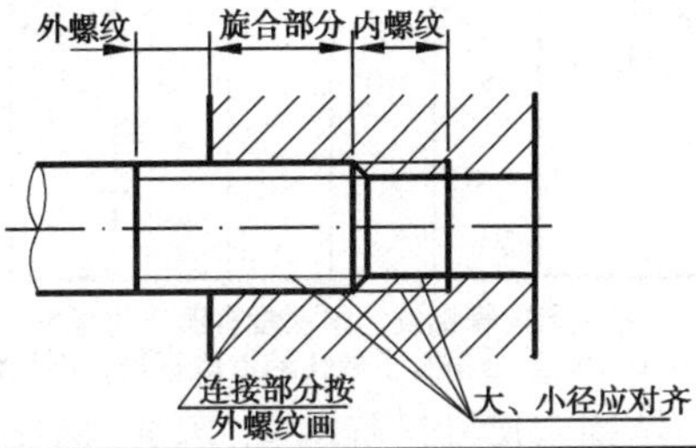 外螺纹　旋合部分　内螺纹　连接部分按外螺纹画　大、小径应对齐	

4. 常用螺纹的种类和标注

常用标准螺纹的种类、牙型符号及标注方法如表13-5和表13-6所示。

表13-5 普通螺纹的标注方法

类型	牙型	标注代号顺序							代号标注示例
		螺纹代号		线数	旋向	公差代号		旋合长度代号	
		牙型符号	直径	螺距			中径公差带代号	顶径公差带代号		
普通螺纹(粗牙)		M	24	3	1	右	5g	6g	S	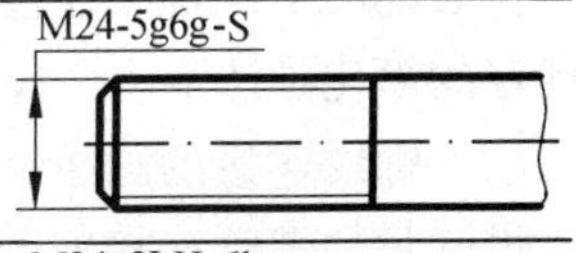 M24-5g6g-S
普通螺纹(细牙)			24	2	1	左	6h	6h	N	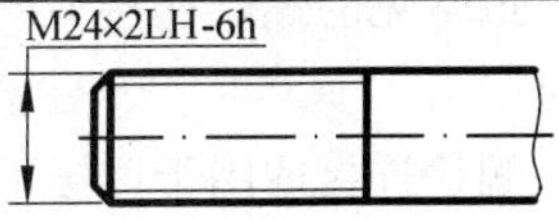 M24×2LH-6h

注:1. 粗牙普通螺纹不注螺距。
2. 单线右旋螺纹不注线数和旋向。
3. 中径、顶径公差带相同时,只注一个。
4. 一般情况下,不标注螺纹旋合长度时,螺纹公差带按中等旋合长度考虑,必要时可加长度代号L或S。

表 13-6 其他螺纹的标注方法

用途	类型	牙型	牙型符号	直径	螺距	导程	线数	精度	旋向	代号标注示例
连接用	管螺纹		G	1″	2.309（每英寸11牙）	2.309	1		3右	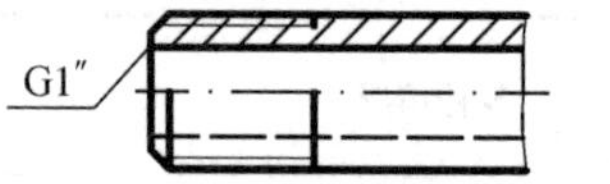 G1″
连接用	锥管螺纹	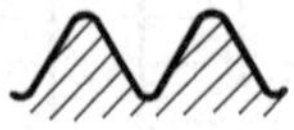	ZG	$\frac{1}{2}$″	1.841（每英寸14牙）	1.814	1		右	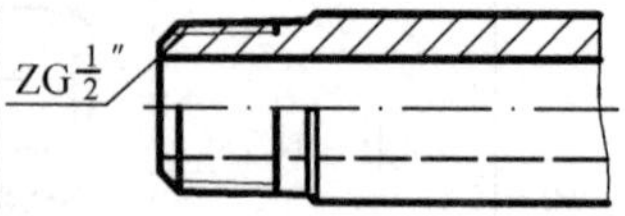 ZG$\frac{1}{2}$″
传动用	梯形螺纹	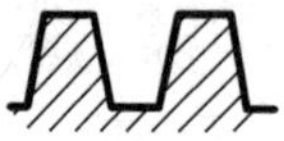	T	22	5	10	2	3	左	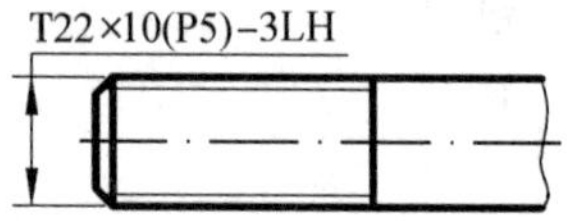 T22×10(P5)-3LH
传动用	锯齿形螺纹		S	40	5	5		3	右	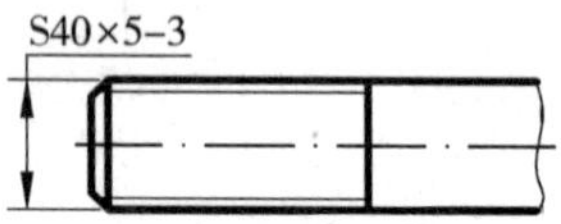 S40×5-3

注：1. 连接用的管螺纹和锥管螺纹，国家没有颁布过标准，只在GB133—74中规定了牙型代号。
2. 管螺纹的G1″中，1″是指管子通孔的近似直径，不是螺纹大径。

由于标准螺纹的结构和尺寸已标准化，因此，标注时只需注上相应标准所规定的代号或标记，一般应标注在螺纹的公称直径上。公称直径和螺距均以毫米为单位的标准螺纹称为公制螺纹；对于锥管螺纹和管螺纹，公称直径的单位为英寸，通常称为英制螺纹。

5. 螺纹连接件

（1）常用螺纹连接件。

常用螺纹连接件有螺栓、双头螺柱、螺钉、紧定螺钉、螺母和垫圈等，螺纹连接件是标准件，一般由标准件厂生产，可根据其规格、尺寸和标准号直接采购，因而无须画出螺纹连接件的零件图。

在装配图中画螺纹连接件的目的主要是表达连接关系，在不影响装配关系的情况下，可采用规定的简化画法。

（2）螺纹连接的画法。

最常见的螺纹连接有三种：螺栓连接、双头螺柱连接和螺钉连接。下面仅以螺栓连接为例。

螺栓连接适用于连接不太厚的且能钻成通孔的零件，它由螺栓、螺母和垫圈组成。连接时螺栓穿过零件的通孔，加上垫圈，最后用螺母紧固，如图13-28(a)所示。

从图13-28(b)可看出，螺纹连接件的装配画法应遵守下面一些基本规定：

① 两零件的接触表面画一条线，不接触表面画两条线。

② 在剖视图中,相邻两零件的剖面线方向应相反,或方向一致,但间隔不等。

③ 对于紧固件和实心零件(如螺栓、双头螺柱、螺钉、紧定螺钉、螺母、垫圈、轴、键、销等),若剖切平面通过它们的基本轴线,则这些零件均按不剖绘制,仍画外形。如需表示凹坑、键槽、销孔等,可采用局部剖视。

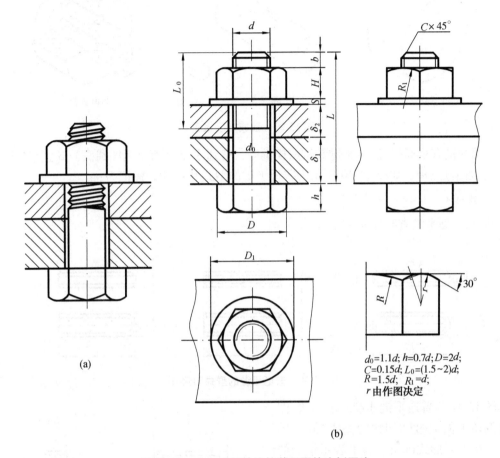

图 13-28 六角头螺栓连接装配图的比例画法

螺栓连接一般采用近似画法,当两个被连接零件的厚度 δ_1、δ_2 和螺栓的公称直径 d 已知时,则可根据 d 计算出其余各部分的尺寸,从图中可看出螺栓的有效长度 L 应符合:

$$L \geqslant \delta_1 + \delta_2 + S + H + b$$

式中:δ_1、δ_2——被连接件厚度;

S——垫圈厚度,$S = 0.15d$;

H——螺母厚度,$H = 0.8d$;

b——螺栓伸出长度,$b = 0.3d$。

其余各部分尺寸如图 13-28(b)所示,按尺寸近似地画出螺栓连接图。

二、键、销连接

键和销都是标准件,在选用和绘制时应查阅有关标准。

1. 键连接

键通常用来连接轴和装在轴上的传动零件,起传递扭矩的作用,如图 13-29 所示。

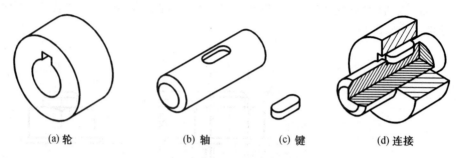

图 13-29　键连接示意图

常用的键有普通平键、半圆键和钩头楔键等。普通平键又有 A 型(圆头)、B 型(方头)和 C 型(单圆头)三种。如图 13-30 所示为普通平键的型式和尺寸。标记为:

键 B 或 C　$b \times L$　标准号

其中,A 型平键省略标注字母 A。

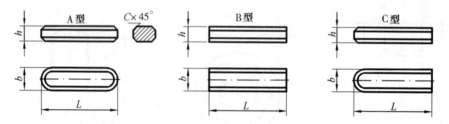

图 13-30　普通平键的型式和尺寸

图 13-31 为普通平键连接时的画法,图中的剖切平面通过轴和键的基本轴线,轴和键均按不剖形式画出。为了表示轴上的键槽,采用局部剖视。键的顶面和轮毂的底面有间隙,应画两条线。

2. 销连接

销通常用于零件间的连接或定位。常用的销有圆柱销、圆锥销和开口销等,如表 13-7 所示为销的简图和标记举例。

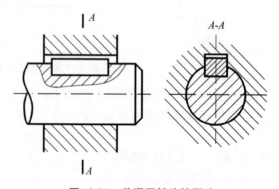

图 13-31　普通平键连接画法

图 13-32(a)、(b)是圆柱销和圆锥销的连接画法。当剖切平面沿纵向通过销的轴线时,销按不剖画出;当剖切平面垂直于销的轴线时,则被剖切的销应画出剖面线。

用销连接和定位的两个零件上的销孔,应在装配时一起加工,并且在零件图上注明"装配时作"或"与件配作"等字样,如图 13-32(c)所示。

表 13-7 销的简图和标记举例

名称及标准代号	简 图	标记及其说明
圆柱销 GB/T 119.2—2000		销 GB/T 119.2—2000 8×30 表示外径为8 mm、销长为 30 mm的A型圆柱销
圆锥销 GB/T 117—2000		销 GB/T 117—2000 8×30 表示 外径(指小端直径)为 8 mm、销 长为30 mm的A型圆锥销
开口销 GB/T 91—2000		销 GB/T 91—2000 12×50 表示外径为12 mm、销长为 50 mm的开口销

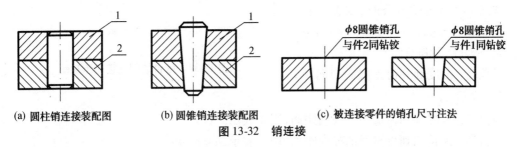

(a) 圆柱销连接装配图　　(b) 圆锥销连接装配图　　(c) 被连接零件的销孔尺寸注法

图 13-32　销连接

三、齿轮

齿轮是广泛用于机器或部件中的传动零件。齿轮的参数中只有模数、齿形角已经标准化，

(a) 圆柱齿轮传动

(b) 圆锥齿轮传动

图 13-33　齿轮传动

因此，它属于常用件。通过齿轮传动，不仅可以传递动力，而且还可以改变转速和回转方向。

常见的齿轮传动形式有几种：圆柱齿轮通常用于平行两轴之间的传动；圆锥齿轮用于相交两轴之间的传动；蜗轮与蜗杆则用于交叉两轴之间的传动等。如图13-33所示为圆柱齿轮与圆锥齿轮的传动示意图。以下仅以直齿圆柱齿轮为例。

1. 直齿圆柱齿轮各部分的名称和尺寸关系

如图13-34所示为直齿圆柱齿轮各部分的名称、基本参数。

齿顶圆：过齿顶所作的圆，其直径用 d_a 表示。

齿根圆：过齿根所作的圆，其直径用 d_f 表示。

分度圆：是设计和制造齿轮时计算各部分尺寸的基准圆，也是分齿的圆，直径用 d 表示。在标准齿轮中，分度圆上的齿厚 s 与齿间的弧长 W 相等。

节圆：一对齿轮啮合时，啮合接触点的轨迹称为节圆，一对安装正确的标准齿轮，其分度圆和节圆重合。

齿顶高：分度圆到齿顶圆的径向距离，用 h_a 表示。

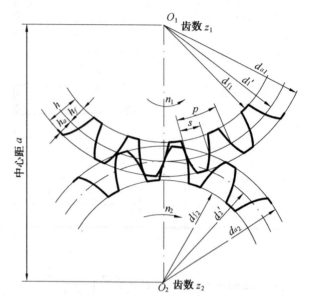

图 13-34　啮合的圆柱齿轮示意图

齿根高：分度圆到齿根圆的径向距离，用 h_f 表示。

全齿高：齿顶圆到齿根圆的径向距离，用 h 表示，$h = h_a + h_f$。

齿厚：每个齿廓在分度圆上的弧长，用 s 表示。

周节：相邻两齿在分度圆上对应点之间的弧长，用 p 表示。周节、齿数和分度圆直径之间和关系如下：

$$p \cdot z = \pi \cdot d \; ; d = (p/\pi) \cdot z \, (z \text{ 表示齿数})$$

模数：上式中 p/π 的比值称为齿轮的模数，用 m 表示。即

$$m = p/\pi; \quad 或 \quad d = m \cdot z$$

模数越大，轮齿也越大，能承受的力也越大。模数是齿轮计算的重要参数（当两齿轮啮合时，模数必须相等）。在设计齿轮时，模数要按标准值选用，如表13-8所示。

表 13-8　齿轮模数系列（GB 1375—87）

第一系列	1	1.25	1.5	2	2.5	3	4	5	6	8	10
	16	20	25	32	40	50					
第二系列	1.75	2.25	2.75	(3.25)	4.5	5.5	(6.5)	7	9	(11)	14
	18	22	28	(30)	36	45					

齿轮牙齿各部分的尺寸，可以根据齿轮的模数和齿数来确定，其计算公式见表13-9。

表 13-9 直齿圆柱齿轮各几何要素的尺寸计算

名 称	代 号	计 算 公 式
齿顶高	h_a	$h_a = m$
齿根高	h_f	$h_f = 1.25m$
齿高	h	$h = 2.25m$
分度圆直径	d	$d = mz$
齿顶圆直径	d_a	$d_a = m(z+2)$
齿根圆直径	d_f	$d_f = m(z-2.5)$

2. 圆柱齿轮的规定画法

在外形视图中,齿顶圆和齿顶线用粗实线表示;分度圆和分度线用细点画线表示;齿根圆和齿根线可用细实线表示,也可省略不画。在剖视图中,轮齿部分按不剖画出,因此齿根线用粗实线表示,如图 13-35 所示。

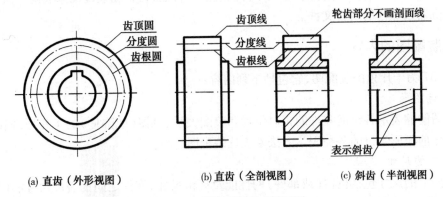

(a) 直齿（外形视图）　　(b) 直齿（全剖视图）　　(c) 斜齿（半剖视图）

图 13-35　圆柱齿轮的规定画法

3. 两直齿圆柱齿轮啮合的规定画法

两直齿圆柱齿轮啮合的规定画法如图 13-36 所示。具体画法说明如下：

（1）在垂直于圆柱齿轮轴线的投影图的视图中,啮合区内的齿顶圆均用粗实线绘制,节圆必须画成相切,如图 13-36(a) 所示。其省略画法如图 13-36(b) 所示。

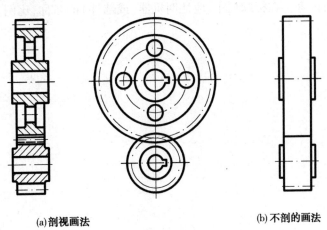

(a) 剖视画法　　　　　　(b) 不剖的画法

图 13-36　直齿圆柱齿轮的啮合画法

(2) 在平行于圆柱齿轮轴线的投影图的视图中,啮合区内的齿顶线无须画出,节线用粗实线绘制,其他处的节线用点画线绘制,如图 13-36(b)所示。

(3) 在圆柱齿轮啮合的剖视图中,当剖切平面通过两啮合齿轮的轴线时,在啮合区内,将一个齿轮的轮齿用粗实线绘制,另一个齿轮的轮齿被遮挡的部分用虚线绘制,如图 13-36(a)所示。

第四节 装 配 图

装配图是表达机器或部件的图样。它能表示机器或部件的工作原理、各零件间的相对位置、装配关系、连接方式及装配、检验、安装时所需要的尺寸。要设计新的机器或部件,一般先画出设计装配图,然后拆画零件图,按照零件图制成零件后,再根据装配图来装配。所以,装配图是设计机器或部件的重要文件。

一、装配图的内容

图 13-37 为千斤顶的装配图,它包括下列内容:

1. 一组图形

装配图能够表示各组成零件的相对位置和装配关系、机器(或部件)的工作原理和结构特点。可以用前面所学过的各种表达方法来表达装配图。

2. 必要的尺寸

装配图上的尺寸包括机器(或部件)的性能及规格尺寸、零件之间的装配尺寸、外形尺寸、机器(或部件)的安装尺寸和其他重要尺寸等。

3. 技术要求

机器(或部件)的装配、检验、安装和运转的技术要求,应在装配图中注明。

4. 零件序号、明细表和标题栏

在装配图上,应对每个不同的零件(或组件)编写序号,在零件明细表中填写零件的序号、名称、件数、材料等内容。在标题栏中,应注明机器(或部件)的名称、比例、图号和设计或制造单位等。

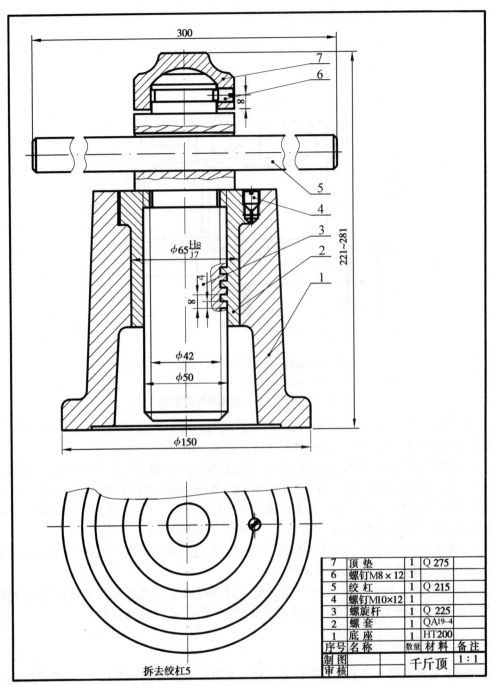

图 13-37 千斤顶装配图

二、装配图的表达方法

为了反映出装配体中零件的形状、位置和结构关系,在画装配图时,除了前述的表达零件的各种方法同样适用外,还有一些规定画法和特殊的表达方法。

(1) 两个零件接触时,只用一条轮廓线来表示它们的接触面,不应画成两条或将轮廓线加粗。如图 13-38 所示,螺母和垫圈的表面是接触的,滚动轴承的内圈与轴颈表面、外圈与机座孔表面是相互配合的,所以在接触处只画一条线。

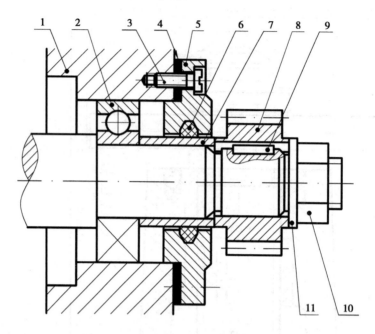

1—底座; 2—轴承; 3—螺钉; 4—垫片; 5—压盖; 6—填料;
7—轴套; 8—齿轮; 9—键; 10—螺母; 11—垫圈。

图 13-38 装配图的规定画法与简化画法

(2) 相邻零件在剖视、剖面图中,它们的剖面线方向或间距应不同,如图 13-38 所示。而同一零件各个视图在剖视或剖面图中其剖面线方向或间距必须一致。

(3) 在装配图中,对于螺纹连接件、实心的轴、肋板、手柄、销等零件,虽然剖切平面通过其轴线,但规定按未剖到绘制,如图 13-38 所示的螺钉、螺母、垫圈、轴、键及滚动轴承等。

(4) 若在装配图中有相同的多组螺钉或螺栓连接件,则可以在图中只详细地画上一处或几处连接件,其余则用点画线表示中心位置,如图 13-38 所示的螺钉连接。

(5) 在装配图中,零件的工艺结构如圆角、倒角等允许省略不画。如图 13-38 所示,轴的右端就没画倒角,螺母也采用了简化画法。

(6) 在装配图中,厚度较小的垫片、细弹簧及微小间隙等,若按实际尺寸很难画出,允许不按比例夸大画出,如图 13-38 所示的垫片画法和螺钉与安装孔的间隙的画法。

三、装配图的尺寸注法

装配图不是直接用于加工制造零件的,因此,无须注出零件的全部尺寸,一般只需注出下列几种尺寸:

1. 性能(规格)尺寸

表示机器或部件的性能或规格的尺寸,如图 13-37 中的 $\phi 50$ 和 $221\sim 281$。

2. 装配尺寸

表示机器或部件各零件间装配关系的尺寸,主要是指配合尺寸和重要的相对位置关系的尺寸,如图 13-37 中的 $\phi 65 \frac{H8}{j7}$。

3. 安装尺寸

机器或部件安装时所需的尺寸。

4. 外形尺寸

表示机器或部件外形轮廓的大小,即总长、总宽、总高,以便于机器或部件的包装和运输,如图 13-37 中的 300 和 221~281。

5. 其他重要尺寸

在设计中确定,而未包括在上述几类尺寸中的一些重要尺寸,如运动零件的极限尺寸、主体零件的重要尺寸等。

以上五类尺寸并不是孤立的,同一尺寸可能有几种含义。在一张装配图中,并不是一定要注全这五类尺寸,究竟要标注哪些尺寸,要根据机器或部件的具体情况具体分析。

四、装配图上的序号及明细表

为了便于管理图样和看图,在装配图上必须对每个不同的零件(或组件)编写序号并在标题栏上方填写与图中序号一致的零件明细表,如图 13-37 所示。

1. 零件的序号

(1) 装配图中每一种零件编一个序号,其序号与明细栏中一致。相同的零件只编一个序号,标准的组件(如油杯、滚动轴承等)编一个序号。

(2) 零件序号注在视图轮廓线之外,可按顺时针方向或逆时针方向水平或垂直依次排列。

(3) 序号指引线用细实线画出,应尽可能分布均匀,不要相互交叉。当它通过有剖面线的区域时,应尽量不与剖面线平行。必要时指引线可画成折线,但只允许曲折一次。

(4) 指引线的起点应在所指零件的可见轮廓线内,并画一小圆点。若所指零件为一涂黑的薄片,则将小圆点改为箭头,指向该零件轮廓,如图 13-38 中 4 号零件。

(5) 指引线的另一端画细实线的圆或水平线,在圆或水平线上注序号,序号的数字应比尺寸数字大一号。

(6) 同一组紧固件如螺栓、螺母和垫圈等可共用一条指引线。

2. 明细表

明细表一般画在标题栏上方,零件序号应自下而上填写,若地方不够,可将明细表分段画在标题栏左方,如图 13-37 所示。

五、读装配图

读装配图,最主要的是弄清楚机器或部件的用途、工作原理和各零件间的装配关系,进而了解机器的装配和拆卸顺序,了解各零件的作用和主要零件的结构形状,以便正确地装配、维修和使用。看装配图的步骤可归纳为:了解部件的名称、用途、性能和工作原理,了解零件间的相对位置、装配关系及装拆顺序和装拆方法,弄清每个零件的名称、数量、材料、作用和结构形状。

下面以千斤顶的装配图(图 13-37)为例,说明其装配关系和工件原理,并对照装配轴测图(图 13-39),看懂装配图。

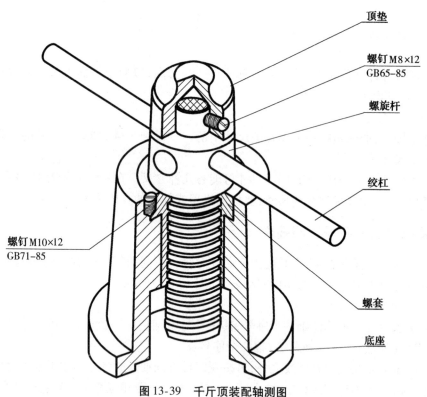

图 13-39 千斤顶装配轴测图

1. 了解部件的名称、用途、性能和工作原理

从标题栏的名称可知该部件是千斤顶,通过产品介绍书可知,它用于汽车修理和机械安装工作中,但限于顶举高度不大时使用。图 13-37 的主视图反映了它未工作时的位置,转动绞杠,螺旋杆在螺套内上下移动,放在顶垫上的重物即可被顶起或放下。

2. 分析视图

要弄清该装配图采用了哪些视图、剖视、剖面,各视图间的关系,剖切平面的位置及视图表达的意图。本例主要采用了主视图和俯视图。

主视图采用全剖视,表达了底座、螺套、螺旋杆、顶垫和绞杠等零件的装配关系。

俯视图采用了拆卸画法,主要表达部件外形。

3. 了解零件的作用和形状及各零件间的装配关系

看零件的序号和明细表,对投影关系,以及根据"同一零件的剖面线方向和间距在各视图中都应一致"等规定画法来区分。

若想了解零件之间的装配关系,应从反映装配关系的视图入手。

从主视图中可看出,螺套镶嵌在底座里面,用紧定螺钉定位,以备螺纹磨损后更换方便。螺旋杆顶部呈球面状,外面套一个顶垫,顶垫用螺钉与螺旋杆连接而又不固定,目的是防止顶垫随螺旋杆一起转动时脱落,绞杠穿在螺旋杆上部的孔中。

4. 分析尺寸

分析装配图上所注尺寸,有助于进一步了解部件的规格、外形大小、零件间的装配要求及该部件的安装方法等。图 13-37 中 $\phi 50$ 是千斤顶的规格尺寸和外形尺寸,$\phi 65 \frac{H8}{j7}$ 是配合尺寸。

第十四章　计算机绘图基础

计算机绘图（Computer Graphics，简称 CG）是计算机辅助设计（Computer Aided Design，简称 CAD）和计算机辅助制造（Computer Aided Manufacturing，简称 CAM）的重要组成部分。随着计算机技术的迅速发展和普及，计算机绘图技术已经形成了一门新的科学——计算机图形学。计算机图形学是计算机绘图的理论基础，它是一门涉及计算机科学、数学及工程图学的具有广阔发展前景的交叉性科学。根据教学基本要求，本章将着重介绍计算机绘图软件 AutoCAD 2010 的基本绘图功能及使用方法。

第一节　AutoCAD 2010 绘图软件简介

一、AutoCAD 2010 的基本功能

AutoCAD 2010 具有二维绘图功能和真三维绘图功能，是一个内容丰富、功能强大，可以进行二次开发，且适用范围广泛的计算机辅助设计软件包。该软件的基本功能有：

1. 人机对话功能

AutoCAD 2010 较以前版本，二维绘图对话功能更完善，工程图样绘制更方便。其具有概念设计环境，使实体和曲面的创建、编辑和导航变得简单且直观，并使设计人员在创建和编辑期间能直接与模型进行交互，通过强大的可视化工具（如漫游动画和真实渲染）来表达所构思的设计。该软件可以通过键盘输入绘图命令，也可以利用下拉菜单或图标菜单执行命令。有些命令可在屏幕上给出对话框进行参数选择，利用鼠标操作有时会更方便。AutoCAD 2010 保留了 AutoCAD 2008 及以前版本的经典窗口，可根据自己的喜好调用，调用方法见本章第五节"图块、面域填充"篇尾。

2. 二维基本绘图功能

该软件提供了丰富的绘图命令，如画点、直线、圆、圆弧、椭圆和多边形等，统称为绘图实体。

3. 图形编辑命令

该软件有大量的图形编辑命令，如图形缩放、移动、镜像、拷贝、阵列和旋转等，实现了对图形的修改和重建。

4. 真三维功能

该软件三维造型功能强大，可以由基本形体组合生成复杂的形体，也可通过设计模型直接创建截面和立视图，并具有完善的消隐和真实渲染功能。

5. 二次开发功能

该软件提供了 AutoLISP 语言及高级语言 C、FORTRAN 和 QBASIC 的接口，针对不同的专业，可以利用它们做二次开发，进一步丰富专业绘图功能。

6. 按钮即时帮助功能

该软件还提供了按钮即时帮助功能,当鼠标置于工具按钮上时,会显示按钮的命令名称,并显示命令的作用和使用方法。

7. 文件管理功能和其他辅助功能

该软件具有完善的文件管理功能和其他辅助功能。

二、AutoCAD 2010 屏幕布局

如图 14-1 所示,整个 AutoCAD 初始屏幕布局分成四个区域:

(1) 屏幕上方有快速访问工具栏、下拉菜单、信息中心、功能区等。

(2) 屏幕下方有二至三行命令显示或提示区,最下行为命令行,在此处可以由键盘输入各种绘图命令或文字、数据等。当输入命令后,最下行将提示下一步应该做什么。

(3) 屏幕的左边可置为图标工具栏区,可通过工具栏调用。从图标工具栏的图标可以直观地看出命令的含义和执行方法,每当用鼠标单击图标时,屏幕下方出现命令提示(注:输入字符命令不区分大小写)。

(4) 屏幕中间部分为绘图窗口区,该区左下角有一坐标图标,它表示 x 轴和 y 轴的方向,w 表示当前为世界坐标系。绘图区左下角为坐标原点(0.0000,0.0000),右上角的坐标是机器自动设定的缺省值(12.0000,9.0000),超过此坐标范围的图线屏幕将不能显示出来。功能区、图标工具栏、图标菜单条及其他工具条均可根据需要随时打开或关闭。

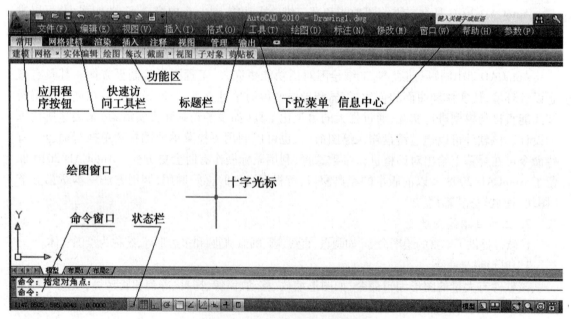

图 14-1　AutoCAD 2010 屏幕布局

第二节　AutoCAD 2010 基本操作

一、打开和关闭文件

1. 新建图形文件

通常在绘制一张新图之前,首先应该创建一个空白的图形文件,即创建一个新的绘图窗口,以便绘制新图形。在下拉菜单"文件(F)"中选择"新建(N)",或在界面左上角快速访问工具栏中单击"新建"按钮,弹出"选择样板"对话框(图略)。根据需要选择打开"DWG"文件类型。

2. 打开图形文件

在下拉菜单"文件(F)"中选择"打开(O)",或在界面左上角快速访问工具栏中单击"打开"按钮,弹出"选择文件"对话框,如图 14-2 所示,可以打开已存在的图形文件,并进行浏览或编辑处理。在文件夹中双击已存在的 DWG 图形文件,也可以启动 AutoCAD 2010 软件并打开该文件。AutoCAD 2010 不仅能打开它本身格式的图形文件(DWG、DWT、DWS),还能直接读取 DXF 文本文件。

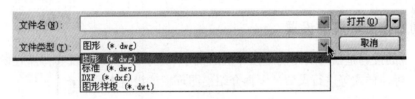

图 14-2　"选择文件"对话框

3. 保存图形文件和样板文件

在文件编辑完成或中途退出 AutoCAD 软件时,需要将当前编辑的图形保存起来,而在设置了绘图单位格式、绘图范围、图层、文字样式、尺寸样式和图纸尺寸,并绘制了图框和标题栏之后,可将其保存为样板文件类型,以方便下次绘制同一类型图样时调用。

在下拉菜单"文件(F)"中选择"保存(S)"或"另存为(A)"按钮,均弹出"图形另存为"对话框(图略)。输入图形文件名,选择保存文件类型,确认保存。

4. 关闭图形文件和退出 AutoCAD 程序

关闭命令只关闭当前激活的绘图窗口,只是结束对当前正在编辑的图形文件的操作,但可以继续运行 AutoCAD 软件,并编辑其他打开的图形文件。

退出命令可以结束所有的 AutoCAD 操作,并退出 AutoCAD 程序。

二、命令执行方法

1. 执行某项任务启动命令

AutoCAD 进行的每一项操作都是在执行一个命令,命令会指示 AutoCAD 进行何种操作。可以用下列两种方法之一来启动命令:

方法一:在功能区、下拉菜单、工具栏、状态栏或快捷菜单上单击命令名或按钮。

方法二:在命令行提示下输入命令名或命令别名,然后按 Enter 键或空格键。

执行完某项命令任务后,如果要重复执行该命令,只需按 Enter 键或单击鼠标右键即可。

2. 取消任务命令

方法一:希望结束当前任务命令的操作时,按 Esc 键(有些命令也可以按 Enter 键)。

方法二:在绘图窗口中单击鼠标右键,在弹出的快捷菜单中选择"取消"。

3. 放弃与重做命令

在绘图时,出现一些操作错误而需要放弃前面执行的一个或多个操作命令时,可以使用"放弃"命令,撤销上一次操作,如图 14-3(a)所示。如果放弃一个或多个操作之后,需要恢复原来的效果,可以使用"重做"命令,即可恢复上一个使用"放弃"命令撤销的效果,如图 14-3(b)所示。

图 14-3　放弃与重做命令操作

三、初始绘图环境的设置

绘图环境的设置是指对所绘制的图样范围大小、实体线型、颜色及实体所在的图层名、字体样式、尺寸标注样式等进行设置。下面介绍绘图环境的设置方法。

1. 设置屏幕绘图范围

命令:LIMITS ✓ (✓表示按"回车"键或鼠标右键)

指定左下角点或[开(ON)/关(OFF)]<0.0000,0.0000>:✓(角括号内的值为省缺值)

指定右上角点<12.0000,9.0000>:420,297 ✓(给出右上角点坐标,此处按 A3 图幅设置)

2. 图层、线型和颜色设置

图层相当于透明的胶片,每一层上使用一种线型和一种颜色,各图层叠合在一起就构成了一张复杂的图形。图层可以打开(可见)和关闭(不可见),为绘制复杂的图形提供了方便。

(1) 图层命令(LAYER)。

该命令可以建立新图层,设定当前图层,打开和关闭图层,冻结和解冻图层,以及设定线型和颜色等。命令格式如下:

命令:LAYER ✓[或在下拉菜单中选"格式(O)"→"图层(L)",弹出关于图层命令的对话框,如图 14-4 所示,根据对话框提示完成图层、线型、线宽和颜色的设置]

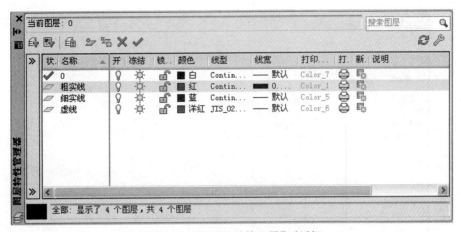

图 14-4 "图层特性管理器"对话框

(2) 颜色命令(COLOR)。

该命令可以设定当前实体的颜色,即同一层的实体可以用不同的颜色。命令格式如下:

命令:COLOR ↙ [或在下拉菜单中选"格式(O)"→"颜色(C)",同样弹出如图 14-4 所示的对话框,或弹出如图 14-5 所示的只关于颜色的对话框,根据对话框提示完成设置]

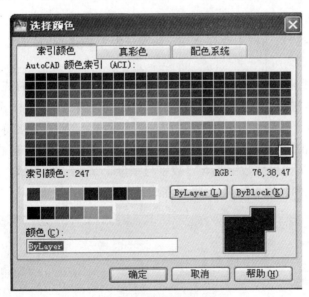

图 14-5 "选择颜色"对话框

(3) 线型命令(LINETYPE)。

AutoCAD 提供了一个线型文件 ACAD.LIN,称为线型库,该文件中包含 30 多种线型。在命令状态下输入 LINETYPE,弹出"线型管理器"对话框,如图 14-6 所示。从该对话框里可以调用所需的线型或改变线型比例等。也可建立自己的线型库。命令格式如下:

命令:LINETYPE ↙ [或在下拉菜单中选"格式(O)"→"线型(N)",弹出"线型管理器"对话框,根据提示修改线型]

(4) 线型比例命令(LTSCALE)。

该命令能改变线型长度的比例,对各图层都起作用。命令格式如下:

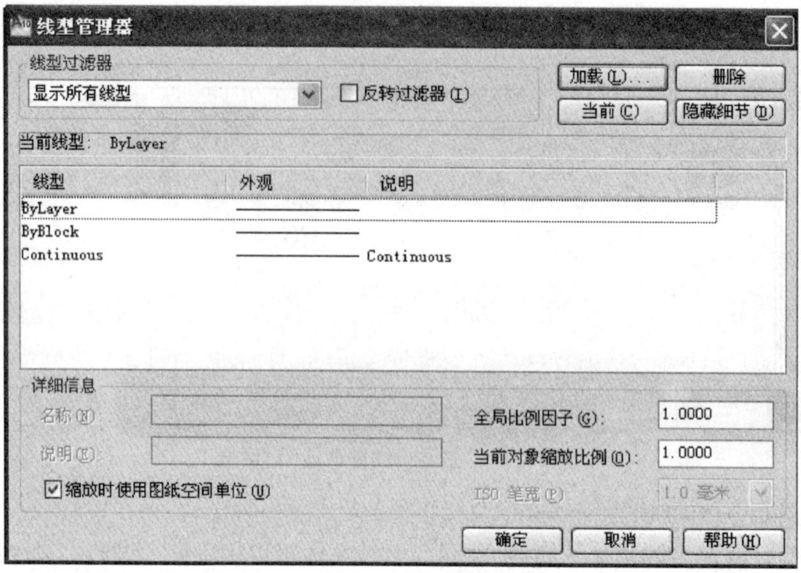

图14-6 "线型管理器"对话框

命令：LTSCALE ↙

输入新线型比例因子 <1.0000> :2 ↙（表示线型长度增加一倍）

或在"线型管理器"对话框中改变全局比例因子为2，效果相同。

3. 尺寸标注设置

在标注尺寸前，要对尺寸标注样式、文字标注样式等进行设置。首先设置文字样式，即字体样式。在下拉菜单"格式(O)"中选"文字样式(S)"项，弹出"文字样式"对话框，如图14-7所示。单击"新建(N)"按钮，弹出"新建文字样式"对话框，输入样式名称如"汉字5"（表示汉字高度为5 mm），单击"确定"，再填写字"高度(T)"和"宽度因子(W)"栏。继续设定其他高度的字体名为"汉字7""尺寸数字3.5""数字与字母2.5"等文字样式。当选择了字体，填写完字高度、字宽度、倾斜角度等数据后，即可完成各种字体样式设置。

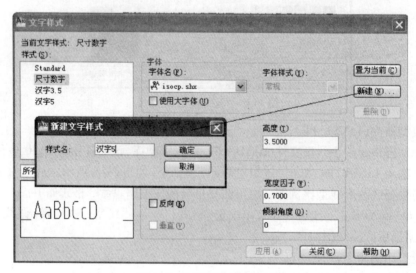

图14-7 "文字样式"对话框

尺寸标注样式设置,在下拉菜单"格式(O)"中单击"标注样式(D)"项,或在下拉菜单"标注(N)"中单击"标注样式(S)…"选项,弹出"标注样式管理器"对话框。单击右侧"新建(N)"按钮,弹出"创建新标注样式"对话框,如图14-8所示。在"新样式名(N)"栏中填写"建筑制图",单击"继续",弹出"新建标注样式:建筑制图"对话框,如图14-9所示。在此对话框中,可按规定逐一设置尺寸标注中所用到的线型颜色和类型、起止符号(箭头)大小、尺寸数字(即文字)样式、尺寸数字偏离尺寸线距离、尺寸数值单位等。

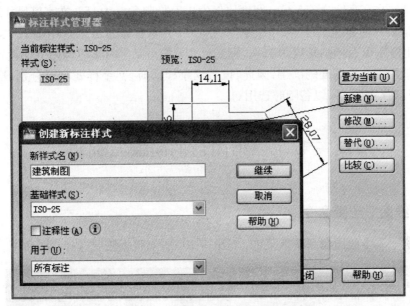

图14-8 "标注样式管理器"对话框

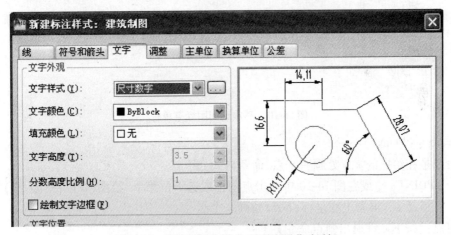

图14-9 "新建标注样式:建筑制图"对话框

至此,A3图幅的初始绘图环境设置基本完成。保存文件名为"建筑制图A3"作为标准模板图以备今后绘制新的A3图样时调用。

上机练习题:

1. 图层设置练习。用图层命令(LAYER)打开图层特性管理器,新建图层:粗实线(红色、线宽 0.7 mm、线型为 continuous)、中粗实线(蓝色、线宽 0.35 mm、线型为 continuous)、细实线(颜色自选、线宽 0.18 mm、线型为 continuous)、虚线(颜色自选、线宽 0.35 mm、线型为 dashed),全局线型比例为 0.5。

2. 标注样式练习。要求用"标注样式管理器"建立新标注样式,名称为"建筑制图",修改"箭头"以符合建筑制图国标要求,尺寸线颜色为黑色,线型、线宽为 Byblock,基线间距 5 mm,尺寸界线超出尺寸线 1.5 mm,尺寸界线起点偏移量为 0,文字样式名为"数字与字母",字体名称为 gbeitc.shx,文字高度为 3.5 mm,宽度比例为 0.7,倾斜角度为 15°,文字离尺寸线 1 mm,尺寸数值保留整数。创建新文字样式名为"汉字 5",字体名称为仿宋–GB2312,文字高度为 5 mm,宽度比例为 0.7,倾斜角度为 15°。标注尺寸或填写汉字时学习调用上述设置。(注:一张图样上可能用到几种高度的汉字,因此,设置汉字样式时,文字样式名可分别设置为"汉字 3.5""汉字 5""汉字 7"等,以备随时选用。)

第三节 二维图形的绘制及编辑

一、二维图形绘图命令

屏幕上有一基本绘图命令图标菜单,如图 14-10 所示,根据需要选择绘图命令。

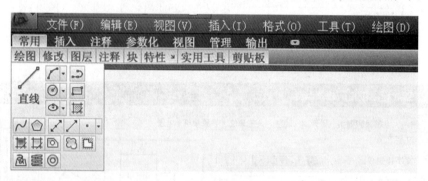

图 14-10 基本绘图图标菜单栏

1. 点命令(POINT)

该命令是在给定的 x,y 处画一个点,命令格式如下:

命令:POINT ↙[或在图 14-10 中单击点图标或选下拉菜单"绘图(D)"→"点(O)"]

指定点:5,5 ↙[屏幕上在坐标(5,5)处画一个点]

指定点:(按 Esc 键退出画点命令)

2. 直线命令(LINE)

该命令用于画直线,可以画一条直线或连续的折线,命令格式如下:

命令:LINE ↙[或在图 14-10 中单击直线图标或选下拉菜单"绘图(D)"→"直线(L)"]

指定第一点:10,10 ↙

指定下一点或[放弃(U)]:30,0 ↙

指定下一点或[放弃(U)]:30,50 ↙

指定下一点或［闭合(C)/放弃(U)］：10,10↙

指定下一点或［闭合(C)/放弃(U)］：↙（退出画线命令）

3．多段线命令(PLINE)

该命令可以画直线、圆弧及直线和圆弧组成的多段线，而且线的宽度可以任意设定。命令格式如下：

命令：PLINE↙［或在图 14-10 中单击多段线图标或选下拉菜单"绘图(D)"→"多段线(P)"］

指定起点:（用光标给出起始点）

当前线宽为 0.0000

指定下一点或［圆弧(A)/半宽(H)/长度(L)/放弃(U)/宽度(W)］：W↙（设置线宽）

指定起点宽度＜0.0000＞：0.5↙（起始线宽 0.5）

指定端点宽度＜0.5000＞：↙（默认末端线宽 0.5 或给出另一数值）

指定下一点或［圆弧(A)/半宽(H)/长度(L)/放弃(U)/宽度(W)］：（用光标给出）

指定下一点或［圆弧(A)/闭合(C)/……/宽度(W)］：↙（结束画线）

4．圆命令(CIRCLE)

该命令提供五种画圆方式，命令格式如下：

命令：CIRCLE↙［或在图 14-10 中单击圆图标或选下拉菜单"绘图(D)"→"圆(C)"］

指定圆的圆心或［三点(3P)/两点(2P)/相切、相切、半径(T)\］：（用光标给出圆心）

指定圆的半径或［直径(D)］＜50＞：（用光标给出半径，画圆完毕）

利用"圆(C)"的二级下拉菜单可以绘制各种已知参数的圆。例如绘制图 14-11 所示图形，即作一圆与三直线相切，在"圆(C)"的二级下拉菜单（图 14-12）中选"相切、相切、相切(A)"，在提示区内出现：

指定圆的圆心或［三点(3P)/两点(2P)/相切、相切、半径(T)］：_3p

指定圆上的第一个点：_tan 到（用光标选 1 实体）

指定圆上的第二个点：_tan 到（用光标选 2 实体）

指定圆上的第三个点：_tan 到（用光标选 3 实体，完成绘圆）

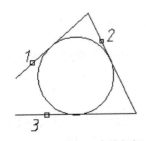 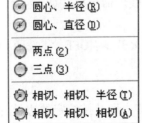 

图 14-11　圆与三直线相切　　图 14-12　圆的二级下拉菜单　　图 14-13　圆弧的二级下拉菜单

5. 圆弧命令(ARC)

该命令共有 11 种画圆弧的方法,选择下拉菜单"绘图(D)"→"圆弧(A)"选项,弹出如图 14-13 所示的二级下拉菜单,根据绘图要求从中选择。命令格式如下:

命令:ARC↙

指定圆弧的起点或[圆心(C)]:(用光标给出弧的起点)

指定圆弧的第二个点或[圆心(C)/端点(E)]:(用光标给出弧的第二点)

指定圆弧的端点:(给出弧的终点,结束)

6. 四边形命令(RECTANG)

该命令用于画矩形,命令格式如下:

命令:RECTANG↙[或在图 14-10 中单击矩形图标或选下拉菜单"绘图(D)"→"矩形(G)"]

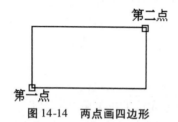

图 14-14 两点画四边形

图 14-15 画实心或空心宽线

指定第一个角点或[倒角(C)/标高(E)/圆角(F)/厚度(T)/宽度(W)]:(光标给出第一角点)

指定另一个角点或[尺寸(D)]:(光标给出第二角点,如图 14-14 所示)

在提示符"指定第一个角点"后还有"\[倒角(C)/标高(E)/圆角(F)/厚度(T)/宽度(W)]"等,可根据需要选择。例如,选择"F"时,提示输入矩形四个角的圆角半径。

7. 宽线命令(TRACE)

该命令用于画实心或空心的宽线,线宽可以设置,如图 14-15 所示。命令格式如下:

命令:TRACE↙

指定宽线宽度 <0.5>:1↙(给定线宽 1 mm)

指定起点:2,2↙(起点)

指定下一点:12,20↙(画线到点)

指定下一点:↙(结束画线)

使用 FILL 命令可实现画空心宽线。命令格式如下:

命令:FILL↙

输入模式[开(ON)/关(OFF)] <开>:OFF↙(选项:ON 为画实心宽线,OFF 为画空心宽线)

8. 正多边形命令(POLYON)

该命令可以画圆的外切或内接多边形及按给定的边长画正多边形。命令格式如下:

命令:POLYON↙(也可单击正多边形图标实现画正多边形)

输入边的数目 <4>:6↙(正六边形,如图 14-16 所示为正六边形画法)

指定正多边形的中心点或[边(E)]:E↙(提示输入多边形中心,或输入多边形边长)

输入选项[内接于圆(I)/外切于圆(C)]<I>：
指定边的第一个端点：(用光标给出一边的端点)
指定边的第二个端点：(用光标给出该边的另一端点)
当不用"E"而直接用光标输入多边形中心时，即
指定正多边形的中心点或[边(E)]：(用光标输入多边形中心)
输入选项[内接于圆(I)/外切于圆(C)]<I>：(输入 I 为作圆内接多边形，C 为作圆外切多边形)

选择 C 或 I 则提示：
指定圆的半径：(用键盘或光标输入多边形外切圆或内接圆的半径)
在图 14-16 中，图(a)为定边长正六边形；图(b)为圆外接正六边形；图(c)为圆内切正六边形。

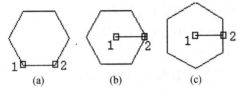

图 14-16　正六边形画法

9．椭圆命令(ELLIPSE)
该命令用于画椭圆，其命令格式及提示见下拉主菜单"绘图(<u>D</u>)"→"椭圆(<u>E</u>)"的二级下拉菜单。

10．文字命令(TEXT)
该命令用于写各种文字，包括西文字体、各种符号和汉字。字体可以改变大小、长宽比、倾斜和反写等。命令格式如下：

命令：TEXT ↙
指定文字的起点或[对正(J)/样式(S)]：(光标给出起始点)
指定高度<0.2000>：2.5 ↙(输入字高)
指定文字的旋转角度<0>：15 ↙(输入旋转角度)
输入文字：12345ABCDE ↙(书写文字，见图 14-17)
输入文字：↙(按回车结束)

DTEXT 命令用于写动态文字。动态文字输入可以完成多行文字的输入，且起始位置对齐，命令格式与 TEXT 命令相同。

图 14-17　TEXT 命令写字

在文字命令(TEXT)提示"[对正(J)/样式(S)]"中，"对正(J)"表示文字对齐方式，即左对齐、右对齐、中间对齐、顶对齐、底对齐和中部对齐等，按提示进行选择，"样式(S)"设定字型。

二、二维图形绘图工具

因为屏幕上图形显示区较小，图形复杂时，图线间距变得很小，所以很难在屏幕上找到准确的绘图点，在绘图机或打印机上绘图时误差明显可见。AutoCAD 提供了一些命令，能准确地在屏幕上找到

图 14-18　屏幕绘图工具菜单条

绘图点。屏幕下面有一菜单条如图 14-18 所示，将鼠标置于按钮之上，按钮变亮，并弹出按钮

功能的中文名称。

1. 显示栅格命令(GRID)

该命令在屏幕上显示一些网状的点,称为栅格。它可以作为坐标点的定位和移动的距离。命令格式如下:

命令:GRID↙

指定栅格间距(X)或[开(ON)/关(OFF)/捕捉(S)/纵横向间距(A)] <0.0000>:ON↙

此时屏幕上可以见到栅格,其中 ON、OFF 分别为打开和关闭栅格显示状态。缺省值为 OFF 状态,不显示栅格。

指定栅格间距(X)或[开(ON)/关(OFF)/捕捉(S)/纵横向间距(A)] <0.0000>:A↙(设定栅格间距)

指定水平间距(X) <0.0000>:10↙(水平间距)

指定垂直间距(Y) <0.0000>:10↙(垂直间距)

栅格充满图区,见图 14-19(a)。

单击栅格图标只能使栅格打开或关闭,只有输入 GRID 命令才能改变栅格的显示状态。

2. 捕捉命令(SNAP)

该命令在屏幕上产生栅格,但栅格在屏幕上不可见,光标只落在栅格点上。

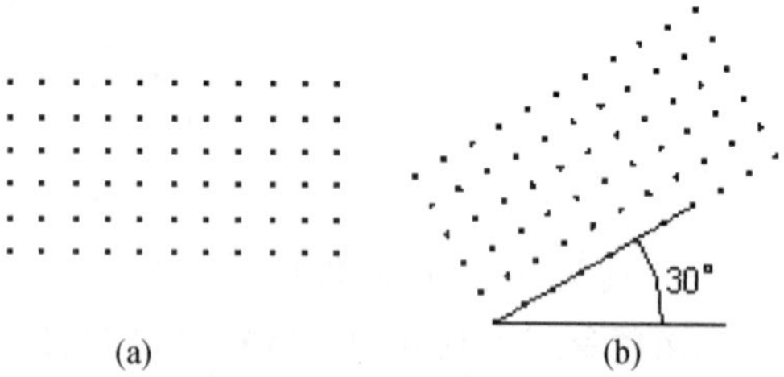

栅格的间距可以设定,画图时只沿栅格点画线,此栅格可以和 GRID 命令定义的可见栅格一致或不一致。命令格式如下:

命令:SNAP↙

指定捕捉间距或[开(ON)/关(OFF)/纵横向间距(A)/旋转(R)/样式(S)/类型(T)] <10.0000>:

其中的选择项"开(ON)"为打开光标按栅格捕捉;"关(OFF)"为取消栅格捕捉;"纵横向间距(A)"为设定捕捉栅格间距;"旋转(R)"为设定栅格倾角,如给定30,则所设栅格如图 14-19(b)所示;"样式(S)"为设定捕捉式样,有标准式(Standard)和等轴测式(Isometric)两种。

图 14-19 栅格的设定

栅格和捕捉命令的设定,使用对话框更为方便。在命令状态下输入 DDRMODES 命令即可弹出如图 14-20 所示的对话框,根据对话框中的提示进行选择设定。

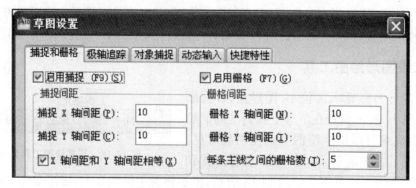

图 14-20 "捕捉和栅格"标签

3. 正交方式绘图命令(ORTHO)

在正交方式下,只能沿栅格的两个方向画线,不能画其他方向线。如对0°的栅格,只能画水平线和垂直线,且保证两个方向的线段垂直。命令格式如下:

命令:ORTHO✓(或单击状态栏正交图标)

输入模式[开(ON)/关(OFF)]<开>:ON✓(ON为正交方式,OFF为非正交方式)

4. 选择捕捉方式命令(OSNAP)

在屏幕上绘图时,利用光标绘图误差较大。对于一些特殊点,如中心点、端点、切点及垂足等要求准确作图,利用捕捉方式可以准确地找到这些点,实现准确绘图。命令格式如下:

命令:OSNAP✓(为实体捕捉开关)

弹出如图14-21所示的对话框。

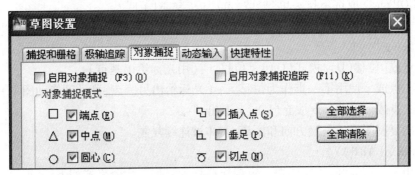

图14-21 "对象捕捉"标签

对象捕捉模式有:捕捉端点(Endpoint)、捕捉中点(Midpoint)、捕捉圆心(Center)、捕捉插入点(Insertion)、捕捉垂足(Perpendicular)、捕捉切点(Tangent)、捕捉最近点(Nearest)、捕捉交点(Intersection)、捕捉节点(Node)、捕捉象限点(Quadrant)等。

三、二维图形编辑

图形编辑命令是指对所画的图形进行修改、移动、拷贝和删除等操作。AutoCAD提供了多种图形编辑命令,这里简单介绍有关编辑命令的使用方法。常用的编辑命令可直接在下拉菜单"修改(M)"中选择。

1. 删除命令(ERASE)

该命令从图形中删除指定的实体。命令格式如下:

命令:ERASE✓[或选下拉菜单"修改(M)"→"删除(E)"]

选择对象:(此时用光标拾取一个目标,可单个拾取,也可开窗口拾取,被拾取目标变虚)

选择对象:(继续拾取一个目标)

选择对象:✓(结束拾取目标,且已拾取的目标被删除)

在"选择对象:"提示后,可以用光标连续拾取要删除的目标,也可输入"L"删除最后所画的实体;输入"W"为开窗口方式拾取要删除的实体。

2. 取消操作命令(UNDO)

该命令可以取消一个或多个已执行过的命令操作。命令格式如下:

命令:UNDO✓[或选下拉菜单"编辑(E)"→"放弃(U)"]

3. 移动命令(MOVE)

该命令将所选实体平移到新位置。命令格式如下：

命令：MOVE ↙[或选下拉菜单"修改(M)"→"移动(V)"]

选择对象：(用光标拾取单个或多个实体)

选择对象：↙(不再拾取实体)

指定基点或[位移(D)]：(用光标给出基点)

指定位移的第二点或<用第一点作位移>：(光标给出另一点,可见到拖动图形)

命令：(实体被平移到新的位置,原图消失)

4. 复制命令(COPY)

该命令对实体做一次或多次拷贝。命令格式如下：

命令：COPY ↙[或选下拉菜单"修改(M)"→"复制(Y)"]

选择对象：(用光标选取实体,或构造选择集)

选择对象：↙

指定基点或[位移(D)/模式(O)]<位移>：(用光标给出基点)

指定第二点或<使用第一点作为位移>：(光标给出另一点,可见到拖动图形)

指定第二点或[退出(E)/放弃(U)]<退出>：↙

连续给出复制图形的矢量方向和距离,实体被连续复制。

5. 阵列命令(ARRAY)

该命令用于多重复制,将实体按一定规律排列为阵列。命令格式如下：

命令：ARRAY ↙[或选下拉菜单"修改(M)"→"阵列(A)"]

弹出如图 14-22 所示的"阵列"对话框,根据提示选择矩形阵列或环形阵列,选择阵列对象,并输入需要的行数、列数、行间距、列间距等完成阵列复制。作环形阵列时要输入阵列角度。

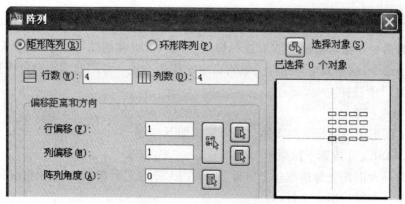

图 14-22 "阵列"对话框

6. 镜像命令(MIRROR)

该命令产生镜像图形的拷贝。命令格式如下：

命令：MIRROR ↙[或选下拉菜单"修改(M)"→"镜像(I)"]

选择对象：(用光标拾取实体)

选择对象：↙

指定镜像线第一点:(用光标给出镜像线第一点)
指定镜像线第二点:(用光标给出镜像线第二点)
要删除源对象吗?[是(Y)/否(N)]<N>:↙(不删除原图,若输入"Y"则删除原图)
对文本做镜像处理有不可读镜像和可读镜像。命令格式如下:
命令:MIRRTEXT↙
输入 MIRRTEXT 的新值<0>:↙(0 为文本可读镜像,1 为文不可读镜像)
命令:(以下操作与上面完全一样)

7. 旋转命令(ROTATE)

该命令将图形绕指定的基点旋转指定的角度。命令格式如下:
命令:ROTATE↙[或选下拉菜单"修改(M)"→"旋转(R)"]
选择对象:(用光标构造选择集)
选择对象:↙
指定基点:(用光标给出旋转中心点)
指定旋转角度或[参照(R)]:(输入旋转角度)
命令:(图形绕基点旋转,原图消失)

8. 比例缩放命令(SCALE)

该命令按给定基点和比例因子放大或缩小图形。命令格式如下:
命令:SCALE↙[或选下拉菜单"修改(M)"→"缩放(Z)"]
选择对象:(用光标构造选择集)
选择对象:↙
指定基点:(用光标给出基点)
指定比例因子或[参照(R)]:2↙(比例系数"2"使图形放大一倍)

9. 打断命令(BREAK)

该命令将实体断开成两部分,并删除其中一部分。命令格式如下:
命令:BREAK↙[或选下拉菜单"修改(M)"→"打断(K)"]
选择对象:(用光标选实体上一点)
指定第二个打断点或[第一点(F)]:(用光标选实体上或实体外第二点)
两点之间的线段被删除,如图 14-23 所示。

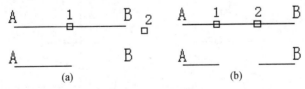

图 14-23 断开直线

10. 修剪命令(TRIM)

该命令用于修剪某些实体。命令格式如下:
命令:TRIM↙[或选下拉菜单"修改(M)"→"修剪(T)"]
选择对象或<全部选择>:(选择一条或多条修剪界线,如图 14-24 所示,选 1、2 两条线)
选择对象:↙

选择要修剪的对象,或按住 Shift 键,或[选栏(F)/窗交(C)/投影(P)/边(E)/删除(R)/放弃(U)]:[选取要剪裁的线段3(或3、4),完成修剪,如图 14-24(a)断中间,图 14-24(b)断两边]

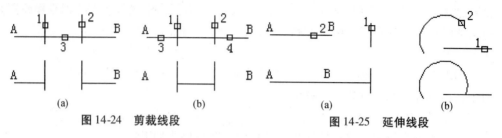

图 14-24 剪裁线段   图 14-25 延伸线段

11. 延伸命令(EXTEND)

该命令延伸指定的实体,使它延伸到选定实体的边界上。命令格式如下:

命令: EXTEND↙[或选下拉菜单"修改(M)"→"延伸(D)"]

选择对象或<全部选择>:[用光标选取被延伸到的实体1上一点,如图 14-25(a)、(b)边界为直线]

选择对象:↙

选择要延伸的对象,或按住 Shift 键,或[选栏(F)/窗交(C)/投影(P)/边(E)/删除(R)/放弃(U)]:(用光标选取延伸实体上一点2,完成延伸)

12. 倒圆角命令(FILLET)

该命令使两直线交角处按给定半径形成倒圆,在倒圆过程中不足的线段自动延长,多余的部分自动删除。命令格式如下:

命令: FILLET↙[或选下拉菜单"修改(M)"→"圆角(F)"]

选择第一个对象或[放弃(U)/多段线(P)/半径(R)/修剪(T)/多个(M)]: R↙(设定圆角半径)

指定圆角半径<0.0000>: 5↙(输入圆角半径5)

选择第一个对象或[放弃(U)/多段线(P)/半径(R)/修剪(T)/多个(M)]:(用光标选择第1实体)

选择第二个对象或[放弃(U)/多段线(P)/半径(R)/修剪(T)/多个(M)]:[用光标选择第2实体,完成倒圆,如图 14-26(a)所示]

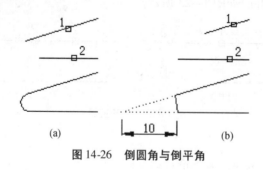

图 14-26 倒圆角与倒平角

13. 倒角命令(CHAMFER)

该命令使两相交直线形成倒角,多余部分直线自动修剪,不足线段自动延长。命令格式如下:

命令:CHAMFER✓[或选下拉菜单"修改(M)"→"倒角(C)"]

选择第一条直线或[放弃(U)/多段线(P)/……/方式(E)/多个(M)]:d✓

指定第一个倒角距离<0.0000>:20✓(输入第一点倒角距离)

指定第二个倒角距离<20.0000>:✓(输入第二点倒角距离)

选择第一条直线或[放弃(U)/多段线(P)/距离(D)/角度(A)/修剪(T)/方式(E)/多个(M)]:(用光标选择第一条线)

选择第二条直线或[放弃(U)/多段线(P)/……/方式(E)/多个(M)]:[用光标选择第2条线完成倒角,如图14-26(b)所示]

四、二维图形显示控制

图形显示控制命令用于改变屏幕的显示方式,如对图形放大或缩小、图形在屏幕上移动等。图形显示工具栏如图14-27所示。

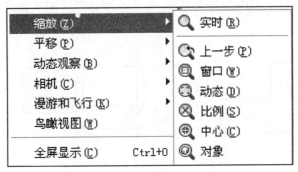

图14-27 图形显示工具栏

1. 图形缩放命令(ZOOM)

该命令用于对图形的放大或缩小,它只改变视觉效果,不改变真实尺寸。命令格式如下:

命令:ZOOM✓[或选下拉菜单"视图(V)"→"缩放(Z)"]

指定窗口角点,输入比例因子(nX或nXP),或[全部(A)/……/窗口(W)]<实时>:[其中有九个选项,常用的两个是"全部(A)"和"窗口(W)"。输入"A✓"使超出屏幕范围的图形全部显示在屏幕范围内;输入"W✓",提示输入两个角点开一个显示窗口,使窗口内的图形放大]

指定第一个角点:(用光标输入点)

指定第二个角点:(用光标输入点)

由两个角点开一个显示窗口,使窗口内的图形放大。

2. 平移命令(PAN)

该命令使屏幕图形整体移动,可使屏幕外的图形移到屏幕内,但不改变图形的大小。命令格式如下:

命令:PAN✓[或选下拉菜单"视图(V)"→"平移(P)"→"实时",如图14-28所示]

此时屏幕上的光标变成手形,按鼠标左键可以任意移动图形画面。按鼠标右键弹出对话框,或按Esc键退出平移命令。

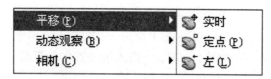

图 14-28　图形显示平移工具栏

3. 重画命令(REDRAW)

该命令擦除屏幕上原有图形,并重新画出,同时清除屏幕上的残余坐标点。命令格式如下:

命令:REDRAW ↙ [或选下拉菜单"视图(V)"→"重画(R)"]

命令:R ↙ (R 为 REDRAW 的缩写)

上机练习题:

抄绘图形,无尺寸标注的图形大小自定,有尺寸标注的按图形标注大小抄绘,如图 14-29 所示。

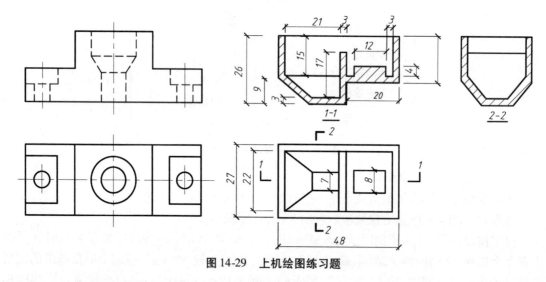

图 14-29　上机绘图练习题

第四节　二维图形的尺寸标注

尺寸标注前,首先要对尺寸标注样式进行设置。尺寸标注中的标注线、延伸线、箭头设置、尺寸数字位置、文字格式、尺寸标注颜色均可通过对话框来设置,设置方法见本章第二节中的"初始绘图环境的设置(尺寸标注设置)"。

尺寸标注类型多、命令复杂,可以使用命令输入方式,也可采用菜单和对话框方式,其中对话框方式不用记忆大量的尺寸标注命令,这里简单介绍下拉菜单的使用。

单击下拉菜单"标注(N)"弹出尺寸标注栏,如图 14-30 所示,可从中选择欲标注的类型。

图 14-30　尺寸标注下拉菜单

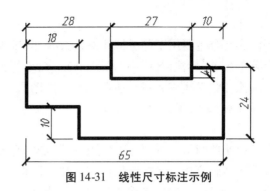

图 14-31　线性尺寸标注示例

一、基本标注

1．水平和垂直线尺寸标注

线性标注命令用于标注两点之间的水平和垂直距离。连续标注是指首尾相连的多个标注。基线标注是指从同一基线处测量的多个标注。在创建基线标注或连续标注之前,必须先创建线性、对齐或角度标注。水平和垂直线标注示例如图 14-31 所示。

2．对齐标注

对齐标注命令可创建与指定位置或对象平行的标注,在测量斜线长度或非水平、垂直距离时可以使用对齐标注,水平或垂直的线段应该用线性标注命令。如图 14-32 所示是标注斜线或斜缺口尺寸。单击下拉菜单"标注(N)",选"对齐(G)"。命令行提示:

指定第一条延伸线原点或<选择对象>:(用鼠标选择斜线的两端点,可标注平行目标的尺寸)

指定第一条延伸线原点或<选择对象>:↙(或单击鼠标右键)

选择标注对象:(用鼠标选择斜线段,可标注平行斜线的尺寸)

3．半径和直径标注

半径和直径标注命令用于测量标注圆弧和圆的半径与直径尺寸。当执行半径标注命令时,命令行提示:

选择圆弧或圆:(用鼠标拾取欲标注实体,如图 14-33 所示圆弧)

指定尺寸线位置或[多行文字(M)/文字(T)/角度(A)]:T↙

输入标注文字<(默认值)>:15 ↙(输入欲标注的尺寸数值,并将尺寸线牵引至适当位置)

标注直径时,方法相似。

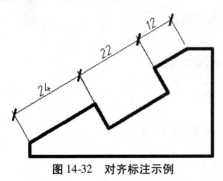

图 14-32　对齐标注示例

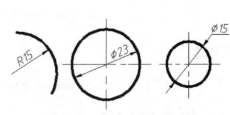

图 14-33　半径、直径标注示例

4. 角度标注

角度标注命令主要用于测量标注两条直线、圆弧或三个点之间的角度。

选择菜单命令"标注(N)"→"角度(A)",命令行提示:

选择圆弧、圆、直线或<指定顶点>:(拾取图形中的圆弧,如图 14-34 左图所示)

指定标注弧线位置或[多行文字(M)/文字(T)/角度(A)/象限点(Q)]:(光标至某点)↙

选择下拉菜单"标注(N)"→"角度(A)",命令行提示:

选择圆弧、圆、直线或<指定顶点>:(拾取图形中的直线,如图 14-34 右图所示)

选择第二条直线:(拾取图形中的另一直线)

指定标注弧线位置或[多行文字(M)/文字(T)/角度(A)/象限点(Q)]:(光标至某点)↙

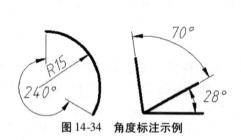

图 14-34 角度标注示例　　图 14-35 "特性"对话框

二、修改标注

对已标注的内容不满意时,可以对标注实体内容进行修改。

选择下拉菜单"修改(M)"→"特性(P)",弹出"特性"对话框,如图 14-35 所示。单击"选择对象"按钮,用光标拾取尺寸对象[如图 14-36(a)左图中的尺寸 28],弹出如图 14-38(b)所示对话框,在"文字替代"右侧栏中输入文字"4×7"即可[如图 14-36(a)右图所示]。按 Enter 键,修改完成。按 Esc 键,取消操作。

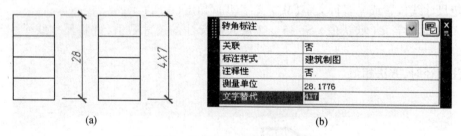

图 14-36 尺寸特性(文字)修改对话框

上机练习题:

尺寸、文字标注练习。抄绘平面图并进行标注,如图 14-37 所示。

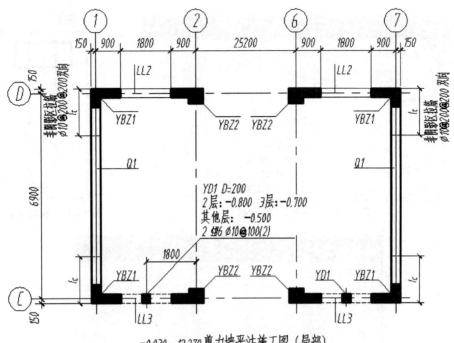

图 14-37 建筑平面图抄绘练习题

第五节 图块、面域填充

一、图块

1. 定义图块命令(BLOCK)

该命令将一个图形定义为一个图块,并给出一个块名。命令格式如下:

命令:BLOCK↙[或在下拉菜单中选"绘图(D)"→"块(K)"→"创建(M)"]

弹出如图 14-38 所示的"块定义"对话框。若将图 14-39 所示的螺钉图形定义成块,以便插入其他图中,则在"名称"栏中填入块名"螺钉"。在"基点"栏中单击"拾取点",则在屏幕上选一基准点位于螺钉顶部中间。在"对象"栏中单击"选择对象",选择要做成块的实体。用开窗口的方式(从 1 点至 2 点)将螺钉图形全部选中,然后单击"确定",图形文件中建立了一个名称为"螺钉"的图形块,以备后续调用。

2. 图块插入命令(INSERT)

该命令将已定义的图块插入到屏幕的任何位置。命令格式如下:

命令:INSERT↙[或在下拉菜单中选"插入(I)"→"块(B)..."]

弹出"插入"对话框,如图 14-40 所示。在"名称"栏中填入块名"螺钉",如果忘记了图块名,则单击"浏览"到文件目录中查找。接下来用鼠标设置图块的插入点及旋转角度。已有的图形文件亦可当作"块"插入现图样中。

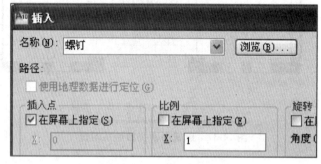

图 14-38 "块定义"对话框

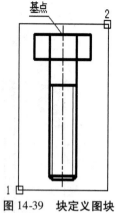

图 14-39 块定义图块

图 14-40 "插入"对话框

3. 图块分解命令(EXPLODE)

将图形设置成图块后,图块就是一个整体的实体,图块内的图线不能修改,使用图块分解命令将图块分解后方可对图块中的实体进行编辑或修改。命令格式如下:

命令:EXPLODE↙[或在下拉菜单中选"修改(M)"→"分解(X)"]

选择对象:(用光标选择一个或多个图块)

选择对象:↙(此时可以用图形编辑命令修改图块中的实体)

二、剖面线填充

AutoCAD 提供了各种剖面线的画法,可以在封闭的图形区内填充图案,还提供了设计图案的方法。HATCH 为画剖面线命令,该命令用于在封闭的图形内画出剖面线。命令格式如下:

命令:HATCH↙[或在下拉菜单中选"绘图(D)"→"图案填充(H)"]

弹出"图案填充和渐变色"对话框,如图 14-41 所示。选择"图案填充"标签,单击"样例"图形框,弹出"填充图案选项板"对话框,如图 14-42 所示,在其中选取适当的填充图案。"图案填充和渐变色"对话框内还有设置剖面线旋转角度、间隔比例等选项,可根据绘图要求试着选用。接下来,选择要填充图案的边界。可在对话框中单击"拾取点",即在欲填充图案的边界内任意拾取一点,返回对话框后单击"确定",图案填充完毕。也可在对话框中单击"选择对象",即逐一选择填充图案的边界后按鼠标右键确认,返回对话框后单击"确定",图案填充完毕。

图 14-41 "图案填充和渐变色"对话框

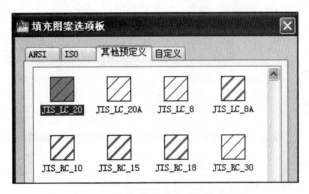

图 14-42 "填充图案选项板"对话框

如果使用过 AutoCAD 2008 或更低的版本,为方便起见,可以在下拉菜单"工具"中选"工作空间"中的"AutoCAD 经典",如图 14-43(a)所示,则屏幕布局换成图 14-43(b)所示的样式,使用更方便。

图 14-43 "AutoCAD 经典"窗口设置

第六节　实体造型

实体造型是通过定义一系列基本体素,如长方体、圆锥体、圆柱体、球体和楔形体等,然后使用并、交、差布尔运算,将基本体素彼此叠加或相减,从而得到所需的形体模型。

一、基本形体

基本形体(基本体素)有长方体、楔形体、圆锥体、圆柱体、球体和圆环体等六种。在"AutoCAD 经典"窗口下,将光标置于下拉菜单下方工具栏上单击鼠标右键,弹出菜单,如图 14-44(a)所示,选择"建模",弹出建模工具条,如图 14-44(b)所示,在工具条中选取实体,如长方体。

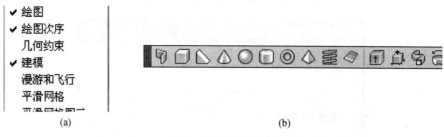

图 14-44　AutoCAD 经典模式下"建模工具条"调用

1. 长方体(BOX)

首先输入 VPOINT 命令设定视点(1,1,1)。命令格式如下:

命令:VPOINT ✓(用 UCS 命令设定坐标原点)

当前视图方向:VIEWDIR=0.0000,0.0000,1.0000

指定视点或[旋转(R)]<显示指南针和三轴架>:1,1,1 ✓

命令:BOX ✓[或在下拉菜单中选"绘图(D)"→"建模(M)"→"长方体(B)",或在经典模式下选工具条中的长方体图标,以下采用 AutoCAD 经典模式]

指定长方体第一个角点或[中心(C)]<0,0,0>:

其中有两个选项:

(1) 长方体的角点。

指定长方体第一个角点或[中心(C)] <0,0,0>:✓(或用光标给出长方体底面第一个角点)

指定其他角点或[立方体(C)/长度(L)]:

其中又给出三个选项:

① 给出长方体另一个角点。

指定其他角点或[立方体(C)/长度(L)]:5,4,2 ✓

指定高度:3 ✓(高度 3)

命令:[见图 14-45(a),用 HIDE 命令消隐后为图 14-45(b)]

② 给出长方体的长度(LENGTH)

指定角点或[立方体(C)/长度(L)]:L ✓

指定长度:3 ✓(长度 3)

指定宽度:5↙(宽度5)
指定高度:3↙(高度3)
命令:HIDE↙[或在下拉菜单中选"视图"→"消隐",见图14-45(c)]
③ 画立方体。
指定角点或[立方体(C)/长度(L)]:C↙(作立方体)
指定宽度:3↙(给出立方体的边长3)
命令:HIDE↙[消隐,见图14-45(d)]

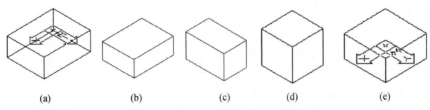

图14-45 画长方体

(2) 给出长方体的中心点。
指定长方体的角点或[中心点(C)]<0,0,0>:C↙
指定长方体的中心点<0,0,0>:↙[长方体的中心坐标(0,0,0)]
指定角点或[立方体(C)/长度(L)]:[其中的三个选项与前面完全一样,见图14-45(e)]
2. 楔形体(WEDGE)
命令:WEDGE↙[或在下拉菜单中选"绘图(D)"→"建模(M)"→"楔体(W)",或在工具条中单击楔形体图标]
指定第一个角点或[中心点(C)]<0,0,0>:↙
指定角点或[立方体(C)/长度(L)]:
给出两个选项:
(1) 给出另一角点。
指定角点或[立方体(C)/长度(L)]:4,3,2↙[见图14-46(a)]
命令:HIDE↙[消隐,见图14-46(b)]
(2) 给出长度。
指定角点或[立方体(C)/长度(L)]:L↙
指定长度:4↙(长度4)
指定宽度:3↙(宽度3)
指定高度:2↙(高度2)
命令:用HIDE命令消隐,见图14-46(b),渲染后如图14-46(c)所示。

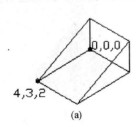 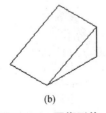

图14-46 画楔形体

3. 柱体(CYLINDER)

该命令可以画圆柱实体和椭圆柱实体。

命令：CYLINDER ↙[或在下拉菜单中选"绘图(D)"→"建模(M)"→"圆柱体(C)"，或在工具条中单击圆柱体图标]

指定底面的中心点或[椭圆(E)]<0,0,0>：

给出多个选项：

(1) 给定圆柱底面的圆心。

指定底面的中心点或[椭圆(E)]<0,0,0>：↙（圆心在原点）

指定底面的半径或[直径(D)]：3 ↙（半径3）

指定高度或[两点(2P)/轴端点(A)]<缺省值>：

又给出两个选项：

① 给定圆柱的高度(HEIGHT)。

指定高度或[两点(2P)/轴端点(A)]<缺省值>：4 ↙[见图14-47(a)]

命令：用HIDE命令消隐，RENDER命令渲染，见图14-47(b)、(c)。

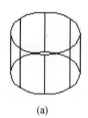 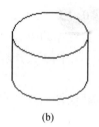 

(a)　　　　　　　　(b)　　　　　　　　(c)

图 14-47　画圆柱体

② 分别给出另一选项(略)。

(2) 椭圆柱体(ELLIPTICAL)(略)。

4. 圆锥体(CONE)

该命令可画圆锥体和椭圆锥体。

命令：CONE ↙[或在下拉菜单中选"绘图(D)"→"建模(M)"→"圆锥体(O)"，或在工具条中单击圆锥体图标]

指定底面的中心点或[椭圆(E)]<0,0,0>：

给出多个选项：

指定底面的半径或[直径(D)]：3 ↙

指定高度或[两点(2P)/轴端点(A)/顶面半径(T)]<省缺值>：5 ↙[见图14-48(a)]

命令：用HIDE命令消隐，RENDER命令渲染，见图14-48(b)、(c)。其他选项自学。

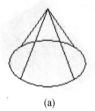 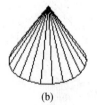 

(a)　　　　　　　　(b)　　　　　　　　(c)

图 14-48　画圆锥体

5. 圆球体(SPHERE)

命令：SPHERE ↙[或在下拉菜单中选"绘图(D)"→"建模(M)"→"球体(S)"，或在工具条中单击圆球体图标]

指定中心点或[三点(3P)/两点(2P)/切点、切点、半径(T)]：(用光标选取一点)

指定球体半径或[直径(D)]<省缺值>：3↙(圆球半径)

命令：用 HIDE 命令消隐，RENDER 命令渲染，见图 14-49(a)、(b)。

6. 圆环体(TORUS)

命令：TORUS ↙[或在下拉菜单中选"绘图(D)"→"建模(M)"→"圆环体(T)"，或在工具条中单击圆环体图标]

指定中心点或[三点(3P)/两点(2P)/切点、切点、半径(T)]：(用光标选取一点)

指定圆环体半径或[直径(D)]：3↙(圆环半径)

指定圆管半径或[直径(D)]：1↙(圆管半径)

命令：用 RENDER 命令渲染，见图 14-49(c)。

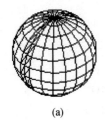 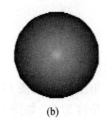 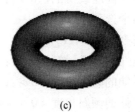

(a)　　　　　　　　　(b)　　　　　　　　　(c)

图 14-49　圆球体和圆环体

二、拉伸造型和旋转造型

1. 拉伸造型(EXTRUDE)

该命令可将二维实体拉伸成三维实体，二维实体包括圆(CIRCLE)、椭圆(ELLIPSE)、封闭的二维多段线(APLINE)、封闭的样条曲线(SPLINE)和面域(REGION)。若生成锥体，输入的锥角范围为 -90°至 +90°。此外，还可将二维实体沿着指定的路径拉伸。拉伸的路径包括圆(CIRCLE)、椭圆(ELLIPSE)、圆弧(ARC)、椭圆弧(ELLIPSE)、二维多段线(PLINE)、三维多段线(3D POLYLINE)、二维样条曲线(SPLINE)等。

首先介绍多段线编辑方法：

用 PEDIT 命令对复杂的连续的直线或圆弧段等多条线进行编辑。例如，将如图 14-50(a)所示的三角形编辑成如图 14-50(c)所示的多段线三角形，编辑过程如下：

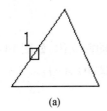 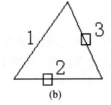 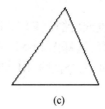

(a)　　　　　　　　(b)　　　　　　　　(c)

图 14-50　多段线编辑

命令：PEDIT ↙[或在下拉菜单中选"修改(M)"→"对象(O)"→"多段线(P)"]

选择多段线或[多条(M)]:(用光标拾取三角形的第一条边)
是否将其转换为多段线? <Y> ↙
输入选项或[闭合(C)/合并(J)/宽度(W)/编辑顶点(E)/拟合(F)/样条曲线(S)/非曲线化(D)/线型生成(L)/放弃(U)]:J↙(多段线合并连接)
选择对象:(用光标拾取三角形的第二条边)
选择对象:(用光标拾取三角形的第三条边)
选择对象:↙(三角形的三条边成为一个实体)
命令:
用 LIMITS 命令设定尺寸范围(80,60)。用 VPOINT 命令设定视点(1,1,1)。用 UCS 命令设定坐标原点。用 PLINE 命令画平面图形,见图 14-51(a)。
命令:EXTRUDE↙[或在下拉菜单中选"绘图(D)"→"建模(M)"→"拉伸(X)"]
选择对象:(此时单击要拉伸的实体多边形)
选择对象:↙
指定拉伸高度或[路径(P)]:
给出两个选项:
(1) 高度(HEIGHT)。
指定拉伸高度或[路径(P)]:20↙(给出高度20)
指定拉伸的倾斜角度 <0> :↙[默认锥角度为0,如图 14-51(b)]
指定拉伸的倾斜角度 <0> :6↙[若锥角度为6°,如图 14-51(c)]
命令:用 HIDE 命令消隐,如图 14-51(b)。

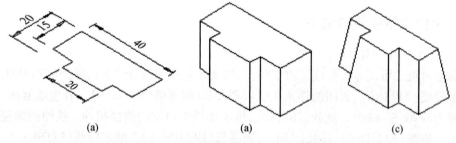

图 14-51 实体沿高度(HEIGHT)拉伸

(2) 路径(PATH)。
命令:EXTRUDE↙
选择对象:[选择图 14-52(a)中的圆]
选择对象:↙
指定拉伸高度或[路径(P)]:P↙
选择拉伸路径:选择图 14-52(a)中的曲线,则立即生成曲面立体,如图 14-52(b)所示。
命令:用 HIDE 命令消隐,RENDER 命令渲染,见图 14-52(b)、(c)。

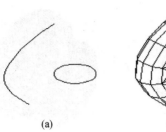  

图 14-52　实体沿路径(PATH)拉伸

要注意:图 14-52(a)中的圆和路径曲线不能在同一坐标面内绘制。在"Auto CAD 经典"工作空间中,将光标置于下拉菜单下方任一工具栏命令按钮上,单击鼠标右键,勾选"视图"选项,弹出视图工具条如图 14-53 所示,单击第七个图标,则世界坐标系成图 14-55(a)状,在 XOY 坐标面内绘制圆。再用同样的方法调出"UCS"工具条,如图 14-54 所示,然后将世界坐标系绕 X 轴旋转 90°,再画路径曲线,如图 14-55(b)所示。

图 14-53　视图工具条

图 14-54　"UCS"世界坐标系工具条

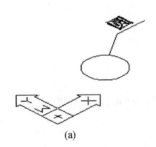 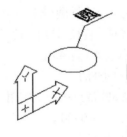 

图 14-55　轴测坐标旋转

2. 旋转造型(REVOLVE)

该命令由二维实体绕轴线旋转生成三维实体,二维实体包括圆(CIRCLE)、椭圆(ELLIPE)、封闭的二维多段线(PLINE)、封闭的样条曲线(SPLINE)和面域(REGION)。

用 LIMITS 命令设定尺寸范围(80,60)。用 VPOINT 命令设定视点(1,1,1)。用 UCS 命令设定坐标原点,并使坐标系绕 X 轴旋转 90°。用 PLINE 命令画平面图形,见图 14-56(a)。

命令:REVOLVE ↙[或在下拉菜单中选"绘图(D)"→"建模(M)"→"旋转(R)"]

选择对象:[选择图 14-56(a)中的平面图形(已转换成多段线)]

选择对象:↙

指定旋转轴的起点或定义轴依照[对象(O)/X 轴(X)/Y 轴(Y)]:X ↙

指定旋转角度 <360> :↙

命令:消隐并渲染后如图 14-56(b)、(c)所示。

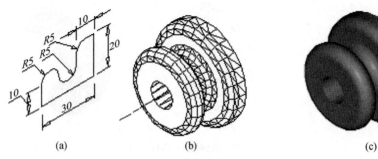

图 14-56 旋转实体(REVOLVE)

三、形体的拓扑运算

拓扑运算亦称布尔运算,有三种:并集运算(UNION),两个形体叠加到一起形成新的形体;差集运算(SUBTRACT),从一个形体中挖去另一个形体;交集运算(INTERSECT),即求两个形体的公共部分。

1. 并集运算(UNION)

并集运算是将几个形体叠加在一起。

【例 14-1】 圆锥体和圆柱体的叠加(相贯),见图 14-57(a)。

用 VPOINT 命令设定视点(-1, -1,1),用 LIMITS 命令设定屏幕尺寸范围(80,60),用 UCS 命令设定坐标原点(40,30,0)。

命令:CONE ✓(画圆锥)
指定圆锥体底面的中心点或[椭圆(E)]<0,0,0>:✓
指定圆锥体底面的半径或[直径(D)]:17.5 ✓
指定圆锥体高度或[顶点(A)]:45 ✓
命令:UCS ✓(平移用户坐标)
输入选项[新建(N)/移动(M)/……/应用(A)/? /世界(W)] <世界 >:O ✓
指定新原点 <0,0,0>:0,-6,20 ✓
命令:UCS ✓(旋转用户坐标系)
输入选项[新建(N)/移动(M)/……/应用(A)/? /世界(W)] <世界 >:Y ✓
指定绕 Y 轴的旋转角度 <0>:-90 ✓
命令:CYLINDER ✓(画圆柱)
指定圆柱体底面的中心点或[椭圆(E)]<0,0,0>:0,0,-22.5 ✓
指定圆柱体底面的半径或[直径(D)]:11 ✓
指定圆柱体高度或[另一个圆心(C)]:45 ✓
命令:UNION ✓(求并)
选择对象:ALL ✓(或用鼠标选择两个形体)
选择对象:✓
命令:用 HIDE 命令消隐,RENDER 命令渲染,见图 14-57(b)、(c)。

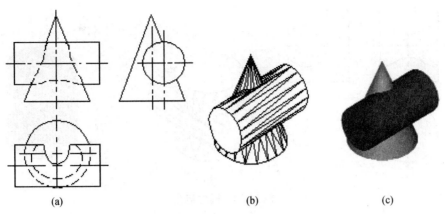

(a) (b) (c)

图 14-57 圆锥体和圆柱体求并

2. 差集运算(SUBTRACT)

差集运算是从一个形体中减去另一个形体。

【例 14-2】 从一个大圆柱体中挖去一个小圆柱体,见图 14-58(a)。

用 VPOINT 命令设定视点(-1,-1,1),用 LIMITS 命令设定屏幕尺寸范围(80,60),用 UCS 设定坐标原点(40,30,0)。

命令: CYLINDER ✓(画大圆柱)

指定圆柱体底面的中心点或[椭圆(E)] <0,0,0>:✓

指定圆柱体底面的半径或[直径(D)]: 17 ✓

指定圆柱体高度或[另一个圆心(C)]: 40 ✓

命令: UCS ✓(平移用户坐标)

输入选项[新建(N)/移动(M)/……/应用(A)/?/世界(W)] <世界>: O ✓

指定新原点 <0,0,0>: 0,-6,20 ✓

命令: UCS ✓(旋转用户坐标系)

输入选项[新建(N)/移动(M)/……/应用(A)/?/世界(W)] <世界>: Y ✓

指定绕 Y 轴的旋转角度 <0>: -90 ✓

命令: CYLINDER ✓(画小圆柱)

指定圆柱体底面的中心点或[椭圆(E)] <0,0,0>: 0,0,-25 ✓

指定圆柱体底面的半径或[直径(D)]: 12 ✓

指定圆柱体高度或[另一个圆心(C)]: 50 ✓

命令: SUBTRACT ✓(求差)

选择要从中减去的实体或面域...

选择对象:(用鼠标选取大圆柱)

选择对象:✓

选择要减去的实体或面域...

选择对象:(用鼠标选取要减去的小圆柱)

命令: 用 HIDE 命令消隐,RENDER 命令渲染,见图 14-58(b)、(c)。

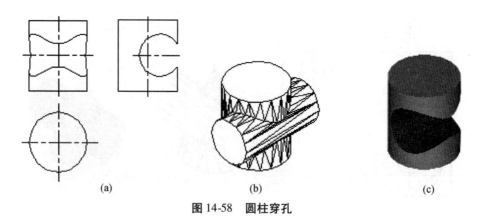

图 14-58 圆柱穿孔

3. 交集运算(INTERSECT)

交集运算是求两个形体的公共部分。

【例 14-3】 求圆柱体和长方体的交集,见图 14-59(a)。

首先用 LIMITS、VPOINT、UCS 命令设定绘图初始条件,然后按以下步骤作图:

命令:CYLINDER ↙(画圆柱)

指定圆柱体底面的中心点或[椭圆(E)]<0,0,0>:↙

指定圆柱体底面的半径或[直径(D)]:20 ↙(半径)

指定圆柱体高度或[另一个圆心(C)]:20 ↙(高度)

命令:BOX ↙(画长方体)

指定长方体的角点或[中心点(CE)]<0,0,0>:C ↙

指定长方体的中心点<0,0,0>:0,10,0 ↙

指定角点或[立方体(C)/长度(L)]:L ↙

指定长度:50 ↙

指定宽度:30 ↙

指定高度:20 ↙

命令:INTERSECT ↙

选择对象:(用鼠标选择两实体)

选择对象:↙

命令:用 HIDE 命令消隐,RENDER 命令渲染,如图 14-59(b)、(c)所示。

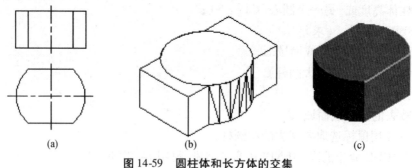

图 14-59 圆柱体和长方体的交集

四、组合体造型

组合体可看成是简单的基本体经布尔运算后所得到的复杂形体。

【例 14-4】 按图 14-60(a)给定的尺寸,构造三维实体。

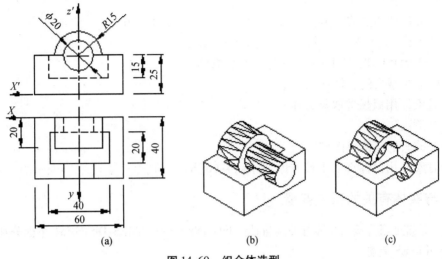

图 14-60 组合体造型

用 VPOINT 命令设定视点(1,1,1),用 LIMITS 命令设定屏幕尺寸范围(80,60),用 UCS 命令设定坐标原点(40,30,0)。

命令:BOX ✓(画长方体)

指定长方体的角点或[中心点(C)]<0,0,0>:-30,0,0 ✓

指定角点或[立方体(C)/长度(L)]:30,40,25 ✓

命令:UCS ✓

输入选项[新建(N)/移动(M)/……/应用(A)/?/世界(W)]<世界>:X ✓

指定绕 X 轴的旋转角度 <0>:90 ✓

命令:CYLINDER(画大圆柱)

指定圆柱体底面的中心点或[椭圆(E)]<0,0,0>:0,25,0 ✓

指定圆柱体底面的半径或[直径(D)]:16 ✓(半径)

指定圆柱体高度或[另一个圆心(C)]:-20 ✓(高度)

命令:UNION ✓(长方体与大圆柱求并)

选择对象:all ✓(或用鼠标选中全部实体)

选择对象:✓

命令:CYLINDER ✓(画小圆柱)

指定圆柱体底面的中心点或[椭圆(E)]<0,0,0>:0,25,0 ✓

指定圆柱体底面的半径或[直径(D)]:10 ✓(半径)

指定圆柱体高度或[另一个圆心(C)]:-40 ✓(高度)

命令:SUBTRACT ✓(求差,立体挖出小圆柱)

选择要从中减去的实体或面域...

选择对象:(用鼠标选取长方体)

选择对象:↙

选择要减去的实体或面域…

选择对象:(用鼠标选取小圆柱)

命令:BOX↙(画小长方体)

指定长方体的角点或[中心点(C)]<0,0,0>: -20,10,10↙

指定角点或[立方体(C)/长度(L)]: 20,30,25↙

命令:SUBTRACT↙(求差,立体挖出小长方体)

选择要从中减去的实体或面域…

选择对象:(用鼠标选取长方体)

选择对象:↙

选择要减去的实体或面域…

选择对象:[用鼠标选取小长方体,见图14-60(b)、(c)]

五、与实体有关的系统变量

有三个系统变量直接与实体有关,它们是:ISOLINES、FACETRES、DISPSILH,下面分别介绍。

1. ISOLINES 变量

该变量用于设置实体用线框表示时其上面的总网格数,见图14-61。

2. FACETRES 变量

该变量用于设置消隐或渲染实体时的多边形网格的密度(MESH),见图14-62。密度越大,实体消隐或渲染后的表面越光滑,但耗时越长。

3. DISPSILH 变量

该变量用于设置是否要显示实体的轮廓线。当其为0时不显示,见图14-63(a);当其为1时显示,见图14-63(b)。

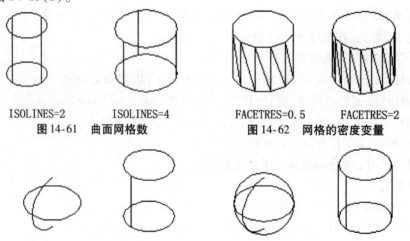

ISOLINES=2　　ISOLINES=4　　　　FACETRES=0.5　　FACETRES=2

图14-61　曲面网格数　　　　图14-62　网格的密度变量

ISOLINES=1,DISPSILH=0　　　　ISOLINES=1,DISPSILH=1

(a)　　　　　　　　　　　(b)

图14-63　设置显示实体轮廓线变量

上机练习题：

任选图 14-64 中的两个立体，在 AutoCAD 中进行三维造型设计，尺寸自定。

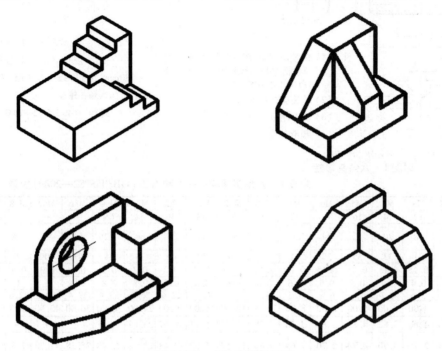

图 14-64　立体造型练习图

附　　表

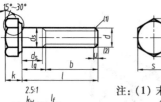

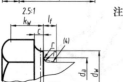

注：(1) 末端应倒角，螺纹规格在 M4 以下（包括 M4）的螺栓可为辗制末端（GB/T 2—2001）；
(2) 不完整螺纹 $u \leq 2P$；
(3) d_w 的仲裁基准；
(4) 圆滑过渡。

$l_{g\max} = l_{公称} - b_{参考}$　　$l_{s\min} = l_{g\max} - 5P$　　P—螺距

标 记 示 例

螺纹规格 d = M12、公称长度 l = 80mm、性能等级为 8.8 级、表面氧化、A 级的六角头螺栓：

螺栓　GB/T 5782—2000　M12×80

附图 1　六角头螺栓

附表 1　六角头螺栓——A 和 B 级（GB/T 5782—2000）摘录（mm）

螺纹规格 d			M3	M4	M5	M6	M8	M10	M12	M16	M20	M24	M30	M36	M42	M48	M56	M64
b 参考	$l \leq 125$		12	14	16	18	22	26	30	38	46	54	66	—	—	—	—	—
	$125 < l \leq 200$		18	20	22	24	28	32	36	44	52	60	72	84	96	108	—	—
	$l > 200$		31	33	35	37	41	45	49	57	65	73	85	97	109	121	137	153
c	min		0.15	0.15	0.15	0.15	0.15	0.15	0.15	0.2	0.2	0.2	0.2	0.2	0.3	0.3	0.3	0.3
	max		0.4	0.4	0.5	0.5	0.6	0.6	0.6	0.8	0.8	0.8	0.8	0.8	1	1	1	1
d_a	max		3.6	4.7	5.7	6.8	9.2	11.2	13.7	17.7	22.4	26.4	33.4	39.4	45.6	52.6	63	71
d_s	max		3.00	4.00	5.00	6.00	8.00	10.00	12.00	16.00	20.00	24.00	30.00	36.00	42.00	48.00	56.00	64.00
	min 产品等级	A	2.86	3.82	4.82	5.82	7.78	9.78	11.73	15.73	19.67	23.67	—	—	—	—	—	—
		B	2.75	3.70	4.70	5.70	7.64	9.64	11.57	15.57	19.48	23.48	29.48	35.38	41.38	47.38	55.26	63.26
d_w	min 产品等级	A	4.57	5.88	6.88	8.88	11.63	14.6	16.63	22.49	28.19	33.61	—	—	—	—	—	—
		B	4.45	5.74	6.74	8.74	11.47	14.4	16.47	22	27.7	33.25	42.75	51.1	59.95	69.45	78.66	88.16
e	min 产品等级	A	6.07	7.66	8.79	11.05	14.38	17.77	20.03	26.75	33.53	39.98	—	—	—	—	—	—
		B	—	—	8.63	10.89	14.20	17.59	19.85	26.17	32.95	39.55	50.85	60.79	71.3	82.6	93.56	104.86
l_f	max		1	1.2	1.2	1.4	2	2	3	3	4	4	6	6	8	10	12	13
k	公称		2	2.8	3.5	4	5.3	6.4	7.5	10	12.5	15	18.7	22.5	26	30	35	40
	产品等级 A	min	1.875	2.675	3.35	3.85	5.15	6.22	7.32	9.82	12.285	14.785	—	—	—	—	—	—
		max	2.125	2.925	3.65	4.15	5.45	6.58	7.68	10.18	12.715	15.215	—	—	—	—	—	—
	产品等级 B	min	1.8	2.6	3.26	3.76	5.06	6.11	7.21	9.71	12.15	14.65	18.28	22.08	25.58	29.58	34.5	39.5
		max	2.2	3.0	3.74	4.24	5.54	6.69	7.79	10.29	12.85	15.35	19.12	22.92	26.42	30.42	35.5	40.5
k_w	min 产品等级	A	1.31	1.87	2.35	2.70	3.61	4.35	5.12	6.87	8.6	10.35	—	—	—	—	—	—
		B	1.26	1.82	2.28	2.63	3.54	4.28	5.05	6.8	8.51	10.26	12.8	15.46	17.91	20.71	24.15	27.65
r	min		0.1	0.2	0.2	0.25	0.4	0.4	0.6	0.6	0.8	0.8	1	1	1.2	1.6	2	2
s	max = 公称		5.50	7.00	8.00	10.00	13.00	16.00	18.00	24.00	30.00	36.00	46	55.00	65.0	75.0	85.0	95.0
	min 产品等级	A	5.32	6.78	7.78	9.78	12.73	15.73	17.73	23.67	29.67	35.38	—	—	—	—	—	—
		B	5.20	6.64	7.64	9.64	12.57	15.57	17.57	23.16	29.16	35.00	45	53.8	63.1	73.1	82.8	92.8
l（商品规格范围及通用规格）			20~30	25~40	25~50	30~60	35~80	40~100	45~120	55~160	65~200	80~240	90~300	110~360	130~400	140~400	160~400	200~400
l（系列）			20,25,30,35,40,45,50,(55),60,(65),70,80,90,100,110,120,130,140,150,160,180,200,220,240,260,280,300,320,340,360,380,400															

注：A 和 B 为产品等级，A 级用于 $d \leq 24$ mm 和 $l \leq 10d$ 和 ≤ 150 mm（按较小值）的螺栓，B 级用于 $d > 24$ mm 和 $l > 10d$ 或 > 150 mm（按较小值）的螺栓。尽可能不采用括号内的规格。参见附图 1。

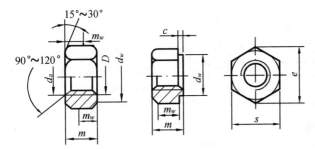

附图2 允许制造的形式

标记示例

螺纹规格 D = M12、性能等级为 10 级、不经表面处理、A 级的 I 型六角螺母：

螺母 GB/T 6170—2000 M12

附表2 I 型六角螺母——A 和 B 级（GB/T 6170—2000）摘录 （mm）

螺纹规格 D		M1.6	M2	M2.5	M3	M4	M5	M6	M8	M10	M12
c	max	0.2	0.2	0.3	0.4	0.4	0.5	0.5	0.6	0.6	0.6
	min	0.1	0.1	0.1	0.15	0.15	0.15	0.15	0.15	0.15	0.15
d_a	max	1.84	2.3	2.9	3.45	4.6	5.75	6.75	8.75	10.8	13
	min	1.60	2.0	2.5	3.00	4.0	5.00	6.00	8.00	10.0	12
d_w	min	2.4	3.1	4.1	4.6	5.9	6.9	8.9	11.6	14.6	16.6
e	min	3.41	4.32	5.45	6.01	7.66	8.79	11.05	14.38	17.77	20.03
m	max	1.30	1.60	2.00	2.40	3.2	4.7	5.2	6.80	8.40	10.80
	min	1.05	1.35	1.25	2.15	2.9	4.4	4.9	6.44	8.04	10.37
m_w	min	0.8	1.1	1.4	1.7	2.3	3.5	3.9	5.1	6.4	8.3
s	max	3.20	4.00	5.00	5.50	7.00	8.00	10.00	13.00	16.00	18.00
	min	3.02	3.82	4.82	5.22	6.78	7.78	9.78	12.73	15.73	17.73
螺纹规格 D		M16	M20	M24	M30	M36	M42	M48	M56	M64	
c	max	0.8	0.8	0.8	0.8	0.8	1	1	1	1.2	
	min	0.2	0.2	0.2	0.2	0.2	0.3	0.3	0.3	0.3	
d_a	max	17.3	21.6	25.9	32.4	38.9	45.4	51.8	60.5	69.1	
	min	16.0	20.0	24.0	30.0	36.0	42.0	48.0	56.0	64.0	
d_w	min	22.5	27.7	33.3	42.8	51.1	60	69.5	78.7	88.2	
e	min	26.75	32.95	39.55	50.85	60.79	72.02	82.6	93.56	104.86	
m_w	max	14.8	18.0	21.5	25.6	31.0	34.0	38.0	45.0	51.0	
	min	14.1	16.9	20.2	24.3	29.4	32.4	36.4	43.4	49.1	
m_w	min	11.3	13.5	16.2	19.4	23.5	25.9	29.1	34.7	39.3	
s	max	24.00	30.00	36	46	55.0	65.0	75.0	85.0	95.0	
	min	23.67	29.16	35	45	53.8	63.8	73.1	82.8	92.8	

注：1. A 级用于 $D \leqslant 16$ mm 的螺母；B 级用于 $D > 16$ mm 的螺母。本表仅按商品规格和通用规格列出。参见附图2。
2. 螺纹规格为 M8～M64、细牙、A 级和 B 级的 I 型六角螺母，请查阅 GB/T 6171—2000。

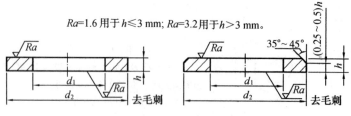

附图 3 平垫圈

小垫圈（GB/T 848—2002）　　平垫圈（倒角型）（GB/T 97.2—2002）
大垫圈（A 级产品）（GB/T 96.1—2002）　　平垫圈（GB/T 97.1—2002）

标 记 示 例

标准系列、公称尺寸 $d = 8$ mm、性能等级为 140HV 级、不经表面处理的平垫圈：

垫圈　GB/T 97.1—2002 8—14HV

附表 3　平 垫 圈　　　　　　　　　（mm）

	公称尺寸（螺纹规格）d	1.6	2	2.5	3	4	5	6	8	10	12	14	16	20	24	30	36
d_1 内径	GB/T 848—2002 (max)	1.84	2.34	2.84	3.38	4.48								21.33	25.33	31.33	—
	GB/T 97.1—2002 (max)						5.48	6.62	8.62	10.77	13.27	15.27	17.27				37.62
	GB/T 97.2—2002 (max)															31.39	
	GB/T 96.1—2002 (max)	—	—	—	3.38	4.48								22.52	26.84	34	40
	GB/T 848—2002 公称(min)	1.7	2.2	2.7	3.2	4.3								21	25	31	37
	GB/T 97.1—2002 公称(min)						5.3	6.4	8.4	10.5	13	15	17				
	GB/T 97.2—2002 公称(min)																
	GB/T 96.1—2002 公称(min)	—	—	—	3.2	4.3								22	26	33	39
d_2 外径	GB/T 848—2002 公称(max)	3.5	4.5	5	6	8	9	11	15	18	20	24	28	34	39	50	60
	GB/T 97.1—2002 公称(max)						10	12	16	20	24	28	30	37	44	56	66
	GB/T 97.2—2002 公称(max)	4	5	6	7	9											
	GB/T 96.1—2002 公称(max)	—	—	—	9	12	15	18	24	30	37	44	50	60	72	92	110
	GB/T 848—2002 min	3.2	4.2	4.7	5.7	7.64	8.64	10.57	14.57	17.57	19.48	23.48	27.48	33.38	38.38	49.38	58.8
	GB/T 97.1—2002 min	3.7	4.7	5.7	6.64	8.64	9.64	11.57	15.57	19.48	23.48	27.48	29.48	36.38	43.38	55.26	64.8
	GB/T 97.2—2002 min																
	GB/T 96.1—2002 min	—	—	—	8.64	11.57	14.57	17.57	23.48	29.48	36.38	43.38	49.38	58.1	70.1	89.8	107.8
h 厚度	GB/T 848—2002 公称	0.3	0.3	0.5	0.5	0.5	1	1.6	1.6	1.6	2	2.5	2.5	3	4	4	5
	GB/T 97.1—2002 公称					0.8				2	2.5		3				
	GB/T 97.2—2002 公称	—	—	—	—	—											
	GB/T 96.1—2002 公称	—	—	—	0.8	1	1.2	1.6	2	2.5	3	3	3	4	5	6	8
	GB/T 848—2002 max	0.35	0.35	0.55	0.55	0.55	1.1	1.8	1.8	1.8	2.2	2.7	2.7	3.3	4.3	4.3	5.6
	GB/T 97.1—2002 max					0.9				2.2	2.7		3.3				
	GB/T 97.2—2002 max	—	—	—	—	—											
	GB/T 96.1—2002 max	—	—	—	0.9	1.1	1.4	1.8	2.2	2.7	3.3	3.3	3.3	46	6	7	9.2
	GB/T 848—2002 min	0.25	0.25	0.45	0.45	0.45	0.9	1.4	1.4	1.4	1.8	2.3	2.3	2.7	3.7	3.7	4.4
	GB/T 97.1—2002 min					0.7				1.8	2.3		2.7				
	GB/T 97.2—2002 min	—	—	—	—	—											
	GB/T 96.1—2002 min	—	—	—	0.7	0.9	1.0	1.4	1.8	2.3	2.7	2.7	2.7	3.4	4	5	6.8

注：参见附图 3。

附表 4 基本尺寸至 500 mm 优先常用配合轴的极限偏差表

代号	c	d		e		f		g		h		
基本尺寸 mm	\	\	\	\	等	级	\	\	\	\	\	\
	11	8	9	7	8	7	8	6	7	5	6	7
≤3	-60 -120	-20 -34	-20 -45	-14 -24	-14 -28	-6 -16	-6 -20	-2 -8	-2 -12	0 -4	0 -6	0 -10
>3~6	-70 -145	-30 -48	-30 -60	-20 -32	-20 -38	-10 -22	-10 -28	-4 -12	-4 -16	0 -5	0 -8	0 -12
>6~10	-80 -170	-40 -62	-40 -76	-25 -40	-25 -47	-13 -28	-13 -35	-5 -14	-5 -20	0 -6	0 -9	0 -15
>10~14	-95 -205	-50 -77	-50 -93	-32 -50	-32 -59	-16 -34	-16 -43	-6 -17	-6 -24	0 -8	0 -11	0 -18
>14~18												
>18~24	-110 -240	-65 -98	-65 -117	-40 -61	-40 -73	-20 -41	-20 -53	-7 -20	-7 -28	0 -9	0 -13	0 -21
>24~30												
>30~40	-120 -280	-80 -119	-80 -142	-50 -75	-50 -89	-25 -50	-25 -64	-9 -25	-9 -34	0 -11	0 -16	0 -25
>40~50	-130 -290											
>50~65	-140 -330	-100 -146	-100 -174	-60 -90	-60 -106	-30 -60	-30 -76	-10 -29	-10 -40	0 -13	0 -19	0 -30
>65~80	-150 -340											
>80~100	-170 -390	-120 -174	-120 -207	72 -107	-72 -126	36 -71	36 -90	12 -34	-12 -47	0 -15	0 -22	0 -35
>100~120	-180 -400											
>120~140	-200 -450	-145 -208	-145 -245	-85 -125	-85 -148	-43 -83	-43 -106	-14 -39	-14 -54	0 -18	0 -25	0 -40
>140~160	-210 -460											
>160~180	-230 -480											
>180~200	-240 -530	-170 -242	-170 -285	-100 -146	-100 -172	-50 -96	-50 -122	-15 -44	-15 -61	0 -20	0 -29	0 -46
>200~225	-260 -550											
>225~250	-280 -570											
>250~280	-300 -620	-190 -271	-190 -320	-110 -162	-110 -191	-56 -108	-56 -137	-17 -49	-17 -69	0 -23	0 -32	0 -52
>280~315	-330 -650											
>315~355	-360 -720	-210 -290	-210 -350	-125 -182	-125 -214	-62 -119	-62 -151	-18 -54	-18 -75	0 -25	0 -36	0 -57
>355~400	-400 -760											
>400~450	-440 -840	-230 -327	-230 -385	-135 -198	-135 -232	-68 -131	-68 -165	-20 -60	-20 -83	0 -27	0 -40	0 -63
>450~500	-480 -880											

续表

代号 基本尺寸 mm	h				js	k		m		n		p
等级	8	9	10	11	6	6	7	6	7	5	6	6
≤3	0 −14	− −25	− −40	− −60	±3	+6 0	+10 0	+8 +2	+12 +2	+8 +4	+10 +4	+12 +6
>3~6	0 −18	0 −30	0 −48	0 −75	±4	+9 +1	+13 +1	+12 +4	+16 +4	+13 +8	+16 +8	+20 +12
>6~10	0 −22	0 −36	0 −58	0 −90	±4.5	+10 +1	+16 +1	+15 +6	+21 +6	+16 +10	+19 +10	+24 +15
>10~14	0	0	0	0	±5.5	+12	+19	+18	+25	+20	+23	+29
>14~18	−27	−43	−70	−110		+1	+1	+7	+7	+12	+12	+18
>18~24	0	0	0	0	±6.5	+15	+23	+21	+29	+24	+28	+35
>24~30	−33	−52	−84	−130		+2	+2	+8	+8	+15	+15	+22
>30~40	0	0	0	0	±8	+18	+27	+25	+34	+28	+33	+42
>40~50	−39	−62	−100	−160		+2	+2	+9	+9	+17	+17	+26
>50~65	0	0	0	0	±9.5	+21	+32	+30	+41	+33	+39	+51
>65~80	−46	−74	−120	−190		+2	+2	+11	+11	+20	+20	+32
>80~100	0	0	0	0	±11	+25	+38	+35	+48	+38	+45	+59
>100~120	−54	−87	−140	−220		+3	+3	+13	+13	+23	+23	+37
>120~140	0	0	0	0		+28	+43	+40	+55	+45	+52	+68
>140~160					±12.5							
>160~180	−63	−100	−160	−250		+3	+3	+15	+15	+27	+27	+43
>180~200	0	0	0	0		+33	+50	+46	+63	+51	+60	+79
>200~225					±14.5							
>225~250	−72	−115	−185	−290		+4	+4	+17	+17	+31	+31	+50
>250~280	0	0	0	0	±16	+36	+56	+52	+72	+57	+66	+88
>280~315	−81	−130	−210	−320		+4	+4	+20	+20	+34	+34	+56
>315~355	0	0	0	0	±18	+40	+61	+57	+78	+62	+73	+98
>355~400	−89	−140	−230	−360		+4	+4	+21	+21	+37	+37	+62
>400~450	0	0	0	0	±20	+45	+68	+63	+86	+67	+80	+108
>450~500	−97	−155	−250	−400		+5	+5	+23	+23	+40	+40	+68

续表

代号	p	r		s		t		u	v	x	y	z
基本尺寸 mm						等	级					
	7	6	7	5	6	6	7	6	6	6	6	6
≤3	+16 +6	+16 +10	+20 +10	+18 +14	+20 +14	—	—	+24 +18	—	+26 +20	—	+32 +26
>3 ~6	+24 +12	+23 +15	+27 +15	+24 +19	+27 +19	—	—	+31 +23	—	+36 +28	—	+43 +35
>6 ~10	+30 +15	+28 +19	+34 +19	+29 +23	+32 +23	—	—	+37 +28	—	+43 +34	—	+51 +42
>10 ~14	+36	+34	+41	+36	+39	—	—	+44	—	+51 +40	—	+61 +50
>18 ~24	+18	+23	+23	28	+28			+33	+55 +39	+56 +45	—	+71 +60
>18 ~24	+43	+41	+49	+44	+48	—	—	+54 +41	+60 +47	+67 +54	+76 +63	+86 +73
>24 ~30	+22	+28	+28	+35	+35	+54 +41	+62 +41	+61 +48	+68 +55	+77 +64	+88 +75	+101 +88
>30 ~40	+51	+50	+59	+54	+59	+64 +48	+73 +48	+76 +60	+84 +68	+96 +80	+110 +94	+128 +112
>40 ~50	+26	+34	+34	+43	+43	+70 +54	+79 +54	+86 +70	+97 +81	+113 +97	+130 +114	+152 +136
>50 ~65	+62	+60 +41	+71 +41	+66 +53	+72 +53	+85 +66	+96 +66	+106 +87	+121 +102	+141 +122	+163 +144	+191 +172
>65 ~80	+32	+62 +43	+73 +43	+72 +59	+78 +59	+94 +75	+105 +75	+121 +102	+139 +120	+165 +146	+193 +174	+229 +210
>80 ~100	+72	+73 +51	+86 +51	+86 +71	+93 +71	+113 +91	+126 +91	+146 +124	+168 +146	+200 +178	+236 +214	+280 +258
>100 ~120	+37	+76 +54	+89 +54	+94 +79	+101 +79	+126 +104	+139 +104	+166 +144	+194 +172	+232 +210	+276 +254	+332 +310
>120 ~140	+83	+88 +63	+103 +63	+110 +92	+117 +92	+147 +122	+162 +122	+195 +170	+227 +202	+273 +248	+325 +300	+390 +365
>140 ~160		+90 +65	+105 +65	+118 +100	+125 +100	+159 +134	+174 +134	+215 +190	+253 +228	+305 +280	+365 +340	+440 +415
>160 ~180	+43	+93 +68	+108 +68	+126 +108	+133 +108	+171 +146	+186 +146	+235 +210	+277 +252	+335 +310	+405 +380	+490 +465
>180 ~200	+96	+106 +77	+123 +77	+142 +122	+151 +122	+195 +166	+212 +166	+265 +236	+313 +284	+379 +350	+454 +425	+549 +520
>200 ~225		+109 +80	+126 +80	+150 +130	+159 +130	+209 +180	+226 180	+287 +258	+339 +310	+414 +385	+499 +470	+604 +575
>225 ~250	+50	+113 +84	+130 +84	+160 +140	+169 +140	+221 +196	+242 +196	+313 +284	+369 +340	+455 +425	+549 +520	+669 +640
>250 ~280	+108	+126 +94	+146 +94	+181 +158	+190 +158	+250 +218	+270 +218	+347 +315	+417 +385	+507 +475	+612 +580	+742 +710
>280 ~315	+56	+130 +98	+150 +98	+193 +170	+202 +170	+272 +240	+292 +240	+382 +350	+457 +425	+557 +525	+682 +650	+822 +790
>315 ~355	+119	+144 +108	+165 +108	+215 +190	+226 +190	+304 +268	+325 +268	+426 +390	+511 +475	+626 +590	+766 +730	+936 +900
>355 ~400	+62	+150 +114	+171 +114	+233 +208	+244 +208	+330 +294	+351 +294	+471 +435	+566 +530	+696 +660	+856 +820	+1036 +1000
>400 ~450	+131	+166 +126	+189 +126	+259 +232	+272 +232	+370 +330	+393 +330	+530 +490	+635 +594	+780 +740	+960 +920	+1140 +1100
>450 ~500	+68	+172 +132	+195 +132	+279 +252	+292 +252	+400 +360	+423 +360	+580 +540	+700 +660	+860 +820	+1040 +1000	+1290 +1250

附表5 基本尺寸至 500 mm 优先常用配合孔的极限偏差表

代号	C	D		E		F		G		H		
基本尺寸 mm	等 级											
	11	9	10	8	9	8	9	6	7	6	7	8
≤3	+120 +60	+45 +20	+60 +20	+28 +14	+39 +14	+20 6	+31 +6	+8 +2	+12 +2	+6 0	+10 0	+14 0
>3~6	+145 +70	+60 +30	+78 +30	+38 +20	+50 +20	+28 +10	+40 +10	+12 +4	+16 +4	+8 0	+12 0	+18 0
>6~10	+170 +80	+76 +40	+98 +40	+47 +25	+61 +25	+35 +13	+49 +13	+14 +5	+20 +5	+9 0	+15 0	+22 0
>10~14	+250 +95	+93 +50	+120 +50	+59 +32	+75 +32	+43 +16	+59 +16	+17 +6	+24 +6	+11 0	+18 0	+27 0
>14~18												
>18~24	+240 +110	+117 +65	+149 +65	+73 +40	+92 +40	+53 +20	+72 +20	+20 +7	+28 +7	+13 0	+21 0	+33 0
>24~30												
>30~40	+280 +120	+142 +80	+180 +80	+89 +50	+112 +50	+64 +25	+87 +25	+25 +9	+34 +9	+16 0	+25 0	+39 0
>40~50	+290 130											
>50~65	+330 +140	+174 +100	+220 +100	+106 +60	+134 +60	+76 +30	+104 +30	+29 +10	+40 +10	+19 0	+30 0	+46 0
>65~80	+340 +150											
>80~100	+390 +170	+207 +120	+260 +120	+126 +72	+159 +72	+90 +36	+123 +36	+34 +12	+47 +12	+22 0	+35 0	+54 0
>100~120	+400 +180											
>120~140	+450 +200	+245 +145	+305 +145	+148 +85	+185 +85	+106 +43	143 +43	+39 +14	+54 +14	+25 0	+40 0	+63 0
>140~160	+460 +210											
>160~180	+480 +230											
>180~200	+530 +240	+285 +170	+355 +170	+172 +100	+215 +100	+122 +50	+165 +50	+44 +15	+61 +15	+29 0	+46 0	+72 0
>200~225	+550 +260											
>225~250	+570 +280											
>250~280	+620 +300	+320 +190	+400 +190	+191 +110	+240 +110	+137 +56	186 +56	+49 +17	+69 +17	+32 0	+52 0	+81 0
>280~315	+650 +330											
>315~355	+720 +360	+350 +210	+440 +210	+214 +125	+265 +125	+151 +62	+202 +62	+54 +18	+75 +18	+36 +0	+57 0	+89 0
>355~400	+760 +400											
>400~450	+840 +440	+385 +230	+480 +230	+232 +135	+290 +130	+165 +68	+223 +68	+60 +20	+83 +20	+40 0	+63 0	+97 0
>450~500	+880 +480											

续表

代号	H				Js		K		M		N	
基本尺寸 mm	\multicolumn{12}{c}{等 级}												
	9	10	11	12	7	8	6	7	7	8	6	7
≤3	+25 0	+40 0	+60 0	+100 0	±5	±7	0 -6	0 -10	-2 -12	-2 -16	-4 -10	-4 -14
>3~6	+30 0	+48 0	+75 0	+120 0	±6	±9	+2 -6	+3 -9	0 -12	+2 -16	-5 -13	-4 -16
>6~10	+36 0	+58 0	+90 0	+150 0	±7	±11	+2 -7	+5 -10	0 -15	+1 -21	-7 -16	-4 -19
>10~14 >14~18	+43 0	+70 0	+110 0	+180 0	±9	±13	+2 -9	+6 -12	0 -18	+2 -25	-9 -20	-5 -23
>18~24 >24~30	+52 0	+84 0	+130 0	+210 0	±10	±16	+2 -11	+6 -15	0 -21	+4 -29	-11 -24	-7 -28
>30~40 >40~50	+62 0	+100 0	+160 0	+250 0	±12	±19	+3 -13	+7 -18	0 -25	+5 -34	-12 -28	-8 -33
>50~65 >65~80	+74 0	+120 0	+190 0	+300 0	±15	±23	+4 -15	+9 -21	0 -30	+5 -41	-14 -33	-9 -39
>80~100 >100~120	+87 0	+140 0	+220 0	+350 0	±17	±27	+4 -18	+10 -25	0 -35	+6 -48	-16 -38	-10 -45
>120~140 >140~160 >160~180	+100 0	+160 0	+250 0	+400 0	±20	±31	+4 -21	+12 -28	0 -40	+8 -55	-20 -45	-12 -52
>180~200 >200~225 >225~250	+115 0	+185 0	+290 0	+460 0	±23	±36	+5 -24	+13 -33	0 -46	+9 -63	-22 -51	-14 -60
>250~280 >280~315	+130 0	+210 0	+320 0	+520 0	±26	±40	+5 -27	+16 -36	0 -52	+9 -72	-25 -57	-14 -66
>315~355 >355~400	+140 0	+230 0	+360 0	+570 0	±28	±44	+7 -29	+17 -40	0 -57	+11 -78	-26 -62	-16 -73
>400~450 >450~500	+155 0	+250 0	+400 0	+630 0	±31	±48	+8 -32	+18 -45	0 -63	+11 -86	-27 -67	-17 -80

续表

代号 基本尺寸 mm	P		R		S		T		U
	\multicolumn{9}{c}{等　　　级}
	6	7	6	7	6	7	6	7	6
≤3	−6 −12	−6 −16	−10 −16	−10 −20	−14 −20	−14 −24	−	−	−18 −24
>3~6	−9 −17	−8 −20	−12 −20	−11 −23	−16 −24	−15 −27	−	−	−20 −28
>6~10	−12 −21	−9 −24	−16 −25	−13 −28	−20 −29	−17 −32	−	−	−25 −34
>10~14	−15 −26	−11 −29	−20 −31	−16 −34	−25 −36	−21 −39	−	−	−30 −41
>14~18									
>18~24	−18 −31	−14 −35	−24 −37	−20 −41	−31 −44	−27 −48	− −37 −50	− −33 −54	−37 −50 −44 −57
>24~30									
>30~40	−21 −37	−17 −42	−29 −45	−25 −50	−38 −54	−34 −59	−43 −59 −49 −65	−39 −64 −45 −70	−55 −71 −65 −81
>40~50									
>50~65	−26 −45	−21 −51	−35 −54 −37 −56	−30 −60 −32 −62	−47 −66 −53 −72	−42 −72 −48 −72	−60 −79 −69 −88	−55 −85 −64 −94	−81 −100 −96 −115
>65~80									
>80~100	−30 −52	−24 −59	−44 −66 −47 −69	−38 −73 −41 −76	−64 −86 −72 −94	−58 −93 −66 −101	−84 −106 −97 −119	−78 −113 −91 −126	−117 −139 −137 −159
>100~120									
>120~140	−36 −61	−28 −68	−56 −81 −58 −33 −61 −86	−48 −88 −50 −90 −53 −93	−85 −110 −93 −118 −101 −126	−77 −117 −85 −125 −93 −133	−115 −140 −127 −152 −139 −164	−107 −147 −119 −159 −131 −171	−163 −188 −183 −208 −203 −228
>140~160									
>160~180									
>180~200	−41 −70	−33 −79	−68 −97 −71 −100 −75 −104	−60 −106 −63 −109 −67 −113	−113 −142 −121 −150 −131 −160	−105 −151 −113 −159 −123 −169	−157 −186 −171 −200 −187 −216	−149 −195 −163 −209 −179 −225	−227 −256 −249 −278 −275 −304
>200~225									
>225~250									
>250~280	−47 −79	−36 −88	−85 −117 −89 −121	−74 −126 −78 −130	−149 −181 −161 −193	−138 −190 −150 −202	−209 −241 −231 −263	−198 −250 −220 −272	−306 −338 −341 −373
>280~315									
>315~355	−51 −87	−41 −98	−97 −133 −103 −139	−87 −144 −93 −150	−179 −215 −197 −233	−169 −226 −187 −244	−257 −293 −283 −319	−247 −304 −273 −330	−379 −415 −424 −460
>355~400									
>400~450	−55 −95	−45 −108	−113 −153 −119 −159	−103 −166 −109 −172	−219 −259 −239 −279	−209 −272 −229 −292	−317 −357 −247 −287	−307 −370 −337 −400	−477 −517 −527 −567
>450~500									

附表6 标准公差数值

基本尺寸 mm		公差等级																		
		IT01	IT0	IT1	IT2	IT3	IT4	IT5	IT6	IT7	IT8	IT9	IT10	IT11	IT12	IT13	IT14	IT15	IT16	IT17	IT18
大于	至	μm													mm						
—	3	0.3	0.5	0.8	1.2	2	3	4	6	10	14	25	40	60	0.10	0.14	0.25	0.40	0.60	1.0	1.4
3	6	0.4	0.6	1	1.5	2.5	4	5	8	12	18	30	48	75	0.12	0.18	0.30	0.48	0.75	1.2	1.8
6	10	0.4	0.6	1	1.5	2.5	4	6	9	15	22	36	58	90	0.15	0.22	0.36	0.58	0.90	1.5	2.2
10	18	0.5	0.8	1.2	2	3	5	8	11	18	27	43	70	110	0.18	0.27	0.43	0.70	1.10	1.8	2.7
18	30	0.6	1	1.5	2.5	4	6	9	13	21	33	52	84	130	0.21	0.33	0.52	0.84	1.30	2.1	3.3
30	50	0.6	1	1.5	2.5	4	7	11	16	25	39	62	100	160	0.25	0.39	0.62	1.00	1.60	2.5	3.9
50	80	0.8	1.2	2	3	5	8	13	19	30	46	74	120	190	0.30	0.46	0.74	1.20	1.90	3.0	4.6
80	120	1	1.5	2.5	4	6	10	15	22	35	54	87	140	220	0.35	0.54	0.87	1.40	2.20	3.5	5.4
120	180	1.2	2	3.5	5	8	12	18	25	40	63	100	160	250	0.40	0.63	1.00	1.60	2.50	4.0	6.3
180	250	2	3	4.5	7	10	14	20	29	46	72	115	185	290	0.46	0.72	1.15	1.85	2.90	4.6	7.2
250	315	2.5	4	6	8	12	16	23	32	52	81	130	210	320	0.52	0.81	1.30	2.10	3.20	5.2	8.1
315	400	3	5	7	9	13	18	25	36	57	89	140	230	360	0.57	0.89	1.40	2.30	3.60	5.7	8.9
400	500	4	6	8	10	15	20	27	40	63	97	155	250	400	0.63	0.97	1.55	2.50	4.00	6.3	9.7
500	630	4.5	6	9	11	16	22	30	44	70	110	175	280	440	0.70	1.10	1.75	2.8	4.4	7.0	11.0
630	800	5	7	10	13	18	25	35	50	80	125	200	320	500	0.80	1.25	2.00	3.2	5.0	8.0	12.5
800	1000	5.5	8	11	15	21	29	40	56	90	140	230	360	560	0.90	1.40	2.30	3.6	5.6	9.0	14.0
1000	1250	6.5	9	13	18	24	34	46	66	105	165	260	420	660	1.05	1.65	2.60	4.2	6.6	10.5	16.5
1250	1600	8	11	15	21	29	40	54	78	125	195	310	500	780	1.25	1.95	3.10	5.0	7.8	12.5	19.5
1600	2000	9	13	18	25	35	48	65	92	150	230	370	600	920	1.50	2.30	3.70	6.0	9.2	15.0	23.0
2000	2500	11	15	22	30	41	57	77	110	175	280	440	700	1100	1.75	2.80	4.40	7.0	11.0	17.5	28.0
2500	3150	13	18	26	36	50	69	93	135	210	330	540	860	1350	2.10	3.30	5.40	8.6	13.5	21.0	33.0

画法几何及土木工程制图
(习题部分)
第 4 版

主　编　高建洪　王书文　胡志华
副主编　翁晓红　李兰英　朱德铭

苏州大学出版社

内 容 提 要

全书共分两册。理论部分共十四章,其中包括投影理论(正投影、轴测投影)、制图基础、投影制图(组合体视图、建筑形体表达方法)、专业制图(建筑施工图、结构施工图、给水排水工程图、机械图)及计算机绘图;习题部分为配套练习,以巩固所学内容。本书编写力求做到理论透彻、内容精练、重点突出,便于教师施教、学生自学。

本书可作为工科院校本、专科的土木建筑类各专业制图课的教材,也可作为职大、电大、函授以及各类培训班的教材。

图书在版编目(CIP)数据

画法几何及土木工程制图.习题部分 / 高建洪,王书文,胡志华主编. —4 版. —苏州:苏州大学出版社,2021.8(2023.7重印)
ISBN 978-7-5672-3640-0

Ⅰ.①画… Ⅱ.①高… ②王… ③胡… Ⅲ.①画法几何-高等学校-习题集②土木工程-建筑制图-高等学校-习题集 Ⅳ.①TU204-44

中国版本图书馆 CIP 数据核字(2021)第 145580 号

画法几何及土木工程制图(习题部分)

第 4 版

高建洪 王书文 胡志华 主编

责任编辑 王 亮

苏州大学出版社出版发行
(地址:苏州市十梓街1号 邮编:215006)
丹阳兴华印务有限公司印装
(地址:丹阳市胡桥镇 邮编:212313)

开本 787 mm×1 092 mm 1/8 印张 35.75(共两册) 字数 693 千
2021 年 8 月第 4 版 2023 年 7 月第 3 次印刷
ISBN 978-7-5672-3640-0 定价:88.00 元(共两册)

图书若有印装错误,本社负责调换
苏州大学出版社营销部 电话:0512- 67481020
苏州大学出版社网址 http://www.sudapress.com
苏州大学出版社邮箱 sdcbs@suda.edu.cn

第 4 版前言

本教材是根据高等院校土木建筑类制图课程教学基本要求编写的,全书共分两册,即理论部分和习题部分。

本书理论部分包含画法几何、投影制图、专业制图、计算机绘图等四个部分。画法几何部分对与工程实际关系不密切的投影理论做了适当的精简,重点讲述几何元素和形体的图示基本理论和方法,并在相关章节后给出了激发学生发散思维的练习题目,以充分调动学生学习的主动性和积极性。由于投影制图部分是专业制图的基础,所以对内容做了适量增加,并注重理论与工程实际相结合,突出培养建筑形体图示表达能力和绘图基本技能。对土建专业制图部分,本书第 4 版根据最新国标进行了修订和补充,主要采用的国家标准有《房屋建筑制图统一标准》(GB/T 50001—2017)、《总图制图标准》(GB/T 50103—2010)、《建筑制图标准》(GB/T 50104—2010)、《建筑结构制图标准》(GB/T 50105—2010)、《建筑给水排水制图标准》(GB/T 50106—2010)等新标准,并根据专业需要适当修订了机械图内容。计算机绘图部分主要介绍了 AutoCAD 2010 绘图软件的常用绘图命令和图形处理的基本使用方法。

本书习题部分对应包含画法几何、投影制图、专业制图、计算机绘图等四个部分。内容编排力求做到由浅入深、由易到难、循序渐进。通过读图能力和制图技能的严格训练,学生能够逐步提高空间想象能力以及阅读和绘制建筑工程图样的能力。

书中加"*"号部分可根据专业要求选学。

参加本书编写工作的有高建洪、王书文、胡志华、翁晓红、李兰英、朱德铭、薛晓红、刘红俐、韦俊等。全书由徐文俊审阅,在此表示感谢。

对书中不当之处,恳请专家和读者批评指正。

编 者

目 录
(习题部分)

第一章 点、直线和平面的投影
  习题1 投影的基本知识 …………………………… (1)
  习题2 点的投影 …………………………………… (2)
  习题3 直线的投影(一) …………………………… (3)
  习题4 直线的投影(二) …………………………… (4)
  习题5 平面的投影 ………………………………… (5)

第二章 直线与平面、平面与平面的相对位置
  习题6 直线与平面、平面与平面(一) …………… (6)
  习题7 直线与平面、平面与平面(二) …………… (7)

第三章 投影变换
  习题8 投影变换(一) ……………………………… (8)
  习题9 投影变换(二) ……………………………… (9)

第四章 立体的投影
  习题10 立体的投影 ……………………………… (10)
  习题11 思维发散型练习(一) …………………… (11)
  习题12 思维发散型练习(二) …………………… (12)

第五章 立体表面的交线
  习题13 平面和立体相交(一) …………………… (13)
  习题14 平面和立体相交(二) …………………… (14)
  习题15 平面和立体相交(三) …………………… (15)
  习题16 平面和立体相交(四) …………………… (16)
  习题17 平面和立体相交(五) …………………… (17)
  习题18 平面和立体相交(六) …………………… (18)
  习题19 两立体相交(一) ………………………… (19)
  习题20 两立体相交(二) ………………………… (20)
  习题21 两立体相交(三) ………………………… (21)
  习题22 两立体相交(四) ………………………… (22)
  习题23 两立体相交(五) ………………………… (23)

第六章 组合体视图
  习题24 画组合体的三视图(一) ………………… (24)
  习题25 画组合体的三视图(二) ………………… (25)
  习题26 二补三(一) ……………………………… (26)
  习题27 二补三(二) ……………………………… (27)
  习题28 二补三(三) ……………………………… (28)
  习题29 二补三(四) ……………………………… (29)
  习题30 二补三(五) ……………………………… (30)
  习题31 尺寸标注及徒手绘图 …………………… (31)
  习题32 二补三及尺寸标注 ……………………… (32)

第七章 轴测投影
  习题33 轴测投影(一) …………………………… (33)
  习题34 轴测投影(二) …………………………… (34)

第八章 制图规格及基本技能
  习题35 仿宋体字练习(一) ……………………… (35)
  习题36 仿宋体字练习(二) ……………………… (36)
  习题37 几何作图 ………………………………… (37)
  习题38 尺寸标注 ………………………………… (38)
  作业一 线型练习和几何作图 …………………… (39)
  作业二 二补三 …………………………………… (40)

第九章 建筑形体表达方法
  习题39 基本视图与辅助视图 …………………… (41)
  习题40 剖面图(一) ……………………………… (42)
  习题41 剖面图(二) ……………………………… (43)

习题 42　剖面图(三) ……………………………………………… (44)
习题 43　剖面图(四) ……………………………………………… (45)
习题 44　剖面图(五) ……………………………………………… (46)
习题 45　剖面图和断面图 ………………………………………… (47)
习题 46　剖面图及尺寸标注 ……………………………………… (48)
作业三　剖面图 …………………………………………………… (49)

第十章　房屋建筑施工图
作业四、五　建筑施工图(一) …………………………………… (50)
作业六、七　建筑施工图(二) …………………………………… (51)
作业八　建筑施工图(三) ………………………………………… (52)

第十一章　结构施工图
习题 47　结构施工图(一) ………………………………………… (54)
习题 48　结构施工图(二) ………………………………………… (55)
习题 49　结构施工图(三) ………………………………………… (56)
作业九　结构施工图(四) ………………………………………… (57)
作业十、十一　结构施工图(五) ………………………………… (58)

第十二章　给水排水施工图
作业十二　给水排水施工图 ……………………………………… (59)

第十三章　机械图
习题 50　机械图(一) ……………………………………………… (60)
习题 51　机械图(二) ……………………………………………… (61)
作业十三　机械图(三) …………………………………………… (62)
作业十四　机械图(四) …………………………………………… (63)

第十四章　计算机绘图基础
习题 52　计算机绘图 ……………………………………………… (65)

第一章 点、直线和平面的投影

根据立体图，按尺寸画出三面投影图(图中箭头指向为正立面图方向)。

(1)

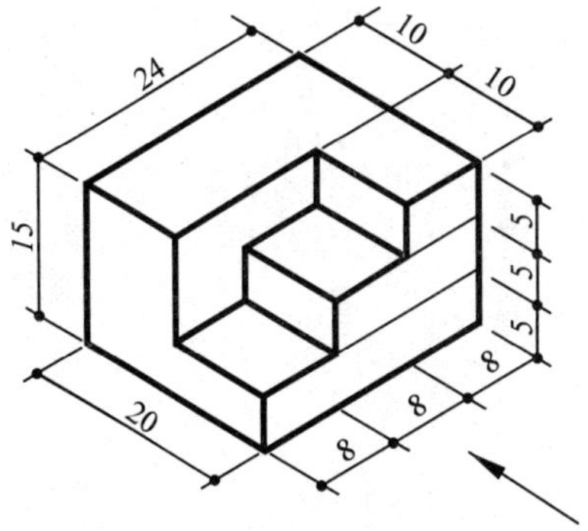

(2)

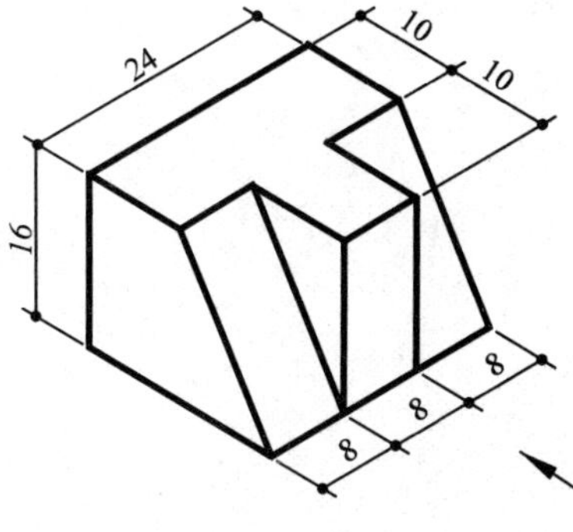

(3)

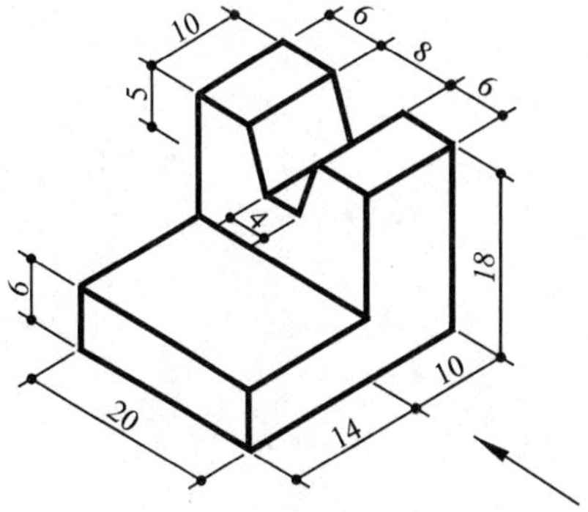

(4)

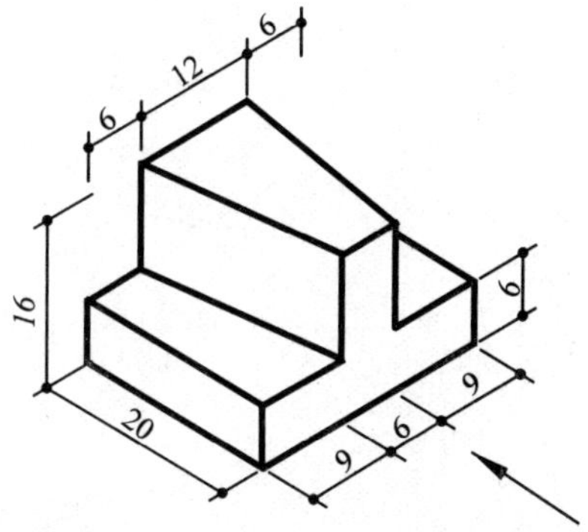

| 习题 1 | 投影的基本知识 | 专业 | | 姓名 | | 学号 | | 日期 | | 评阅 | | 成绩 | |

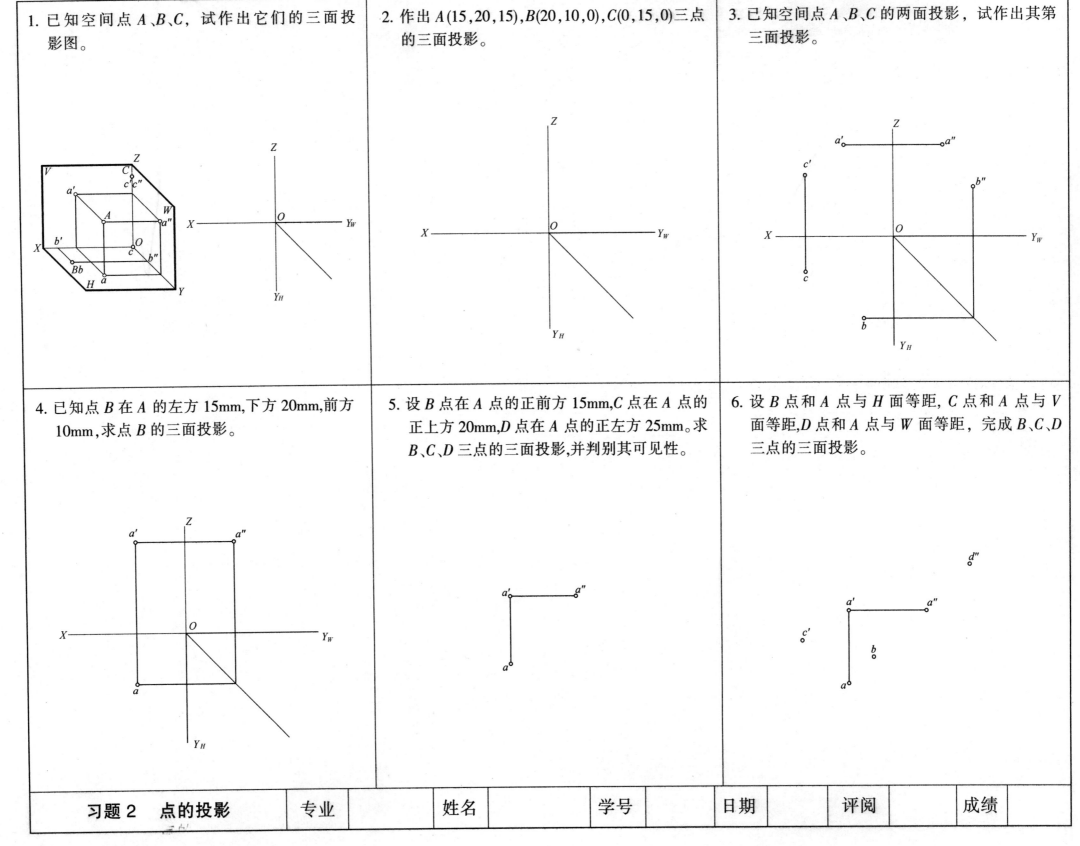

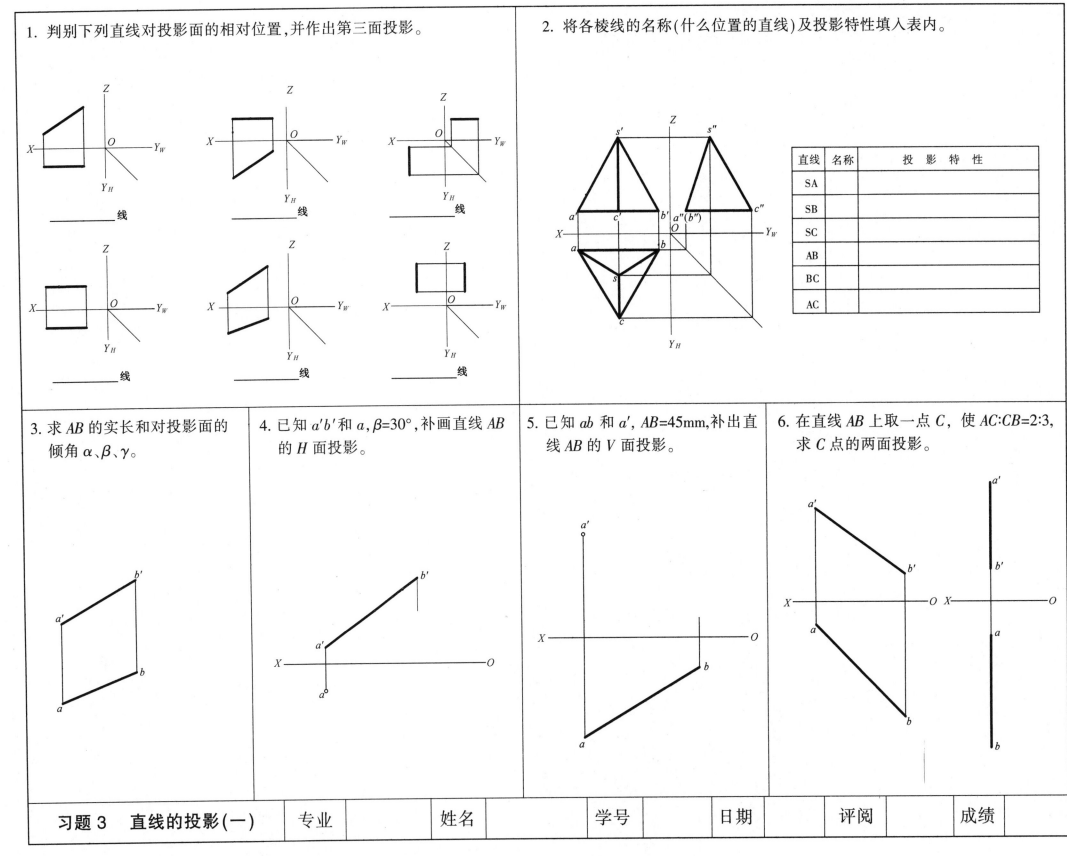

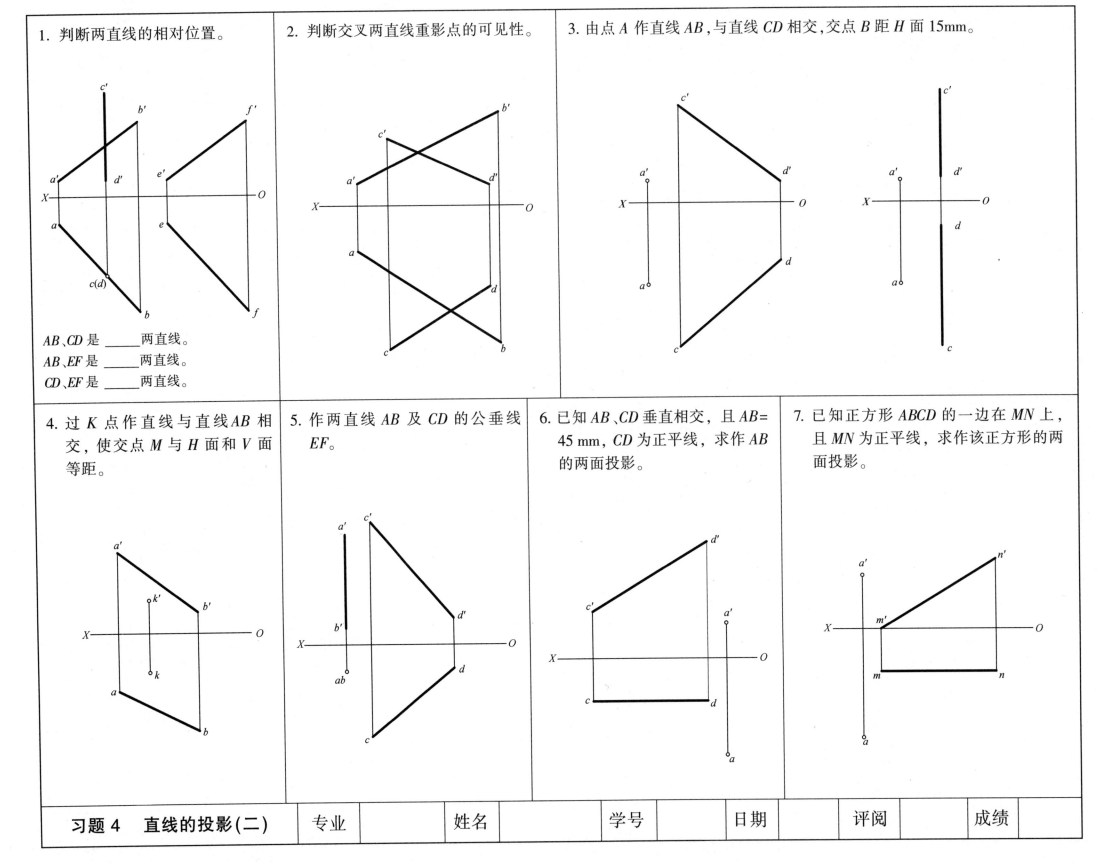

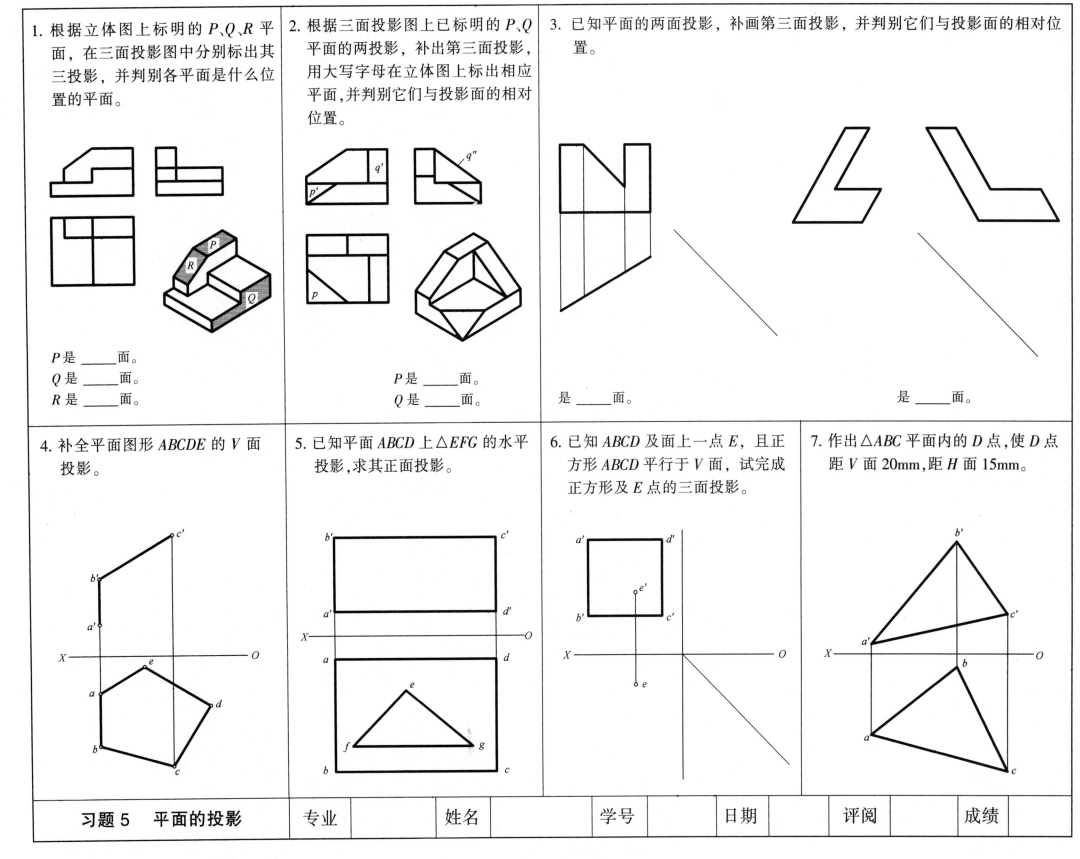

第二章 直线与平面、平面与平面的相对位置

1. 判别以下四图中直线与平面、平面与平面的相对位置，并在图下方的横线上注明平行、垂直、不平行、不垂直等字样。

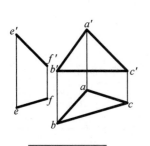
_____

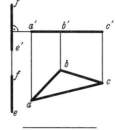
_____

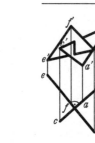
_____

_____

2. 平面 ABC 和 DEF 相互平行，完成 DEF 的水平投影。

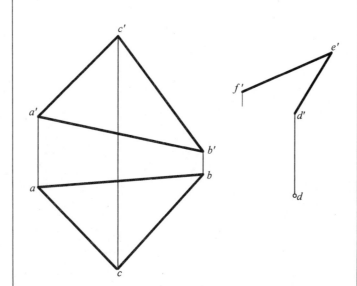

3. △ABC 平行于直线 DE 和 FG，完成 △ABC 的水平投影。

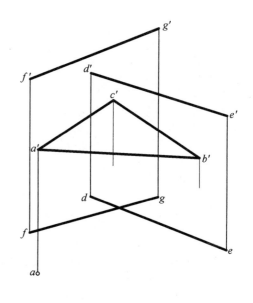

4. 求直线与平面的交点，并判别可见性。

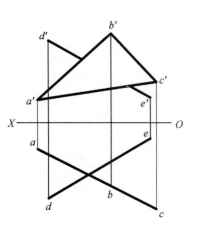

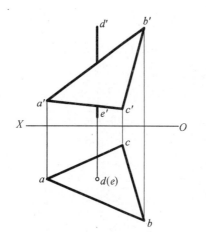

5. 求平面与平面的交线，并判别可见性。

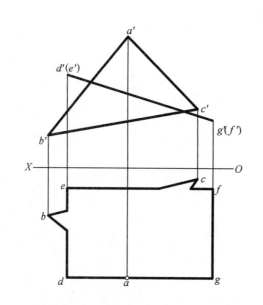

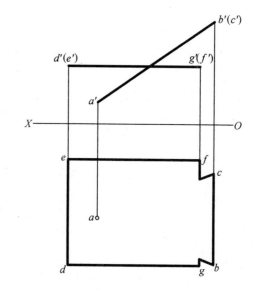

习题 6　直线与平面、平面与平面（一）

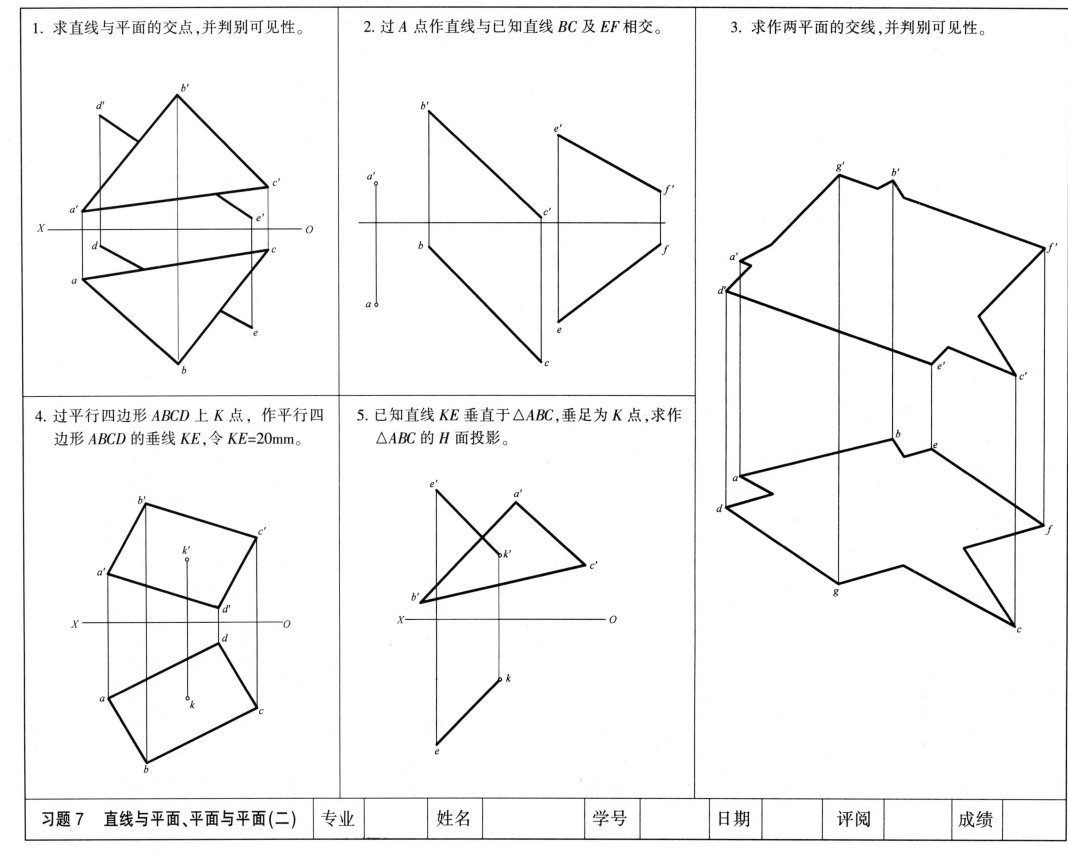

第三章 投影变换

1. 用换面法求线段 AB 的实长及对投影面的倾角 α、β。

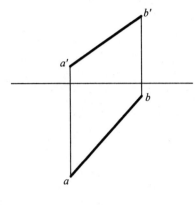

2. 直线 AB 的实长为 30mm，用换面法作出 AB 的 W 面投影，并求出对 W 面的倾角 γ。

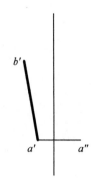

3. 用换面法求点 K 到直线 AB 的距离。

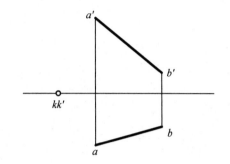

4. 用换面法求两平行直线间的距离。

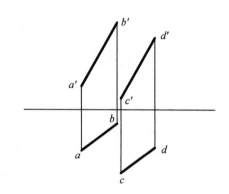

5. 过点 K 引一直线 KL 与已知直线 AB 相交成 60°。

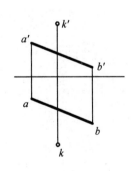

6. 求 △ABC 和 △DEF 的交线，并判别可见性。

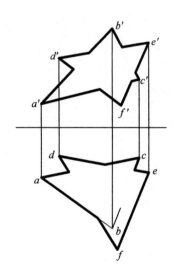

7. 已知 AB 为等腰三角形 ABC 的底边，试补全三角形的水平投影。

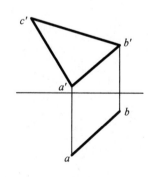

习题 8　投影变换（一）

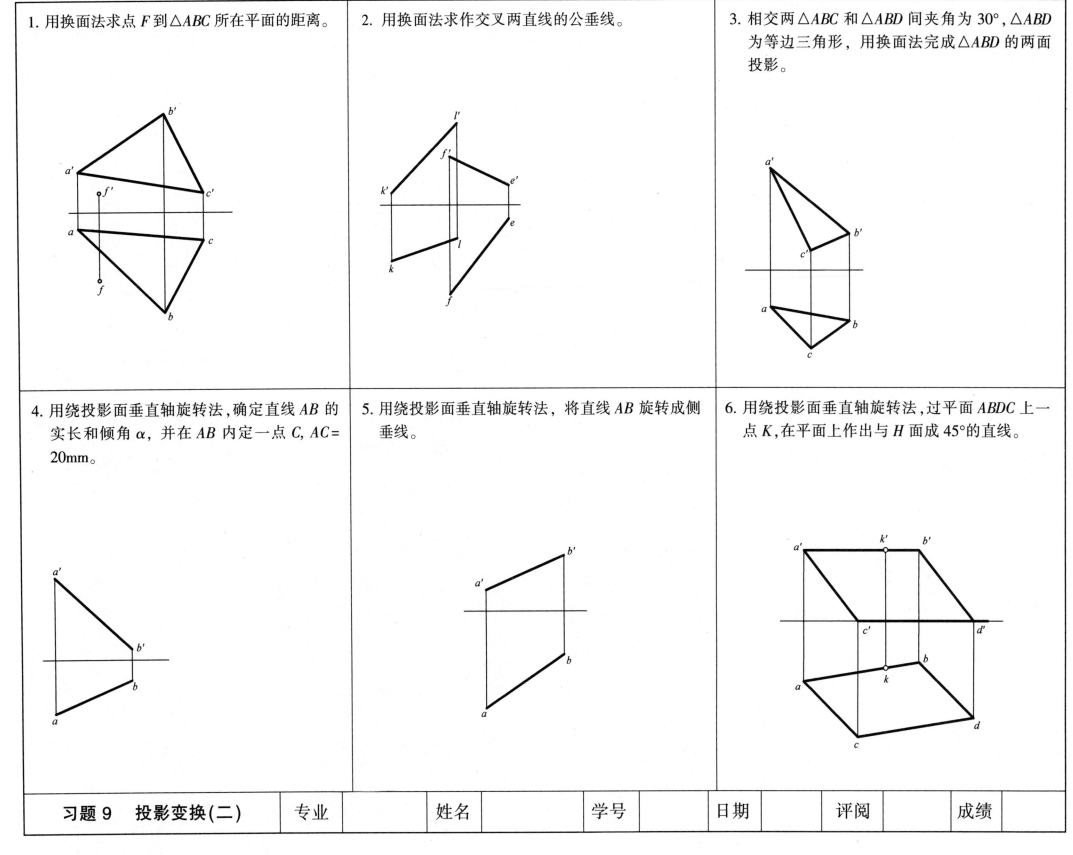

第四章 立体的投影

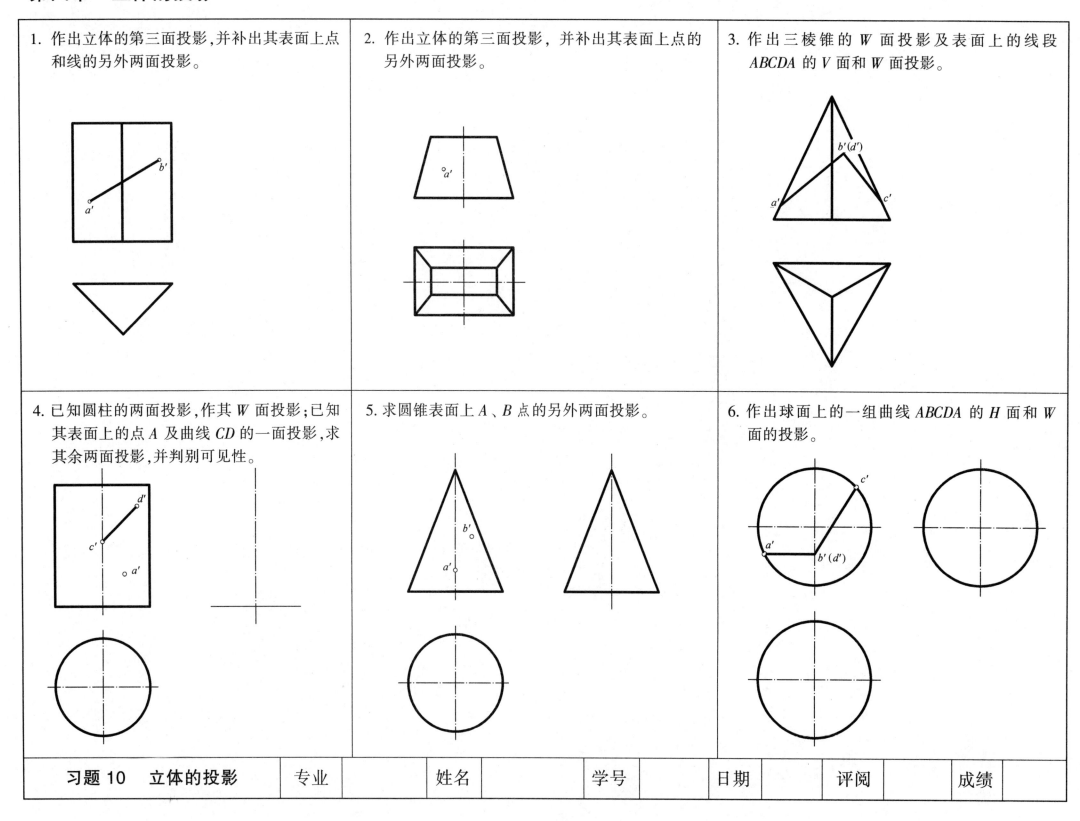

已知一直线和直线外(或直线上)一点,可以求作什么?(发挥你的想象力,自行设计两面投影图,并给出解答)

(1)	(2)	(3)
(4)	(5)	(6)

习题 11　思维发散型练习(一)　专业　　姓名　　学号　　日期　　评阅　　成绩

已知一平面和平面上一点,可以求作什么?(发挥你的想象力,自行设计两面投影图,并给出解答)		
(1)	(2)	(3)
(4)	(5)	(6)

| 习题 11　思维发散型练习(二) | 专业 | | 姓名 | | 学号 | | 日期 | | 评阅 | | 成绩 | |

第五章 立体表面的交线

完成平面截切立体的水平投影和侧面投影。

(1)

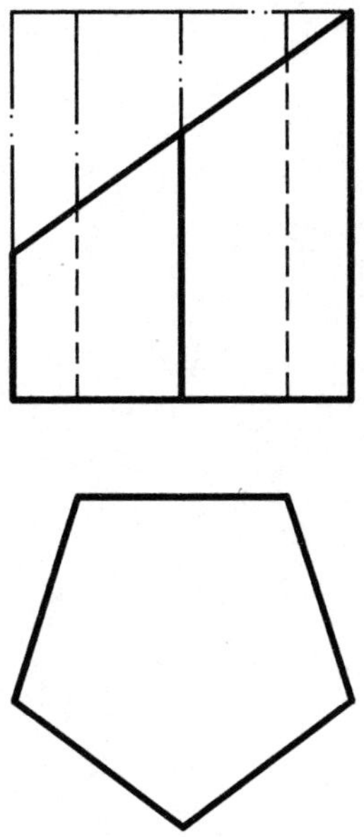

(2)

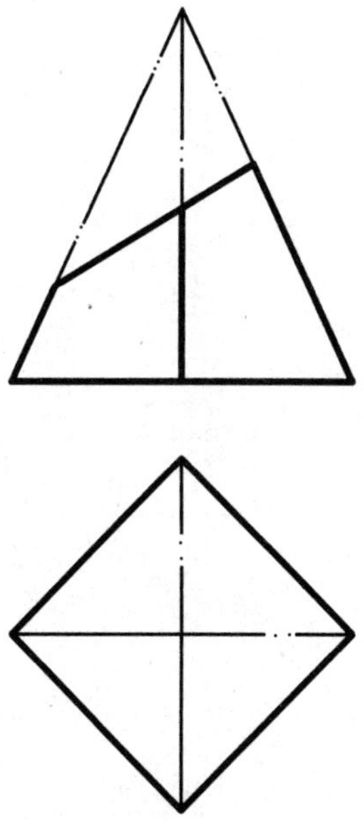

(3)

(4)

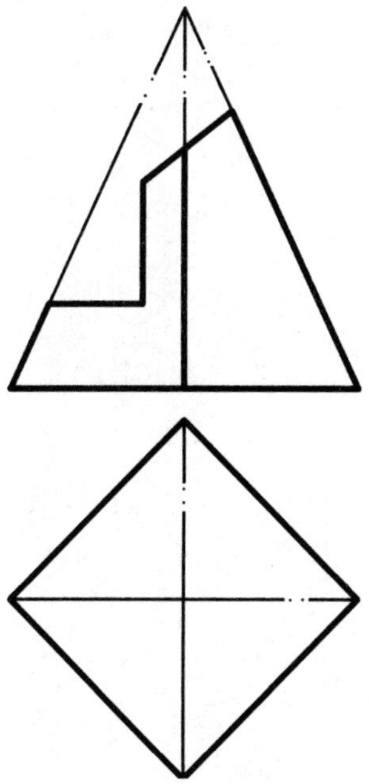

| 习题 13 平面和立体相交（一） | 专业 | 姓名 | 学号 | 日期 | 评阅 | 成绩 |

完成截切立体的水平投影和侧面投影。

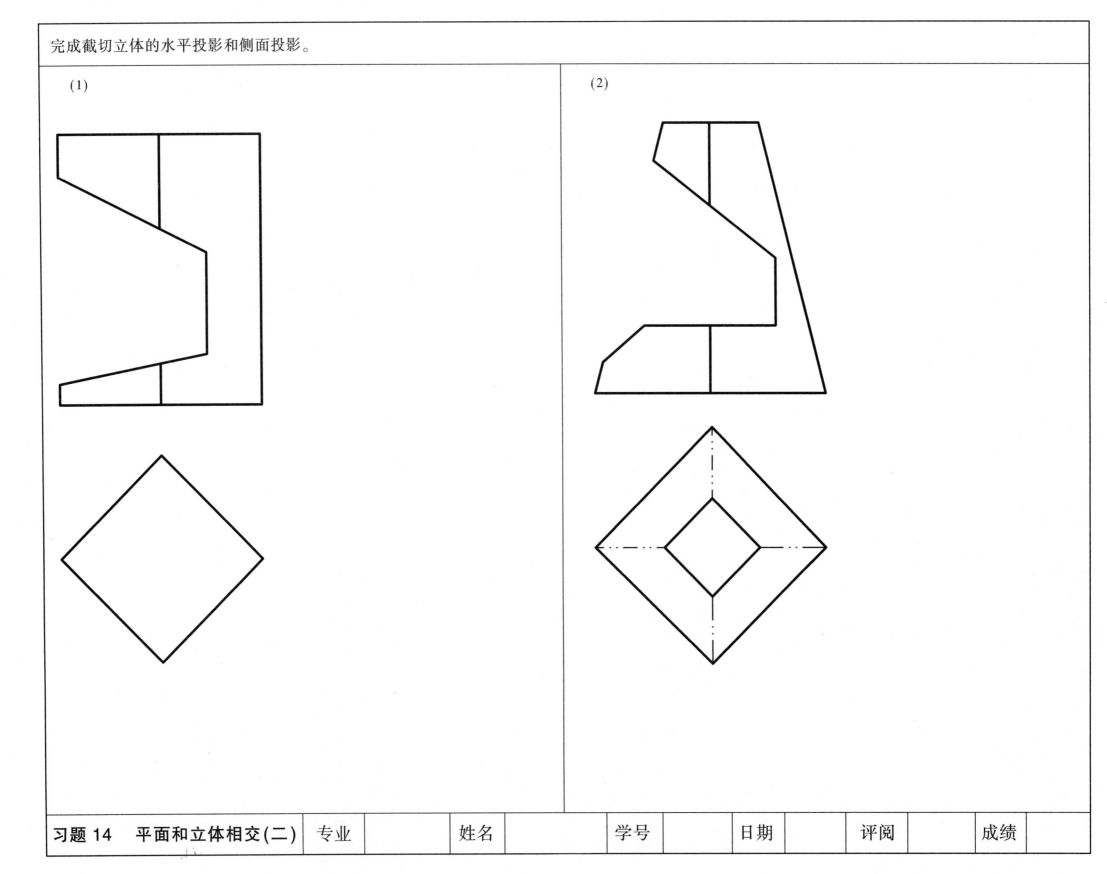

完成截切立体的第三面投影。

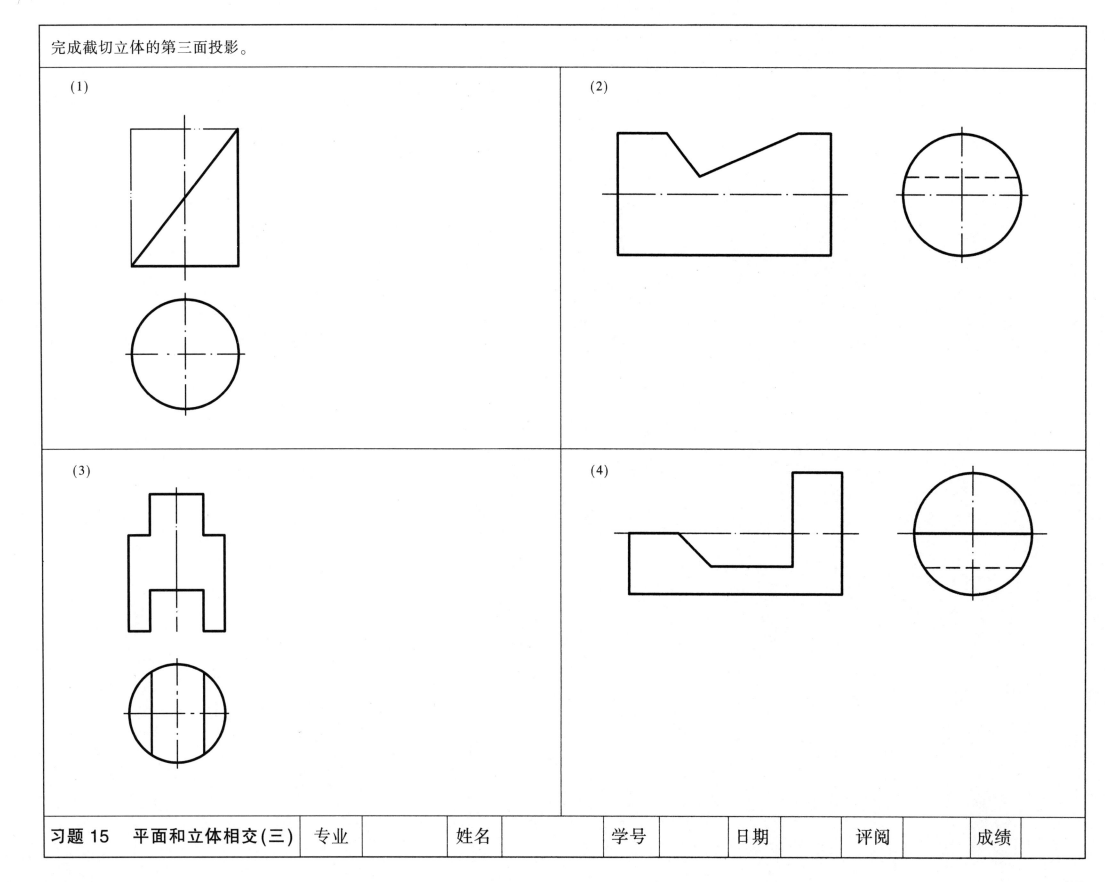

补全被截切或挖切圆柱的第三面投影。

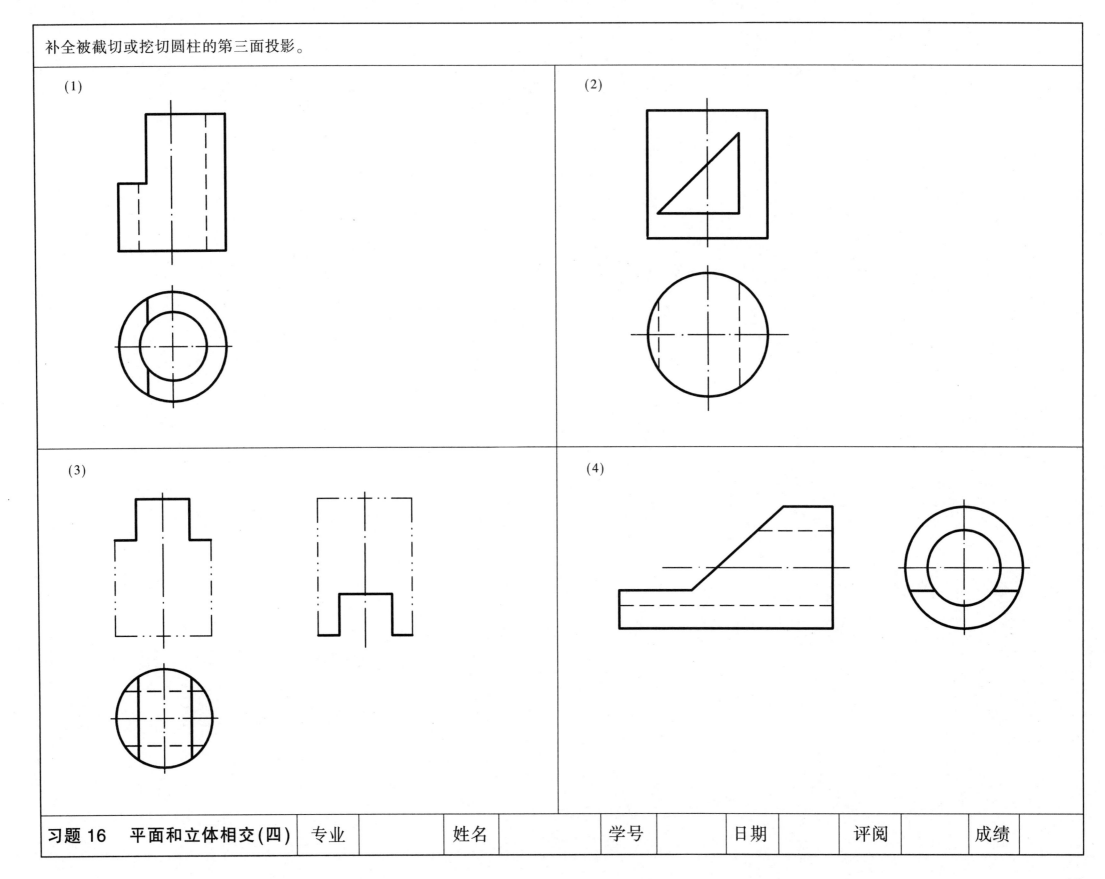

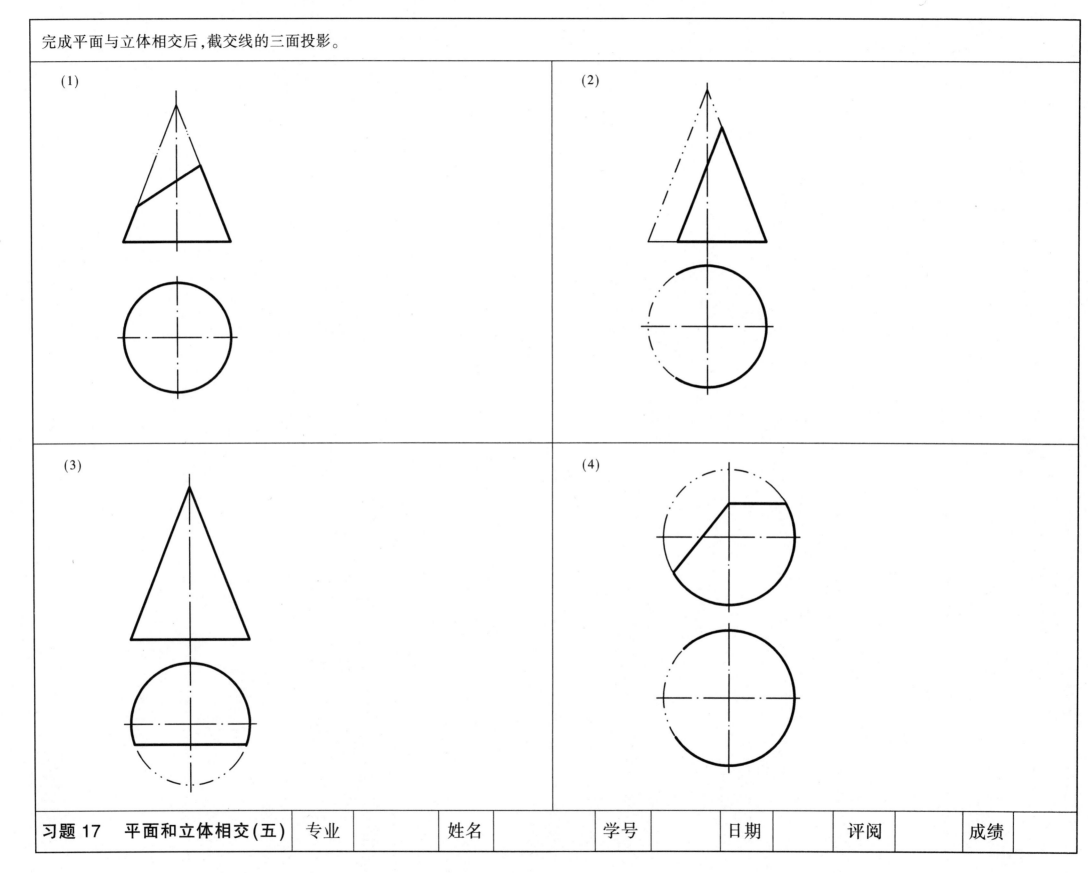

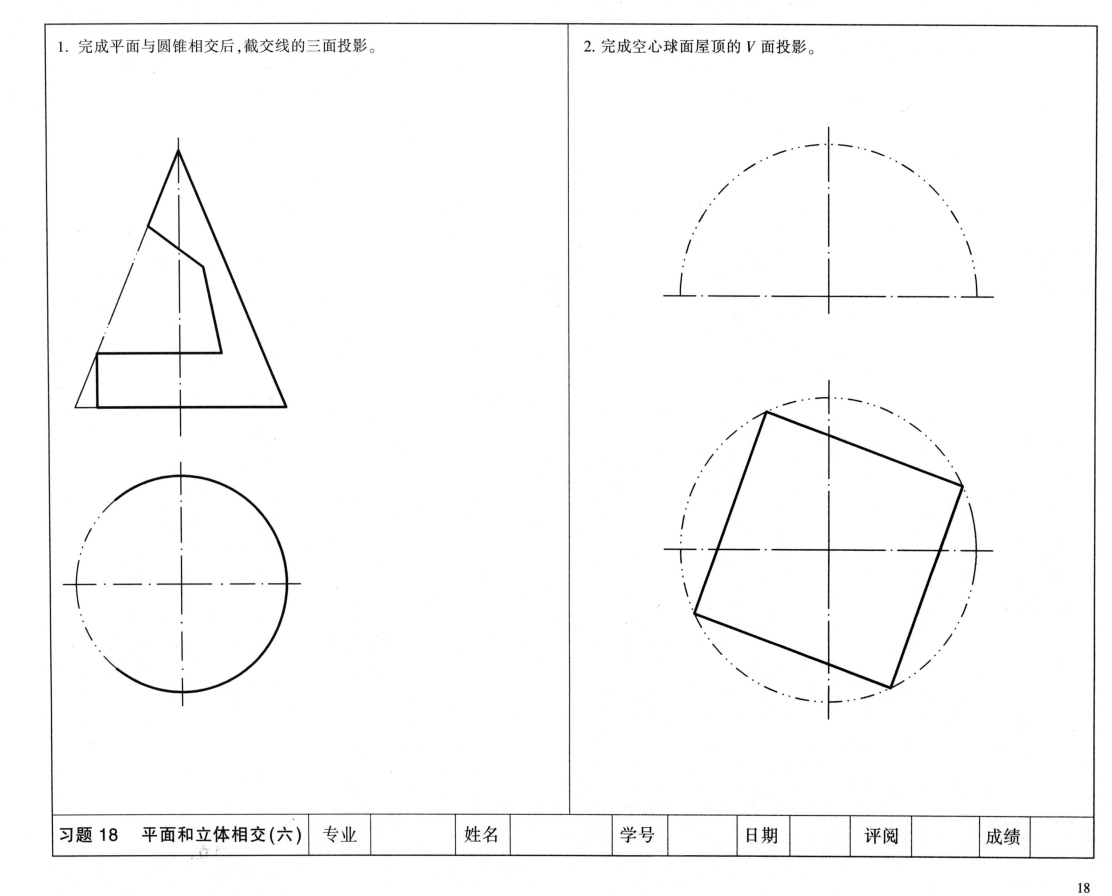

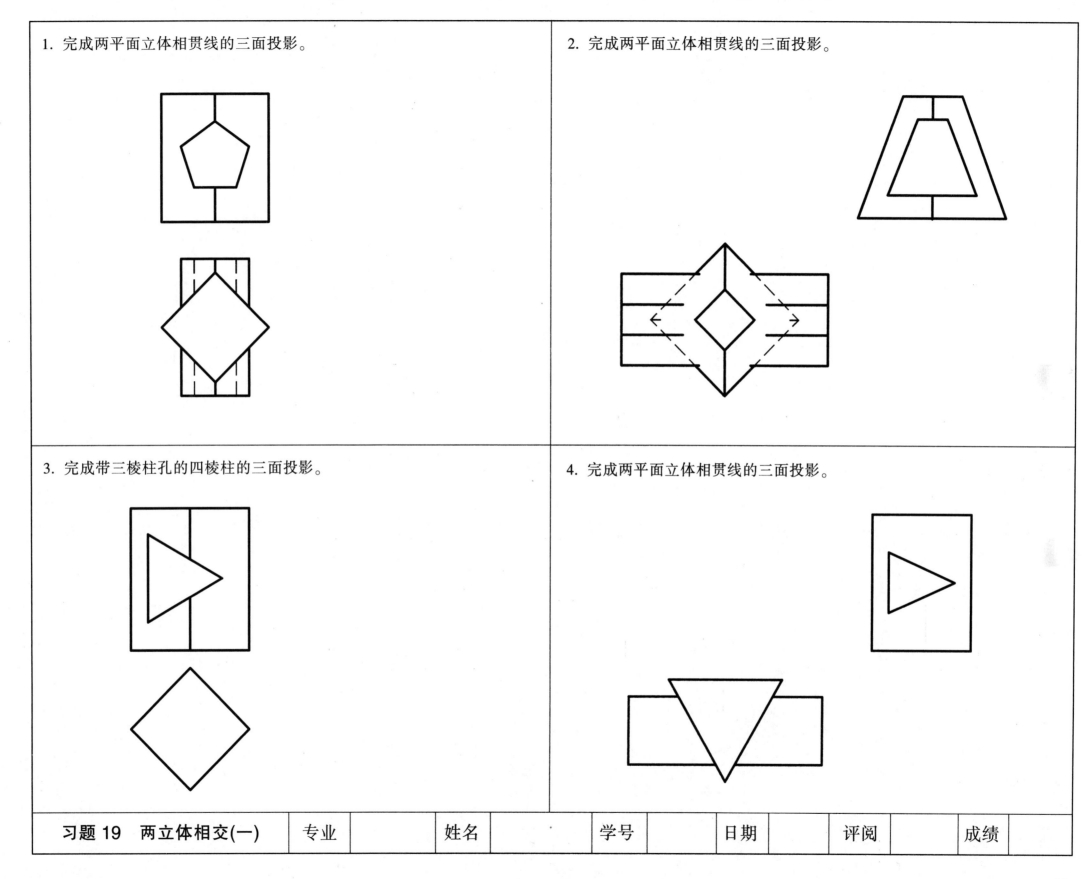

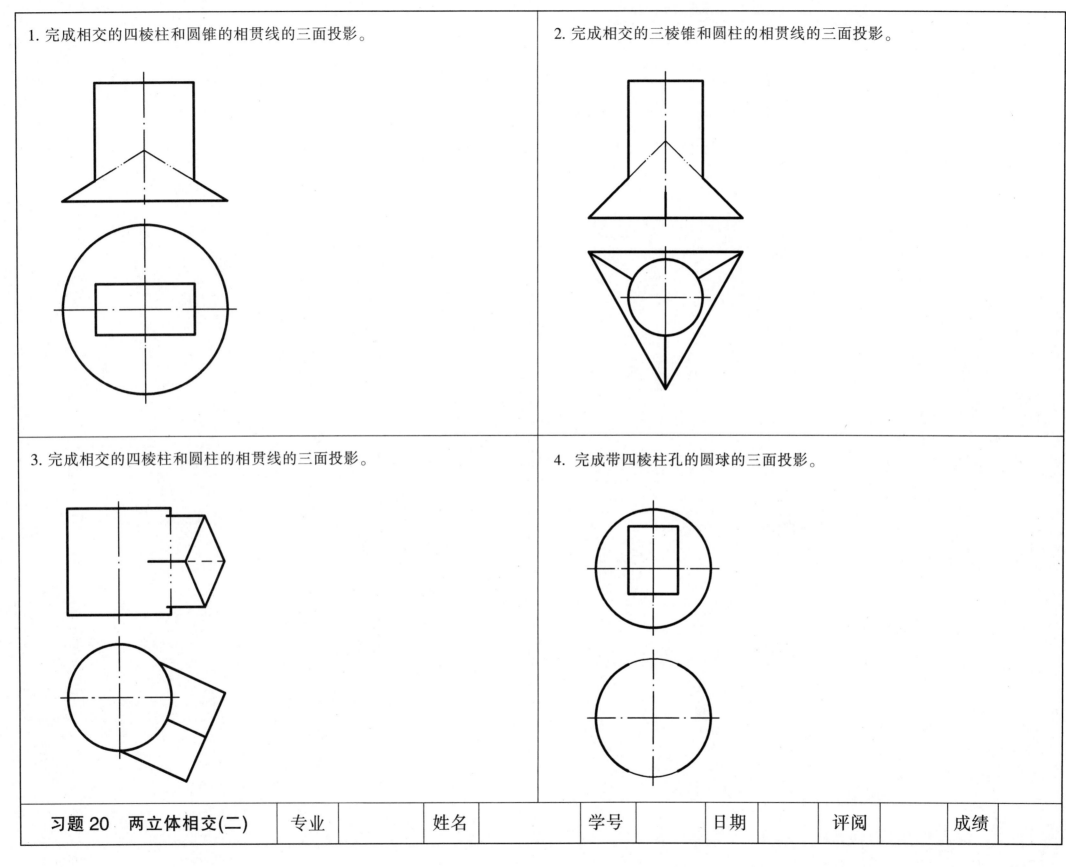

完成相交两曲面立体的相贯线的三面投影。

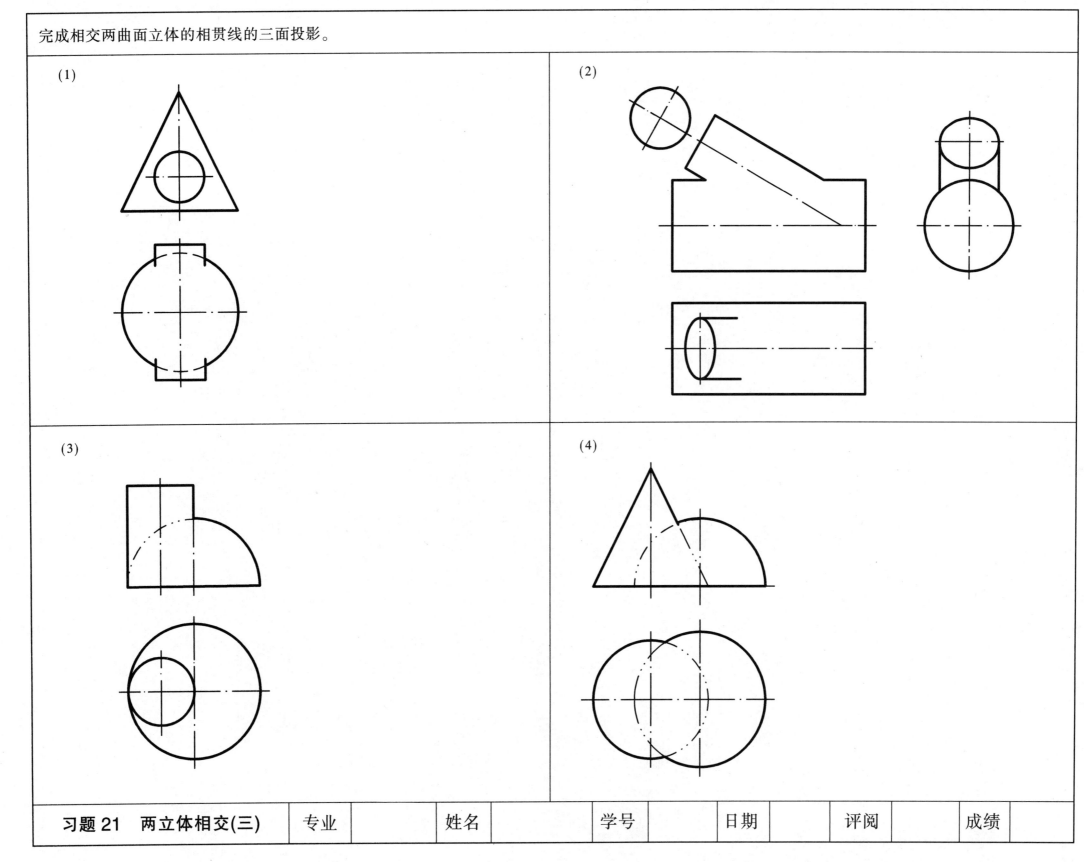

习题 21　两立体相交(三)

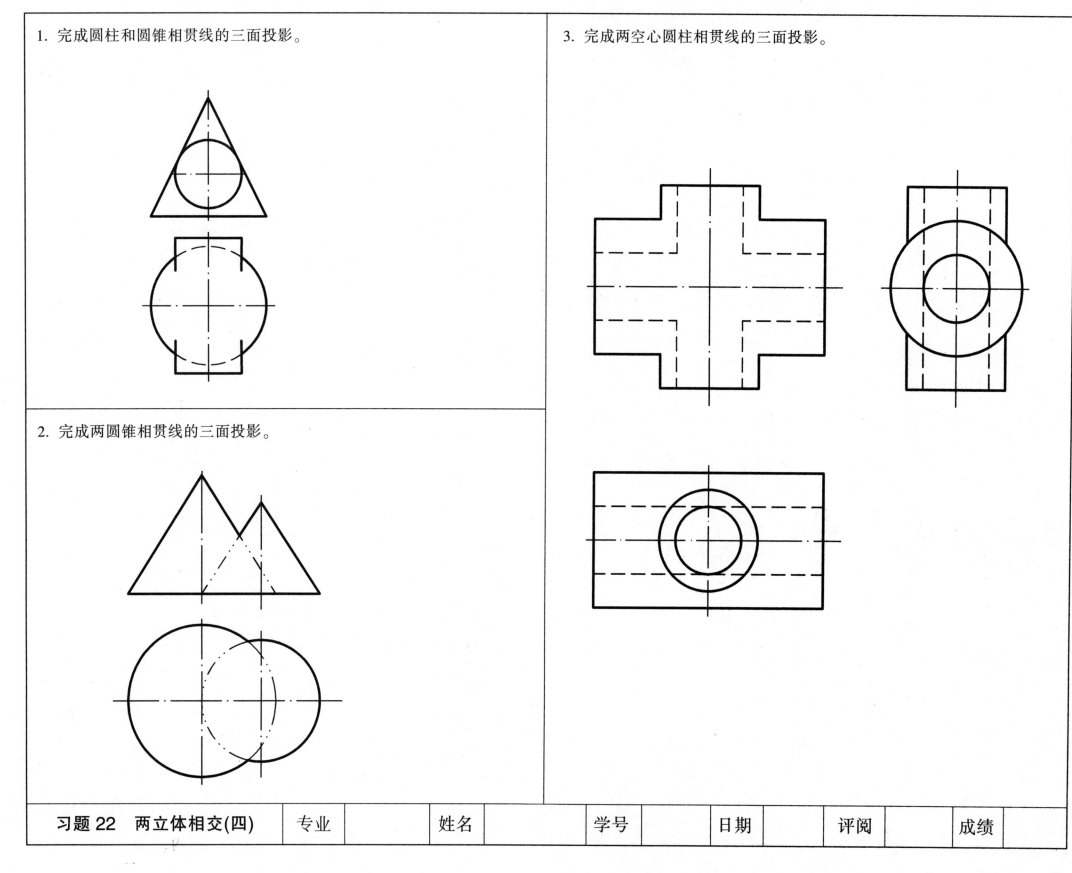

习题 22　两立体相交(四)

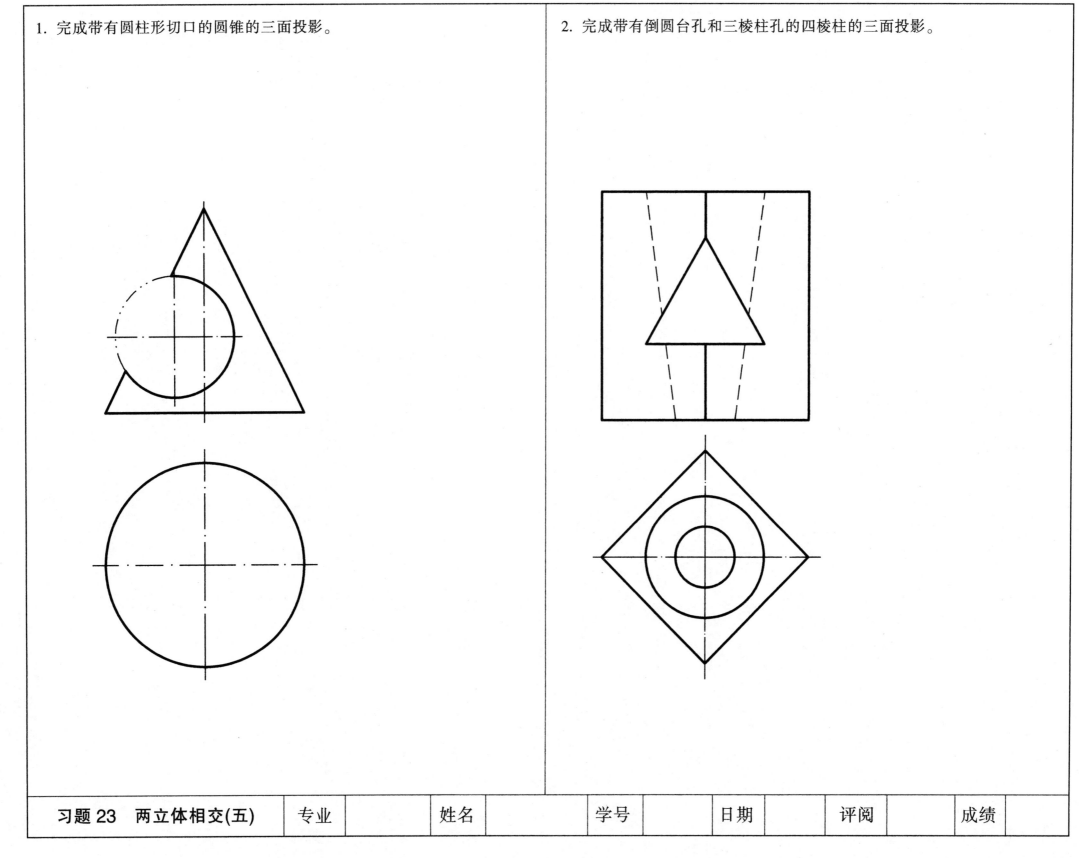

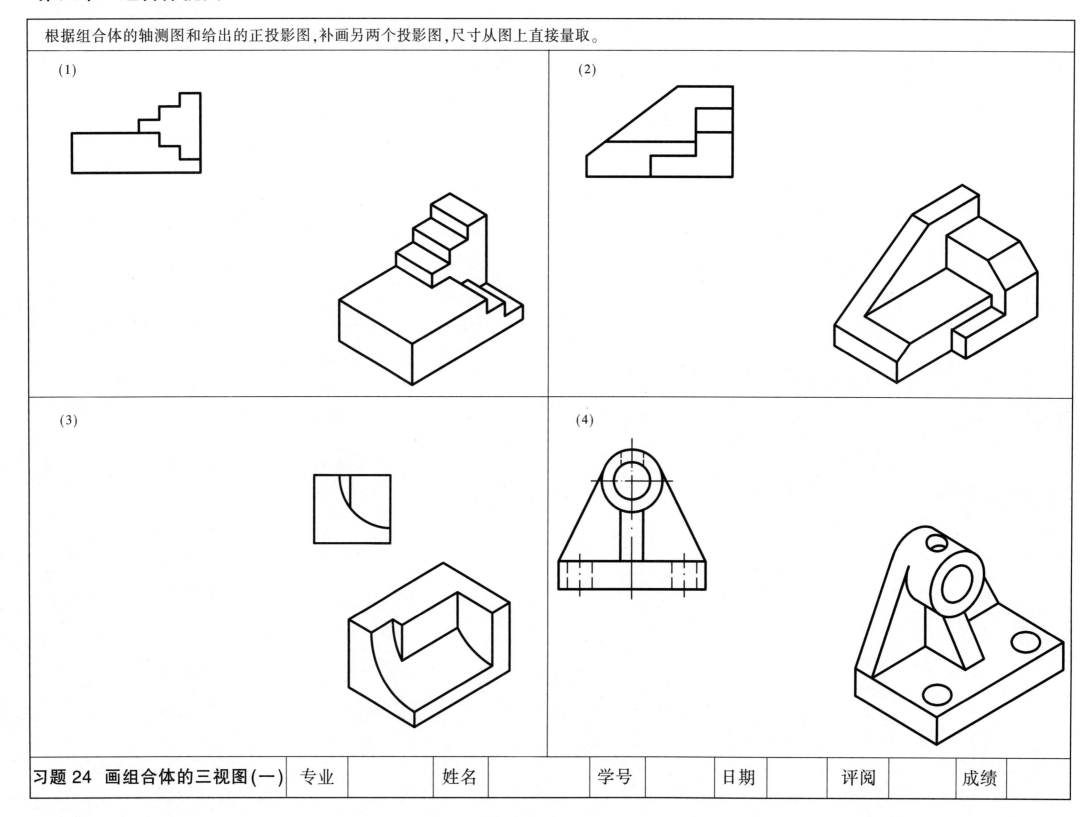

根据组合体的轴测图画三视图，尺寸从图上直接量取。

(1)

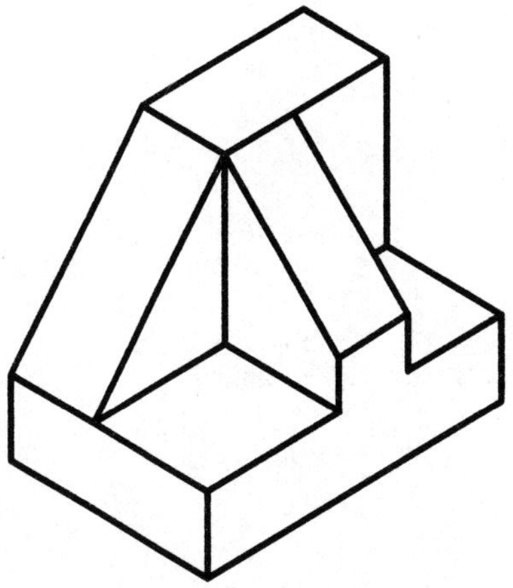

(2)

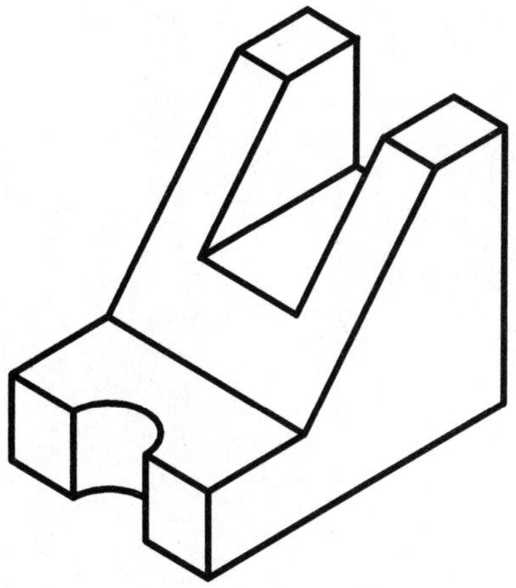

(3)

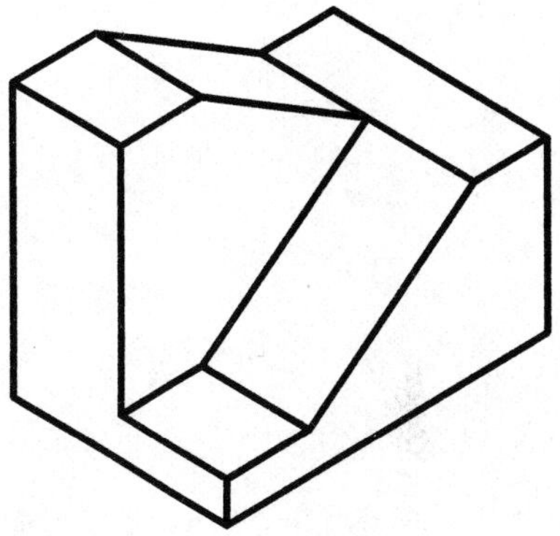

(4)

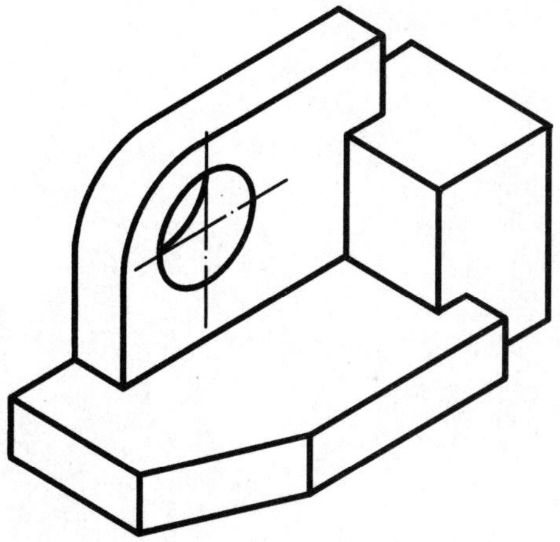

| 习题 25　画组合体的三视图(二) | 专业 | 姓名 | 学号 | 日期 | 评阅 | 成绩 |

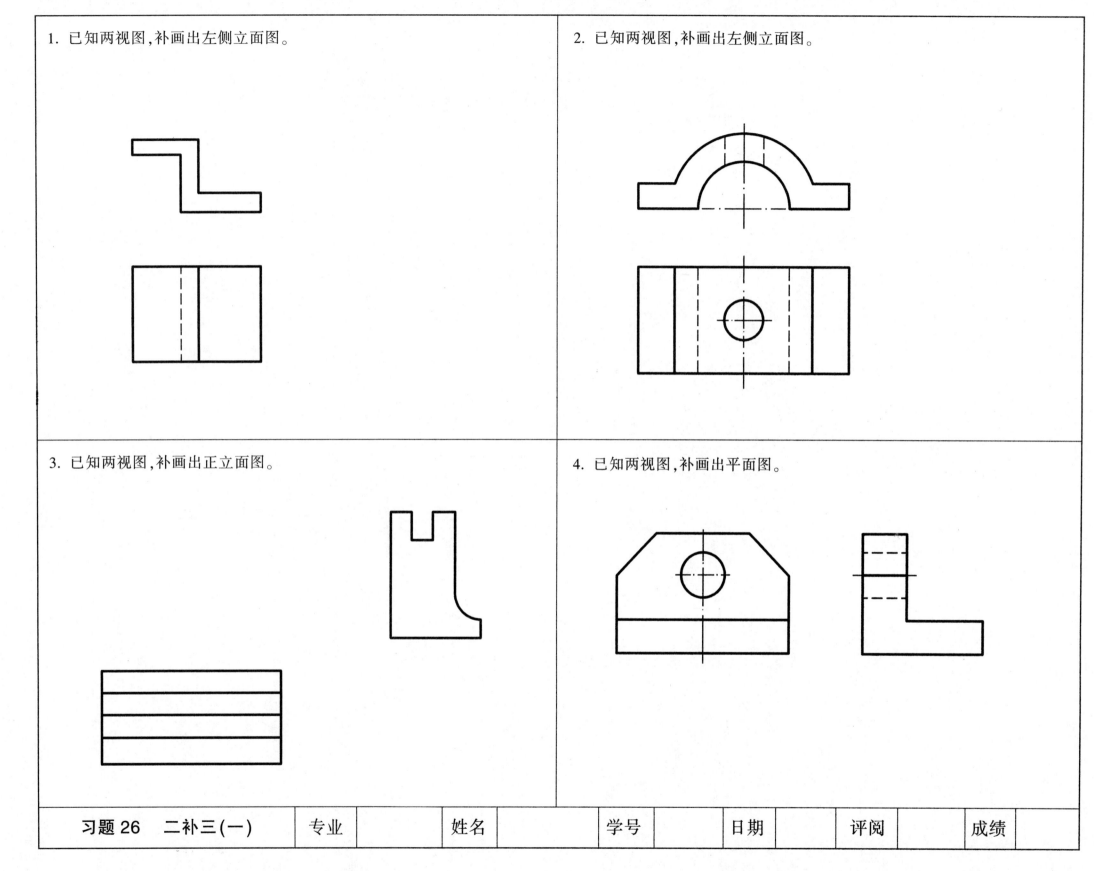

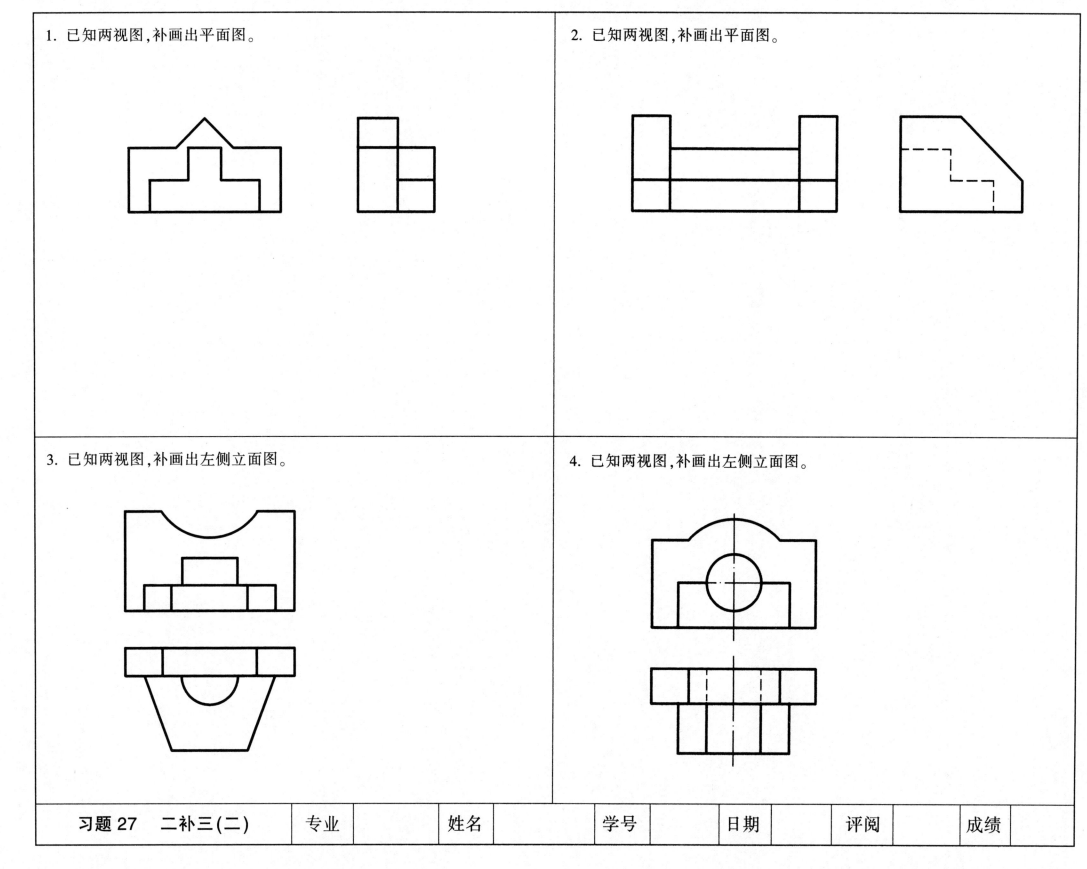

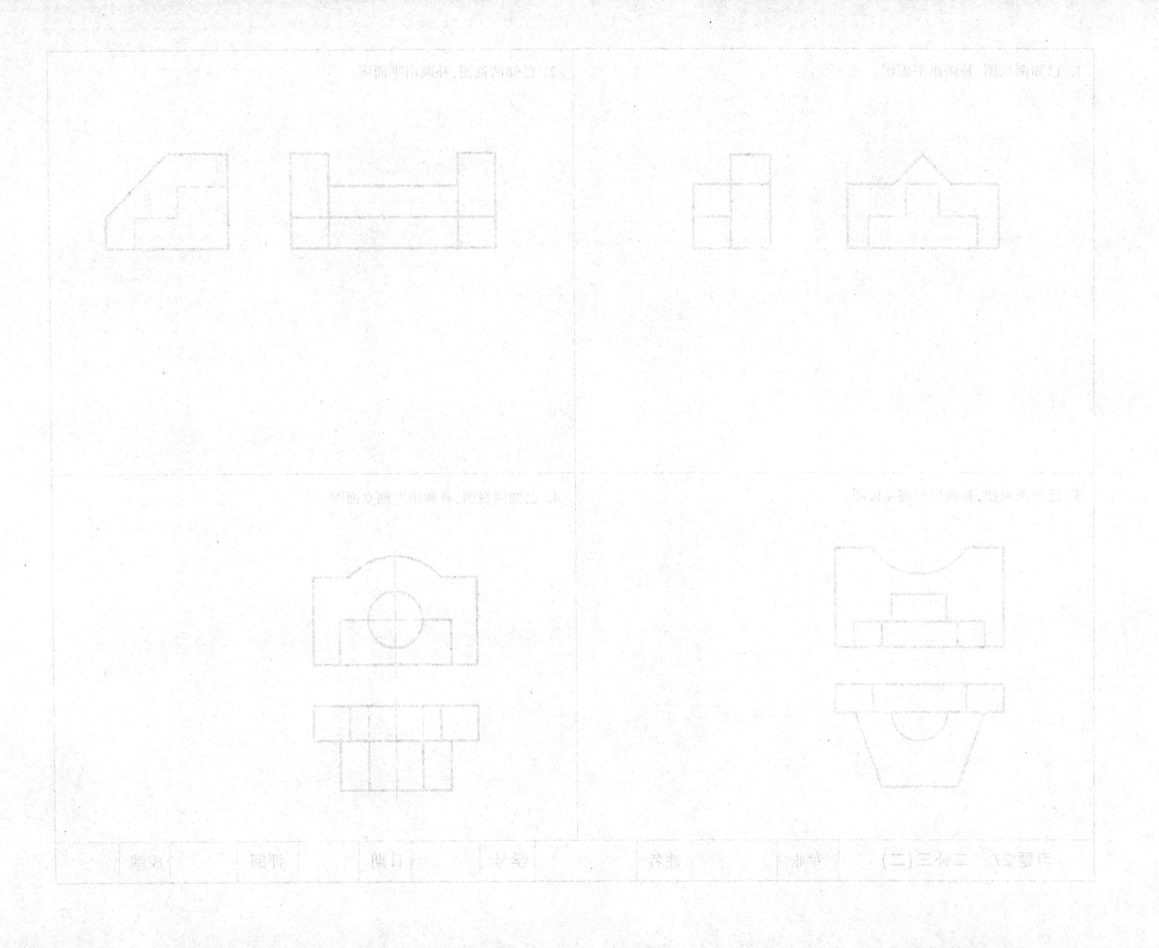

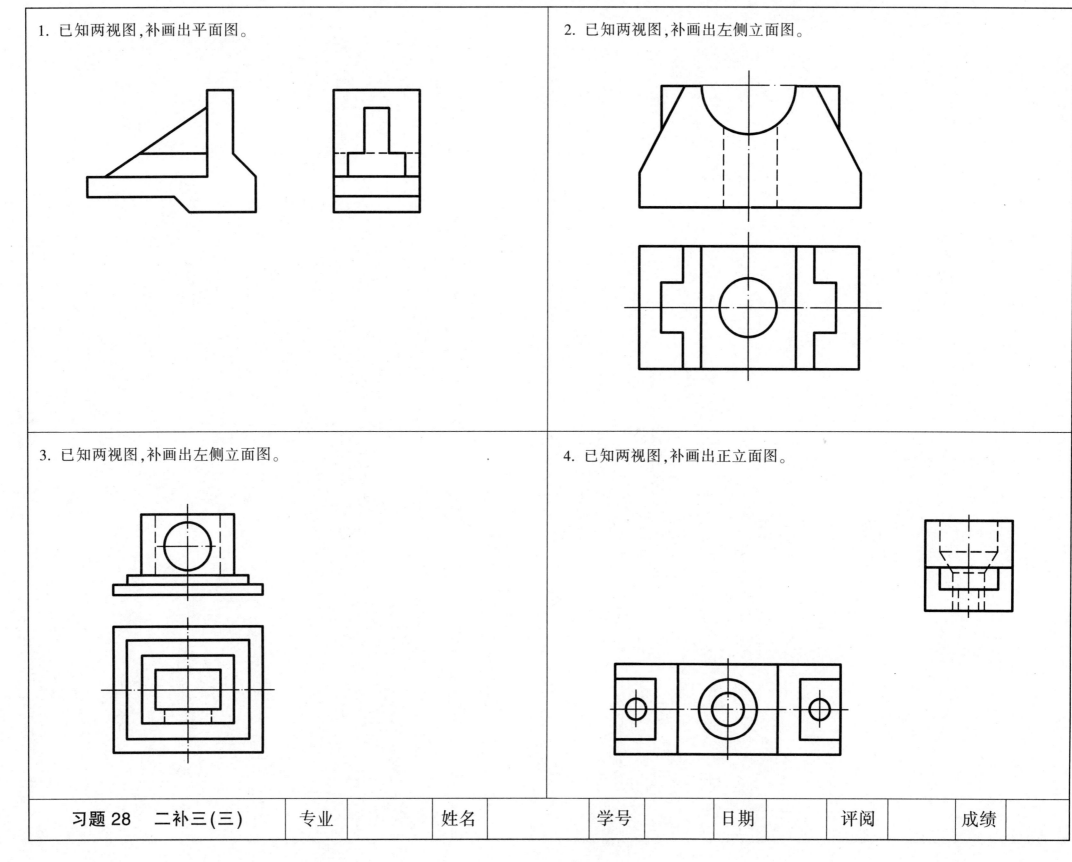

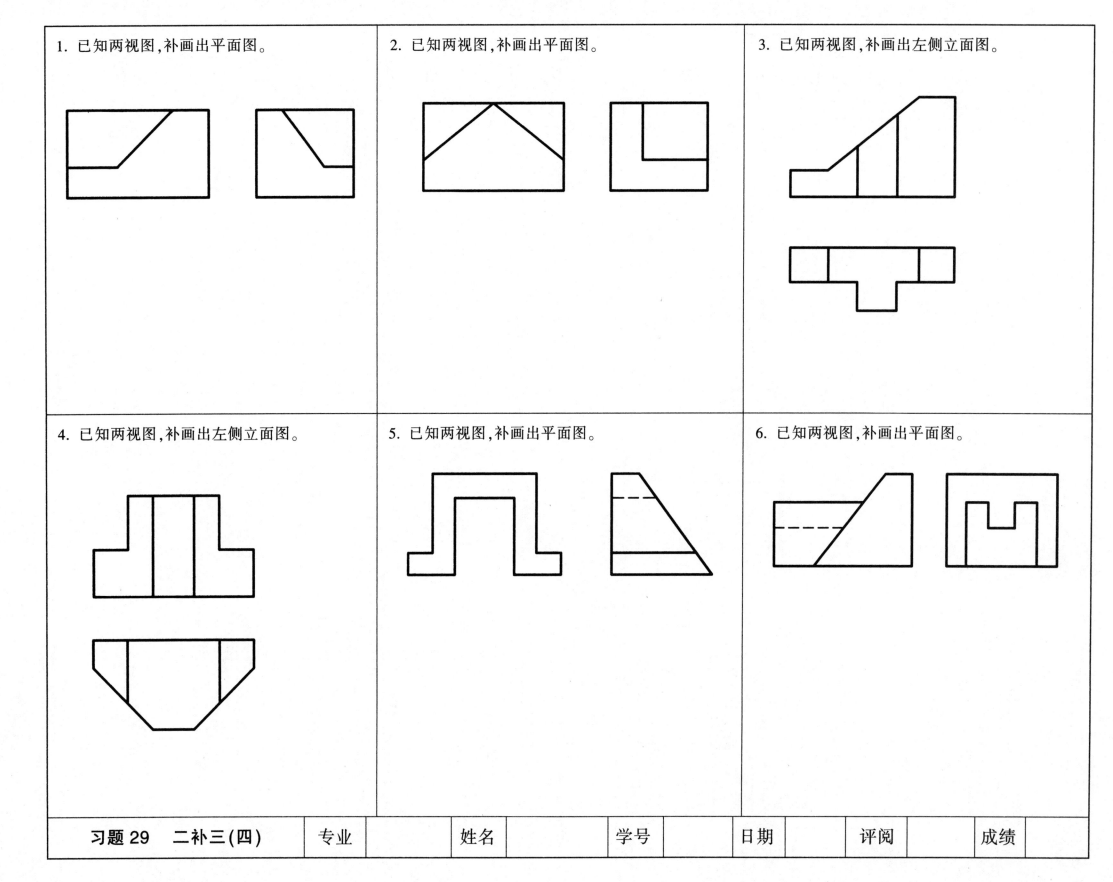

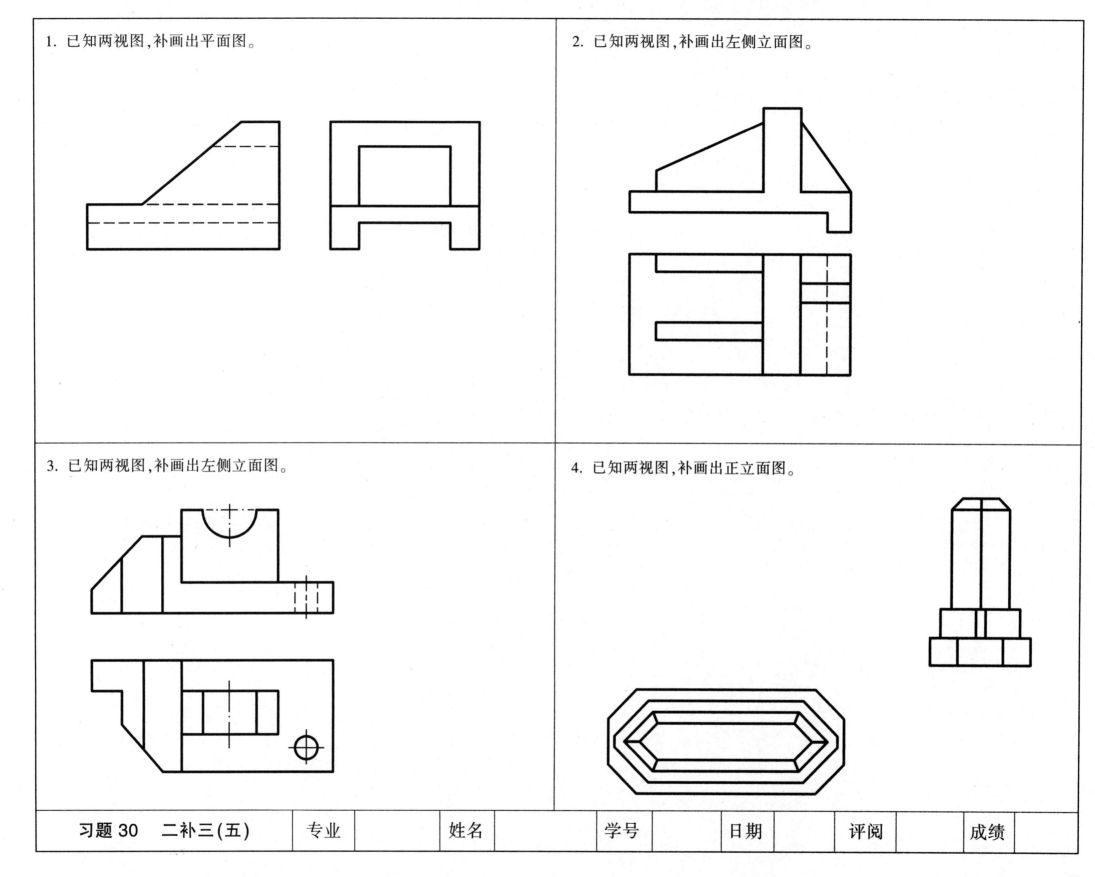

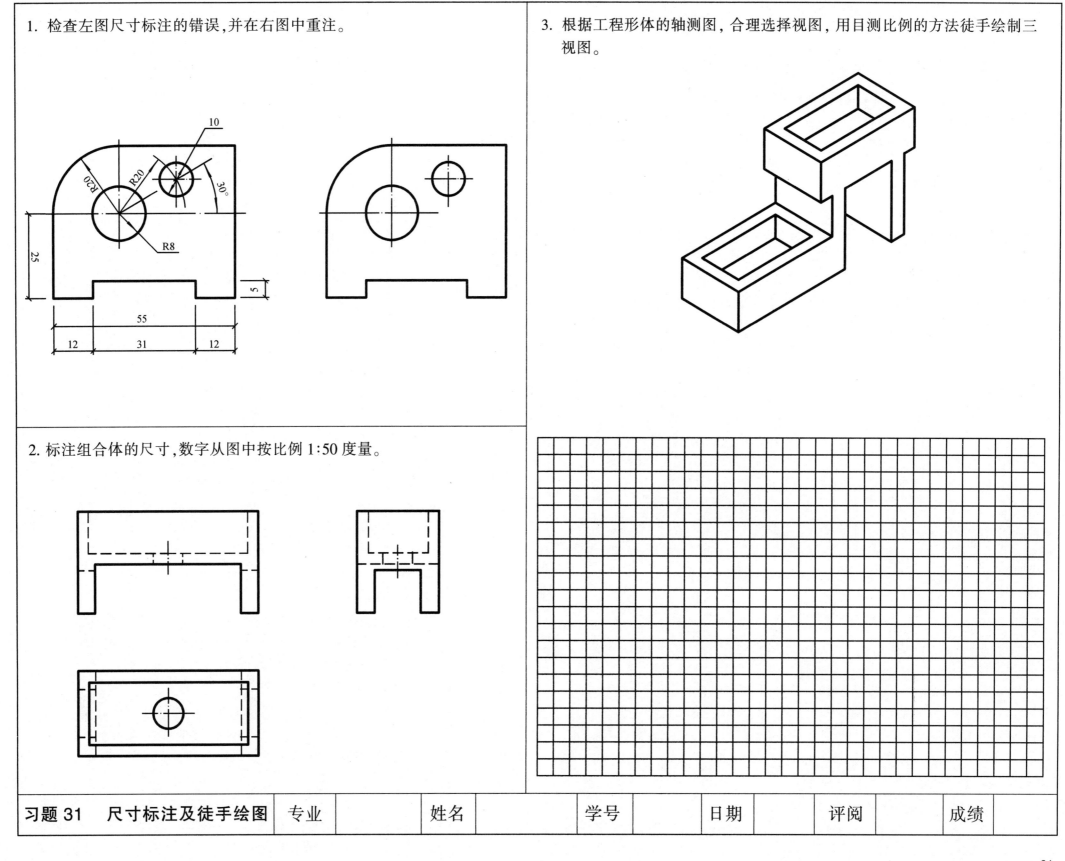

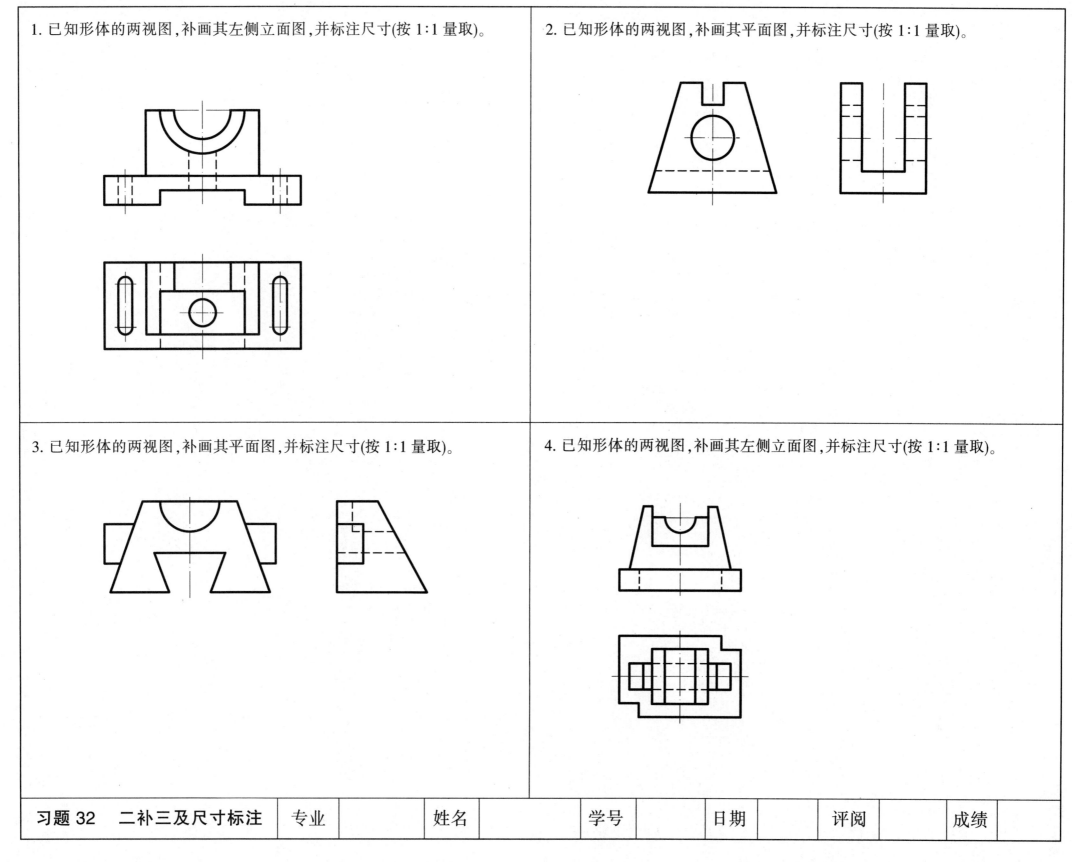

第七章 轴测投影

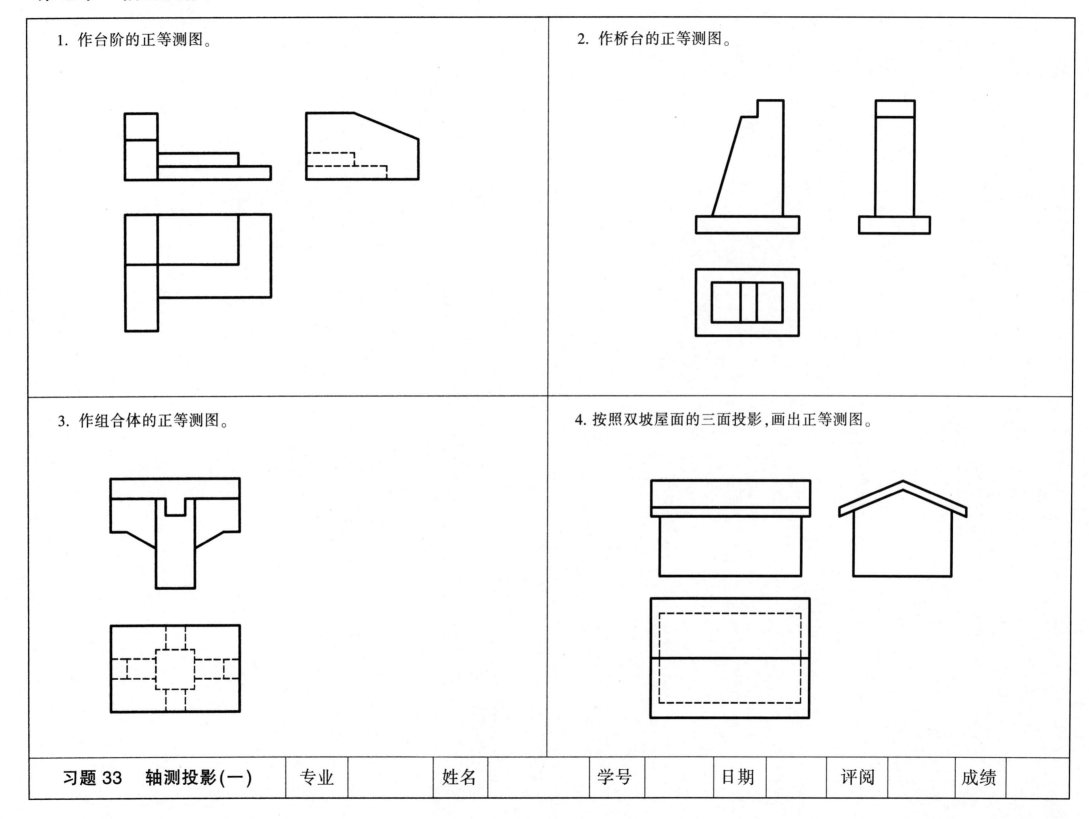

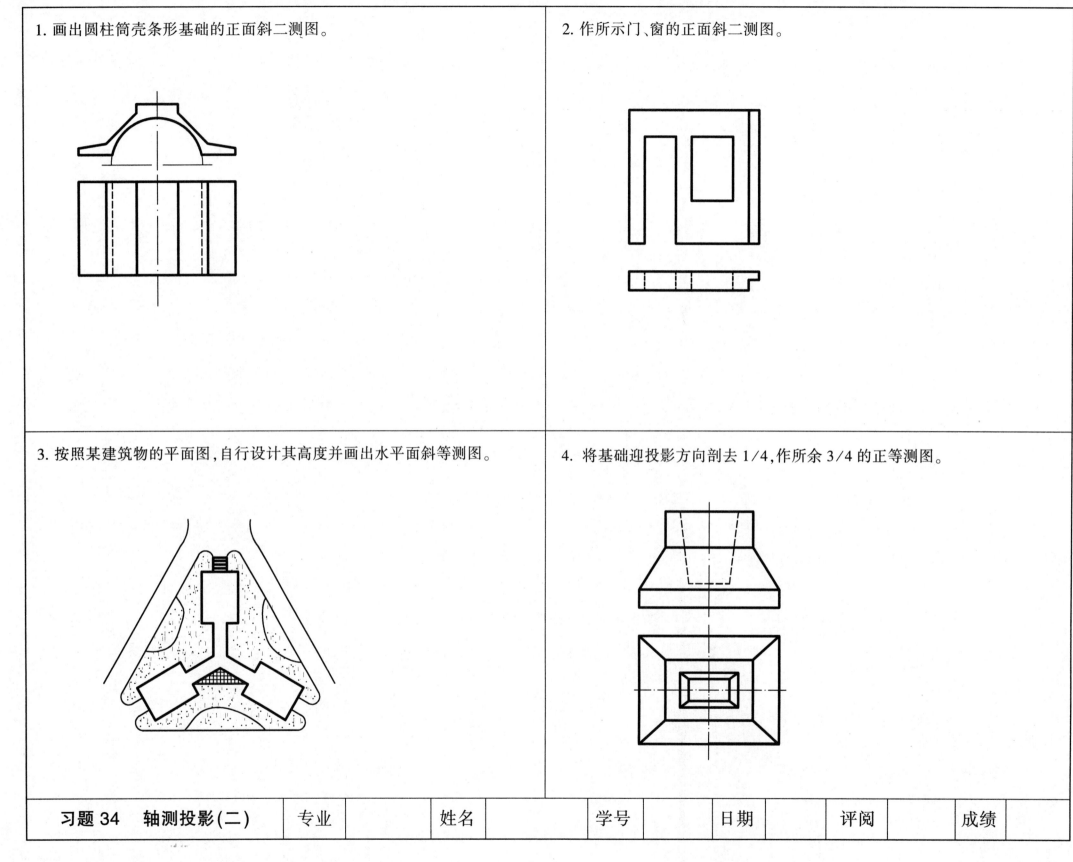

第八章　制图规格及基本技能

建筑制图民用房屋平立剖面设计说明基础墙柱梁档板楼梯框架承重钢筋混凝土结构门窗

工程绘校审核专业班级城建环保桥梁给排水基础水泥混凝土砂浆楼梯详图梁柱标高节点平立纵剖预埋件施工材料日期名称注

ABCDEFGHIJKLMNOPQRSTUVWXYZ　　I II III IV V VI VII VIII IX X

abcdefghijklmnopqrstuvwxyz　　1234567890

习题 35　仿宋体字练习（一）

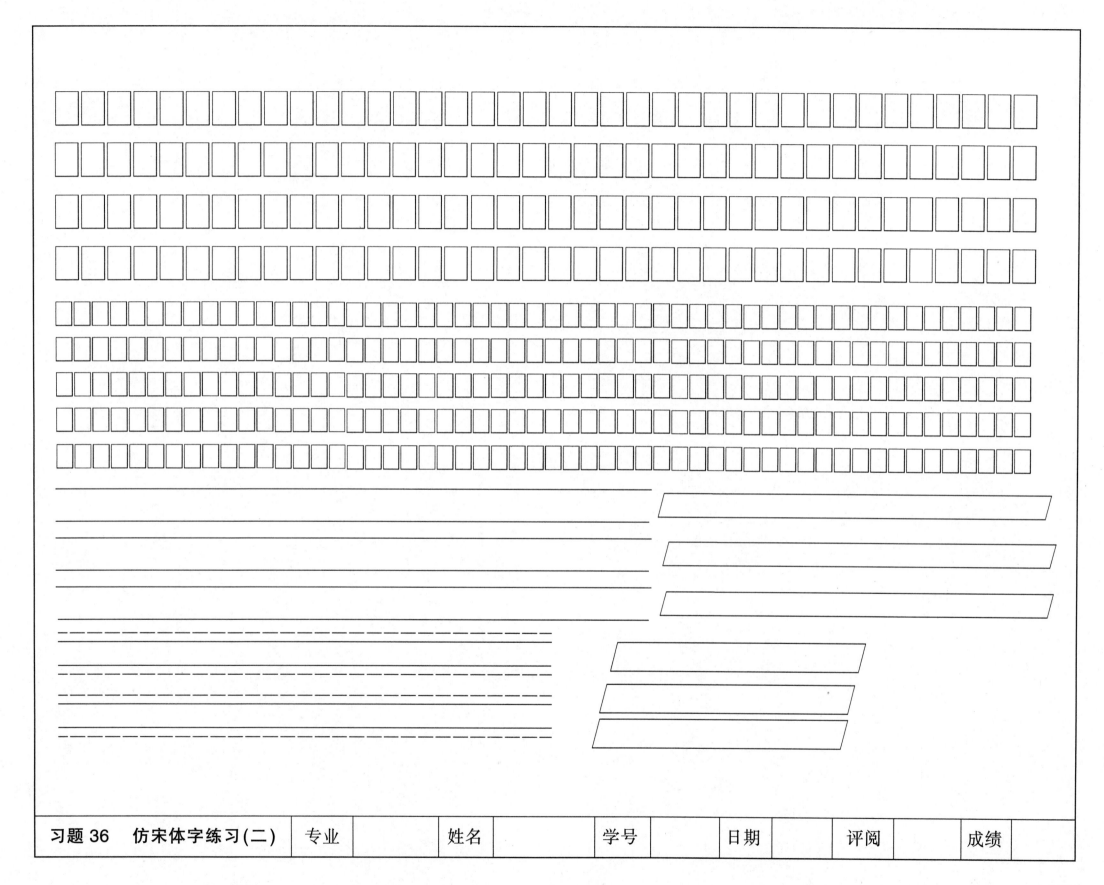

习题36　仿宋体字练习(二)

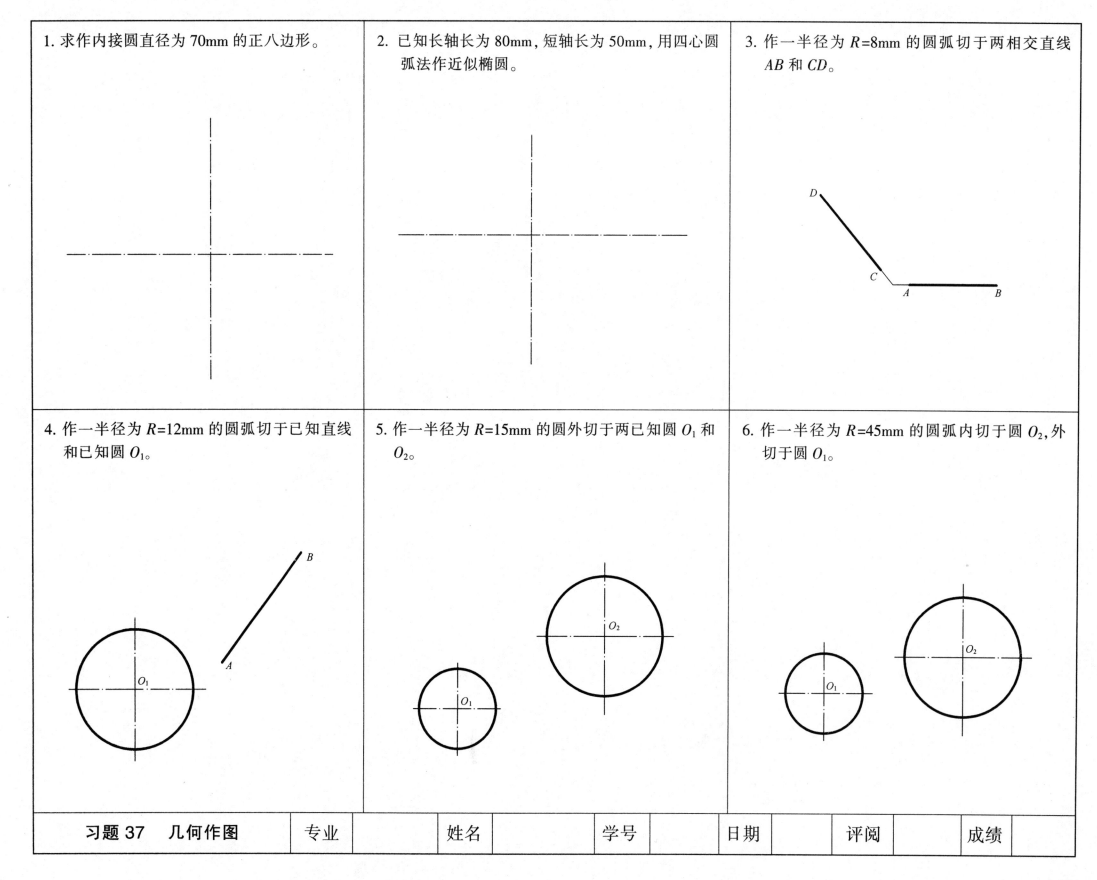

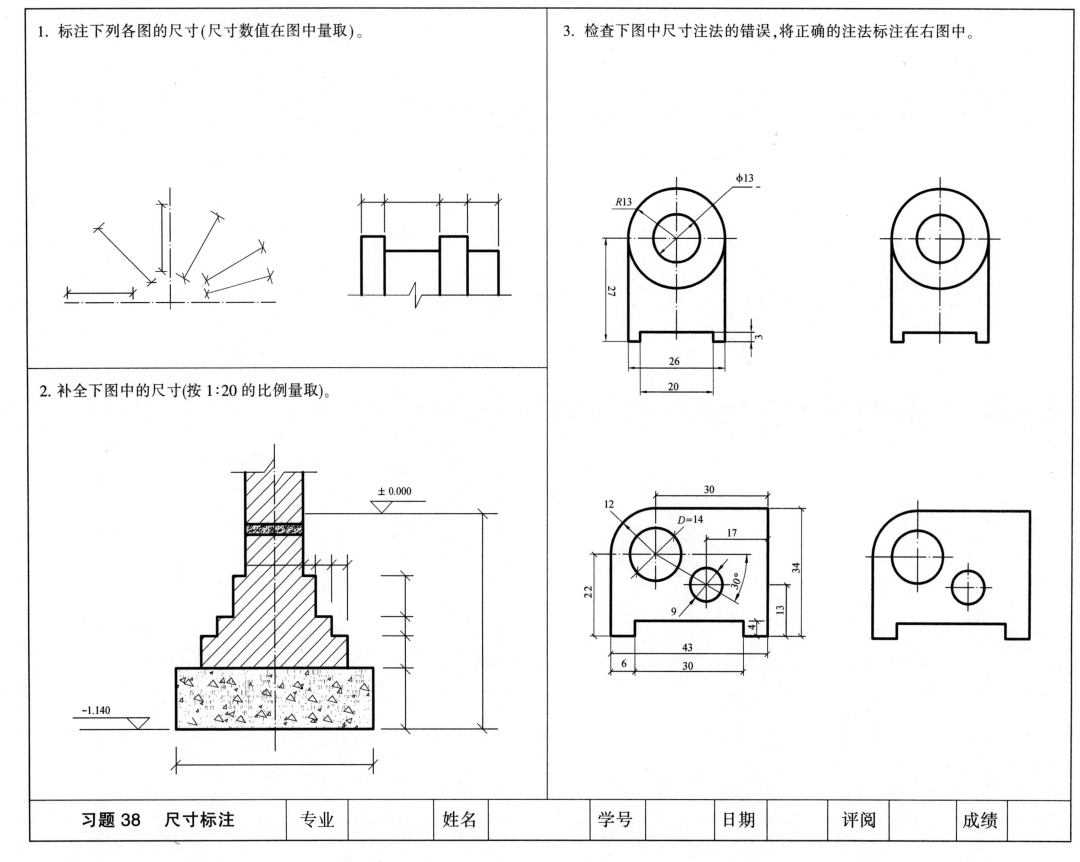

作业一 线型练习和几何作图

一、目的

1. 熟悉并掌握各种线型的规格及画法。
2. 学会正确使用绘图仪器。
3. 练习画图方法和步骤。

二、内容

按右旁附图,抄画线型及图形。

三、要求

1. 图纸:用 A3 绘图纸,图幅格式见教材第八章。
2. 图名:线型练习及几何作图。
3. 图别:基本规格。
4. 图号:01。
5. 比例:1:1。
6. 图线:粗实线,细实线,点画线,虚线。
7. 字体:汉字用长仿宋体。尺寸数字用2.5号字。图纸标题栏中的校名、图名用7号字,其余汉字均为5号字,日期数字用3.5号字。
8. 作图准确,图面布置匀称。图线光滑均匀,同类图线粗细一致,图面整洁。

| 作业一 线型练习和几何作图 | 专业 | 姓名 | 学号 | 日期 | 评阅 | 成绩 |

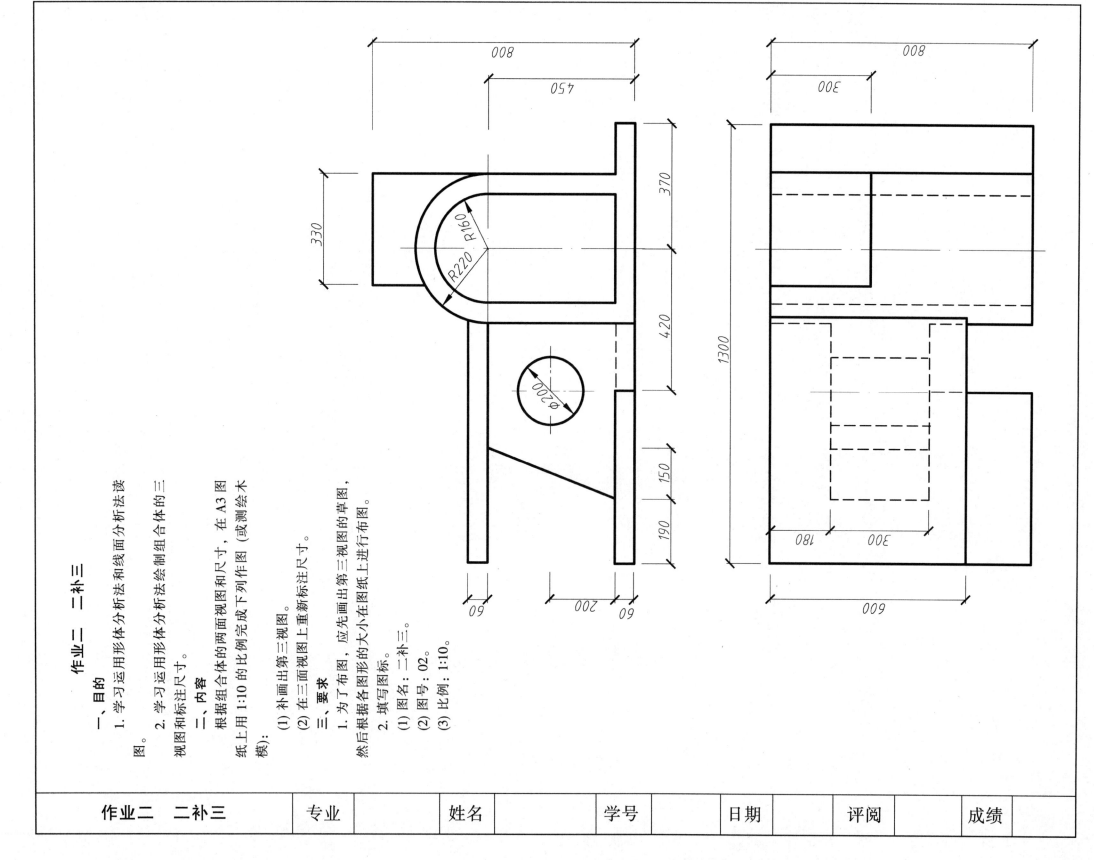

作业二 二补三

一、目的
1. 学习运用形体分析法和线面分析法读图。
2. 学习运用形体分析法绘制组合体的三视图和标注尺寸。

二、内容
根据组合体的两面视图和尺寸，在A3图纸上用1:10的比例完成下列作图（或测绘木模）：
(1) 补画出第三视图。
(2) 在三面视图上重新标注尺寸。

三、要求
1. 为了布图，应先画出第三视图的草图，然后根据各图形的大小在图纸上进行布图。
2. 填写图标。
(1) 图名：二补三。
(2) 图号：02。
(3) 比例：1:10。

| 作业二 二补三 | 专业 | 姓名 | 学号 | 日期 | 评阅 | 成绩 |

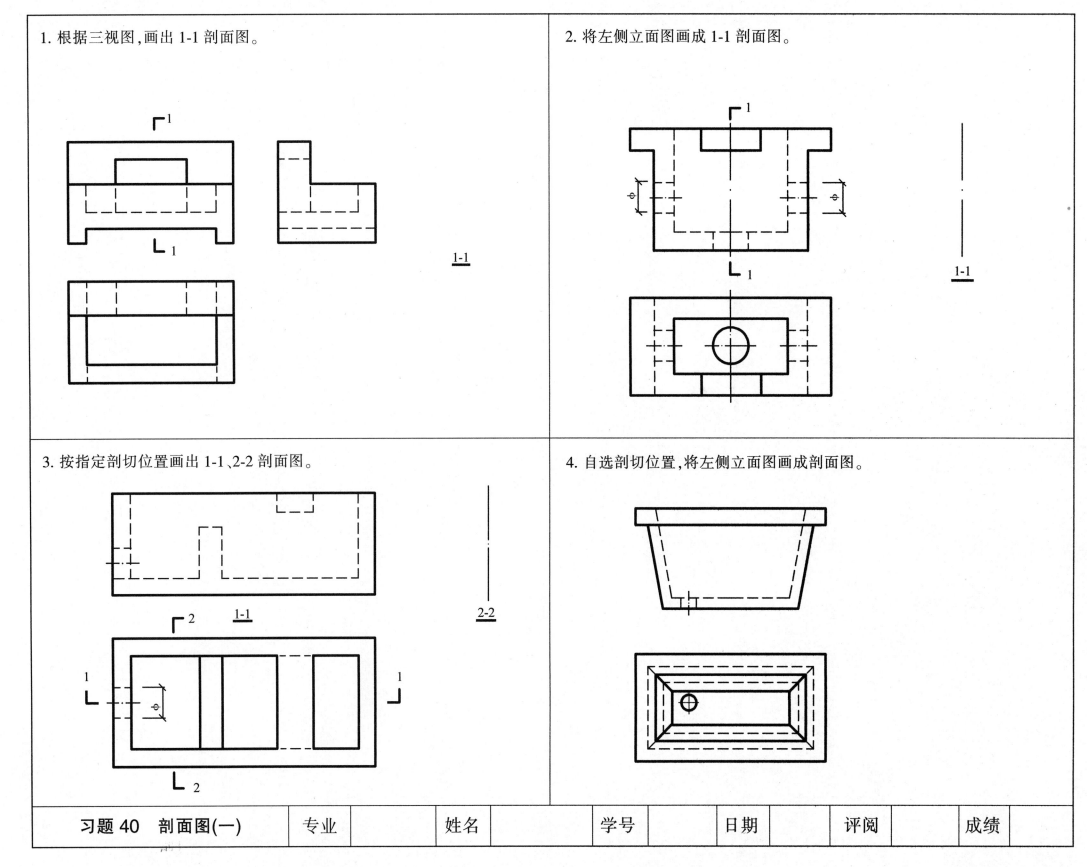

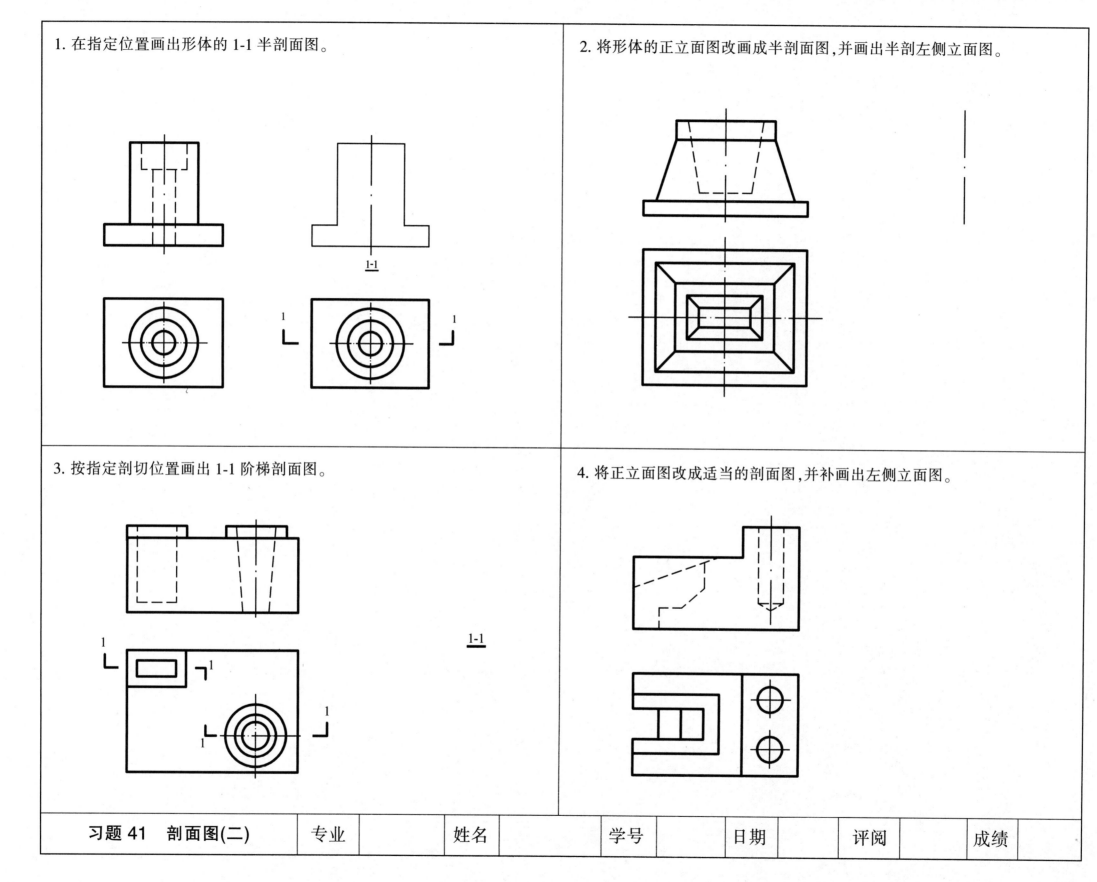

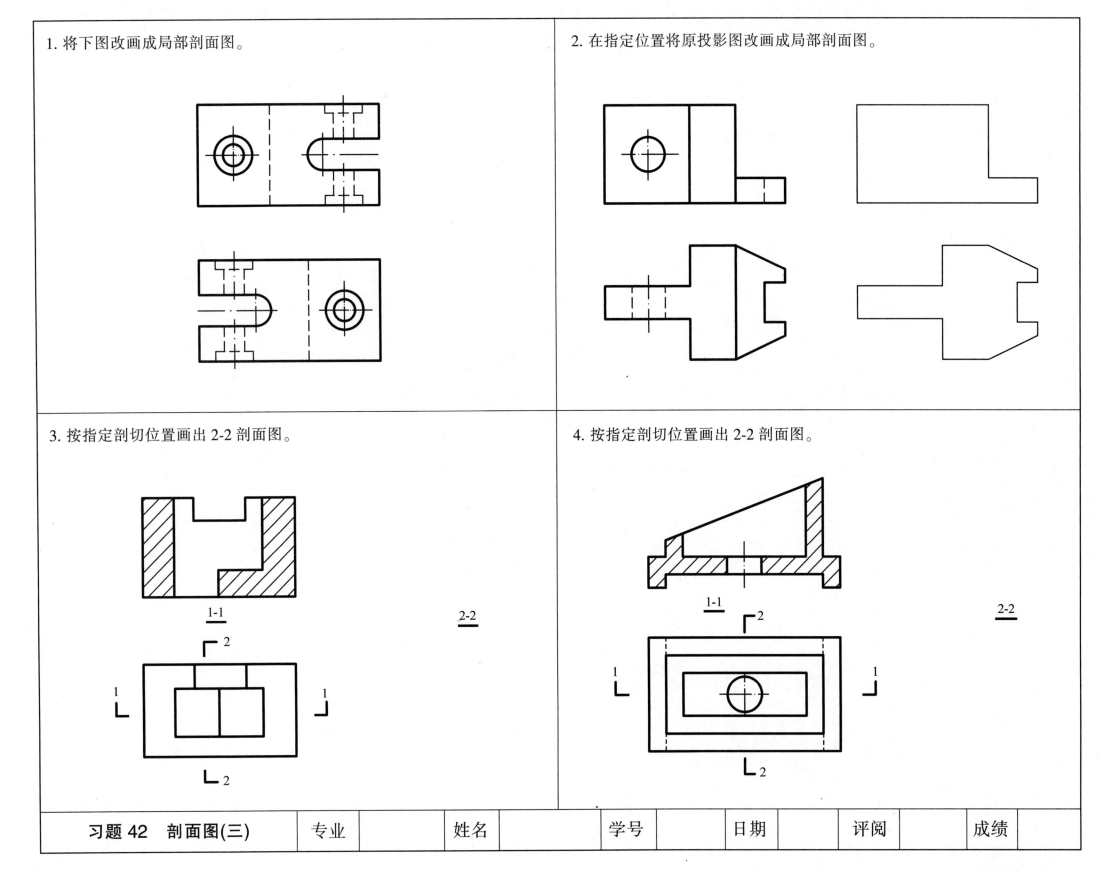

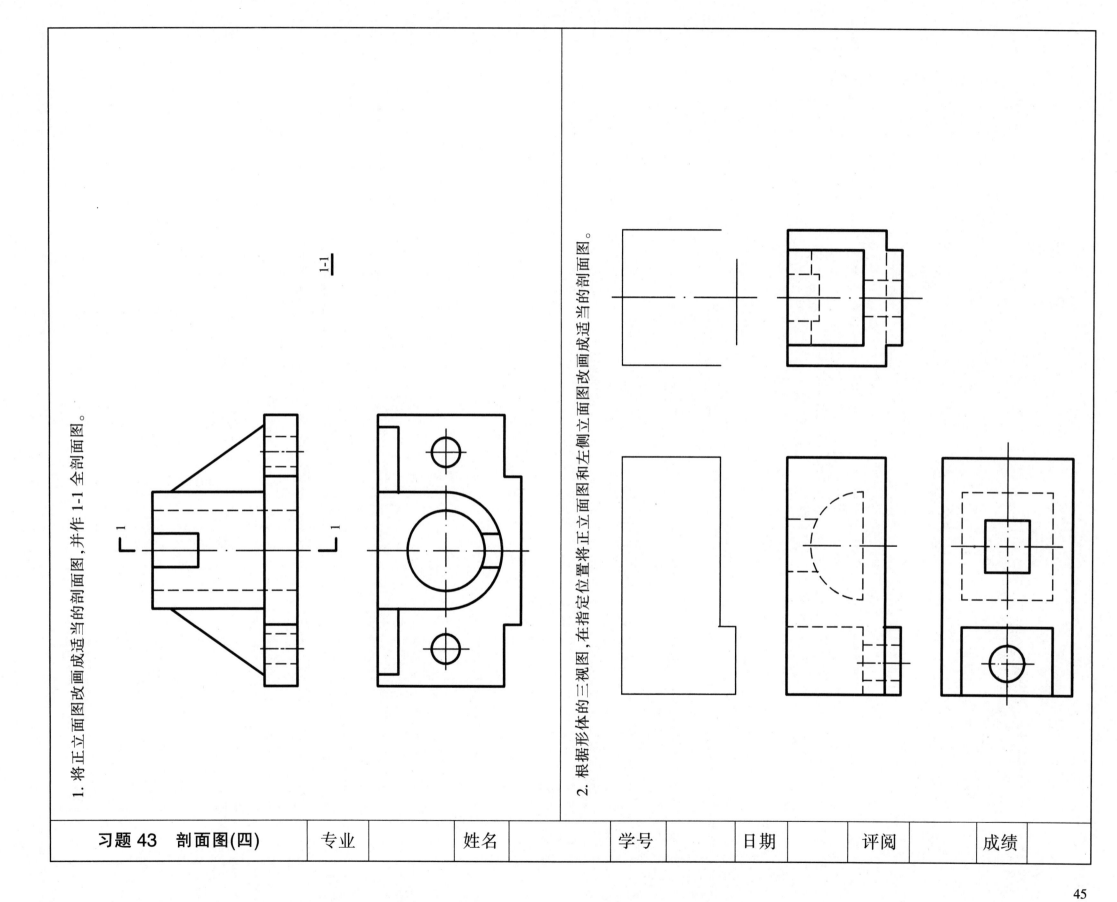

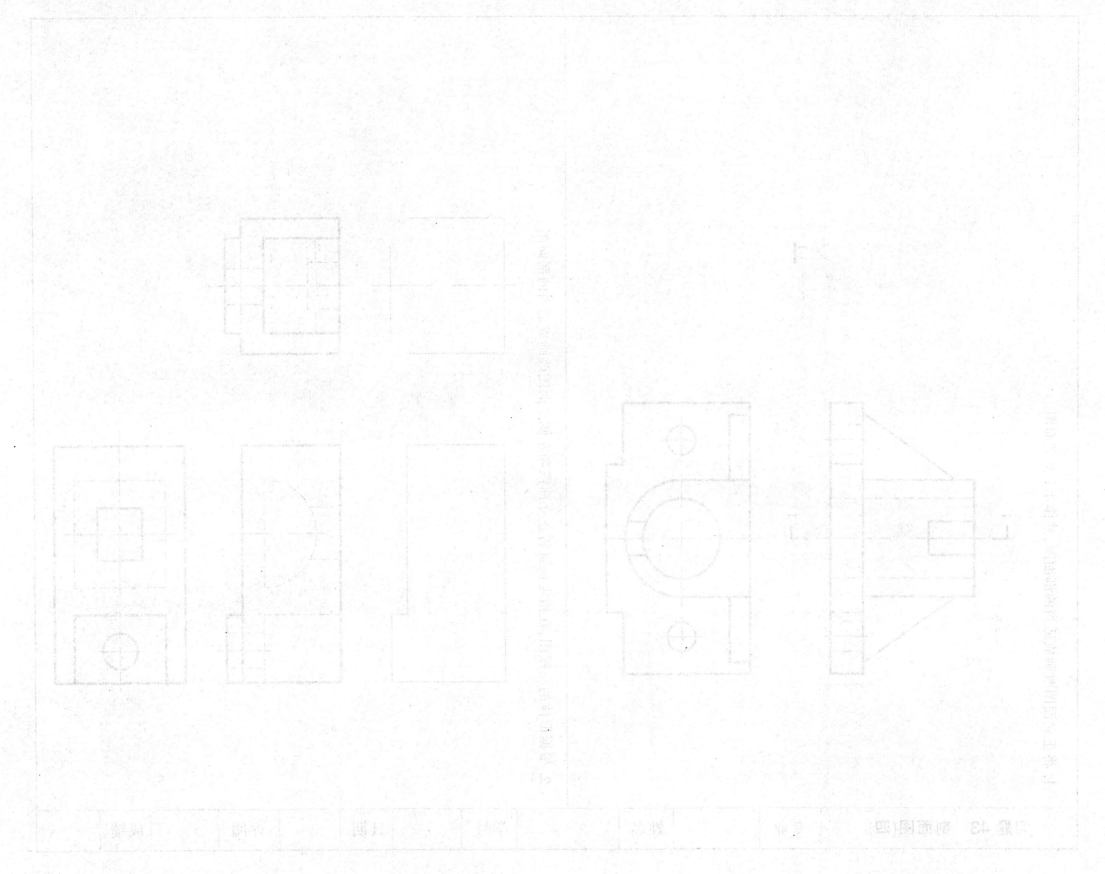

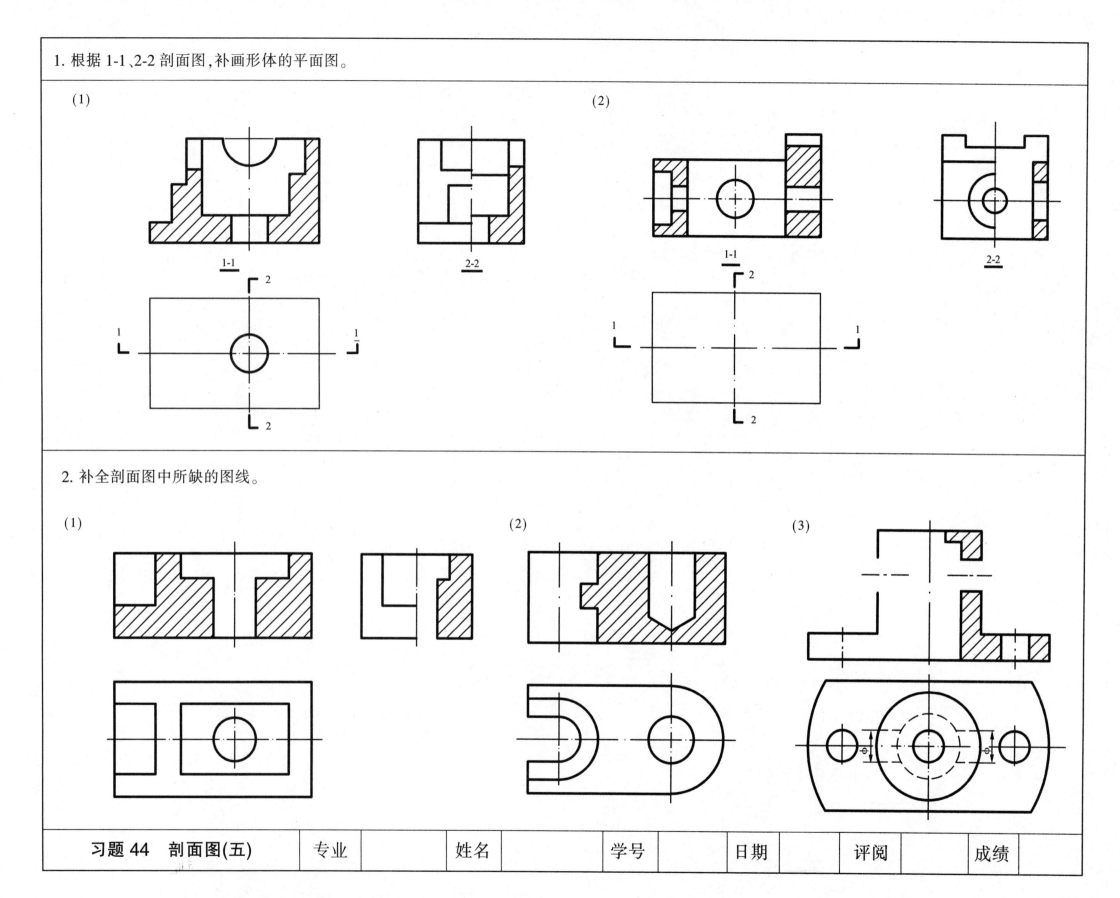

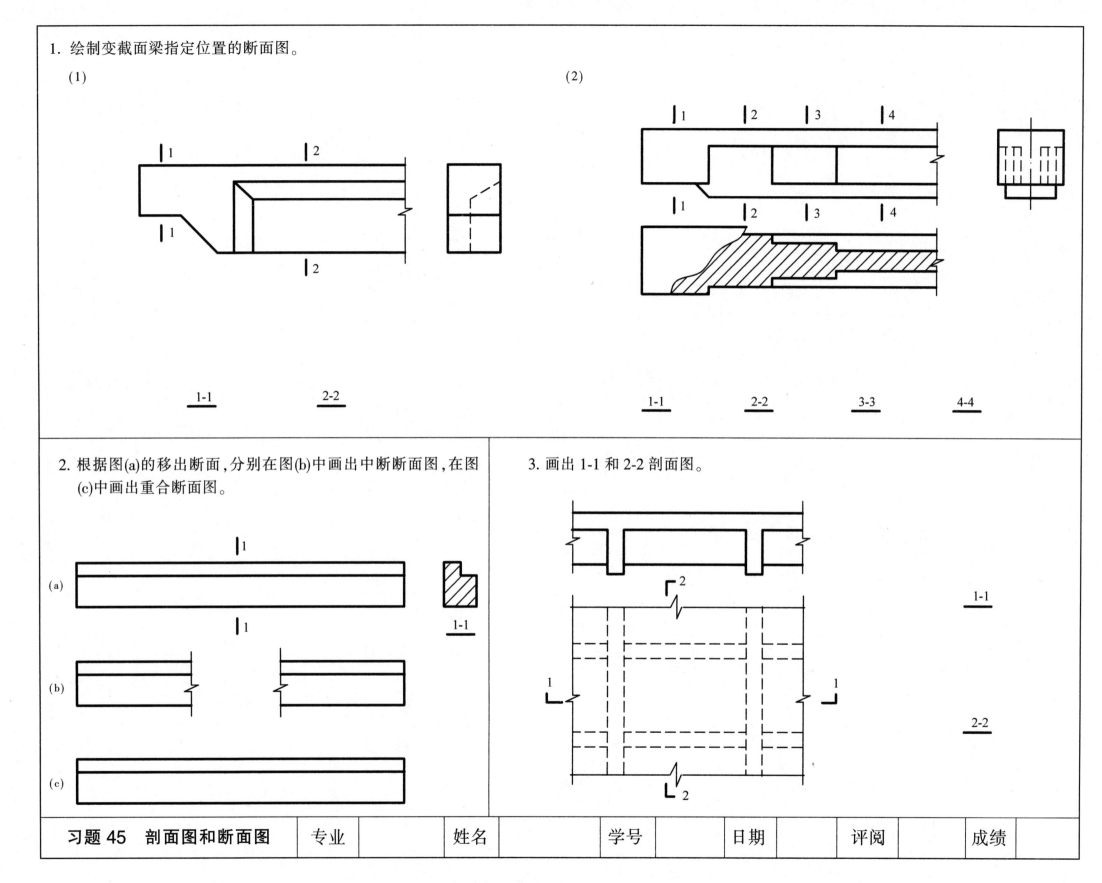

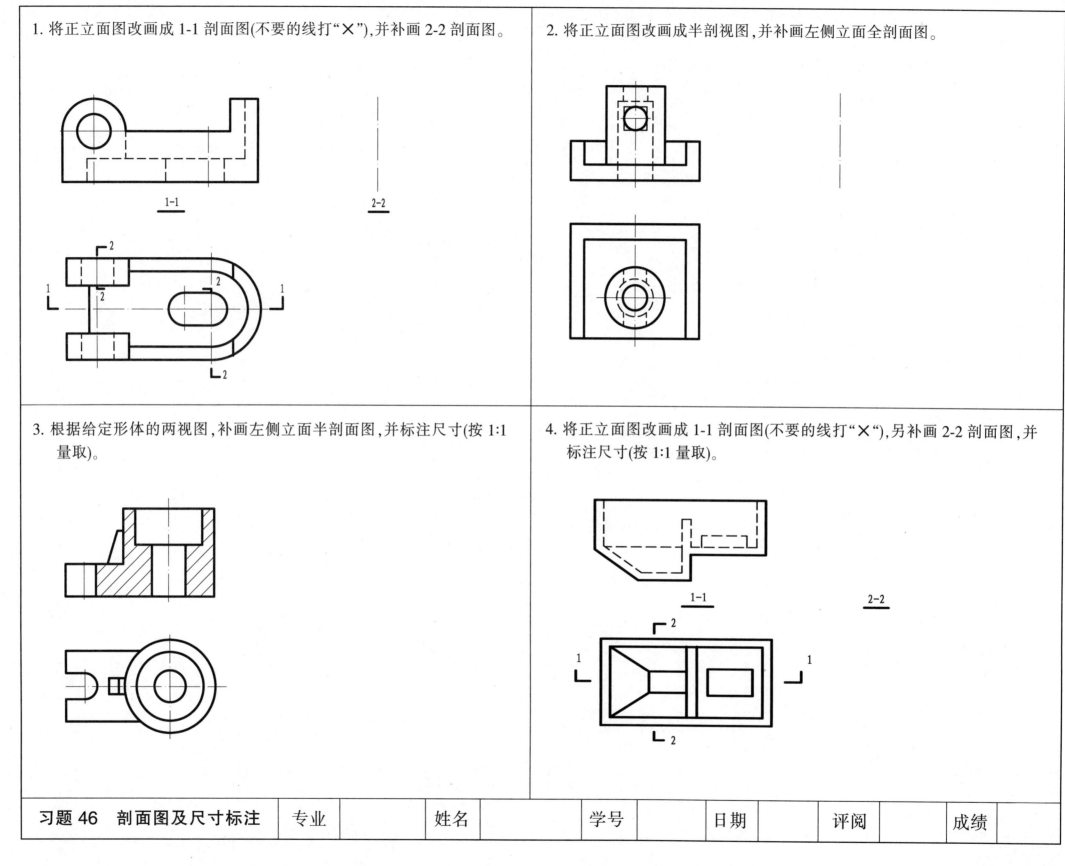

作业三 剖面图

一、目的

1. 提高读图能力。
2. 掌握剖面图的概念和画法,学习综合表达能力。

二、内容

根据给出的两面视图和尺寸,在 A3 图纸上用 1:1 的比例完成下列作图(或测绘木模):

(1) 画出三面视图。
(2) 将各视图改画成适当的剖面图。
(3) 重新标注尺寸。

三、要求

1. 剖切位置自行选择。
2. 同一物体在各剖面图中的图例线方向、间距应一致。
3. 可见轮廓线、断面轮廓线一律用粗实线,并采用 0.7 线宽组。
4. 在剖面图中标注尺寸,除遵守基本规定外,还应把外形尺寸标注在表示外形视图的一侧,把内形尺寸标注在表示内形剖面的一侧。
5. 填写图标。
(1) 图名:剖面图。
(2) 图号:03。
(3) 比例:1:1。

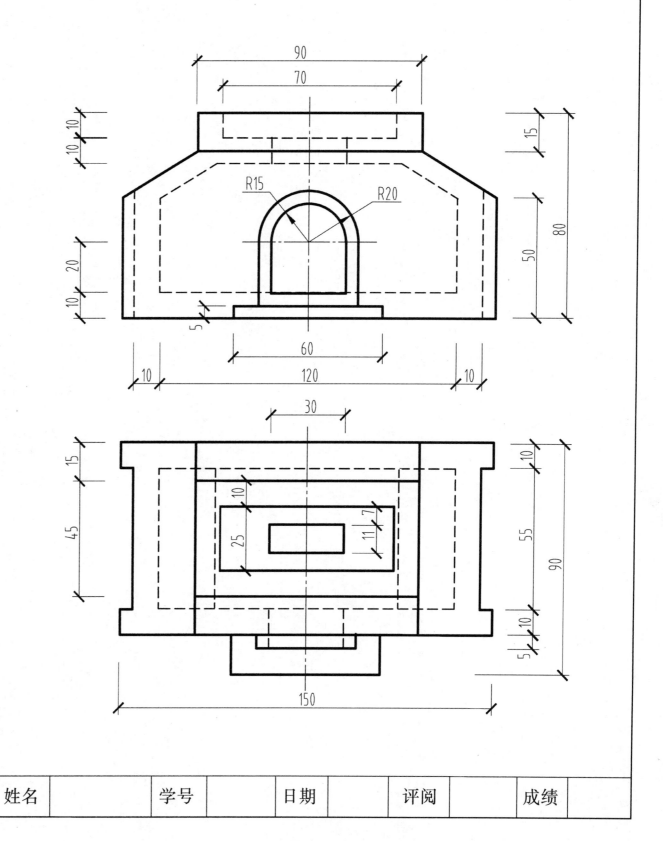

| 作业三 剖面图 | 专业 | 姓名 | 学号 | 日期 | 评阅 | 成绩 |

第十章　房屋建筑施工图

作业四　建筑平面图

一、目的

1. 学习建筑平面图的图示内容的画法特点。
2. 掌握绘制建筑平面图的步骤和方法。

二、内容

抄绘教材中图 10-6 所示的某教学楼底层平面图或图 10-7 所示的二层平面图。

三、要求

1. 图纸：透明描图纸或绘图纸，A3 幅面。
2. 图名：底层平面图或二层平面图。
3. 比例：1:100。
4. 图线：用墨线或铅笔线绘制。剖切到的墙身廓线用粗实线(0.7mm)，未剖切到的可见轮廓线用中粗线(0.35mm)，定位轴线、点画线、尺寸线、引出线等均用细实线(0.25mm)。
5. 字体：汉字用长仿宋体，图下方的图名(如底层平面图)用 7 号字，比例数字用 5 号字，尺寸数字用 3.5 号字，图标中的校名、图名用 7 号字，其余汉字均用 3.5 号字。
6. 作图准确，图线粗细分明，尺寸标注无误，字体端正，图面匀称整洁。

四、说明

1. 绘图步骤见教材中图 10-11。先用 HB 或 H 铅笔画(轻、细)底稿线，经检查无误后按各类图线的宽度要求用铅笔或墨线笔加深，最后注写尺寸、图名和说明。
2. 底层平面图中，剖切到的墙体可在透明描图纸的背面用红铅笔均匀涂成淡红色(铅笔图中不涂黑也不画材料图例)，剖切到的钢筋混凝土柱则涂成黑色。
3. 明沟、楼梯间可参照教材中图 10-20 和图 10-21 中的一层平面图绘制。
4. 底层平面图中应注写尺寸和室外标高，并对定位轴线编号，编号圆的直径为 8~10mm。

作业五　建筑立面图

一、目的

1. 学习建筑立面图的图示内容和画法特点。
2. 掌握绘制建筑立面图的步骤和方法。

二、内容

抄绘教材中图 10-12 所示的某教学楼北立面图或图 10-14 所示的东西侧立面图。

三、要求

1. 图纸：透明描图纸或绘图纸，A3 幅面。
2. 图名：×-×立面图。
3. 比例：1:100。
4. 图线：用墨线或铅笔线绘制。立面图的最外廓线用粗实线(0.7mm)，室外地面线用加粗线(1.0mm)，凸出部分的轮廓线和门窗洞用中粗线(0.35mm)，墙面装饰线、门窗分格线、定位轴线、点画线、尺寸线、引出线等均用细实线(0.25mm)。
5. 字体：汉字用长仿宋体，图下方的图名用 7 号字，比例数字用 5 号字，尺寸数字用 3.5 号字，图标中的校名、图名用 7 号字，其余汉字均用 3.5 号字。
6. 作图准确，图线粗细分明，尺寸标注无误，字体端正，图面匀称整洁。

四、说明

1. 绘图步骤见教材中图 10-15。先用 HB 或 H 铅笔画(轻、细)底稿线，经检查无误后，按各类图线的宽度要求用铅笔或墨线笔加深，最后注写尺寸、图名和说明。
2. 注意建筑立面图中的尺寸标注内容和方法。定位轴线只标注两侧墙体的轴线，编号圆的直径为 8~10mm。

作业四、五 建筑施工图(一)	专业	姓名	学号	日期	评阅	成绩

作业六　建筑剖面图

一、目的

1. 学习建筑剖面图的图示内容和画法特点。
2. 掌握绘制建筑剖面图的步骤和方法。

二、内容

抄绘教材中图10-17所示的某教学楼2-2剖面图。

三、要求

1. 图纸:透明描图纸或绘图纸,A3幅面。
2. 图名:2-2剖面图。
3. 比例:1:100。
4. 图线:用墨线或铅笔线绘制。剖切到的墙体轮廓线用粗实线(0.7mm),剖切到的钢筋混凝土梁或板涂黑,未剖切到的墙体轮廓线、门窗洞等用中粗线(0.35mm),室外地面线用加粗线(1.0mm),门窗分格线,定位轴线,点画线,尺寸线,引出线等均用细实线(0.25mm)。
5. 字体:汉字用长仿宋体,图下方的图名用7号字,比例数字用5号字,尺寸数字用3.5号字,图标中的校名、图名用7号字,其余汉字均用3.5号字。
6. 作图准确,图线粗细分明,尺寸标注无误,字体端正,图面匀称整洁。

四、说明

1. 绘图步骤见教材中图10-19。先用HB或H铅笔画(轻、细)底稿线,经检查无误后,按各类图线的宽度要求用铅笔或墨线笔加深,最后注写尺寸、图名和说明。
2. 注意建筑剖面图中的尺寸标注内容和方法。各墙体均应标注定位轴线,编号圆的直径为8~10mm。

作业七　建筑详图

一、目的

1. 学习建筑详图的图示内容和画法特点。
2. 掌握绘制建筑详图的步骤和方法。

二、内容

抄绘教材中图10-20所示的某教学楼F轴线的外墙节点详图或图10-22所示的1-1楼梯剖面详图。

三、要求

1. 图纸:透明描图纸或绘图纸,A3幅面。
2. 图名:F轴线外墙节点详图或1-1楼梯剖面详图。
3. 比例:前者1:20,后者1:50。
4. 图线:用墨线或铅笔线绘制。在墙体节点详图中,剖切到的主要轮廓线用粗实线(0.7mm),剖切到的墙体、钢筋混凝土、板等应画材料图例。抹灰线、面层线和剖切到的墙体轮廓线、门窗洞等用中粗线(0.35mm),尺寸线、引出线等均用细实线(0.25mm)。
5. 字体:汉字用长仿宋体,图下方的图名用7号字,比例数字用5号字,尺寸数字用3.5号字,图标中的校名、图名用7号字,其余汉字均用3.5号字。
6. 作图准确,图线粗细分明,尺寸标注无误,字体端正,图面匀称整洁。

四、说明

先用HB或H铅笔画(轻、细)底稿线,经检查无误后,按各类图线的宽度要求用铅笔或墨线笔加深,最后注写尺寸、图名和说明。

作业六、七　建筑施工图(二)	专业	姓名	学号	日期	评阅	成绩

作业八　建筑施工图

一、目的

掌握房屋建筑平、立、剖面图的图示特点和画法。

二、内容

1. 绘制底层平面图(见 P53)、正立面图、左侧立面图、1-1 剖面图。

2. 已知条件：

(1) 平面尺寸见下一页底层平面图，层高 3000，楼板厚 120，窗台高 900，女儿墙及外廊栏杆高 1100，屋面单坡排水坡度 1%。

(2) 其门窗洞尺寸(宽×高)：

M1=1000×2400　M2=900×2400　M3=800×2400

C1=1500×1500

(3) 楼梯踏步宽 300，踢面高 150。

(4) 外墙面装修由教师或学生设计。

三、要求

1. 用 A2 图幅绘制铅笔线图。
2. 比例：1:100。
3. 按课程要求标注尺寸及标高。
4. 图面布置建议参照下图。

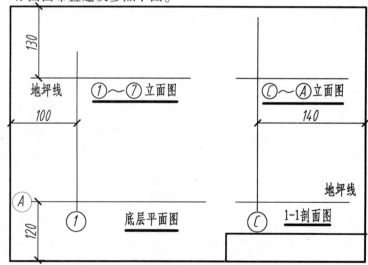

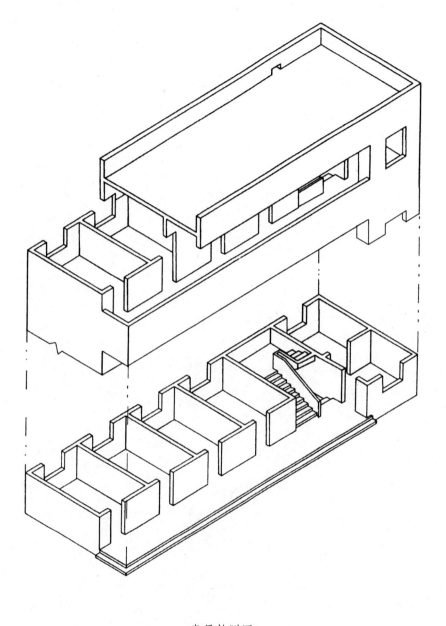

房屋轴测图

作业八　建筑施工图(三)	专业	姓名	学号	日期	评阅	成绩

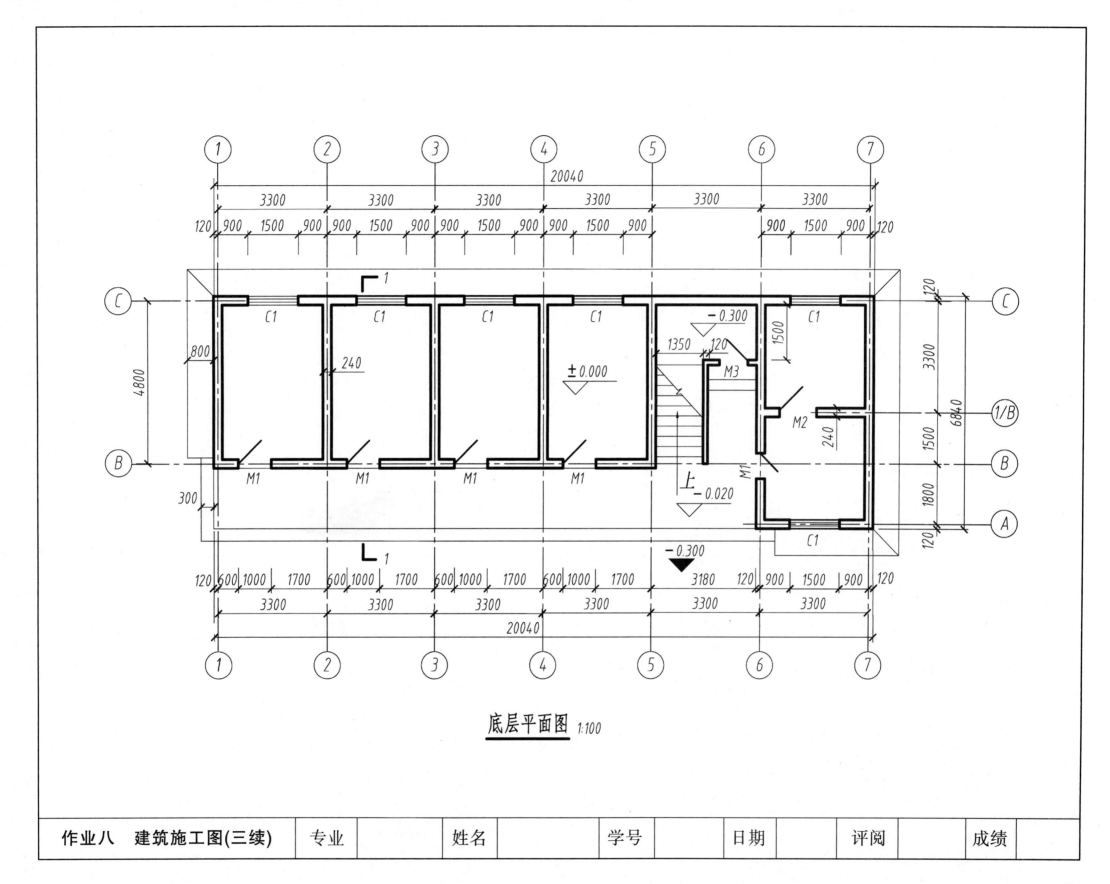

第十一章 结构施工图

1. 根据教材中图 11-1 钢筋混凝土梁,其中受力筋为 2ϕ16+1ϕ18(弯起)、架立筋为 2ϕ12、箍筋为 ϕ6@200,梁下支承墙厚 370,梁全长 6240,梁断面为 300× 550,完成该梁的结构详图(立面图和 1-1 断面图),并用铅笔加深。

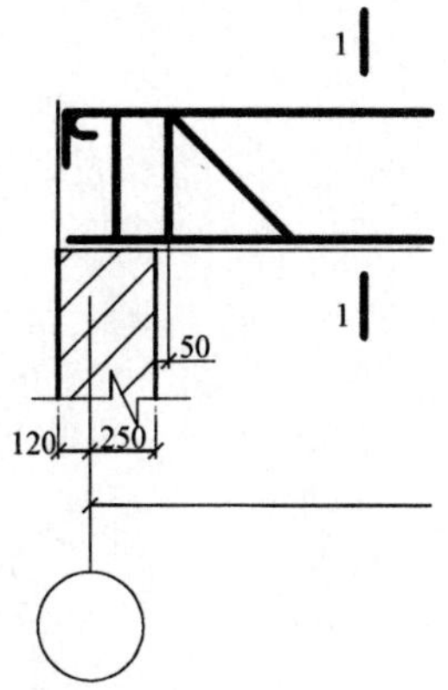

L 1:40

1-1 1:20

TL₃ 1:20

2. 根据教材中图 11-11 楼梯剖面图,用 1:30 的比例单独画出 TB₁,TB₃,用 1:20 的比例分别画出 TL₁,TL₂,TL₃ 的剖面图(配筋图),标注尺寸,并用铅笔加深。

TL₂ 1:20

TL₁ 1:20

TB₁ 1:30

TB₃ 1:30

习题 47 结构施工图(一)	专业	姓名	学号	日期	评阅	成绩

1. 钢筋的尺寸标注有两种形式,用文字说明下列两种标注形式中数字和符号的意义。

2. 根据教材中图 11-6 条形基础图,画条形基础详图,其中基础底面宽度为 1800,基础受力筋为 φ10@140,其他尺寸均和图 11-6 相同。

3. 现浇钢筋混凝土楼板的结构详图常用配筋平面图和断面图表示。根据配筋平面图在 1-1 断面图上画出板的配筋,标注钢筋尺寸,并用铅笔加深。

(图中:位于钢筋②③范围内的板面分布筋未表示,该分布筋和板底分布筋④相同。)

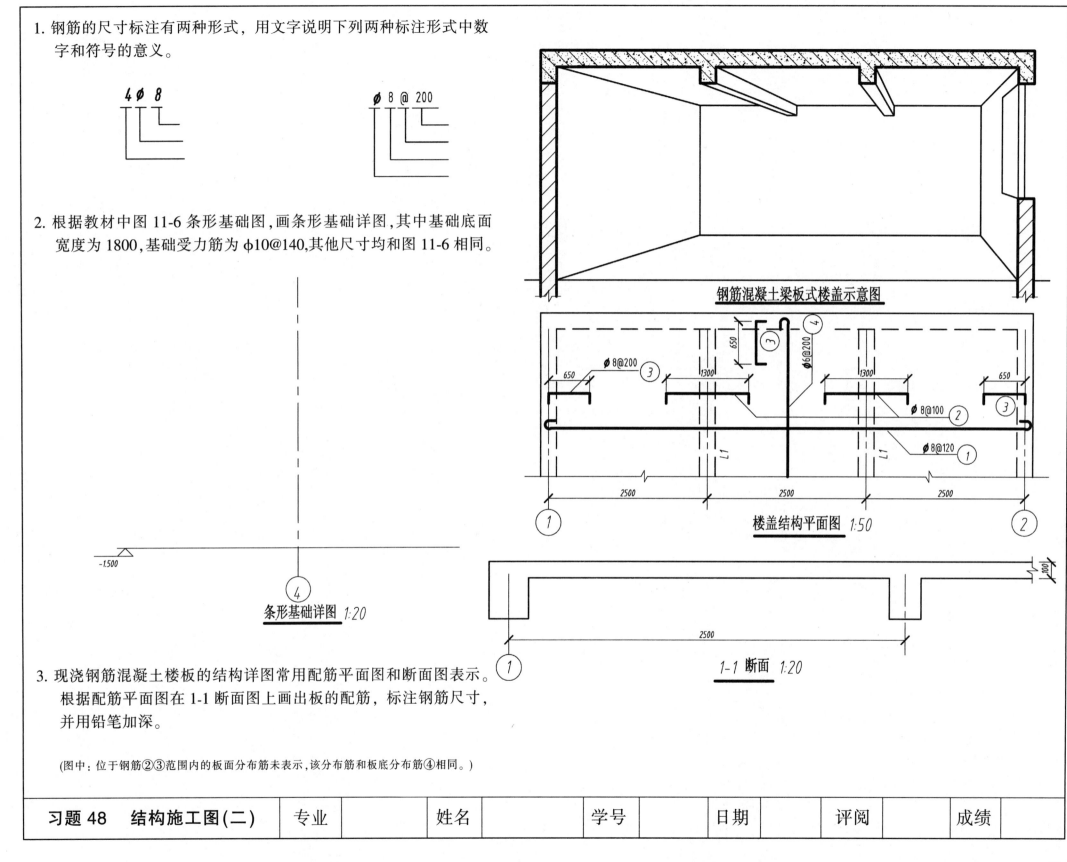

习题 48　结构施工图(二)

根据 KL2(2A)梁平法施工图和 2-2、3-3 配筋断面图,完成下列作业。

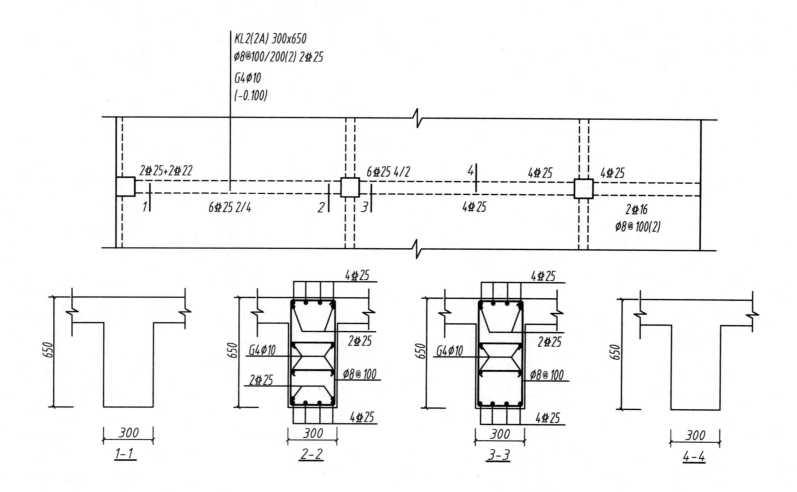

(1) 说明下列集中注写内容的含义。

KL2(2A) 300x650 ——

ϕ8@100/200(2) 2⏀25 ——

G4ϕ10 ——

(-0.100) ——

(2) 说明下列原位注写内容的含义。

2⏀25+2⏀22 ——

6⏀25 2/4 ——

(3) 在指定位置作出 1-1、4-4 配筋断面图。

| 习题 49 结构施工图(三) | 专业 | 姓名 | 学号 | 日期 | 评阅 | 成绩 |

作业九 结构施工图

一、目的
掌握结构施工图的图示特点和画法。

二、内容
根据习题集52页轴测图、53页底层平面图和本页结构布置示意图,绘制结构施工布置图。

三、要求
1. 用A3图幅绘制二层结构布置平面图(1:100)。
2. 楼梯结构布置图略。
3. 图面布置由学生自行设计。
4. 各种构件名称、代号、型号等,可参照教材或根据各地方实际情况由教师或学生设计。

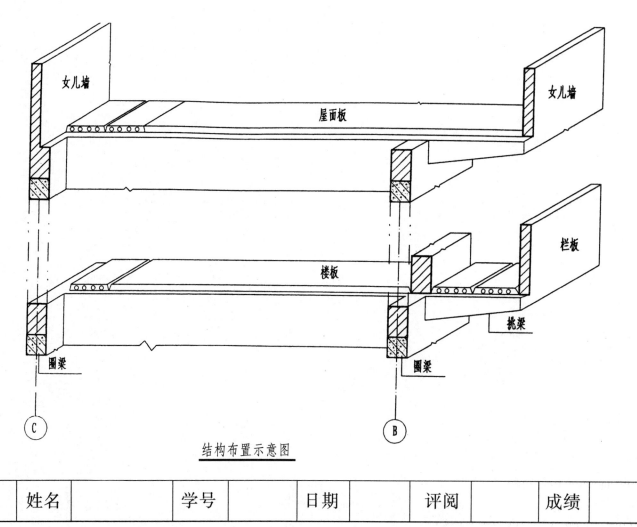

结构布置示意图

作业九 结构施工图(四)	专业	姓名	学号	日期	评阅	成绩

作业十 基础平面图

一、目的

1. 熟悉基础图的图示内容和要求。
2. 掌握绘制基础平面图的步骤和方法。

二、内容

按教材中图 11-5,抄绘某教学楼的基础平面图。

三、要求

1. 图纸:透明描图纸或绘图纸,A3 幅面。
2. 图名:基础平面图。
3. 比例:1:100。
4. 图线:基础平面图中剖切到的基础墙身以及柱子轮廓线用中实线(宽度为 0.5b)画出,未剖切到的可见的条形基础底面外形线、基础梁轮廓线、尺寸线、点画线、引出线等均用细实线(宽度为 0.35b)画出。
5. 字体:汉字用长仿宋体,图下方的图名(基础平面图)用 7 号字,比例数字用 5 号字,尺寸数字用 3.5 号字,图标中的校名、图名用 7 号字,其余汉字均用 3.5 号字。
6. 作图准确,图线粗细分明,尺寸标注无误,字体端正,图面匀称整洁。

四、说明

1. 先用 H 铅笔画(轻、细)稿线图,然后按各类图线的宽度要求上墨加深,最后注写尺寸、图名和说明。
2. 基础平面图中条形基础不同底面宽度要标注全。
3. 基础平面图中材料图例的表示方法与建筑平面图相同,剖切到的墙体可在透明描图纸的背面用红铅笔均匀涂成淡红色,剖切到的钢筋混凝土柱子则涂成黑色。

作业十一 楼层和屋顶结构平面图

一、目的

1. 熟悉楼层和屋顶结构平面图的图示内容和要求。
2. 掌握绘制楼层和屋顶结构平面图的步骤和方法。

二、内容

按教材中图 11-8,抄绘某教学楼的楼层和屋顶结构平面图。

三、要求

1. 图纸:透明描图纸或绘图纸,A3 幅面。
2. 图名:楼层和屋顶结构平面图。
3. 比例:1:100。
4. 图线:楼层和屋顶结构平面图中,剖切到的墙身和柱子轮廓线用中实线(宽度为 0.5b)画出,楼板和屋面板下不可见的墙身轮廓线用中虚线(宽度为 0.5b)画出,门窗洞口线、密肋板下部肋的轮廓线用细虚线(宽度为 0.35b)画出,尺寸线、点画线、引出线等均用细实线(宽度为 0.35b)画出。
5. 字体:汉字用长仿宋体,图下方的图名(楼层和屋顶平面图)用 7 号字,比例数字用 5 号字,尺寸数字用 3.5 号字,图标中的校名、图名用 7 号字,其余汉字均用 3.5 号字。
6. 作图准确,图线粗细分明,尺寸标注无误,字体端正,图面匀称整洁。

四、说明

1. 先用 H 铅笔画(轻、细)稿线图,然后按各类图线的宽度要求上墨加深,最后注写尺寸、图名和说明。
2. 楼层和屋顶结构图中各种构件如梁、板等及其定位尺寸和标高必须标注齐全,或用文字作统一说明。
3. 楼层和屋顶结构平面图中材料图例的表示方法与建筑平面图相同,剖切到的墙体可在透明描图纸的背面用红铅笔均匀涂成淡红色,剖切到的钢筋混凝土柱子则涂成黑色。

作业十、十一	结构施工图(五)	专业	姓名	学号	日期	评阅	成绩

第十二章 给水排水施工图

作业十二 室内给水排水施工图

一、目的

1. 学习给水排水施工图的图示内容和画法特点。
2. 掌握绘制给水排水施工图的步骤和方法。

二、内容

抄绘教材中图 12-1 所示的某教学楼底层给水排水平面图或图 12-5 和图 12-6 所示的给水排水系统图。

三、要求

1. 图纸:透明描图纸或绘图纸,A3 幅面。
2. 图名:底层给水排水平面图或给水排水系统图。
3. 比例:1:50。
4. 图线:用墨线或铅笔线绘制。剖切到的墙身廓线和未剖切到的可见轮廓线以及定位轴线、点画线、尺寸线、引出线等均用细实线(0.25mm),给水排水管道用粗实线(0.7mm)表示。
5. 字体:汉字用长仿宋体,图下方的图名 7 号字,比例数字用 5 号字,尺寸数字用 3.5 号字,图标中的校名、图名用 7 号字,其余汉字均用 3.5 号字。
6. 作图准确,图线粗细分明,尺寸标注无误,字体端正,图面匀称整洁。

| 作业十二 给水排水施工图 | 专业 | | 姓名 | | 学号 | | 日期 | | 评阅 | | 成绩 | |

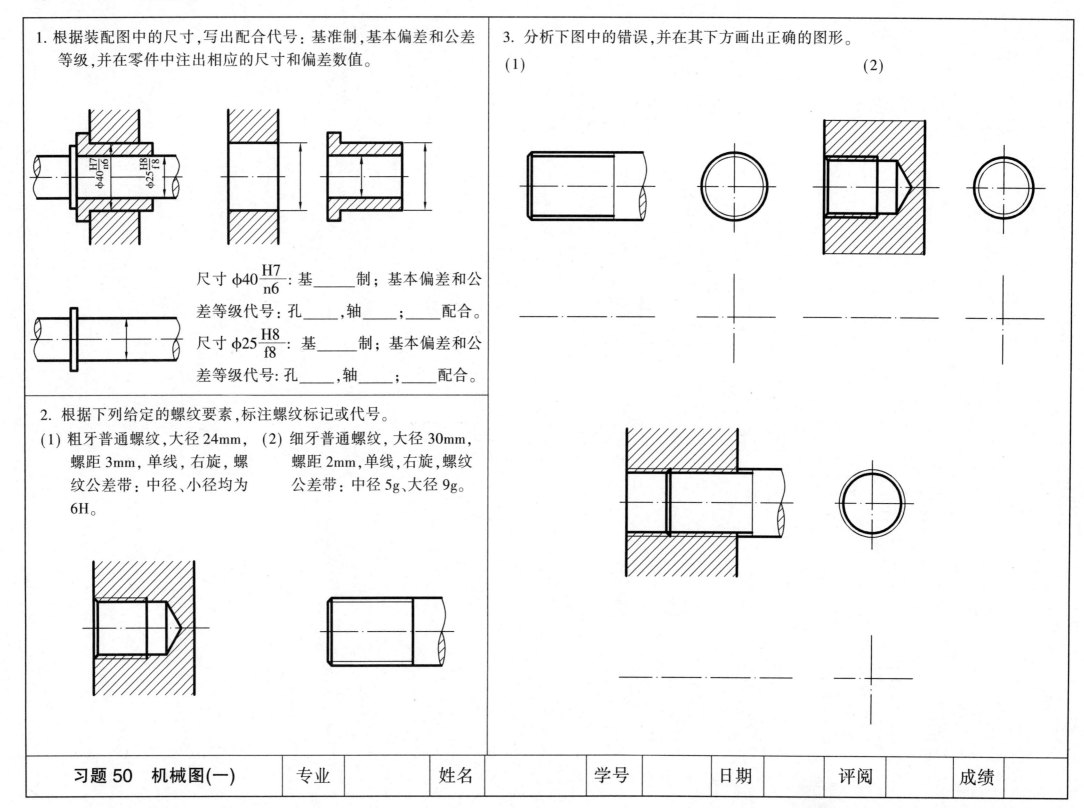

有一六角头螺栓连接件,螺栓的公称直径 d=20mm, δ_1=δ_2=20mm,请用近似比例画法,画出它的三视图(比例为1:1)。(参阅教材图 13-29)

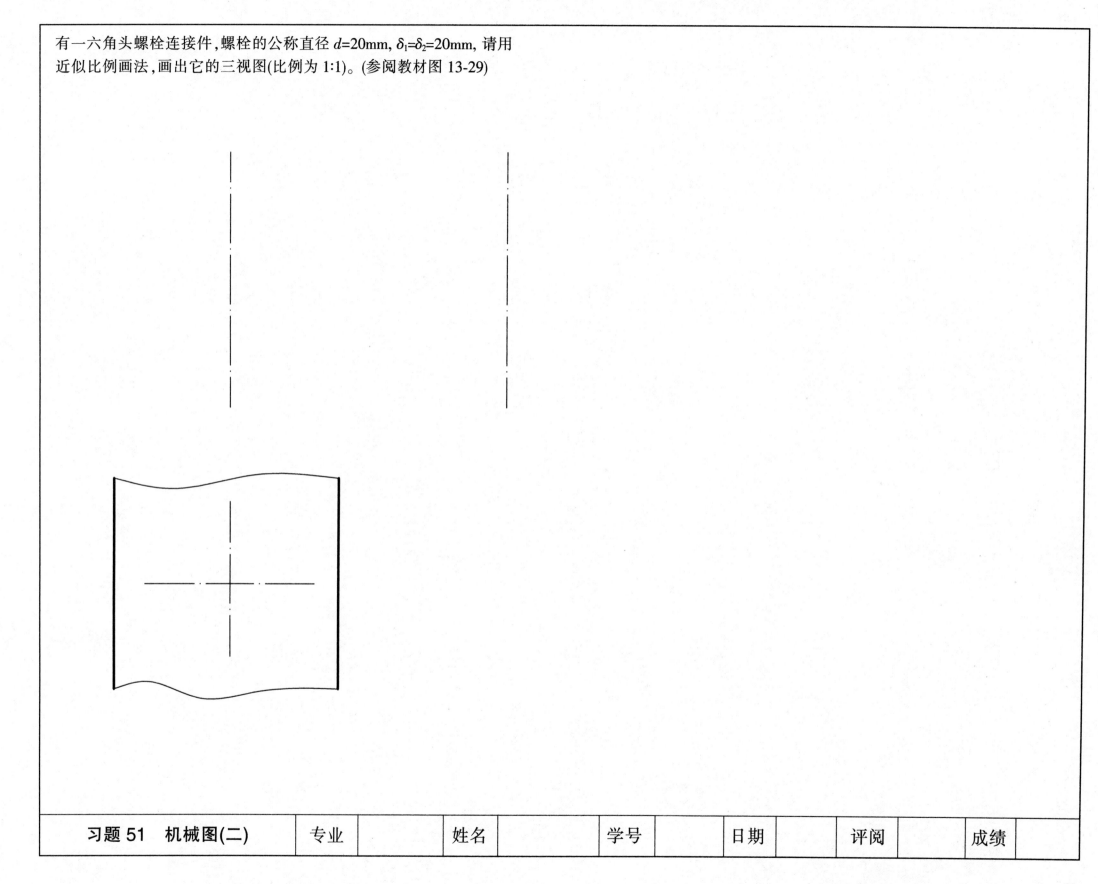

| 习题 51 机械图(二) | 专业 | | 姓名 | | 学号 | | 日期 | | 评阅 | | 成绩 | |

作业十三 零件图

一、目的
1. 学习机械零件图的图示内容和画法特点。
2. 学习绘制机械零件图的步骤和方法。

二、内容
抄绘主轴零件图,根据轴的零件图,看懂主轴的零件图,对其表达方法、尺寸标注及技术要求等进行全面分析。

三、要求
1. 比例：1:1。
2. 图名：主轴。
3. 材料：45。

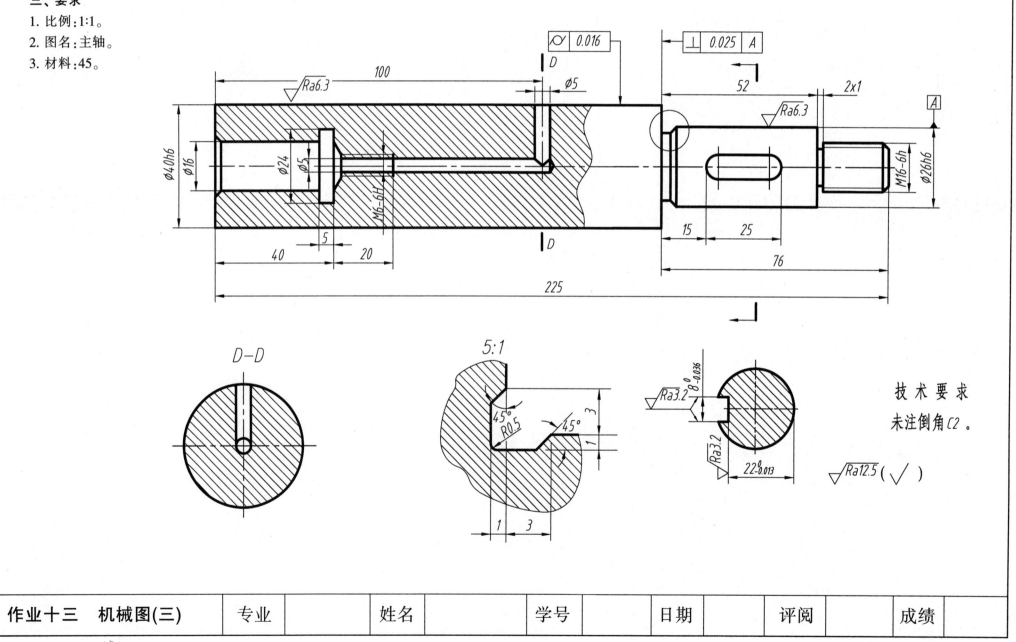

| 作业十三 机械图(三) | 专业 | 姓名 | 学号 | 日期 | 评阅 | 成绩 |

作业十四 装配图

一、目的
1. 学习机械装配图的图示内容和画法特点。
2. 学习绘制机械装配图的步骤和方法。

二、内容
读懂手动气阀各组成零件的结构形状和它们之间的装配连接关系,根据装配示意图及零件图,绘制装配图(画主、俯、左三个视图,俯视图拆去零件1、2,用 A2 图幅绘制)。

三、要求
1. 比例:2:1。
2. 图名:手动气阀。
3. 技术要求:装配后各密封处密封良好,不得有泄漏。

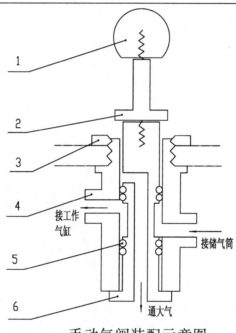

手动气阀装配示意图

手动气阀是汽车上用的一种压缩空气开关机构。

手动气阀工作原理:当通过气柄球(序号1)和芯杆(序号2)将气阀杆(序号6)拉到最上位置时(如图所示),储气筒与工作气缸接通。当气阀杆推到最下位置时,工作气缸与储气筒的通道被关闭。此时工作气缸通过气阀杆中心的孔道与大气接通。气阀杆与气阀体(序号4)孔是间隙配合,装有 O 型密封圈(序号5)以防止压缩空气泄漏,螺母(序号3)是固定手动气阀位置用的。

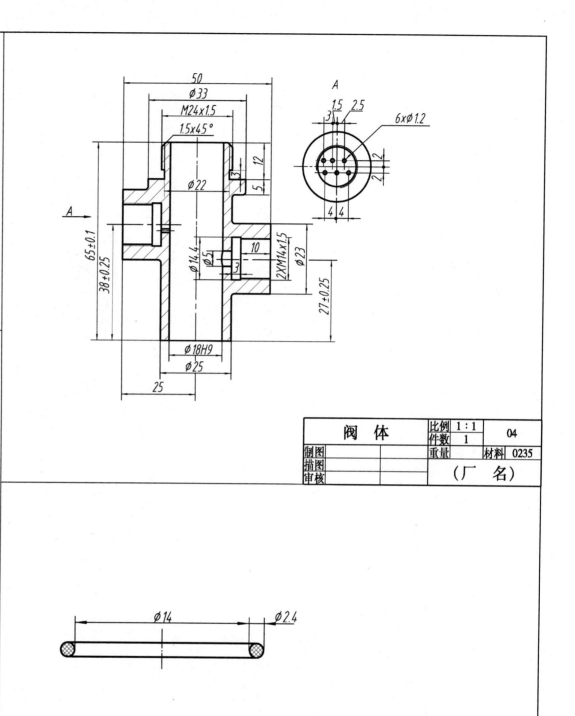

作业十四 机械图(四) 专业 姓名 学号 日期 评阅 成绩

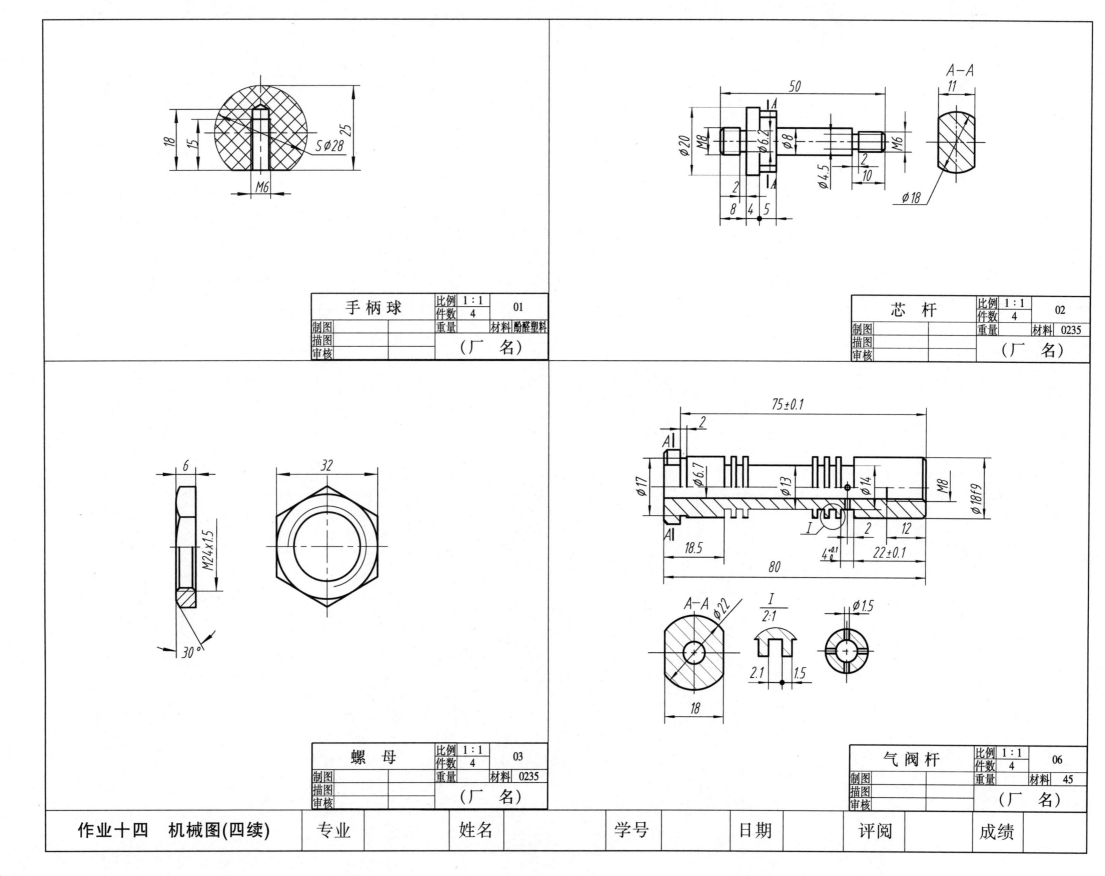

第十四章 计算机绘图基础

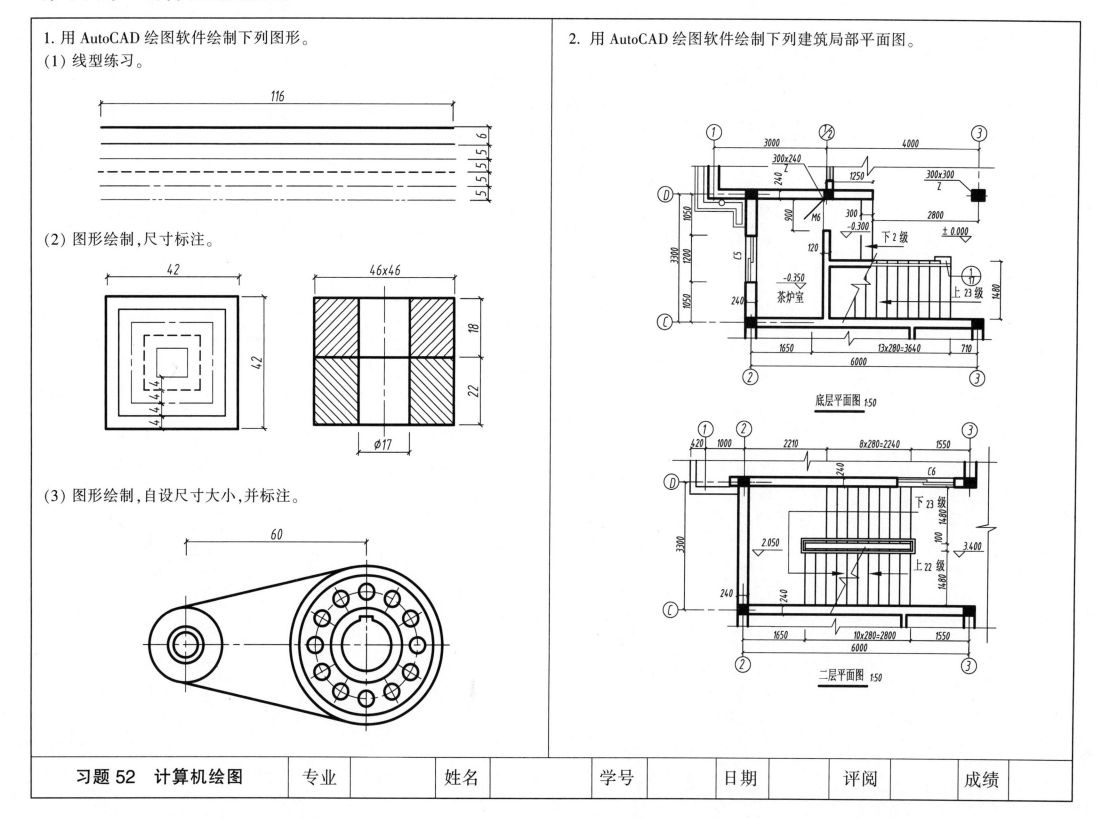

| 习题 52 计算机绘图 | 专业 | 姓名 | 学号 | 日期 | 评阅 | 成绩 |